"十四五"时期国家重点出版物出版专项规划项目

极地科学技术出版工程（第一辑）·北极航线治理与开发系列丛书

北极海洋的可持续性

〔斯洛伐克〕伊娃·庞格拉茨（Eva Pongrácz）

〔俄罗斯〕维克多·帕夫洛夫（Victor Pavlov）　　著

〔芬兰〕尼克·汉尼尔（Niko Hänninen）

袁　雪　赵　融　译

U0284548

哈尔滨工程大学出版社

Harbin Engineering University Press

黑版贸登字 08-2024-019

First published in English under the title

Arctic Marine Sustainability: Arctic Maritime Businesses and the Resilience of the Marine Environment

edited by Eva Pongrácz, Victor Pavlov and Niko Hänninen

Copyright © Springer Nature Switzerland AG, 2020

This edition has been translated and published under licence from Springer Nature Switzerland AG.

Harbin Engineering University Press is authorized to publish and distribute exclusively the Chinese (Simplified Characters) language edition. This edition is authorized for sale throughout Mainland of China. No part of the publication may be reproduced or distributd by any means, or stored in a database or retrieval system, without the prior written permission of the publisher.

图书在版编目(CIP)数据

北极海洋的可持续性 / (斯洛伐)伊娃·庞格拉茨，(俄罗斯)维克多·帕夫洛夫，(芬)尼克·汉尼尔著；袁雪，赵融译. -- 哈尔滨：哈尔滨工程大学出版社，2024.6

(北极航线治理与开发系列丛书)

书名原文：Arctic Marine Sustainability

ISBN 978-7-5661-4317-4

Ⅰ.①北… Ⅱ.①伊… ②维… ③尼… ④袁… ⑤赵… Ⅲ.①北极-生态环境-研究②北冰洋-海洋资源-海洋开发-研究③北冰洋-海洋环境-研究 Ⅳ.①X21②P74③X145

中国国家版本馆 CIP 数据核字(2024)第 111607 号

北极海洋的可持续性

BEIJI HAIYANG DE KECHIXUXING

选题策划 张志雯	责任编辑 张志雯	封面设计 李海波	

出版发行	哈尔滨工程大学出版社	印　张	31.25
社　址	哈尔滨市南岗区南通大街 145 号	字　数	552 千字
邮政编码	150001	版　次	2024 年 6 月第 1 版
发行电话	0451-82519328	印　次	2024 年 6 月第 1 次印刷
传　真	0451-82519699	书　号	ISBN 978-7-5661-4317-4
经　销	新华书店	定　价	120.00 元
印　刷	哈尔滨午阳印刷有限公司	http://www.hrbeupress.com	
开　本	787 mm×1 092 mm　1/16	E-mail：heupress@ hrbeu.edu.cn	

译 者 序

全球气候变暖加剧北极海冰融化，航行环境的变化使得各国纷纷调整本国的北极战略，北极蕴藏的巨大经济利益和无法估量的地缘战略价值逐渐显现，同时其环境的脆弱性也引起了广泛关注，因此推动北极海洋可持续发展迫在眉睫。北极海洋治理涉及地缘政治、环境保护、经济、军事等多个领域，其主要目的在于促进这一地区的可持续发展，并增进全人类的共同福祉，因此加强北极海洋可持续治理的必要性不言而喻。本译丛的出版，极大地丰富了现有的北极研究，同时本译丛还强调北极可持续发展的重要性，呼吁各国加强合作，共同应对北极海洋环境面临的挑战，以实现北极地区的可持续发展。

本书译者长期从事北极法律治理研究。在翻译过程中，译者团队中对极地法律进行过一定研习的博士、硕士研究生于博、姜爱华、崔明珠、王孙奕、房仕琪、童凯、刘尚跃、董城森、马龙等积极参与资料搜集整理、图表翻译、文字校对等工作。书稿的完成离不开团队成员的共同努力，在此感谢他们的辛勤付出。本书经袁雪教授统稿与定稿。在翻译过程中，团队成员克服了种种困难，严谨对待原著中的每一个词、每一句话，力求准确传达原文的意思。同时本书的翻译也得到了国内外专家学者的指导和帮助，使翻译质量得到保证。由于团队水平有限，在翻译这样一本内容丰富的著作时，必然存在许多不足之处，敬请广大读者批评指正。

本书的出版受黑龙江省哲学社会科学研究规划项目"《极地规则》生效背景下俄罗斯、加拿大北极通航法律政策演变及中国应对研究"（22GJB130）资助，在此表示感谢。同时感谢哈尔滨工程大学出版社对本书出版给予的支持，感谢哈尔滨工程大学人文社会科学学院郑莉院长对本套丛书的翻译和出版工作给予的支持及鼓励。

本书的出版是团队在北极研究领域的一个新起点。展望未来，我们将持续关注北极海冰消融所带来的机遇与挑战，与全球科研工作者共同探索北极可持续发展的新路径。我们期待本书能为北极地区的治理与开发提供有益的参考，同时也希望能够激发更多人对北极法律治理研究的兴趣和热情。

译 者

2023 年 12 月于哈尔滨

序　言

亲爱的读者：

北极夏季的最后一块海冰预计将在几十年内融化。我们知道其后果是多种多样的。新的海运航线将开放，经济活动将增加。海岸线的冰越少，侵蚀就越严重，并迫使人们的居住区转移到更安全的地方。永冻层的减少将会使甲烷释放到大气中。北冰洋的生态系统将随着新物种的进入和旧物种的消失而发生变化。

我们知道北极海洋环境将发生根本性变化，但我们不知道它将如何保持其功能。北极海洋环境的恢复力对于我们展望整个北极的未来是一个关键性问题。

在20世纪70年代我上学时，北极是挂在教室中的地图顶部的一个白点，是一个充满敌意、具有恶劣环境和不友好的地方。极地探险家阿蒙森、南森和诺登斯基尔德的精彩事迹滋养了我们的心灵。如今，这个白点正在变黑和缩小。

炭黑落在冰雪上，会加速冰雪反光表面的融化。炭黑是继二氧化碳后导致北极变暖的最重要因素。它也是一种严重影响公众健康的空气污染物。严格限制过剩天然气的燃烧可能是降低炭黑对北极地区气候影响的有效方法。

北极是环境污染物和有害物质的沉降地。北冰洋一直受到进入食物链的持久性有机污染物和汞的污染。北冰洋的塑料污染让人们意识到了一个令人不快的事实——北极已经成为我们星球的垃圾桶。

北极国家和北极理事会常任理事国正在寻求采取关键性措施来制止北极地区的环境退化，并促进该地区的可持续发展。自成立以来，这些国家和组织已经进行了创新性的科学评估；努力改善北极人民的生活条件；谈判达成具有法律约束力的协议，如《海上溢油应急和搜救协议》；促成了像《极地规则》这样的国际公约。

北极理事会正式通过了大量关于缓解气候变化、保护生物多样性和捍卫北冰洋福祉的建议。这些建议是北极理事会最杰出的成果之一，但同时也是其最薄弱的环节。这些建议以协商一致的方式通过，但在执行时各国并没有做到一致。

问题在于：我们如何重建北极海洋环境的恢复力以适应未来的变化？

向这一方向迈出的第一步是减少温室气体和短寿命气候强迫因子的排放。我们必须减少化石燃料的使用，并使用清洁的太阳能、风能和潮汐能作为补充能源。第二步是通过类似《极地规则》和《北冰洋中部渔业协定》的公约、协定拓展对北冰洋的治理。

北极地区的未来将由国际社会的行动决定。科学家、地方社区和非政府组织在向政策制定者与决策者通报必要行动方面发挥着关键作用。科学家需要填补知识空白，发现未知；决策者需要给出合理的行动建议；地方社区和非政府组织能够向政府与地方当局施压，要求它们执行这些建议。

本书是向政策制定者与决策者以及广大公众宣传北极海洋商业和海洋环境恢复力的一个载体。希望读者能够喜欢这些有趣且鼓舞人心的故事。我要感谢出版商对优秀文章的全面汇编。

我们的共同任务是为拥有一个可持续的北极而努力，这不仅是因为原始的环境、令人惊叹的景观或迷人的动物。我们之所以承担这个任务，是因为我们的生存有赖于此——没有北极，便没有地球。

2017—2019 年北极理事会芬兰高级北极官员　雷内·索德曼
芬兰外交部
Rene. Soderman@ formin. fi
奥卢，芬兰
2019 年 5 月

前　　言

"争夺北极。""探索未知区域，并通过在其上升起一面旗帜来标明地球上尚存的白色地点。""收集和提取以前无法获得的资源。""向北，年轻人！"

从最近与北极有关的标题、口号和其他概念来看，历史似乎正在重演。我们是否正在进入（或实际上已经进入）一个类似于 19 世纪后期和 20 世纪初期的殖民主义时代？在那个历史阶段，西方列强将欠发达世界进行瓜分，并抢夺其自然资源。有人可能会问，我们又回到那个时代了吗？许多人反对这一说法，不愿意将这两种情况相提并论，但如果这正是北极地区正在发生的事情呢？当我们朝向"最后的边界"出发时，我们是否注定要重蹈覆辙，还是我们作为一个物种已经进化了？我们是否有能力以可持续的方式处理那些由于全球变暖而更容易为我们获得的北极巨大的海洋资源？本书不会为这个问题提供一个肯定的答案，但是，它有望提供一些引人深思的想法，甚至关于如何实现的建议。

本书源起于 2017 年在挪威北部举办的"海洋可持续性跨学科博士课程"。组织者来自不同部门，包括未来地球挪威（组织）、诺德大学、诺德兰研究所和特罗姆瑟大学（挪威北极圈大学），学生也不是来自同一个专业。他们代表了有关海洋可持续性的不同学科和研究方法，但这从一开始就是组织者的目标：从不同的角度看待事物，将不同的视角和学生与完全不同的研究主题、任务结合起来。21 世纪的问题是复杂的，解决问题的人也必须是复合型的，简单的解决方案无法实现这一目标。他们必须能够提出多学科性质的解决方案，研究各种方法，并彻底解决即将面临的问题和挑战。

这一想法始于参加课程的学生，并逐渐演变成了一本关于北极海洋可持续性的书。该书由奥卢大学理工学院的水、能源和环境研究小组编辑。该研究小组彼时正在主持一个由北部边缘和北极计划资助的有关北极石油泄漏与其他环境事故响应平台（APP4SEA）的项目，而这本书是该项目的副产品。在挪威参加博士课程的一部分学生和 APP4SEA 项目的合作伙伴都为本书的出版做出了贡献。其他研究北极海洋可持续性问题的研究人员，无论远近，也加入了写作过程。此时你手里正拿着他们的爱和劳动成果。

本书从多个角度论述了北极海洋的可持续性。第一部分介绍了研究背景及北极生态系统的概况，特别是与之相关的可持续性问题。第二部分和第三部分提醒人们注意北极发展的经济驱动力——交通、石油和天然气。这些都得到了很多关注，并引起了人们极大的兴趣，但一如既往，事情并不像看起来那样简单。

本书的第四部分聚焦于在讨论或做出有关北极变化和重要决定时，经常被忽视，甚至可能完全被忽视的当地社区。正是这些人会在第一时间感受到北极变化的影响，他们必须适应这些变化才能生存。新的机会会出现，但并不总是积极的，它们甚至可能挑战生计、习俗和文化的基础。甚至到最后，无论人们多么努力地适应变化，可能还是不够，而只能被动接受这些变化。

这就引出了最后一个关于可持续治理的问题。今天的讨论比过去关于旧殖民主义者、政治家和实业家的讨论有更多的发声，我们可以获得大量影响我们、引导我们做出更好决策的信息。尽管如此，同样的法律、权力和影响力的基本原理仍然适用于北极水域，并对处于高纬度的北极地区所发生的一切产生影响。

这个研究北极海洋可持续性的跨学科团队几乎没有触及北极冰层的高端问题——在我们看不到的表层下仍存在很多问题。尽管如此，本书还是对北极海洋资源的多个层面的问题进行了一个很好的介绍，如果我们不想重复过去几代人的错误，就需要解决这些问题。我们中的大部分人并不生活在北极；事实上，世界上只有一小部分人把北极视为他们的家园。但在北极发生的事情影响着我们所有人。北极是地球的温度计。最近的研究表明，北极变暖的速度比地球其他地方快得多。融化的极冰会升高海平面，也会影响洋流循环模式，这两种情况都将在全世界范围内造成严重后果。

预测结果并不十分乐观，但仍有时间采取行动。也许，年轻人将带来改变。格雷塔·桑伯格已经向人们展示了许多千禧一代和年轻一代对气候变化的担忧。他们对北极问题非常关心，并要求我们这代人做点什么。气候冲击不会阻止气候变化，只有行动才能阻止，只要一次行动便可能产生雪球效应。也许，我们需要自己的"格雷塔·桑伯格"来号召人们进行北极行动。

尼科·海尼宁
奥卢，芬兰

致　　谢

在此，我们想对那些为本书成功出版付出努力的人们表示感谢。首先，感谢北部边缘和北极计划为 APP4SEA 项目提供资金。APP4SEA 项目为我们提供了撰写本书的动机、灵感和知识基础。我们还要感谢阿德莱耶·阿德通吉先生，他作为本书的出版秘书协调了 41 位作者的工作。最后，我们感谢所有作者为本书做出的贡献。

伊娃·庞格拉茨
维克多·帕夫洛夫
尼科·汉尼尔
奥卢，芬兰
2019 年 11 月 12 日

目　　录

第三部分　油　　气

第四部分　当地社区

第五部分　可持续治理

第一部分

北极生态系统及其可持续性

第1章　北极环境下的可持续性

——北极海洋环境的恢复力

伊娃·庞格拉茨[①]

摘　要：本章概述了北极海洋环境下的可持续性框架，为本书提供了理论基础；介绍了可持续发展目标，特别是关于保护和可持续利用海洋和海洋资源以促进可持续发展的联合国可持续发展目标14（简称"目标14"），以及北极国家对目标14的承诺；解释了北极海洋环境下的可持续性框架条件和恢复力概念；讨论了自然和人为干扰对北极海洋环境的累积影响，以及由此导致的北极海洋环境恢复力的减弱；总结了北极海洋生态系统恢复力各种进程的现状。

关键词：可持续性；可持续发展目标；北极；海洋环境；恢复力

1.1　导言

自1987年联合国大会（United Nations General Assembly）引入"可持续性"概念以来，人们一直在努力理解"可持续性"这一概念。尽管这一概念已经开始引领人类意识，并在某种程度上几乎已经过时，但许多人仍然无法理解可持续性到底意味着什么。本章旨在通过对作为本书主题的可持续性的框架的介绍来为本书提供理论基础。

可持续发展被定义为"在不损害子孙后代满足其需求的能力的情况下满足当代需求的发展"（联合国大会，1987）。《我们共同的未来》这一报告虽然强调满足人类需求是可持续发展的主要目标，且没有限制经济发

---

①　芬兰奥卢大学水、能源和环境工程研究部。e-mail：eva. pongracz@ ouluf.

展，但是同时也表示自然资源将在其再生能力的范围内得到开发。它得出一个结论，可持续发展是一个资源利用、技术发展和制度变迁相互平衡的变化过程。后来被可持续发展目标取代的千年发展目标给出了需要实现的目标（联合国大会，2015）。最终，可持续性被认为是人类生态系统的平衡状态（Shaker，2015）。鉴于封闭系统中无限增长的内在不可持续性，许多人认为这一理想是无法实现的。

《联合国 2030 年可持续发展议程》（简称"2030 年议程"）强调需要加强人类和自然系统的恢复力，特别强调对海洋生态系统的可持续管理，以避免重大不利影响并加强其恢复力。了解和调节人类对海洋生态系统的影响是生态学研究的前沿，新的范式正在浮出水面。为了应对北极环境中累积影响的多样性，需要采用累积评估框架。

1.2 北极

虽然北极被认为是一个单一的区域，但它可以用多种不同的方式来定义和划分边界。首先，我想介绍不同学者和组织对北极的不同定义。

1.2.1 关于北极的定义

第一种，即最典型的定义方式是根据北纬 66°33′44″的北极圈对北极进行定义。北极圈是太阳可以连续 24 h 在地平线以上或以下的最北纬度。第二种定义方式是根据北极树木线边界进行定义，即以北半球树木可以生长的最北端的纬度来划分北极。再往北，一年四季都太冷，树木无法生长。平均气温低也是北极的一个重要特征。第三种定义方式是采用 7 月 10 ℃等温线对北极进行定义，生物学家经常将该界线用于定义北极的边界，即定义最温暖月份平均气温低于 10 ℃的区域便是北极。除此之外还有其他一些定义方式。

1.2.2 变化中的北极

北极地区变化速度的不断加快是大多数科学家共同关注的问题。这一问题既包括变化的速度也包括变化的多样性，既是生态问题又是社会问题。气候变化是北极地区变化的最强驱动力，从自然资源和生态系统功能角度来看，海洋污染的广泛传播以及对北极前所未有的开发使气候恶化。这些变化威胁到了北极生态系统的完整性。了解北极变化需要一个将人类和自然动态结合起来的系统化视角（北极理事会（Arctic Council））。人们对世界各地公海和沿海地区的研究表明，自工业革命以来，海洋酸度水平平均增加了约 26%。此外，海洋生物正暴露在先前经历过的自然变异以外的环境里。全球发展趋势表明，由于污染和富营养化，沿海水域持续恶化。预计到 2050 年，大型海洋生态系统中的海岸富营养化将增加 20%。这就要求人们调查北极地区的可持续性，并审查北极地区的企业在增强海洋环境恢复力方面的作用。

北极理事会

《渥太华宣言》（*The Ottawa Declaration*，1996）列出了下列国家作为北极理事会的成员：加拿大、丹麦、芬兰、冰岛、挪威、俄罗斯、瑞典和美国。为了确保北极地区的可持续发展，北极理事会分 6 个工作组开展工作：

ACAP：北极污染物行动计划工作组，鼓励各国采取行动来减少污染物的排放和其他排放。

AMAP：北极监测与评估计划工作组，监测北极环境、生态系统和人口，并提供科学建议以支持各国政府处理污染和气候变化所带来的不利影响。

CAFF：北极动植物保护工作组，致力于北极生物多样性的保护，努力确保北极生物资源的可持续性。

EPPR：应急预防、准备和反应工作组，致力于保护北极环境，使其免受意外排放污染物或放射性核素的威胁或影响。

PAME：保护北极海洋环境工作组，是北极理事会有关保护和可持续利用北极海洋环境活动的协调中心。

SDWG：可持续发展工作组，致力于促进北极的可持续发展，并改善整个北极社区的条件。

1.3　联合国可持续发展目标

起初引入联合国大会可持续发展目标（SDG）的目的在于改变社会价值观。2015 年 9 月，联合国通过了 17 个新目标（图 1.1）以及 169 个具体目标。其主要目标是消除贫困、保护地球、减少不平等并总体上改善世界上每个人的福祉。"2030 年议程"概述了一项雄心勃勃的行动计划，旨在加强和平与自由，促进人类、地球的繁荣。

目标 14 旨在保护和可持续利用海洋与海洋资源，促进其可持续发展。推进海洋的可持续利用和保护仍然需要有效的战略与管理，以应对过度捕捞、日益加剧的海洋酸化和沿海富营养化所带来的不利影响。海洋生物多样性保护区的扩大、研究能力的加强和科学经费的增加对保护海洋资源仍然至关重要。表 1.1 总结了目标 14 的具体目标和指标。

1—无贫穷；2—零饥饿；3—良好健康与福祉；4—优质教育；5—性别平等；
6—清洁用水和卫生设施；7—经济适用的清洁能源；8—体面工作和经济增长；
9—产业、创新和基础设施；10—减少不平等；11—可持续城市和社区；
12—负责任消费和生产；13—气候行动；14—水下生物；15—陆地生物；
16—和平、正义与强大机构；17—促进目标实现的伙伴关系。

图 1.1　可持续发展目标变革世界的 17 个新目标

表 1.1　目标 14 的具体目标和指标（2016 年）

	目标	指标
14.1	到 2025 年，防止并显著减少各种海洋污染，特别是陆地活动造成的污染，包括海洋废弃物和营养盐污染	海岸富营养化指数和漂浮塑料碎片密度
14.2	到 2020 年，可持续地管理和保护海洋及沿海生态系统，以避免重大不利影响，包括加强其恢复力，并采取行动以恢复生态系统	使用基于生态系统方法进行管理的国家专属经济区的比例

表 1.1（续 1）

	目标	指标
14.3	尽量减少和应对海洋酸化的影响，包括通过加强各层级间的科学合作	在公认的代表性采样站所测量的平均海洋酸度（pH 值）
14.4	到 2020 年，有效管制捕捞，终止过度捕捞，非法、未报告和无管制的捕捞以及破坏性捕捞，并实施科学管理计划，以便在可行的最短时间内恢复鱼类种群，至少使其恢复到能够产生由其生物特性决定的最大可持续产量的水平	生物可持续水平内的鱼类种群的比例
14.5	到 2020 年，根据国内法和国际法，并根据现有的最佳科学信息，保护至少 10% 的沿海和海洋区域	与海洋有关的保护区的覆盖范围
14.6	随着认识到给予发展中国家和最不发达国家适当及有效的特殊与差别待遇应成为世界贸易组织渔业补贴谈判的一个组成部分，到 2020 年，禁止某些助长产能过剩和过度捕捞的渔业补贴形式，取消助长非法、未报告和无管制捕捞的补贴，并避免引入新的此类补贴	各国在执行旨在打击非法、未报告和无管制捕捞活动的国际政策方面取得的进展
14.7	到 2030 年，通过可持续管理渔业、水产养殖和旅游业等途径，增加可持续利用海洋资源给小岛屿发展中国家和最不发达国家带来的经济效益	可持续渔业占小岛屿发展中国家、最不发达国家和所有国家国内生产总值的比例
14.A	考虑到政府间海洋学委员会关于海洋技术转让的标准和准则，增加科学知识，发展研究能力和转让海洋技术，以改善海洋的健康，增强海洋生物多样性对发展中国家，特别是小岛屿发展中国家和最不发达国家的贡献	分配给海洋技术领域研究的预算占总研究预算的比例
14.B	为小规模个体渔民提供海洋资源和市场准入	各国在承认和保护小规模个体渔民准入权的法律、监管、政策和体制框架的适用程度方面取得的进展

表 1.1（续 2）

目标		指标
14. C	通过执行为养护和可持续利用海洋及其资源提供法律框架的《联合国海洋法公约》所反映的国际法，加强如《我们希望的未来》第 158 段所叙述的那样，对海洋及其资源进行养护和可持续利用	在通过法律、政策与体制框架批准、接受与执行《联合国海洋法公约》所反映的与养护和可持续利用海洋及其资源有关的国际法文书方面取得进展的国家数目

2017 年 6 月，在纽约联合国总部召开了支持实施目标 14 的高级别联合国会议（海洋会议）。会议通过了《我们的海洋，我们的未来：行动呼吁》，以支持目标 14 的实施。在会议上，各国政府、联合国、民间社会组织、科学界和私营部门为推动执行目标 14 的具体行动做出了近 1 400 项自愿承诺。海洋行动的 9 个共同体分别是：

1. 珊瑚礁；

2. 《联合国海洋法公约》的执行情况；

3. 红树林；

4. 海洋和沿海生态系统管理；

5. 海洋污染；

6. 海洋酸化；

7. 科学知识、研究能力开发和海洋技术转让；

8. 可持续蓝色经济；

9. 可持续渔业。

目前，已有 1 500 多项自愿承诺。其中一些由北极国家和组织做出，包括：

—海洋行动 16721：冰岛承诺减少海洋垃圾。

—海洋行动 16733：解决冰岛的酸化问题。

—海洋行动 18373：瑞典、挪威、冰岛对北极海洋垃圾（包括微塑料）的研究。

—海洋行动 18818：瑞典禁止在化妆品中使用塑料柔珠。

—海洋行动 18424：采用渔业管理计划，并制定冰岛水域商业捕捞鱼类种群长期预防性捕捞控制规则。

——海洋行动 19375：挪威以海洋污染源为目标减少海洋污染和微塑料的措施。

——海洋行动 19509：瑞典选择性和低影响渔业设备开发及引进推动的工业化研究。

——海洋行动 18382：赫尔辛基委员会确定的波罗的海具有生态或生物意义的海洋区域。

——海洋行动 17174：加强实施赫尔辛基委员会波罗的海行动计划，以支持与海洋有关的可持续发展目标（赫尔辛基委员会）。

——海洋行动 20500：减少海洋垃圾。

污染预防受到高度重视，海洋塑料名列榜首。行动还涉及可持续捕捞以及基于生态系统的管理方法。

1.4　北极国家对"2030 年议程"和目标 14 的承诺

北欧环境和气候部长们敦促采取更坚定的行动，减少海洋中的塑料和微塑料污染。在 2019 年 4 月 10 日的会议上，他们签署了一项包含 11 项关键承诺的宣言。部长们请北欧环境与气候部长理事会编写了一份研究报告，商议减少海洋环境中的微塑料和塑料废物的全球协定应包括哪些具体内容（北欧环境与气候部长理事会（Nordic Council of the Ministers of Environment and Climate），2019）。

1.4.1　挪威

作为一个依赖海洋资源的国家，挪威已率先减少海洋垃圾。最新的富营养化现状报告（2016 年）将挪威近海和外海岸地区划分为无问题地区。挪威监测并记录了 3 个大洋中包括塑料和微塑料的海洋垃圾。与温带水域相比，挪威海表层的 pH 值更容易受到海洋酸化的影响。在过去的 30 年中，其 pH 值下降了 0.13，而全球平均值为 0.1。挪威持续监测海洋酸化，并加强对其影响的认识。海洋中的塑料废物是一个紧迫的全球问题。2017 年 12 月，各国在联合国环境大会上就"零排放塑料到海洋"的愿景达成了一致。挪威还拨款 1.5 亿挪威克朗用于减少发展中国家海洋中的垃圾和微塑料，成立了一个关于建设可持续海洋经济的高级别小组，以提高全球对清洁健康海洋、可持续利用海洋资源与经济增长和发展之间关系的认识

（挪威财政部和外交部（Norwegian Ministry of Finance and Norwegian Ministry of Foreign Affairs），2018）。

1.4.2 瑞典

瑞典于"2030 年议程"（2018 年）中提出了一项保护和可持续利用海洋及海洋资源的行动。瑞典已禁止在某些化妆品中使用微塑料，并正在努力减少最终排入海洋和湖泊的塑料废物量，还采取行动减少污染和富营养化。其海洋和水资源管理局根据生态系统方法起草了提案。在实施目标 14 方面，瑞典非常重视国际合作。政府 2018—2022 年环境、气候、海洋和自然资源可持续利用全球战略是这项工作的核心。瑞典还努力为《联合国海洋法公约》制定了一项雄心勃勃的执行协议，以保护国家管辖范围以外地区的生物多样性。联合国大会在 2015 年 6 月 19 日第 69/292 号决议中决定根据《联合国海洋法公约》制定一项关于养护和可持续利用国家管辖范围以外地区海洋生物多样性的具有法律约束力的国际文书（政府办公室（Regeringskansliet），2018）。

1.4.3 芬兰

芬兰是首批报告"2030 年议程"的国家之一。其报告将粮食安全、水和能源的获取以及自然资源的可持续利用列为优先领域之一，但没有将目标 14 列为重点领域。然而，报告评估中指出，作为起点，芬兰在实现目标 14 方面的进展较为缓慢。海洋健康指数被标记为绿色；然而，对生物多样性十分重要的海洋遗址得到充分保护的占比被标记为红色。芬兰将重点放在目标 8 和 13 上（Prime Minister's Office Finland（芬兰总理办公室），2016）。

1.4.4 冰岛

《冰岛 2020 年关于经济和社区知识、可持续性、福利的政策声明》（冰岛总理办公室（Iceland Prime Minister's Office），2011）包含旨在改善福利、知识和可持续性的愿景及可衡量的目标。在"2030 年议程"的筹备阶段，冰岛积极推动国内外海洋可持续管理等关键领域的发展，并表示根据科学建议以负责任的方式利用海洋资源，在确保粮食安全和繁荣方面发挥至关重要的作用。

1.4.5 丹麦

丹麦政府制订了一项行动计划（The Danish Government，2017），以使2030年的目标适应国情。该行动计划以5个P为中心：繁荣（prosperity）、人民（people）、地球（planet）、和平（peace）与伙伴关系（partnerships）。政府制定了37项目标，它们反映了政府希望优先发展的现有优势领域以及需要改进的领域。每个目标都有一个或两个国家指标，这些指标在很大程度上是可以测量和量化的。

1.4.6 加拿大

加拿大政府在国内和国际上的许多优先事项及计划已经与"2030年议程"很好地吻合。加拿大《2016—2019年联邦可持续发展战略》规定了其可持续发展优先事项，与许多可持续发展目标有关，包括目标14。此外，在2018年预算中，加拿大政府宣布将在13年内提供4 940万美元，用于建立一个可持续发展部门，并资助加拿大统计局的监测和报告活动（加拿大政府（Government of Canada），2018）。

1.4.7 美国

自2016年以来，贝塔斯曼基金会和可持续发展解决方案网络平台一直在跟踪193个国家在实现可持续发展目标方面的进展。他们的报告（2018年）侧重于对G20国家（即二十国集团）的调查，以评估可持续发展目标在机构和政策中的融合程度。在他们的评估中，美国排名垫底。

1.4.8 俄罗斯

博贝列夫和索洛维耶娃（2017年）分析了可持续发展目标与俄罗斯发展目标的符合性，发现目标12~15没有反映在"2020年战略"概述的活动领域中。目前，俄罗斯的注意力集中在社会和经济可持续发展目标上。

1.4.9 北极理事会可持续发展工作组

可持续发展工作组在北极理事会内部解决北极人类维度问题方面发挥着主导作用。其目标是在保护环境的同时，为今世后代建立自给自足、有恢复力和健康的北极社区。可持续发展工作组的工作分为6个主题领域，包括可持续经济活动和自然资源管理。2017—2019年，在芬兰任主席国期间，可持续发展工作组参与了20个项目，并于2019年5月报告了成果。

其中包括《北极恢复力行动框架进展报告》《北极作为粮食生产区的最终报告》（Arctic Council，2019）。

1.5 可持续性框架条件

可持续性领域中的概念、方法和工具数量庞大且不断增加，这意味着需要一个结构化协调框架，包括一个统一的、可操作的对可持续性的定义。关于这一框架的尝试始于 25 年前，现在被广泛称为战略可持续发展框架（Missimer et al.，2002）。该框架是由卡尔-亨里克·罗伯特领导的几位科学家长期努力的结果，其主要特征之一是可持续性的 4 个系统条件，要成为一个可持续发展的社会，我们必须（Robért et al.，2002）：

1. 消除对地壳物质浓度系统性增加的积极作用；
2. 消除对社会生产物质浓度系统性增加的积极作用；
3. 消除对自然系统性物理退化的积极作用；
4. 竭尽所能为满足社会和全世界人类需求做出贡献。

就北极海洋可持续性而言，第一种情况可能适用于北极的石油和天然气勘探。我们应该尝试使用更多的可再生能源，或者那些不会导致气候变化的能源。第二种情况是防止人为事件造成的海洋污染，如石油和化学品泄漏、废水径流或向海洋倾倒其他在海洋环境中不易降解的废物。第三种情况既要警惕过度捕捞的危险，也要警惕物理环境的重大变化，因为这种变化剥夺了生物物种的生存空间，削弱了海洋生物多样性。此外，我们要维护北极社区的福祉，确保他们能够践行他们的传统生计。

该框架遵循系统如何构成的原则（生态和社会原则），并包含系统有利结果的原则（可持续性），以及实现这一结果的过程的原则（可持续发展）。布罗曼等得出结论，需要维持的基本方面包括同化能力、净化能力、粮食生产能力、气候调节能力和多样性（Broman et al.，2017）。就北极海洋环境而言，本书的许多作者认为，人类活动削弱了北极海洋生态系统的这些能力。虽然气候变化正在对北极生态系统产生直接影响，但北极生态系统内的污染物动态也受到影响，即气候变化在某些情况下增强了污染物的流动性及其影响（Gamberg，2019）。

关于可持续性的限制条件，北极的一个基本因素是人为活动的多重并发干扰，以及北极生态系统吸收和再生能力有限。这促使人们研究北极生态系统的恢复力及其局限性。

1.6　恢复力的概念

"恢复力"是环保领域的一种流行说法，它暗示着生态系统可能会从干扰中恢复和复兴。"恢复力"一词描述了生态系统的两个能力：生态系统抵抗和吸收干扰的能力，以及它们的恢复能力（Darling et al.，2018）。"恢复力"最初由霍林作为一个概念提出，以帮助理解具有替代吸引物的生态系统在受到干扰时保持原始状态的能力（Holling，1973）。沃克等将恢复力定义为系统吸收干扰并基本保持相同功能、结构、身份和反馈的方式以进行重组的能力（Walker et al.，2004）。近年来，人们对"恢复力"概念的兴趣急剧增加，它在《巴黎气候变化协定》《联合国可持续发展目标》和《仙台减灾风险框架》等文件中占据了显著位置（Garson et al.，2016）。

1.6.1　海洋生态系统的恢复力

在海洋变暖、酸化、海平面上升和极端天气事件等相关干扰的驱动下，沿海海洋生态系统中气候驱动扰动的强度和频率正在增加（O'Leary et al.，2017）。海洋生态系统是否抵抗、恢复、重组或消失，取决于未来气候变化的极端程度（Darling et al.，2018）。例如，就珊瑚礁来说，达林和科特迪瓦得出结论，它们很可能在未来几十年内变得面目全非。这种生态变化将反过来迫使依赖海洋生态系统的人们改变他们使用和依赖生态系统服务的方式。孔宁斯坦在本书中就巴伦支海的情况也得出了类似的结论（Koeningstein，2020）。这意味着，我们还需要提高人口和社区的恢复力，以帮助减缓即将到来的气候冲击。由对奥利里等（O'Leary et al.，2017）研究成果的回顾可知，即使面对长期慢性的气候压力，仍然存在表明生态系统可以恢复的生态恢复力"亮点"。然而，局部压力源（人为和生物）出现的频率也很高，这阻碍了恢复力的提升。总的来说，遗传多样性似乎是最重要的积极因素，而人类的作用是最严重的消极因素。气候变化对海洋生态系统和生态系统服务的影响不断升级，因此人们需要了解和支持有助于恢复力提高的条件与过程。减少额外的局部压力源，进行海洋空间规划可能是提高恢复力的最有效方法。减少气候干扰对生态系统的累积影响对于维持一些生物结构和源种群至关重要，这些生物结构和源种群可以提供干扰后生物的补充与再生。尽管海洋生态系统面临着来自人类干扰和气候不稳定的耦合累积压力，但它仍然拥有巨大的恢复能力。维持和重建这种能力应该是海洋科学研究和管理的工作重点（O'Leary et al.，2017）。

1.6.2　北极背景下的恢复力

《北极恢复力中期报告》（2013年）中将恢复力定义为"系统保持其核心功能和特性以应对干扰的恢复能力"。它还涉及从不断变化的环境中学习和适应的能力，以及在必要时进行改变的能力。《北极恢复力行动框架》（ARAF）于2017年获得批准。ARAF实施项目的最终报告（Arctic Councit SDWG，2019）强调，北极变暖速度是地球其他地方的两倍（Overland et al.，2018）。许多研究人员将北极变暖速度视为衡量气候变化的指标。有400万人将北极称为自己的家园（Larsen et al.，2014），其中许多人是在北极生活了几个世纪的原住民，他们有着应对环境变化的悠久历史。然而，目前的变化速度和潜在的意外冲击给北极居民带来了前所未有的挑战。

《2014年北极气候影响评估》强调了北极地区正在发生的快速变化，令人大开眼界。北极理事会继续研究影响北极居民和自然系统的物理、生态与社会变化。在瑞典担任北极理事会主席国期间（2011—2013年），北极理事会深切关注北极地区发生的气候变化和其他变化，启动了"北极恢复力报告"（ARR）项目。其最终报告（Carson et al.，2016）得出结论，快速变化是北极地区的常态，而这种变化的主要驱动力在北极以外。温室气体排放导致的气候变化起着特别重要的作用，但移民、资源开采、旅游业和政治关系的转变也在以显著方式重塑北极。该报告还确定了"制度变迁"的定义，即社会-生态系统中的大规模突然变化，并评估了具有恢复力的北极社区的特征。恢复力是一种缓冲和适应压力、冲击，从而应对北极发生的巨大而迅速的变化的能力，与北极居民、北极生态系统以及该地区自然资源的管理和治理息息相关。

北极理事会在建立对北极变化和恢复力的集体理解、促进对话和提供信息特别是北极地区与气候相关的风险信息方面发挥着重要作用（SDWG，2019）。"北极变化适应行动"（AACA）项目预测了三个地区的潜在适应反应，并补充了ARR项目的工作。

2018年，在罗瓦涅米举行的第一届北极恢复力论坛指出，由于生态系统服务中的气候风险，人们在北极的生计面临多重风险（Halonen et al.，2018）。该报告表明，在某些情况下，这些变化是如此巨大和不可避免，以至于改变生计仍然是人们唯一的选择。

1.7　累积影响评估

关于北极恢复力的报告指出，对人类在北极活动的多重影响需要进行累积影响评估。累积影响被定义为因其他过去、现在或合理可预见的行动以及项目引起的增量变化而产生的影响（Walker et al.，1999）。列举的例子有：①若干个别发展的增量影响；②不同影响对同一受体的综合效应；③若干个别无关紧要的影响合在一起具有的累积效应。相应立法要求，环境影响评估应包括累积影响评估和相互影响评估。这是因为累积影响和相互影响产生的环境影响可能是显著的。累积影响评估方法已被用于评估一个区域内生态影响的累积（Franks et al.，2010）以及社会可持续性效益（Fedorova et al.，2019）。有关恢复力方面的文献表明，来自几种应激源的累积影响正在抑制生态系统抵抗和恢复的能力。作为说明，表1.2列出了一些对北极海洋生态系统的累积影响和影响类别，给出了产生的最严重干扰（海洋污染、海洋酸化、遗传多样性干扰和栖息地干扰）和主要原因（沿海活动、捕鱼、运输、油气勘探、旅游业）。此外，表1.3试图说明这些影响的严重程度。

表 1.2　对北极海洋生态系统的累积影响和影响类别

产生的影响	沿海活动	捕鱼	运输	油气勘探	旅游业
海洋污染	径流溢出、废水营养物、塑料	丢失的渔线	船舶废物、漏油	渗漏和溢出	船舶产生的废物、潜在的溢出
海洋酸化	人类活动产生的二氧化碳排放	渔船排放	货船排放	燃烧化石燃料	邮轮排放
遗传多样性干扰	渔业	商业鱼类的偏好	压载水入侵物种		
栖息地干扰	对沿海生态系统的压力	潜在的过度捕捞	船舶交通中断	污染和物理破坏	潜水和娱乐活动

表 1.3　北极海洋生态系统影响的严重程度

产生的影响	沿海活动	捕鱼	运输	油气勘探	旅游业
海洋污染	↑↑↑↑	↑	↑↑	↑↑↑	↑
海洋酸化	↑↑↑	↑	↑↑↑	↑↑↑↑	↑↑
遗传多样性干扰	↑	↑↑↑	↑		
栖息地干扰	↑↑↑↑	↑↑↑	↑	↑↑↑	↑

注：表中图例为

↑↑↑↑	↑↑↑	↑↑	↑	
影响最大	高度影响	中度影响	低影响	无影响或轻微影响

表 1.3 的这种可视化方法具有指示性，缩放直观，目的仅为说明。这里提出的想法是，尽管一些活动目前可能有中度影响或无影响，但多重干扰的累积影响是显著的。在大多数情况下，还有一些活动会产生很大甚至非常大的影响。还需要注意的是，由于全球对北极兴趣的增加，就旅游目的地、航运路线和化石燃料来源而言，预计其影响将增加，并可能使已经很脆弱的北极海洋环境加剧恶化，从而削弱其恢复力。

1.8　行星边界和北极

最后一个要介绍的概念是"行星边界"。这是由斯德哥尔摩恢复力中心的约翰·罗克斯特伦和澳大利亚国立大学的威尔·斯特弗领导的课题组提出的。这一想法（图 1.2）是在《自然》杂志的一篇专题文章中提出的（Rockström et al.，2009）。

"行星边界"概念提出了一组九个行星边界，在这些边界内，人类可以世世代代发展和繁荣。这些边界定义了人类相对于地球系统的安全运行空间，并与地球的生物物理子系统相关联（Rockström et al.，2009）。科学家们试图量化生物物理学的界限，他们认为，在这个界限之外，地球有可能进入一个不同的系统状态。确定关键行星边界的目的是为社会关于可持续性的决定提供信息，并可能用于社会决策过程。

在图 1.2 中，楔形代表每个变量的位置估计值，带斜线的阴影表示安全操作空间。三个系统的界限——生物多样性丧失率、气候变化和人类对氮循环的干扰，已经超过了行星边界（Rockström et al.，2009）。

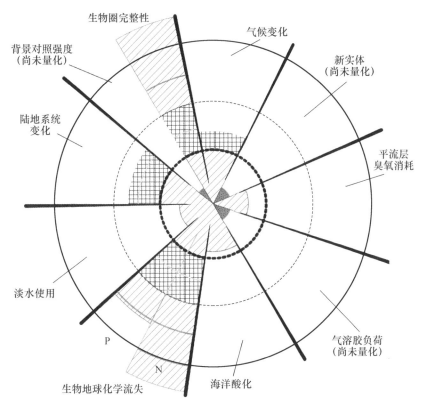

图 1.2　"行星边界"概念（**Rockström et al.，2009**）

基于这一概念，并受到纳什等（Nash et al.，2017）的启发，图 1.3 给出了北极海洋环境相关方面的现状。图中箭头表示潜在的影响，问号表示不确定性。

在全球范围内，遗传多样性和生物地球化学流动，特别是氮的流动受人类活动的干扰最大；磷污染紧随其后，达到临界水平；功能多样性尚未量化。在海洋环境中，当今最令人担忧的问题之一是海洋塑料污染（PAWE，2019），紧随其后的是石油和天然气勘探的污染风险，这可能是北冰洋的一种严重污染（Pavlov，2020）。多种人类应激源加剧了影响的累积。海洋酸化也正在接近临界水平，并在北极受到密切监测。观察结果表明，北极海域的酸化水平高于全球。虽然在全球范围内，气溶胶的负荷量尚未量化，但在北极海域，短期气候强迫因子的存在（如炭黑）令人担忧（Shindell et al.，2009）。此外，气候变化是一个主要的压力源，预计其影响可能会加快。本章将北极海洋环境中的土地利用变化解释为海洋栖息地的变化。如表 1.2 所示，人类活动在很大程度上改变了海洋栖息地，在几个方面产生了累积影响。虽然在全球范围内的用水指的是淡水的使用，但在北极海洋范围内，这可用于确定海产品生产的变化。尽管预计北极将会成为一个粮食生产区，但迄今为止农业对其的影响是温和的（Natcher et al.，2019）。

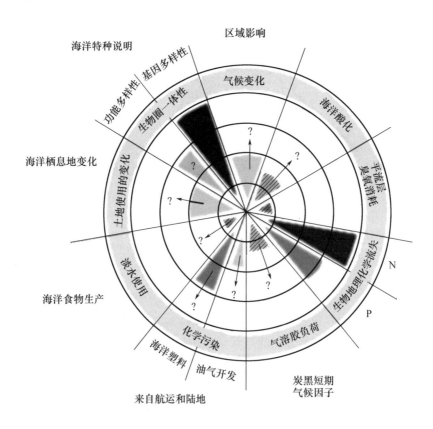

图 1.3 根据纳什等的理论总结的影响北极海洋环境恢复力的过程状态

图 1.3 的可视化结果表明，由于多个应激源对同一受体的累积影响，

在北极，有几个方面已经超越了安全运行的界限，并且有迹象表明影响正在加剧。

1.9　结论

北极已无法满足人类对资源的加速需求，也无法抵御与这些需求相关的生态影响。北极环境状况以及北极资源的使用都表明不可持续性正在加深。我们陷入了资源开发的恶性循环，导致生态系统受损，这将破坏北极居民的生计，进而迫使他们适应并寻找其他生计，导致资源进一步枯竭，并继续恶化，造成恶性循环。

目前，没有一个国家有望在2030年之前实现所有可持续发展目标，但目标14可能是最被忽视的。贝塔斯曼基金会和可持续发展解决方案网络平台（2018年）关于所有193个国家在实现可持续发展目标方面的进展报告表明，就未能实现目标14而言，G20国家在保护海洋环境方面表现最差。这需要改变。大多数北极国家都做出了努力，主要集中在海洋塑料、污染预防，可持续渔业和蓝色经济方面。2019年5月9日，联合国大会通过决议，2020年联合国大会将支持目标14的实施，以保护和可持续利用海洋和海洋资源，实现可持续发展（UNGE，2019）。

本章的信息还表明，北极国家应更好地将累积影响评估作为规划和评估的工具并加以整合。它应被视为预防性可持续战略的一部分，而不仅仅是处理与发展有关的环境影响的独立解决方案（Janes，2016）。

北极海洋可持续性是一个"邪恶的问题"。引入该术语是为了描述"制定不当的社会系统，其中的信息令人困惑，许多客户和决策者的价值观相互冲突，整个系统复杂、烦琐而结果又难以预料，令人困惑，解决方案往往比症状更糟糕"（Churchman，1967）。邪恶问题的道义在于，试图只解决邪恶问题的一部分是错误的。因此，本章的目的是将北极作为一个居住、探索和开发的区域，并认识到当前和潜在的未来影响。我们需要在这些领域之间进行对话，以避免影响累积，科学家们需要评估北极国家和北极资源的影响互动与可持续治理。毫无疑问，北极理事会将带头提供信息和指导，提供最佳方案，以促进北极的可持续发展和环境保护。

参考文献①

Arctic Council. (2016). In M. Carson & G. Peterson (Eds.), *Arctic Resilience Report*. Stockholm: Stockholm Environment Institute and Stockholm Resilience Centre. http://www. arctic - council. org/arr.

Arctic Council. (2019). *Sustainable Development Working Group (SDWG)*. https://arctic-council. org/ index. php/en/about-us/working-groups/sdwg.

Arctic Council SDWG. (2019). *Arctic Resilience Action Framework (ARAF)* 2017-2019 *implementation project*. Final project report, May 2019.

Bertelsmann Stiftung and the Sustainable Development Solutions Network. (2018). *SDG index and dashboard report* 2018. Global responsibilities. Implementing the goals. http://www. sdgindex. org/ assets/files/2018/01 SDGS G20 Summary 2018 WEB V6 110918. pdf.

Bobylev, S. N., & Solovyeva, S. V. (2017). Sustainable development goals for the future of Russia. *Studies on Russian Economic Development*, 28(3), 259-265.

Broman, G. I., & Robèrt, K. -H. (2017). A framework for strategic sustainable development. *Journal of Cleaner Production*, 140, 17-31.

Carson, M., & Peterson, G. (Eds.). (2016). *Arctic resilience report*. Stockholm: Arctic Council, Stockholm Environment Institute and Stockholm Resilience Centre. http://www. arctic - council. org/arr.

Churchman, C. W. (1967). Wicked problems. *Management Science*, 14(4), B141-B146.

Darling, E. S., & Côté, I. M. (2018). Seeking resilience in marine ecosystems. *Science*, 359(6379), 986-987.

Fedorova, E., & Pongrácz, E. (2019). Cumulative social sustainability effects of local energy production value chains. *Renewable Energy*, 131, 1073-1088.

Franks, D. M., Brereton, D., & Moran, C. J. (2010). Managing the cumulative impacts of coal mining on regional communities and environments in Australia. *Impact Assess Project Appraisal*, 28(4), 299-312.

Gamberg, M. (2019). *Threats to Arctic ecosystems*. Reference module in earth systems and environmental sciences. 1 Sustainability in an Arctic Context: Resilience of the Arctic Marine Environment Government of Canada. (2018). *The 2030 agenda for sustainable development*. https:// international. gc. ca/world - monde/issues _ development - enjeux _ developpement/priorities - priorites/ agenda-programme. aspx? lang=eng.

Halonen, M., Sepponen, S., Mikkola, J. & Descombes, L. (2018) *Report of the 1st Arctic resilience*

---

forum 10—11 September 2018 in Rovaniemi. Finland，Gaia Consulting Ltd.

Holling，C. S. （1973）. Resilience and stability of ecological systems. *Annual Review of Ecology and Systematics*，4，1—23.

Jones，F. C. （2016）. Cumulative effects assessment：Theoretical underpinnings and big problems. *Environmental Reviews*，24（2），187—204.

Koeningstein，S. （2020）. Chapter 3：Arctic marine ecosystems，climate change impacts and governance responses：An integrated perspective from the Barents sea. In P. Pongracz & Hänninen（Eds.），*Arctic marine sustainability. Arctic maritime business and the resilience of the marine environment*（pp. 45—71）. Springer Polar Sciences，etc.

Larsen，J. N.，& Fondahl，G. （2014）. Major findings and emerging trends in Arctic human development. In J. N. Larsen & G. Fondahl（Eds.），*Arctic human development report II*. Copenhagen：Nordic Council of Ministers.

Missimer，M.，Robért，K. -H.，& Broman，G. （2017）. A strategic approach to social sustainability-Part 1：Exploring the social systems. *Journal of Cleaner Production*，140（1），32—41.

Nash，K. L.，Cvitanovic，C.，Fulton，E. A.，Halpern，B. S.，Milner-Gulland，E. J.，Watson，R. A.，& Blanchard，J. L. （2017）. Planetary boundaries for a blue planet. *Nature Ecology & Evolution*，1（2017），1625—1634.

Natcher，D.，Yang，Y.，Valsdóttir Th. （2019）. *The Arctic as a food producing region*. Final project report prepared for the Arctic Council's SDWG. February 2019.

Nordic Council of Ministers for the Environment and Climate. （2019）. *Nordic ministerial declaration on the call for a global agreement to combat Marine plastic litter and microplastics*. URL：https：//www. norden. org/en/declaration/nordic-ministerial-declaration-call-global-agreement-combat-marine-plastic-litter-and.

Norwegian Ministry of Finance and Norwegian Ministry of Foreign Affairs. （2018）. *One year closer* 2018. *Norway's progress towards the implementation of the 2030 agenda for sustainable development*. URL：https：//www. regjeringen. no/globalassets/departementene/ud/vedlegg/utvikling/oneyearcloser_2018. pdf.

Ottawa Declaration. （1996）. *Declaration on the establishment of the Arctic council joint communique of the governments of the Arctic countries on the establishment of the Arctic council*. Ottawa：Arctic Council. https：//oaarchive. arctic-council. org/bitstream/handle/11374/85/EDOCS-1752-v2-ACMMCA00_Ottawa_1996_Founding_Declaration. PDF？sequence=5&isA llowed=y.

O'Leary，J. K.，Micheli，F.，Airoldi，L.，Boch，C.，De Leo，G.，Elahi，R.，Ferretti，F.，Graham，N. A. J.，Litvin，S. Y.，Low，N. H.，Lummis，S.，Nickols，K. J.，& Wong，J. （2017）. The Resilience of Marine Ecosystems to Climatic Disturbances. *Bioscience*，67（3），208—220.

Overland，J. E.，Hanna，E.，Hanssen-Bauer，I.，Kim，S. -J.，Walsh，J. E.，Wang，M.，Bhatt，U. S.，& Thoman，R. L. （2018）. *Surface air temperatures［in Arctic report card 2018］*. U. S.

National Oceanic and Atmospheric Administration, NOAA. https://www. arctic. noaa. gov/Report-Card/Report-Card-2018.

PAME. (2019). *Desktop study on Marine litter including microplastics in the Arctic.* 11th Arctic council ministerial meeting, Rovaniemi, Finland, 7 May, 2019.

Pavlov, V. (2020). Chapter 11: Arctic marine oil spill response methods: Environmental challenges and technological limitations. In P. Pavlov & Hänninen (Eds.) *Arctic marine sustainability. Arctic maritime business and the resilience of the marine environment* (pp. 213 – 248). Springer Polar Sciences, etc.

Pharand-Deschênes, F. (2015). *Planetary boundaries.* Available at https://www. stockholmresilience. org/research/planetary-boundaries. html. Stockholm Resilience Insitute/Globaïa.

Prime Minister's Office Iceland. (2011). *Iceland 2020-governmental policy statement for the economy and community knowledge*, sustainability, welfare. https://www. government. is/media/forsaetisraduneyti-media/media/2020/iceland2020. pdf.

Prime Minister's Office Finland. (2016). *National report on the implementation of the* 2030 *agenda for sustainable development FINLAND.* Prime Minister's Office Publications 10/2016.

Regeringskansliet. (2018). *Handlingsplan agenda 2030* (*agenda 2030 action plan.* In Swedish.) 2018 – 2020. URL: https://www. regeringen. se/49e20a/contentassets/60a67ba0ec8a4f27b04cc4098fa6f9fa / handlingsplan-agenda-2030. pdf.

Robèrt, K. -H. , Schmidt-Bleek, B. , de Larderel, J. A. , Basilede, G. , Jansen, J. L. , Kuehr, R. , Price Thomas, P. , Suzuki, M. , Hawken, P. , & Wackernagel, M. (2002). Strategic sustainable development — Selection, design and synergies of applied tools. *Journal of Cleaner Production*, 10 (3), 197-214.

Rockström, J. , Steffen, W. , et al. (2009). A safe operating space for humanity. *Nature*, 461, 472 – 475. https://www. nature. com/articles/461472a.

SDWG. (2019). *Arctic Resilience Action Framework* (*ARAF*) *2017 – 2019 implementation project, final project report.* Arctic Council, Sustainable Development Working Group, May 2019.

Shaker, R. R. (2015). The spatial distribution of development in Europe and its underling sustainability correlations. *Applied Geography*, 63, 304-314.

Shindell, D. , & Faluvegi, G. (2009). Climate response to regional radiative forcing during the twentieth century. *Nature Geoscience*, 2, 294-300.

The Danish Government. (2017). *Report for the voluntary national review.* Denmark's implementation of the 2030 Agenda for Sustainable Development. Ministry of Finance. June 2017.

UNGE (United Nations General Assembly). (2015). *Transforming our world: The 2030 agenda for sustainable development.* UN Document A/70/L, 1. https://sustainabledevelopment. un. org/content/documents/21252030 Agenda for Sustainable Development web. pdf.

UNGE (United Nations General Assembly). (2019). *2020 United Nations conference to support the implementation of sustainable development goal* 14：*Conserve and sustainably use the oceans*，*Seas and Marine resources for sustainable development*，UN Document A/RES/73/292. https://undocs. org/ en/A/RES/73/292.

United Nations General Assembly. （1987）. *Report of the world commission on environment and development*： *Our common future*；*transmitted to the general assembly as an annex to document a/42/427 - Development and international co-operation*：*Environment*；*our common future*，Chapter 2：Towards sustainable development；Paragraph 1.

Walker, L. J. , Johnston, J. （1999）. *Guidelines for the assessment of indirect and cumulative impacts and well as impact interactions.* European Communities，EC DG XI，May 1999.

Walker, B. , Holling, C. S. , Carpenter, S. R. , & Kinzig, A. （2004）. Resilience, adaptability and transformability in social-ecological systems. *Ecology and Society*，9（2），5.

第2章 像海洋一样思考

——北极海洋环境的气候伦理

欧文德·思多嘉儿[①]

"这就是新的气候民主：民有、民治、为地球"
（参议员爱德华·J. 马基与众议员亚历山大·奥卡西奥·
科尔特斯在美国国会共同发起绿色新政决议，2019 年 7 月 2 日）

摘　要： 适当的气候伦理必须考虑到影响北极的大多数环境问题中固有的集体行动问题，如全球变暖和巴伦支海日益酸化。但是，由于所有的环境退化都是在人类实践中发生的，尤其是在市场上采取战略行动的孤立的个人和公司造成的环境退化，像海洋一样思考已经成为北极不同社区公民的共同任务。像海洋一样思考意味着通过在道德和政治上对环境负责来克服环境异化。为了应对化石燃料产品所带来的影响，笔者从海洋酸化的角度描述了气候变化给北极环境带来的可怕后果。在讨论了一些国家管辖范围外资源治理核心的伦理问题之后，我们提出了一个批判性环境理论。最近世界各地以罢工和气候诉讼等形式出现的绿色民粹主义的觉醒表明，环境民主已成为激进民主：公民通过参与社区和民主实践，可以建立自己的环境未来和能源未来。但它也是在由不同但相关的知识社群组成的认知北极的环境下所形成的一种认知民主。

关键词： 气候伦理；全球变暖；公地悲剧；酸化；非剥削；环境民主；交往行为

---

① 挪威北极大学。e-mail: oyvind. stokke@ uit. no.

2.1　问题：民主和海洋公地

在本章中，笔者认为，一个恰当的北极海洋环境气候伦理应该向我们——北冰洋和巴伦支海周边国家的公民——解释我们实际上是如何对这种环境造成各种威胁的。环境不是由我们的实践和制度之外的事物产生的，也不是由我们无法控制的贪婪的政治家或企业利益产生的。无论好坏，它是由我们创造的（Vogel，2015）。在我们设法解决我们创造环境的方式问题之前，这句话无关紧要。以全球变暖这一被认为是人类历史上最大挑战的现象为例，2007 年，俄罗斯国旗被插在北极的海底。这一事件强化了北极因资源所有权在某种程度上的不确定性而成为可供争夺的资源开发疆域的假象（Steinberg et al.，2015）。石油和天然气是这场竞争的目标，也是北极资源王冠上的宝石，但它们也是二氧化碳排放的主要来源，而二氧化碳排放是导致全球变暖的主要原因。这种导致北极海冰酸化和融化的行为使得气候变化成为北极海洋环境的重大威胁之一。气候伦理应该向我们解释什么是应对全球变暖的正确做法。

正如卡尼（Caney，2009）所说，危险的气候变化引起了三种广义上的道德责任：首先，我们有责任利用一切可利用的手段减缓气候变化。我们需要减少排放，保持天然碳储量，通过科学技术增加碳捕集，增加替代能源的使用，并开发和向贫穷国家转让绿色技术。其次，我们有责任使那些受气候变化影响最严重的国家（即南半球的贫穷国家）能够适应气候变化。最后，限制和适应很有可能不会延续，从而产生第三项责任，即对威胁受影响者权利的不利影响进行补偿。然而，尽管人们就如何在国家、公司和个人之间分配这些责任达成了一致，但全球变暖给我们留下了一个名为"公地悲剧"的集体行动问题（Hardin，1968；Ostrom，1990）。公地悲剧指的是一些代理人（个人、公司、国家）相互孤立地行动，在公地上插上各自的旗帜并声称拥有资源主权权利——并且这些行动看起来似乎既合法又合理。但他们的这些私人行动和主张往往要付出资源枯竭与环境退化的代价。

没有人能比环境哲学家史蒂文·沃格尔（Steven Vogel）更清楚地阐述这种集体行动问题了。沃格尔分析了卡尔·马克思的以异化为特征的现代个体状况的著作，指出当一个人造物体或一种社会现象被认为是超出人类认知和控制范围的东西，从而成为一种监督我们并和我们对抗的外来力量时，就会发生异化（Vogel，2012）。根据马克思的观点，在资本主义社会中，人们与他们的经济和社会关系疏远，因为这些关系对人们来说是外部的，表现为事物之间的关系，而不是人与人之间的关系。因此，资本主义产生的危机，如金融危机和气候危机，似乎是自然事实，而不是人们自己行为的结果。

奇怪的是，正是在这个以我们的名字命名的时代——人类纪——人类并没有认识到自己对所栖居环境的塑造和重新塑造。因此，他们将全球变暖归咎于政客、贪婪的个人和公司，或温度的自然变化。但人类纪是人类创造的社会和自然世界的时代名称。虽然环境哲学中的异化通常根据我们对自然的异化进行描述，但现在是时候认识到，我们真正疏远的是环境，而不是自然，并且这种特殊的疏远就我们对环境所做的事情而言会产生致命的后果。正如马克思分析的那样——市场中孤立的、具有战略行动的个人，无法以理性的方式协调他们的行动。以沃格尔为例，他指出关心环境的实业家、渔民或其他工作者都面临公地问题：他们值得称赞地投资绿色技术、保护鱼类种群和开始使用公共交通出行，这实际上对实现防止污染、拯救鱼类种群和防止全球变暖的目标没有太大影响，这就是无关紧要的问题。只要政府不努力限制航班数量或拒绝对航空公司征收碳税，个人出于减缓气候变化的原因而做出停止飞行的决定就不会对气候产生任何影响。但如果个人的决定与气候无关紧要，那么"我可能仍有义务建立能够避免进一步气候变化的社区"。这是将气候变化（和气候伦理）与民主联系起来的道德义务：从市场领域转向政治领域。

为了应对化石燃料产品所带来的影响，笔者首先通过关注海洋酸化描述了气候变化对北极环境的可怕影响。在讨论了一些国家管辖范围外资源治理核心的伦理问题之后，笔者提出了一个批判性环境理论，解释了环境问题是如何通过市场主体或多或少的理性决策的意外后果聚合产生的。此外，笔者认为，作为北极社区的公民，我们的主要任务是参与社区和民主实践，通过这些实践，建立自己的环境未来和能源未来，从而抵制将这些未来留给自由市场力量的不负责任的政策。笔者还认为，民主的一个主要任务是抵制那种市场上的个人和公司正在取代公共论坛上达成共识的演讲者的不负责任的政治思想途径。

笔者对批判性环境理论的阐述以尤尔根·哈贝马斯（Jürgen Habermas）的"交往行为"概念为出发点。哈贝马斯完成了一项独特的研究，将对破坏我们社会和自然生活的货币化及商品化方式的批判方法与解释我们日常社会秩序的语言中介建构这一实证理论结合起来（Habermas，1981）。并且由于大自然不会说话，作为通过语言协调行动的演讲者和倾听者，我们必须回答环境提出的问题（Vogel，1996）。如果环境是由我们通过社会实践建立的，而这些实践就其对环境的破坏性影响而言是不可持续的，那么我们必须批判并最终改变这些实践。

当前全球兴起的为气候而展开的罢工运动被用来说明这种以语言为中介的社会秩序的构建，以及最终的改变，是抵制市场驱动导致自然资源枯竭的一种社会秩序的例证。因此，笔者的批判性叙述为解释当前在全世界自治公共领域正在形成的绿色民粹主义的觉醒提供了依据。一个案例是三个环保组织对挪威石油与能源部提起的北极石油诉讼案。该案件突显了北极市场驱动下的资源治理与民主环境话语之间的紧张关系。

2.2 气候变化对北极环境的某些影响

目前北极海洋环境面临的形势非常严峻。关于斯瓦尔巴群岛的最新报告显示，预计其平均气温将上升 10 ℃（Hanssen-Bauer et al.，2019），这可能导致降雨量增加 65%。随之而来的是降雨和融雪、冰川融化导致的洪水的增加。这些只是报告中的几个主要发现。这些发现与最近发表在《自然气候变化》上的一篇论文一致，该论文记录了北极已成为全球变暖的热点，其中在巴伦支海北部观察到的升温幅度最大（Lind et al.，2018）。该论文的结论是巴伦支海北部可能很快完成从寒冷分层的北极向温暖混合良好的大西洋主导气候区的过渡，并发现变暖的海洋与从北冰洋输入的海冰减少有关。除此之外，北极监测和评估计划第三次报告中的调查结果预计"海洋酸化，特别是与海洋变暖和缺氧相结合，将推动海洋生态系统的变化，并影响北极生物群……海洋酸化很可能会推动巨大的变化，影响北极及其周边地区的人们。这些变化对该地区的商业、渔业、娱乐业以及其他生态系统服务的提供构成了风险"。人为海洋酸化是指由人类活动引起的海水 pH 值的部分降低。在北极，由于低温、淡水供应增加（河流径流和冰融化）和太平洋低 pH 值水的流入，海洋酸化加剧。一般来说，酸化会危害海洋生物，因为酸会溶解贝壳和珊瑚。

这些引人注目的例子表明，与工业化前全球平均气温上升约 1 ℃ 相比，人为排放温室气体（GHG）使北极变暖的速度是前者的 2 倍。然而，2016 年，挪威石油与能源部颁布了一项行政法律决定，在挪威大陆架第 23 轮许可中分配了 10 个生产许可证。包括为东南部工业设立的新勘探面积在内的所有 10 个生产许可证均位于巴伦支海。与这一决定形成鲜明对比的是克里斯托夫·麦克格雷德（Christophe McGlade）和保罗·埃金斯（Paul Ekins）在其关于将全球变暖限制在 2 ℃ 时化石燃料未使用的地理分布的文章中得出的结论——基于成本效益计算和权益考虑，北极的化石燃料资源应该留在地下。此外，在分配与 2050 年 2 ℃ 目标相配套的留待将来开采的部分时，应优先考虑发展中国家（如果有的话）。与成功将全球升温保持在一定水平以下的可能性有关的全球"碳预算"研究估计，2011—2050 年累计碳排放量需要限制在 11 000 亿 t 内，如此在整个 21 世纪将升温保持在 2 ℃ 以下至少有 50% 的可能性（McGlade et al.，2015）。

然而，目前全球化石燃料储量估算中包含的温室气体排放量大约是这一数字的 3 倍，预计到 21 世纪末，这将导致气温上升 2.6~4.8 ℃。即使气温上升 2 ℃，也可能导致干旱加剧、荒漠化、粮食危机和水生疾病易感性的增加。更具体地说，麦克格雷德和埃金斯认为，北极石油和天然气资源的开发以及非常规石油产量的任何增加都与将全球平均变暖限制在 2 ℃ 以下的努力不相适应，"……总的来说，政策制定者快速、完全开发其领土化石燃料的本能与他们对这一温度限制的承诺不一致"（McGlade et al.，2015）。

这一警告或许有些令人惊讶地反映在世界经济论坛最近的一份报告中。该报告指出，世界主要大国之间日益加剧的分歧因阻碍了对气候变化采取至关重要的集体行动而成为我们面临的最紧迫的全球风险（《全球风险报告》，2019）。如果 2008—2009 年的金融危机和 2015 年的移民危机使欧洲与美国的政治路线沿着右翼民粹主义、保护主义前进，那么这对于应对影响北极海洋环境的挑战所需的国际努力来说是个坏消息。

2.3 国家管辖范围外的资源治理

当我们提出"应该如何管理国家管辖范围外的自然资源"这一重要问

题时，我们发现了另一个重要的集体行动问题。位于北极海床下的矿物或化石燃料，就像作为巨大碳汇的水体本身、南极洲的生态系统和冰盖以及大气层本身一样，是众多领土外资源的一部分。在最近有关领土权利的文献中，资源所有权源于资源恰好位于国家边界内，或以对自然资源的持续使用和控制为基础的项目及计划有关的附属权利的观念的改进。在某些情况下，对自然资源的管辖权和控制权被视为"人民"政治自决的一个组成部分（Moore，2015）。但是，当我们的目标是对国家管辖范围外的全球共同资源进行可持续治理时，政治自决、附属或改进似乎都不起作用了。水体或大气的碳汇作为全球的共同财产具有两个特征：①它们的大小使得排除其他用户从中提取资源单元（如吸收二氧化碳分子的能力）很难（但并非不可能）；②对资源的任何使用都会减少资源单元，从而损害其他用户的利益。

共同财产极易被过度使用。个人和国家过度消耗自然资源，特别是可产生大量的温室气体的自然资源，而将环境问题留给市场：通常，人们认为周日驾驶私家车出行产生的排放对于全球变暖而言无关紧要——周日出行的司机实际上没有做错任何事（Sinnott-Armstrong，2005）。但是，从（自利）个人或跨国公司的角度来看似乎是一种理性的行动方式，却导致了一种任何人都不想看到的局面——环境退化、资源枯竭、海洋酸化和危险的气候变化。现在已经严重影响北极环境的全球变暖问题，必须作为一个公地问题来分析。因此一个恰当的北极气候伦理与其说是发展新的美德，不如说是寻找方法来改变人类行为发生的制度环境。这使得作为公民的我们有责任就我们想要的自然环境、社会环境和环境建设采取政治行动。

正如克里斯·阿姆斯特朗（Chris Armstrong）所指出的那样，"不可燃烧的"化石燃料案例从正义的角度来看引起了人们的兴趣，因为那些禁止开采资源的人（行为人）也可能被视为增加了某种成本。

　　表面上确实如此，当正义要求行为人积极保护资源免受威胁时，行为人所做的牺牲，与正义要求行为人不得利用他本可利用的资源时行为人所做的牺牲之间似乎没有深刻的道德差异。在这两种情况下，相对于一个不需要保护的反事实世界，他的利益都受到了影响（Armstrong，2017）。

然而，当行为人无法开采资源时，他有权要求赔偿，但情况并非如此。这里的规范性问题是，当一个存在地下闲置资产的社区结束时，存在机会成本的公平分配问题。在一个以无法平等获得自然资源带来的利益为特征的世界里，我们有理由出于对某些行为人不利地位的普遍担忧而降低机会成本。例如，如果一个贫困社区因为闲置资产而失去了发展的机会，正义要求（某些）有能力支付的国家分担（部分）这些机会成本。首先，与挪威等国相比，刚果或喀麦隆等国的公民享受福利的机会要少得多。其次，有理由预计，化石燃料出口产生的收入可能会造成他们福祉的实质性差异。最后，对于许多贫穷但资源丰富的国家来说，成功实现经济多样化，摆脱目前对自然资源出口的依赖的机会似乎相当渺茫（Armstrong，2017）。相比之下，如果像挪威这样的国家在保留石油储量的时候失去了机会，那么在道德上看起来并不令人担忧。挪威通过开采化石燃料获得了世界上最大的主权财富基金。自 1990 年以来，政府间气候变化专门委员会（IPCC）让人们了解到大气中温室气体的有害影响，但挪威像大多数发达的产油国一样，非但没有停止，反而加强了对这些资源的开采（Caney，2012）。

因此，从历史正义的角度来看，由于获得福祉的机会不稳定，以及与北极石油开采相关的机会成本和环境风险的存在，有充分的理由让这些发达的产油国分担撒哈拉以南非洲贫穷但资源丰富国家的机会成本。然而，如果公民的福祉是我们的目标，那么石油收入的损失也可以通过改变阿姆斯特朗所说的这些国家的"机会结构"来减少（Armstrong，2017）。这可以通过帮助这些国家实现经济多样化来实现，从而为后碳时代的未来开辟一条可行的幸福之路。经济多样化还需要废除经济特区（SEZ）。经济特区的建立是为了通过提供明确、可预测和有利可图的条件，如要求较低的环境保护、较不严格的劳动法，最重要的是低于整个国家的纳税额，来吸引企业。这就是为什么像挪威这样的发达国家应该积极扩大可再生能源的研究和应用规模，从而通过绿色技术转让项目来帮助资源依赖型发展中国家发展。

2.3.1　国家管辖范围外地区的海底矿物

基于哲学中"资源权利"概念和理论的丰富多样性，有必要制定一个规范性框架，以规范对海底矿物或海洋遗传资源的获取，同时应制订相关的利益分配计划。大多数资源权利理论以财产概念为基础，这一概念在海底问题上受到两方面质疑：首先，它以人类居住区为基础，但在某种程度上，与居住区相邻的地方似乎在道德上变得武断。海底表面或下面的矿物或生物多样性不是任何国家的产品，对它们的有效利用也不是服务于各国对资源的掠夺的。其次，它表达了洛克式的"完全个人所有权"思想，无视多种和组合的差异性资源权利。这些权利可以通过各种方式共享和管理，以促进平等获取和共享海洋资源。正如玛格丽特·摩尔（Margaret Moore）所言，对海底的管辖权不能建立在集体自决权的基础上，而必须采取一种工具形式。因此，对海底自然资源的占有、转让和销售的控制权应授权给国际层面（Moore，2015）。

2.3.2　当未开发资源继续向外部提供重要的共同财产时

《联合国海洋法公约》提供了一个广泛框架，使各国可以对距离本国海岸线 350 n mile 的"延伸大陆架"内的非生物资源提出主张。然而，在北极和巴伦支海开采化石燃料属于一种有争议的情形，这不仅因为此举存在经济和环境风险，而且也因为将该地区划分为专属经济区的协议不确定，并且源于公海海底，即延伸到专属经济区外的大陆架的使用和控制权有争议。挪威政府在上一轮许可证发放中提供了 87 个预定的石油开采区域，包括巴伦支海的 53 个区域。然而，实施致力于将全球平均升温限制在 2 ℃以下的政策"……也将导致不必要的持续的大量化石燃料勘探支出，因为任何新发现都不会导致总产量的增加"（McGlade et al.，2015）。出于政治原因，挪威政府多次违背挪威极地研究所提出的科学建议，机会主义地"移动"冰缘（Kristoffersen，2015）。政府的石油战略同时面临三大风险：它具有环境风险，因为被定义为"冰缘"的地区就生物多样性和对人类具有根本意义的生态系统服务而言非常脆弱；由于估计每桶油价高达 80 美元，因此存在财务风险；这在政治上也是有风险的，因为该战略可能引发一场资源竞赛，产生负面的地缘政治和环境后果（Heier，2019）。此外，由于炭黑的排放，开采将大大加剧全球变暖和冰层融化。而不开发会给人类利益带来非排他性和可减损的共同财产，如保护巴伦支海脆弱但高价值的鱼类种群、高价值的生物多样性和大气层的螯合能力。

对国家管辖范围外重要自然资源的开采涉及易被过度利用的共同财产（如大气的同化能力）。从正义的角度来看，它实现了为促进平等获取和分享海洋利益而以各种方式共享与管理的、多元的、不同资源权利的组合。为了促进对北极地区资源的公正和可持续管理，有必要将这种管理从市场引入政治论坛。在这个政治论坛上，不同政治层面的科学、务实和道德的话语可以维持知情的民主决策。

2.4　市场与政治论坛之间：气候危机是一场民主危机

笔者一直认为环境是由我们创造的。这一简单的事实解释了为什么我们迫切需要道德准则，以指导我们个人和集体对北极环境的选择。在这一节中，我想概述一个批判性环境理论，该理论解释了我们的环境问题是如何通过市场主体或多或少的理性决策的意外后果聚合产生的。如果我们的目标是降低这些问题的影响，那么我们需要将人类由市场调节的协调行动转变为在政治论坛向公民呼吁民主环境主义时更为充分的理由，而不是作为市场上的消费者发言。政治理论家特里萨·斯加维纳斯阐述了这种困境是如何在气候政治领域失去影响的：今天占主导地位的气候政策采用的是基于市场的解决方案，而不是如气候政策或环境政策那样直接规制社会功能的措施。没有政策旨在引入或维持管理性政策措施。相反，首选的政治战略是将气候政策的责任和控制权委托给市场中的行为人，最著名的例子是《京都议定书》和欧盟排放交易体系等国际贸易协定。尽管气候政策措施通常被界定为公民个人行为和道德良知的问题，但简单的计算表明，"消费者在超市中出于气候原因做出的选择无法阻止气候变化……全球石油消费正在上升……这仍是一个事实"（Scavenius，2016）。

绿色民主的前景如何？今天，这个以全新一代自主公众为代表的论坛已成为全世界儿童和青少年罢课的场所，抗议政治阶层无法采取行动防止人为气候变化。2019年3月，受邀参加挪威国家广播电台一档节目的13~16岁儿童，指出了化石燃料生产供应端与挪威在2030年前减排45%的国家决心贡献之间的矛盾，并面对面地向政治家提出质疑。这些儿童正在做的，以及计划在未来做的，是采取行动建设他们自己的环境未来——或许是更好的未来，他们在民主选举中缺乏投票权——他们需要说服父母一代为建设这样一个未来而付诸行动。作为论坛上的演讲者（尽管没有投票权），这些儿童表现出哲学家尤尔根·哈贝马斯所说的构成我们社会秩序日常建构基础的交往行为。他们的抗议基于的是他们对知识、社会规范和个人生活项目的共同定义。从演讲者的表述角度来看，这些儿童借鉴了IPCC 的报告、代际正义的平等原则，以及他们对濒危未来的恐惧经历，通过行使他们的交往自由来对政府的萃取主义和环境退化政治说"不"。这些儿童即将自下而上建立一个绿色的政治公共领域。这项令人印象深刻的任务最终导致全球 140 万儿童在 2019 年 3 月 15 日以"未来的星期五"为题罢课。从社会学家视角来看，他们正在整合科学知识、道德正义和个人对未来气候灾难的恐惧，从而使现代性的抽象知识文化体系——科学、道德和个人经验的内部领域——与我们在公民社会和公共领域的日常实践相关。现代社会的挑战之一是"专家文化"的形成，这种文化将不同文化以及普通人的日常生活融为一体。这将产生两个负面结果：第一，各种知识领域的知识潜力，如科学和后传统道德，对社会没有好处——无论是公共领域、私人领域还是政治机构①。第二，人们意识的碎片化。当专家文化与人们的日常生活世界失去联系时，个人很难理解社会及其所包含的具体关系。因此，需要在各种专家文化之间，在知识领域和人们的日常生活之间开辟交流空间。创造和维护这种空间正是全球学校罢课计划实现的目标。然而，北极社区的政治家和作为成年人的公民有责任将在这些交流空间内形成的公众意见纳入议会系统的正式渠道。

此外，在绿色公共领域的交往建构中，这些儿童特别关注代际公平的道德原则。作为气候正义哲学的核心原则，政治哲学家约翰·罗尔斯（John Rawls）在更广泛的层面上证明了这一点。罗尔斯在他的正义理论中强调，在分配权利、收入和自然资源等重要物品时，在我们所选择的原则的正当性中必须给予子孙后代应有的考虑（Rawls，1999）。但仅缔约双方就指导我们分配货物原则规范的有效性达成一致是不够的。他们必须真诚地达成这一协议，相信他们能够在实践中遵循这些原则。例如，当代人对自然资源的消费绝不能给子孙后代造成无法满足上述货物合理分配要求的

---

① 哈贝马斯将其称为"文化贫困"。

沉重负担。综上所述，对渔业过度征税、破坏生物多样性或过度消耗大气吸收二氧化碳的能力可能会威胁到人类的稳定性，如因为无法忍受的限制而导致产生了一个以退缩、愤怒、蔑视和暴力冲突为特征的社会。我们当前的环境危机可以说为研究人员在难以忍受的约束下提供了一种新的可怕的关联性。在新的儿童论点可以被引入的与道德哲学和科学研究进行对话的绿色交往空间中支持并延续这一批判性环境对话，是履行我们道德义务以建立能够避免气候进一步变化的社区的一种方式。

然而，随着孤立的、具有战略行动的市场个体正在取代在论坛上达成共识的演讲者，演讲者可以将抽象知识和日常经验结合在一起的交往空间正在缩小。从市场的角度看，资本主义经济中利己主义动机的成功解放，寄希望于具有复杂风险（乌尔里奇·贝克（Ulrich Beck））、碎片化和"自然"力量的行为人。对于批判性环境理论家来说，通过市场使自然世界客观化发展被概念化为公地悲剧（Vogel，2015）。

与此同时，马克思及其以后的批判理论在对市场批判的悠久传统中存在一个问题，即从来没有，也永远不会有一种独立的，每个人都按照自己利益行事的，并由一只看不见的手来协调的自由市场。这样一个市场必须通过法律来制度化，这一过程是通过某种政治意愿进行调解的政治过程。这意味着将环境问题归咎于市场太快了。更准确地说，个人在市场中的自利取向的副作用可能很好地解释了我们最终是如何导致没人想要的后果的，就像在公地悲剧中一样，但主要问题似乎是政客们放弃了管理公地的使命，把治理——我们对自然的利用——交给了市场力量。因此，这里的问题不是自由市场（它从未存在过），而是新自由主义奇怪的非死亡，对"自由放任"经济政策的意识形态的信仰，以市场的私有化换取民主，以收缩的国家换取生态和社会保护。这是西方民主国家在过去几十年中有意愿、有计划的发展。因为市场总是被涵盖其中，所以这是一种意识形态的表达，其在卡尔·波兰尼（Karl Polanyi）的《大变革》一书中得到著名论证："如果不消灭社会的人类和自然本质，这样的机构就不可能存在任何时间。它会从肉体上毁灭人类，并将其周围变成一片荒野。"（Polanyi，2001）再说一次，如果没有自由市场，当我们开始将环境危机归咎于这个市场时，我们就遇到了问题。更准确地说，那些对自由放任市场的意识形态抱有信心的人，他们是民主政治意志解体的罪魁祸首。

2.4.1 北极海洋环境政治化

北极地区的气候危机从某种程度上来说是一场民主危机。政治家们放弃了管理像采掘业、水产养殖业和渔业等重要领域政策的民主职责。以挪威渔业配额私有化为例。在这一渔业政策意识形态转变后，沿海和峡湾渔民面临的问题之一是配额跟随船只，因此大型船东可以通过购买具有配额的小型船只来积累大量配额——这一过程在实践中是不可能逆转的。因此，船东可以赚大钱，但代价是渔民就业率降低，沿海村庄的当地加工和价值创造减少。冰岛就是一个因经济实力过度集中而导致渔业领域的配额控制终结的可怕例子。在这里，捕鱼配额的私有化导致一些沿海渔民被剥夺了在自己港口外捕鱼的权利。

渔业和水产养殖业是挪威仅次于石油与天然气的最大出口行业，捕捞和养殖的鱼类产品出口到 150 多个国家。在挪威海岸第二大岛塞尼亚，养殖的三文鱼出口额高达数十亿欧元——但其代价是用于运输的卡车和飞机带来了巨大的碳排放量。然而，挪威政府并不想修建通往高北极地区的铁路，这将是在挪威领土上减少二氧化碳排放的一项重大投资。相反，政客们让海产品行业别无选择，只能依靠化石燃料驱动的卡车、飞机或海轮进行运输。

在世界各国儿童提起的几起气候诉讼中，我们可能会看到一种反对石油收入特权国家以及由子孙后代为气候变化迅速加速付出代价的基于市场的政治社会动员，即绿色民粹主义。当国家缺乏制定应对气候变化、提高人民福利和促进经济全球化等重大政策的能力时，民粹主义就会出现。所有政治领域都被视为仅包括市场中的私人活动。然而，相对于导致民粹主义和冷漠的、基于市场的、不平等驱动的路径，还有一条替代路径，即能源系统民主化转型，一部分通过化石燃料撤资和"将其保留在地下"战略，另一部分通过创新和智能基础设施。在这种情况下，一个关键概念是"能源正义"，它强调了消费者和政治家都倾向于将社会能源系统去道德化和非政治化的质疑，同时忽视了"社会能源系统的公正转型也是生活在不同类型社会的决定，而不仅仅是当前社会的低碳版本"。希利（Healy）和巴里（Barry）认为：

能源系统或政权的变革必须解决权力不平等问题，特别是认识到现有能源生产者的权力来自多种途径。例如，在美国，化石燃料公司可参与制定美国能源政策并影响能源转型方案，有效地确保他们从中续享收益。克服这种碳留置续享需要对抗能源企业的力量……除了颠覆性技术创新，我们还需要颠覆性和对抗性的政治行动。撤资运动是此类对抗性和破坏性政治创新的一个典型例子（Helaly et al.，2017）。

鉴于上述气候变化对北极海洋环境造成的可怕后果，撤资（和不开采）政策出于两个原因势在必行：首先，这似乎暗示了挪威《宪法》第112条环境条款所体现的规范性内容（见下文论点）。其次，人类纪中自然的社会建构（或自然）让人类承担了责任——物质环境对我们来说不再是"外部的"，因为我们通过社会实践来创造和再现我们周围的物质环境。这就是为什么说物质环境不是中立的：物质基础设施产生了路径依赖性，这通常伴随着高成本。修建公路而不是铁路使所有人不得不开车或乘坐飞机，而不是火车。同样，对挪威或阿拉斯加外大陆架化石燃料开采基础设施的投资和建设不仅束缚了挪威政府，也束缚了整个社会能源系统——包括供应业和劳动力——平均近20年的钻探时间（Helland-Hansen，2019）。这也是为什么我们需要研究"从开采到最终使用的整个能源生命周期中的能源公正，以提供更丰富、更准确的分析，说明能源政策决策的（不）公正影响"（Healy et al.，2017）。将北极海洋环境政治化意味着承认由于人类影响而改变的自然环境的规范性，并为低碳或后碳能源未来承担责任。虽然我们仍在等待北极理事会成员国在国家层面承担这一责任，但我们也正在见证民主组织下的公民对抗化石燃料生产供应方的社会运动。

2.4.2 像海洋一样思考：不开发的法律和政治

当我们作为市场中的代理人，对包括海洋环境在内的自然环境采取客观化的态度时，我们就会与之疏远。我们不承认自己的行为——能源消耗、对鱼类资源的过度捕捞或塑料污染行为——导致了海洋环境的恶化。但我们已经看到，气候变化和环境退化是个人或公司行为的产物。这一集体行动问题的必要转变可以比作"像海洋一样思考"，即通过政治改变我们的实践和制度，克服市场交易中个体层面的异化，并开始在集体层面协调行动。最近绿色民粹主义的觉醒，用气候法律诉讼和多个国家的学校罢课形式，反对当代人在人为气候变化方面的无所作为，体现了克服环境疏远的战略——这些努力都代表着创建"一种我们所参与的社会实践的决策是通过民主（和法律）话语共同和有意识地做出的，而不是任由自由市场自然运作决定的社会秩序"的不同努力（Vogel，2012）。具体而言，我认为北极石油诉讼——也被称为21世纪的审判——可能是气候民主史上的一个立宪时刻。

2016年5月，挪威石油与能源部在巴伦支海下挪威大陆架的第23轮许可证发放中发放了10个新的生产许可证。5个月后，3个挪威环境组织根据挪威《宪法》第112条对政府提起诉讼。意大利律师乌戈·马泰伊曾询问，与保护我们赖以生存的，包括受到较弱保护的自然环境在内的普通物品相比，我们的自由宪法是否对私有财产的保护力度更大。这种较弱的保护显然是通过海洋酸化、全球变暖和生物多样性迅速丧失等环境危害得到证实的。然而，挪威政府在两年前修订的《宪法》第112条中规定：

> 每个人都有权享有有利于健康的环境、保持生产力和多样性的自然环境的权利。自然资源的管理应基于长期、全面保障子孙后代这一权利考虑。为了根据上述条款保障自身权利，公民有权获得有关自然环境状况以及计划，或实施的任何破坏自然环境的活动的信息。当局应采取措施遵循这些原则。

继哈贝马斯之后，笔者认为司法审查的根本任务是通过拒绝成文法来捍卫和保护宪法中所规定的基本权利，因为成文法将预见性地阻碍未来公民参与民主意志形成和发表意见的机会，或主张为任何成文法或裁决进行辩护的基本权利（Habermas，1992）。

这种义务论的裁决方法对与法院有关的法律的合法性有两方面影响：首先，其裁决应反映沉默的大多数人的声音，即尽可能反映后代成员的声音。其次，它应该关注社会和经济权力精英对立法及决策的影响——这种影响模糊了立法与社会权力之间的界限，并且"宪法国家对纪律形成的需求不亚于对政府行政权力的需求"（Habermas，1992）。公民的利益可能因某些具有社会和经济地位的人行使的权力而受到损害（而不仅仅是政府的侵犯）。这就赋予了法院一项在裁决与立法过程中沟通和程序条件有关的争议性规范的具体职责。石油公司、供应商和其他分包商在多大程度上影响了有关新生产许可证的决定？这个问题也是希利和巴里在他们的文章中结论性意见的基础："虽然促进技术创新很重要，但我们认为需要对社会技术能源转型的特定政治经济进行更具批判性的研究，特别是现有化石燃料主体如何阻碍碳减少的努力，并进一步实施碳留置续享"（Healy et al., 2017）。也许现在是时候问一句，对全球共同利益——大气、海洋和冰层——的威胁是否指向一个历史性的时刻？作为公民的我们要求宪法拿出民主宪法的规范冗余，通过为后代子孙保护这些利益的生态法律。这样，包括高等法院在内的部门，都可以成为保护全球共同利益不受商品化和私有化影响的工具——且不需要制定新的法律，由此才能体现权力分立政策和议会的至高无上的立法权。

根据哈贝马斯的观点，民主理论必须通过"一个相当轻蔑的形象对抗有序社会中的机构"来与那些破坏宪政国家规范理念的社会和政治发展相关联。正如我们所看到的，这种轻蔑的形象目前反映了碳社会能源系统与气候民主不断失衡所造成的大气和海洋的不公平。

2.5 气候伦理中的领土化转向：海洋将何去何从？

如果人类对全球气候的所作所为对海洋有影响——如果气候正义和海洋正义相互关联——那么这将反映目前气候正义讨论中的领土化转向问题。这种讨论可以说有两个方面——减排和适应。关于减排的讨论主要围绕排放份额的公平分配展开。但关于排放份额的合理论据的焦点应该是什么？或者，同样重要的是：在公平的排放份额分配方案中，我们实际分配了什么？减排通常被认为是通过设定将在各国及其居民之间平等分配的排放总量上限来有计划减少温室气体排放。这一观点背后的主导概念是大气正义。在这场平等分配的讨论中，大气被认为是一个能力有限的吸收人类活动产生的温室气体的全球公地。对此，通常的做法是平均分配人均排放配额，即大气吸收能力配额。

然而，通过仔细检查发现，温室气体并不是唯一可以通过与减排措施有关的适当计划进行分配的物品。作为大气的一部分，它们只是自然资源系统的一个方面，比我们通常认为的更贴近陆地。根据埃莉诺·奥斯特罗姆（Elinor Ostrom）对鱼类种群和地下水等公共池塘资源（CPR's）的分析，哲学家梅根·布隆菲尔德（Megan Blomfield）确定了在气候变化减排讨论中我们应视之为全球公共池塘资源系统的资源系统。布隆菲尔德告诉我们，个人从事污染活动时所占用的是资源单位的同化能力，并且资源系统是全球温室气体同化系统（Blomfield，2013）。吸收二氧化碳的不仅仅是大气。碳是通过植物光合作用等化学过程进入碳循环的——无论是牧场、土壤、植物还是森林，它们的功能就像碳汇。但二氧化碳首先被海洋吸收。因为二氧化碳只是从空气中溶解到海水中，所以海洋成为一个巨大的碳汇（Broome，2012）。其他重要的沉积是含有化石燃料的岩石，以及在浅海底部堆积的贝壳形成的石灰岩。在我们称之为文明的时期，碳循环中存在着一种平衡——这种平衡现在被 200 多年前开始的工业化进程打破。布隆菲尔德认为，当海洋和陆地沉积的碳容量被过度利用时，大气中的二氧化碳就会超过其气候极限。

但是谁对陆地和海洋沉积的碳负责呢？重要的是，在很大程度上与海洋沉积相对应的陆地沉积位于可以被认为对其拥有领土权利的国家的边界内，并且可以认为这些国家的公民对隔离式封闭有特殊诉求（Armstrong，2015）。此外，一些国家通过滥伐森林破坏生态系统，一些国家发展智能绿色技术并将其应用于当地社区的环境项目，诸如此类。原则上，当我们制定排放权分配方案时，要将所有这些事实都考虑在内。更重要的是，政府有时可能对目前恰好在其控制下的陆地沉积的同化能力负责。有趣的是，这也适用于海洋沉积，因为这两种情况都会使巴伦支海成为一个热点，并且会加剧损害生态系统的酸化以及藻类和浮游生物的生产（Assmy et al.，2017）。至于公海，即国家管辖范围以外的区域，相关责任应由国际和全球机构共同承担，北极理事会正在通过北极监测与评估计划对北极海洋环境进行监测和研究。

2.6　结束语：智能北极未来？建设社区能源未来

一种恰当的气候伦理必须考虑到大多数环境问题中固有的集体行动问题。笔者认为，北极变暖是公地悲剧的终极例子，每个国家的过度开发导致了一种没有人想要的局面：危险的气候变化和酸化。与北极有关的一个具体挑战是快速的技术发展，它使得控制和开采极端偏远、不适宜居住地区的资源成为可能，从而导致各国在各自延伸的大陆架沿线向北极主张海洋领土权利。其结果是导致政治不稳定和主权冲突。这对北极来说是个坏消息，只有政治手段才能解决公地悲剧。因此，笔者主张可持续气候伦理必须自下而上施行，将居住在北极的人视为不同但有联系的社区公民，而不是将北极作为市场上"贪婪企业"的仓库的消费者。这些公民的任务是让地方、地区和国家当局参与进来：①减少温室气体排放；②创造和维持（自然）碳汇；③在北极地区增加对替代能源的使用，并创造和转让清洁能源技术。北极海洋可持续性的命运走向在很大程度上是北极变暖和巴伦支海日益酸化。但由于所有环境退化都发生在人类实践和制度中，并通过这些实践和制度而发生——特别是在市场中采取战略行动的独立个体和公司，北极不同社区公民的任务就是像海洋一样思考。回想一下，采取行动制止席卷许多北极社区的海洋塑料污染的巨大势头：像海洋一样思考意味着将这种动力转化为我们对环境所做的永久性思考方式。就民主公民参与他们可以建立自己的环境未来和能源未来的社区及民主实践而言，环境民主必须成为全新的民主。但它也是在由不同但相关的认知社区组成的认知北极环境中形成的认知民主。北极地区的大学应与促进市民社会中多元主体形成的利益相关者、当地社区和公司保持一致。公众可以以多视角质询的形式开展审议，通过这种方式，将环境知识、实践、美德、制度和自我实现项目日益融入我们共同生活的世界。从这个意义上讲，强大的社区可以通过维持资源管理与环境保护之间的良好平衡来发展环境民主和资源民主。挪威北极大学的北极可持续能源中心（ARC）在挪威北部的两个沿海社区分别协调实施了两个碳捕获和利用（CCU），以及可再生和智能农村电力系统社区发明（RENEW）的项目。在加拿大，"原住民和北方社区的可持续能源安全伙伴关系"（CASES）由萨斯喀彻温大学会同阿拉斯加、瑞典、挪威和加拿大的 14 个原住民社区，以及学术机构、公用事业和工业界合作发起。这些倡议的共同点是关注分散的能源解决方案，以及私有和/或共享的离线型解决方案。北极理事会有可能成为此类北极社区倡议的论坛。

参考文献

AMAP. (2013). *AMAP Assessment 2013：Arctic Ocean Acidification*. Arctic Monitoring and Assessment

Programme (AMAP), Oslo, Norway. viii + 99 pp.

AMAP. (2018). *AMAP assessment 2018: Arctic Ocean acidification.* Tromsø: Arctic Monitoring and Assessment Programme (AMAP).

Armstrong, C. (2015). Climate justice and territorial rights. In J. Moss (Ed.), *Climate change and justice* (pp. 59-72). Cambridge: Cambridge University Press.

Armstrong, C. (2017). *Justice and natural resources.* Oxford: Oxford University Press.

Assmy, P., et al. (2017). Leads in Arctic pack ice enable early phytoplankton blooms below snowcovered sea ice. *Scientific Reports*, 7. https://doi.org/10.1038/srep40850.

Blomfield, M. (2013). Global common resources and the just distribution of emission shares. *Journal of Political Philosophy*, 21(3), 283-304.

Broome, J. (2012). *Climate matters. Ethics in a warming world.* New York: W. W. Northon & Company.

Caney, S. (2009). Justice and the distribution of greenhouse gas emissions. *Journal of global ethics*, 5 (2), 125-146.

Caney, S. (2012). Just emissions. *Philosophy and Public Affairs*, 40(4), 255-300.

Habermas, J. (1981). *Theorie des kommunikativen Handelns.* Band Ⅰ-Ⅱ. Frankfurt am Main: Suhrkamp Verlag.

Habermas, J. (1992). *Faktizität und Geltung. Beiträge zur Diskurstheorie des Rechts und des demokratischen Rechtsstaats.* Frankfurt am Main: Suhrkamp Verlag.

Hanssen-Bauer, I., Førland, E. J., Hisdal, H., Mayer, S., A. B. Sandø, Sorteberg, A. (eds.). (2019). Climate in Svalbard 2100. *A knowledge base for climate adaptation.* The Norwegian Centre for Climate Services (NCCS). Report 1/2019.

Hardin, G. (1968). The tragedy of the commons. *Science*, 162(3859), 1243-1248.

Healy, N., & Barry, J. (2017). Politicizing energy justice and energy system transitions: Fossil fuel divestment and a "just transition". *Energy Policy*, 108, 451-459.

Heier, T. (2019). *Svalbardienny kaldkrig.* High North News. Uploaded 12.4.2019.

Helland-Hansen, W. (2019). *Jeg har nådd grensen for hva som er etisk forsvarlig forskning.* Nok er nok. Harvest Magazine Online 5.2.2019.

IPCC. (2018). *IPCC special report: Global warming of* 1.5 ℃.

Kristoffersen, B. (2015). Opportunistic adaptation. New discourses on oil, equity, and environmental security. In K. O'Brian & E. Selboe (Eds.). *The adaptive challenge of climate change.* Cambridge: Cambridge University Press.

Lind, S., Ingvaldsen, R., & Furevik, T. (2018). Arctic warming hotspot in the northern Barents Sea linked to declining sea-ice import. *Nature Climate Change*, 8, 634-639.

McGlade, C., & Ekins, P. (2015). The geographical distribution of fossil fuels unused when limiting global warming to 2 ℃. *Nature*, 517, 187-190.

Moore, M. (2015). *A political theory of territory.* Oxford: Oxford University Press. Norwegian Seafood

Federation. (2019). https://sjomatnorge. no/norwegian − seafood − federation/. Accessed 24 Mar 2019.

Ostrom, E. (1990). *Governing the commons. The evolution of institutions for collective action.* Cambridge: Cambridge University Press.

Polanyi, K. (2001 [1944]). *The great transformation. The political and economic origins of our time.* Boston: Beacon Press.

Rawls, J. (1999 [1971]). *A theory of justice.* Oxford: Oxford University Press.

Scavenius, T. (2016). Klimaet kræver politik. Ræson. 26. 26. 05. 2016.

Sinnott−Armstrong, W. (2005). It's not my fault: Global warming and individual moral obligations. In W. Sinnott−Armstrong & R. B. Howarth (Eds.), *Perspectives on climate change: Science, economics, politics, ethics* (Advances in the economics of environmental research) (Vol. 5, pp. 293 − 315). Bingley: Emerald Group Publishing Limited.

Steinberg, P. E. , Tasch, J. , & Gerhardt, H. (2015). *Contesting the Arctic: Politics and imaginaries in the circumpolar North.* London/New York: I. B. Tauris.

Vogel, S. (1996). *Against nature. The concept of nature in critical theory.* New York: SUNY Press.

Vogel, S. (2012). Alienation and the commons. In A. Thompson & J. Bendik−Keymer (Eds.), *Ethical adaptation to climate change (Human virtues of the future).* Cambridge, MA: The MIT Press.

Vogel, S. (2015). *Thinking like a mall: Environmental philosophy after the end of nature.* Cambridge, MA: The MIT Press.

第3章 北极海洋生态系统、气候变化影响和治理对策
——巴伦支海的综合视角

斯特凡·科尼格斯坦[①]

摘　要：北极和亚北极海洋生态系统及其生物资源对气候驱动因素特别敏感。在不断变化的气候下，海洋变暖、海冰融化、洋流变化和海洋酸化将导致鱼类物种在时间、空间上的分布和生产率发生变化，并影响浮游生物、海洋哺乳动物和海鸟的生存及活动。北方生物带和亚北极物种向北极的迁移，以及随之而来的物种组成和生物多样性的变化已经影响到如渔业、沿海旅游业、文化服务业、生物碳吸收和循环等从生态系统服务到人类社会的一系列领域。小规模渔民可能无法适应正在发生的变化。海鸟、海洋哺乳动物和北极标志性物种的减少可能对高北地区的海洋生态旅游与文化价值产生负面影响。越来越多的人为影响，如渔业和污染，将与气候影响相互作用，加剧对北极海洋生态系统的压力。北极圈北部的巴伦支海可以作为一个模型系统，用于了解未来海洋生态系统的变化、对人类的影响及北极变化中的海洋治理对策。适应性、基于生态系统、国际合作和参与性的治理机制将有助于应对北极海洋社会生态系统在适应气候变化方面即将面临的挑战。

关键词：气候变化；海洋生态系统；基于生态系统的管理；海洋生物资源；巴伦支海；北冰洋

---

① 美国加利福尼亚大学圣克鲁斯分校海洋科学研究所。e-mail：stkoenig@ ucsc. edu.

3.1 导言：气候变化对海洋生态系统的影响——北极为早期的预警系统

海洋为人类社会提供了来自渔业和水产养殖的食物供应、碳吸收和气候调节、生物修复、营养循环、娱乐与文化服务等丰富的生物资源和服务（Beaumont et al.，2007；Allison et al.，2015）。众所周知，海洋生态系统和这些资源的生产力易受气候相关驱动因素的影响。随着大气中二氧化碳和其他温室气体含量的增加，地球的气候正在改变，海洋和海洋生态系统也受到气候变化的影响，但我们对这种影响引起的变化还不完全了解（Pörtner et al.，2014；Hoegh-Guldberg et al.，2014）。在不断变化的全球气候下，近几十年来，我们观察到了海洋系统在生态动力学上的变化，并预计在 21 世纪将取得进一步进展。与气候相关的驱动因素，如海洋变暖、海洋酸化（pH 值降低）和脱氧（氧气水平不足），预计将影响海洋生物，推动海洋生态系统结构和动态的变化，并对海洋生物资源的生产力和为人类社会提供海洋生态系统服务的能力产生深远影响（Gattuso et al.，2015；Brander，2012；Allison et al.，2015）。最密切的相关气候驱动因素以及应对方式和恢复力将因海洋区域而异，北极是海洋气候变化的热点（Hoegh-Guldberg et al.，2014）。

由于大气温度的升高和热量输入的增加，海洋变暖，导致海洋生物的空间分布向极地转移，由此造成了海洋生态群落组成的局部变化，生物因超过热耐受极限而在区域内灭绝（Poloczanska et al.，2013）。随着物种的分布范围普遍向两极移动，温带水生物种正在进入北极地区，一些极地物种可能会完全消失。因此，在海洋变暖和海冰减少的情况下，北极食物网正逐步向北极社区转变，预计亚北极鱼类种群将发生显著变化，并对渔业产生影响（Kortsch et al.，2015；Hollowed et al.，2014）。

大气中二氧化碳含量的增加还导致其与海洋表面发生直接化学作用，使海洋酸化。海洋酸化将影响较低营养级的生产力，特别是钙化生物和一些鱼类种群，从而可能改变北极地区的食物网结构和能量转移（AMAP，2013）。

因此，与海洋有关的各种人类活动将受到气候变化的影响，相关的生态变化将成为对海洋系统治理的一大挑战（Charles，2012；Perry et al.，

2010）。然而，各国在经济和营养方面对海洋资源的依赖程度以及因此受气候变化影响的程度存在很大差异（Allison et al.，2009）。各国有多种选择来适应海洋系统的变化，这取决于经济、社会和文化条件（Haynie et al.，2012；Perry et al.，2011）。与此同时，如渔业过度开发等人为影响，可能使气候变化对海洋生态系统的影响恶化（Brander，2012）。由于人们日益认识到海洋生态系统与社会用途之间的多方面相互作用，全世界正在努力建立基于生态系统的海洋及其资源管理办法（Browman et al.，2005；Katsanevakis et al.，2011；Long et al.，2015）。

持续的海洋变暖、海冰融化和生物生产力的变化正导致北方物种迁移到北冰洋。随之而来的生物多样性、栖息地条件和极地鱼类物种竞争的变化对未来的北极渔业管理、生物多样性保护和跨学科科学提出了特殊挑战（Bluhm et al.，2011；Christiansen et al.，2014）。

巴伦支海是一个经过充分研究的北极大陆架海，其在更高的营养水平和重要的社会经济鱼类种群上具有较高的生产力（Wassmann et al.，2006；Loeng et al.，2007；Olsen et al.，2010）。它也是北冰洋的"变暖热点"。由于巴伦支海有大量的生态调查数据，因此它可以作为气候对海洋生态系统和生物资源影响的理想研究区域（Michalsen et al.，2013）。在本章中，将以巴伦支海为重点，系统研究不同气候变化和人为因素对北极海洋生态系统的影响。其目的是提供一个综合的区域视角，并阐释在不断变化的气候条件下基于生态系统的管理进程的潜力。在北冰洋海冰边界沿线的其他亚北极边缘地区，海洋生态系统、资源和预期的情况类似。

3.2 巴伦支海海洋生态系统——气候变化下观察到的和预期的变化

3.2.1 海洋生境、生态系统和生物资源概览

巴伦支海是北极边缘海中最大的海域。这片大陆架浅海的北半部在冬季部分被海冰覆盖，而南半部全年保持无冰状态，并受到北大西洋暖流的影响（Loeng et al.，2007；Wassmann et al.，2006）。巴伦支海的生态系统、资源和持续变化可与其他北极边缘海及邻近亚北极地区，如白令海的季节性冰覆盖区相媲美。

巴伦支海是几种商业上重要的底栖（近海底）和中上层（栖息在水体

中）海洋鱼类种群的栖息地。北极北部地区渔业的主要捕获物种是已被海洋管理委员会（MSC）认证为可持续渔业的底栖鱼类，如大西洋鳕鱼（*Gadus morhua*）、黑线鳕（*Melanogramus aeglefinus*）和绿青鳕（*Pollachius virens*）；中上层鱼类，如大西洋毛鳞鱼（*Mallotus villosus*）和鲱鱼（*Clupea harengus*）；深海鱼类，如喙红鱼（*Sebastes mentella*）、金红鱼（*Sebastes norvegicus*）和格陵兰大比目鱼（*Reinhardtius hippoglossoides*）（Nakken，1998；Olsen et al.，2010；Haug et al.，2017）。

巴伦支海的海底栖息着各种各样的无脊椎动物（>3 000 种），如双壳类（贻贝和蛤蜊）、多毛类（硬毛蠕虫）、甲壳类（螃蟹）、棘皮动物（海星和海胆）、海参类（海参）和海绵（Wassmannt et al.，2006）。沿海底栖生境，特别是巴伦支海东南部的浅水区，受河流淡水和营养物流入的影响。近海底和底栖渔业资源以北方对虾（*Pandalus borealis*）、红帝王蟹（*Paralitodes camtchaticus*）和雪蟹（*Chionoceetes opilio*）等虾类与蟹类为主。

在巴伦支海的海冰覆盖区，冰下生物群落构成了重要的北极生态系统。在这里，附着在海冰下侧的冰藻提供了食物链的基础，占据北极初级生产中相当一部分份额。浮游动物群以这些藻类为食，并对向底栖系统的能量转移（底栖-中上层耦合）做出重要贡献。极地鳕鱼（*Boreogadus saida*）和其他小型鱼类在北极海冰下觅食、繁殖，它们是环斑海豹（*Pusa hispida*）和白鲸（*Delphinapterus leucas*）等海洋哺乳动物的重要猎物。

其他已经适应北极海冰上与冰下生活的海洋哺乳动物包括胡子海豹（*Erignatus barbatus*）、海象（*Odobenus rosmarus*）、海豹、弓头鲸（*Balaena mysticetus*）和独角鲸（*Monodon monoceros*）。北极海冰边缘是竖琴海豹（*Pagophilus groenlandicus*）、黑斑海豹（*Phoca vitulina*）、灰海豹（*Halichoerus grypus*）和北极熊（*Ursus maritimus*）的栖息地。此外，在巴伦支海，多种海鸟以小鱼和浮游动物为食，如黑腿小海鸥（*Rissa tridactyla*）、蓝海鸥（*Larus hyperoreus*）、北富尔马海鸥（*Fulmarus glacialis*）、大西洋海雀（*Fratercula arctica*）、小海雀（*Alle Alle*）等（Wassmann et al.，2006；Loeng et al.，2007）。

3.2.2 巴伦支海的气候波动、气候驱动因素和趋势

众所周知，多年和十年尺度的气候变化会影响巴伦支海的生物生产力与生态系统动态（Yaragina et al.，2009；Drinkwater et al.，2010）。气候波

动、北大西洋涛动（NAO）（Orlova et al.，2005；Dalpadado et al.，2012）和大西洋经向涛动（AMO）（Sutton et al.，2005；Drinkwater et al.，2014）有关。这些气候振荡导致巴伦支海的大西洋水团和北极水团的海洋状况发生变化，引起水温、浮游生物量波动，从而使鱼类种群的食物供应发生波动（Sakshaug et al.，1994；Drinkwater et al.，2006；Loeng et al.，2007）。因此，巴伦支海最重要的中上层和底层鱼类种群，如大西洋鳕鱼、挪威春季产卵鲱鱼和大西洋毛鳞鱼，在生产力和丰度方面表现出对气候的依赖性与相互依存的波动（Hamre，1994；Cury et al.，2008；Bogstad et al.，2015）。此外，海底群落在物种组成和分布方面表现出与气候相关的波动（Wassmann et al.，2006）。

由于这种对气候的依赖，近几十年来在巴伦支海观察到的大幅度变暖预计将在21世纪持续，这将改变海洋生物资源的生产力以及生态系统的组成和运转。政府间气候变化专门委员会（IPCC）使用地球系统模型预测，结果显示，在持续高温室气体排放的情况下，巴伦支海表面的平均温度预计在2100年将上升约5 ℃（Bopp et al.，2013；Collins et al.，2013）。海洋温度升高会导致海平面上升、海冰融化以及海水脱氧，盐度、洋流和分层（垂直水层的稳定性）的变化。

大西洋水团进一步向东北扩散，导致海冰覆盖率下降，预计从21世纪中叶起，巴伦支海将在夏季完全不结冰（Onarheim et al.，2014；Lind et al.，2018）。此外，由于大西洋盐度的上升，受大西洋水域影响的地区的盐度可能上升，但东部沿海地区的盐度则可能因河水流入的增加而下降（Filin et al.，2016）。

预计影响北极海洋生态系统的气候变化驱动因素之一是海洋酸化。海洋酸化是大气与海洋环境之间的直接化学作用，其原因是大气中越来越多的二氧化碳溶解到表层海水中，从而降低海水的 pH 值。由于冷水吸收更多的二氧化碳，且无冰水面面积不断增加，预计高纬度海洋将是最早受到影响的区域之一。到21世纪末，海水中二氧化碳水平预计将从 400×10^{-6}（百万分之几）上升到 $700 \times 10^{-6} \sim 1\,000 \times 10^{-6}$。海水酸化是影响北极海洋生态系统的一个严重问题（Denman et al.，2011；AMAP，2013；Skogen et al.，2014）。

在以下内容中，将概述气候变化驱动因素对巴伦支海海洋生物的生产力和生存的影响。

3.2.3　生物生产力的变化：初级生产和次级生产

在海洋生态系统中，食物网的基础由微小的浮游藻类构成，浮游藻类通过固定二氧化碳（初级产品）产生光合产物。由于季节性无冰水域面积的增加，预计北极地区的年初级产品产量会增加（Arrigo et al.，2008；Manizza et al.，2013）。因此，在巴伦支海的北极地区，由于冰层厚度减小，冰藻产量将增加，初级产品产量预计将略有增加（Ellingsen et al.，2007；Wassmann et al.，2011）。然而，初级产品产量的增加可能会因水域分层的增加而抵消，这限制了浮游植物的养分利用率。此外，冰藻仅占巴伦支海初级产品的一小部分，其中很大一部分属于垂直导出（Sakshaug et al.，1994；Slagstad et al.，2011；Wassmann et al.，2011）。

浮游植物的生产力和组成的变化将给浮游动物的数量带来影响。来自大西洋水域和北极水域的浮游动物的平流与热输送（温度振荡）的潜在变化，以及从北部和东部进入的浮游生物物种（冰川哲水蚤和与冰相关的端足类动物），使得能量流入较高的巴伦支海食物网（Hunt et al.，2013）。浮游动物产量的增加将受到季节性光周期的阻碍。季节性光周期限制浮游植物在春季的繁盛，除非北极浮游动物（如飞马哲水蚤）能够适应温度，或温带浮游动物物种（如从南方迁徙的海哥兰哲水蚤）可以调整它们的生命周期，使之与北极物种相似——能够利用储存在脂肪中的能量在深海越冬（Sundby et al.，2016）。

浮游生物系统的这些变化可能会影响生物碳泵。生物碳泵可将海洋吸收的部分二氧化碳转化为有机物。通过这个过程，水中溶解的无机碳经过光合作用被海洋微藻（浮游植物）吸收，转化为浮游植物生物量，然后进一步被输送到食物网中。一部分浮游生物的生物量沉入海洋深层，在那里被细菌回收利用，也有一小部分永远埋藏在海洋沉积物中。气候变化对较低营养水平生产力的影响可能会波及巴伦支海较高营养水平的食物网。浮游植物和冰藻初级生产力的变化，以及浮游动物群物种组成的变化，如从北极桡足类和端足类到它们的北方同族，可能会进一步影响鱼类猎物的能量含量。

3.2.4　海洋变暖和海洋鱼类种群生产力的变化

最近巴伦支海的变暖与观察到的鱼类和北部磷虾的生物量增加有关

（Eriksen et al.，2017）。加上良好的渔业管理，使得巴伦支海大西洋鳕鱼种群的生物量很高（Kjesbu et al.，2014）。预计未来几十年的气候持续变暖将导致鱼类种群空间分布、生产力和生物量的进一步变化（Stenevik et al.，2007；Hollowed et al.，2014）。巴伦支海的鱼类群落正在向典型的北方物种转变，而北方物种正在退缩，导致食物网结构向更大比例的杂食生物转变（Fossheim et al.，2015；Frainer et al.，2017；Kortsch et al.，2015）。同样，在持续的气候变化下，预计与北极水域相关的浮游动物物种和以大西洋物种为主的浮游动物物种的组成将发生变化（Dalpadado et al.，2012）。这些变化影响了向鱼类种群提供的食物能量，并可能改变巴伦支海食物网的功能和动态（Johannesen et al.，2012）。

鱼类种群对海洋变暖的反应是由物种进化的生理偏好、其他相互作用的环境驱动因素以及食物网和可能的栖息地的限制或便利共同决定的（Pörtner et al.，2010；Koenigstein et al.，2016a）。鱼类种群的一个特别敏感阶段是繁殖阶段。对于巴伦支海的几个鱼类种群，已经确定了繁殖与环境参数（主要是水温）的相关性（Stiget et al.，2006；Ottersen et al.，2001；Cury et al.，2008）。因此，预计未来鱼类种群的成功繁殖将取决于环境参数的变化，也取决于特定生命阶段的栖息地的可用性和连通性，如适合产卵的海底地形。巴伦支海鳕鱼的产卵栖息地位于挪威北部海岸和洛弗顿群岛附近，在温暖的气候下，它会向北迁移（Sundby et al.，2008；Langangen et al.，2019）。

当与大陆架上产卵栖息地的距离增加，与北方物种的食物竞争加剧时，高度专业化的、与冰有关的北极鱼类物种，如极地鳕鱼，将受到海冰消退的严重影响（Hop et al.，2013）。巴伦支海中的远洋鱼类，如太平洋毛鳞鱼，或许能够将栖息地转移到北冰洋，而底栖鱼类预计已经到达向北的极限，可能无法进入更深的北冰洋盆地（Darnis et al.，2012；Haug et al.，2017）。太平洋毛鳞鱼与极地鳕鱼在食物和温度上的偏好相似，是极地鳕鱼的直接竞争对手（McNicholl et al.，2015）。尽管极地鳕鱼在温度升高和季节性海冰提前融化的情况下，短期内会增加其新成员数量（Bouchard et al.，2017），但预计在中长期内，它将被亚北极和北方物种取代（Hop et al.，2013；Renaud et al.，2011）。大西洋鲭鱼（*Scomber scombrus*）已在巴伦支海南部海域被发现（Berge et al.，2015）。在底栖系统中，雪蟹的扩张与水温升高有关（Kaiser et al.，2018）。

3.2.5 海洋哺乳动物和海鸟：海冰消退和食物网变化的影响

以海冰为栖息地的海洋哺乳动物是受北极地区气候变化威胁最显著的物种。在海冰上繁殖和休息的海豹物种，如竖琴海豹和环斑海豹，被迫进一步向北迁移，这增加了它们的觅食难度（Kovacs et al.，2010；Hamilton et al.，2015）。觅食栖息地和富含脂肪的食物种类（如磷虾）的减少导致它们身体脂肪储存减少，并可能导致繁殖失败，从而影响海豹种群的规模（Øigård et al.，2013）。在夏季海冰持续减少的情况下，北极熊会在冰层边界捕猎海豹，它们也被迫进行更长时间的向北迁徙，以寻找猎物（Derocher et al.，2004；Durner et al.，2009）。流动性更强的海洋哺乳动物，如小须鲸和其他鲸目动物，也许能够将栖息地进一步扩展到北冰洋，而无须耗费大量能量（Haug et al.，2017）。

作为恒温动物，海洋哺乳动物和海鸟在生理上不受海洋变暖的直接影响。然而，通过食物供应的变化，观察到许多海鸟和海洋哺乳动物种群受到海洋鱼类或浮游生物食物丰度变化的影响，它们确实可以成为气候变化下海洋食物网变化的敏感生态指标（Simmonds et al.，2007；Durant et al.，2009）。与气候变暖相关的鱼类数量变化，加上海冰减少，正在影响巴伦支海地区的鸟类和哺乳动物物种（Descamps et al.，2017）。

在巴伦支海地区，研究人员观察到大西洋角嘴海雀、普通海鸥（*Uria aalge*）和刀嘴海雀（*Alca torda*）的成年存活率与较高的海面温度呈负相关性。最近观察到的黑腿三趾鸥和厚嘴海鸠（*Uria lomvia*）食物成分变化的负面影响表明，在巴伦支海持续的气候变化下，这些鸟类可能会受到生态变化的不利影响（Sandvik et al.，2005；Barrett，2007；Fluhr et al.，2017）。

巴伦支海的海洋哺乳动物，如竖琴海豹和小须鲸，在太平洋毛鳞鱼和鲱鱼丰度较低的年份，身体状况会受到负面影响（Bogstad et al.，2015）。在巴伦支海持续变暖的情况下，这种情况可能会变得更为普遍，因为大西洋鳕鱼和黑线鳕的产量及生物量预计会因更快的生长与成熟而继续增加。人们认识到，其他现象，如同类相食行为的增加以及猎物在可利用性上的变化，可能会削弱这种负面影响（ICES AFWG，2016）。近年来，挪威北部海岸附近的虎鲸和其他齿鲸的数量不断增加，它们食物中的远洋鱼类

（鲭鱼和鲱鱼）比例增加，而端足类生物和磷虾数量减少（Nøttestad et al.，2013）。

3.2.6 海洋酸化：对海洋食物网的潜在影响

海洋酸化，即通过增加大气中二氧化碳的溶解量来降低水的 pH 值，预计将在 21 世纪持续影响海洋生态系统。预计到 21 世纪末，北极水域将成为世界海洋 pH 值变化最高的水域之一；到 21 世纪中叶，北极水域会对一些产壳生物产生腐蚀性（AMAP，2013；Skogen et al.，2014）。这可能会影响海洋生物在未来海洋 pH 值下的生存、生长和代谢性能（Cooley et al.，2009；Denman et al.，2011）。实验室研究发现了海洋酸化对海洋生物和生态系统的各种潜在影响，包括对造壳生物、软体动物（贝类、海洋蜗牛）、海星和海胆等棘皮动物、珊瑚与钙化微藻造成的负面影响（Wittmann et al.，2013；Kroeker et al.，2013）。

海洋酸化对海洋浮游植物进行初级生产过程的影响尚不清楚。虽然光合作用通常会受到更高可用二氧化碳量的积极影响，但深层稳定性的提高可能会减少地表光区的养分输入，并限制初级生产。目前尚不清楚不同种类的浮游植物将在多大程度上受到海水变暖和海洋酸化共同造成的日益严峻的环境的负面影响。由于两个重要的浮游植物类群（颗石藻类和有孔虫类）和一些浮游动物（如翼足类或海蝴蝶）具有钙质外壳或结构，因此怀疑它们将受到强酸化的负面影响（Le Quéré et al.，2004；Kroeker et al.，2013）。虽然有实验表明，北极浮游植物群落可以补偿海洋酸化效应带来的负面影响，但与温度升高、紫外线辐射和其他驱动因素的相互作用仍有待进一步研究（Gao et al.，2017；Hoppe et al.，2018）。

科学上还不确定的问题是，海洋酸化是否会影响未来鱼类种群的繁殖，因为早期生命阶段是种群对多种环境驱动因素敏感的瓶颈期（Pörtner et al.，2010；Koenigstein et al.，2016a）。有实验表明，21 世纪末的二氧化碳水平将会对巴伦支海鳕鱼的卵和幼虫产生负面影响（Stiasny et al.，2016；Dahlke et al.，2017）。因此，持续变暖和海洋酸化的综合效应可能导致巴伦支海鳕鱼平均繁殖成功率严重下降，但目前尚不清楚通过进化来适应这些生理压力的可能性（Koenigstein et al.，2018）。相反，综观群落研究表明，对于鲱鱼幼鱼来说，在二氧化碳可用性增加的情况下，一些幼鱼可以间接受益于初级生产的增加（Sswat et al.，2018）。

亚北极地区深水中的冷水珊瑚礁是受到海洋酸化威胁的首批栖息地之一，因为海洋酸化会导致构成珊瑚礁基础的碳酸钙骨骼溶解，并导致珊瑚生长减慢（Roberts，2006；Büscher et al.，2017）。因此，海洋酸化、深水变暖和可能的脱氧共同威胁着巴伦支海入口处这些敏感的深海生态系统。深水珊瑚礁的消失预计将对海洋食物网产生影响，因为它们是丰富的底栖生物群落的家园，也为一些底栖鱼类提供栖息地、产卵和觅食场所（Turley et al.，2007）。

因此，海洋酸化对生态系统的影响仍然存在许多科学上的不确定性，特别是在与其他气候变化驱动因素相互作用时（Riebesell et al.，2015）。物种多样性相对简单的北极海洋食物网预计比物种多样性较复杂的生态系统更容易受到某些关键或瓶颈物种的影响（Wassmann et al.，2006；Duarte et al.，2012），并且巴伦支海北极鱼类群落的功能冗余最近有所减少（Aune et al.，2018）。因此，必须谨慎对待海洋酸化对北极海洋生态系统的潜在影响，需要进一步研究以了解北极海洋生物和生态系统对海洋变暖与酸化的综合反应。

3.3 气候变化对生物资源使用者的影响，以及由此带来的可持续治理挑战

3.3.1 对海洋渔业的影响和适应问题

巴伦支海是北极边缘海之一，与北冰洋内部相比，这里的渔业目前发挥着更大的社会经济作用。然而，随着气温持续升高和海冰减少导致的海水分布变化，预计北冰洋边缘的渔业产量将增加（Christiansen et al.，2014；Haug et al.，2017）。近几十年来，在巴伦支海观察到海冰分布向东北部转移，即进一步向北极转移，预计随着水域逐渐变暖和北极海冰融化，这种趋势将继续下去。这将提高北极及其边缘海域海洋渔业的潜力（Hollowed et al.，2014；Haug et al.，2017）。巴伦支海在挪威和俄罗斯渔业中占有重要地位，其捕捞渔业可分为工业近海船只捕捞和小型沿海渔业。

因此，渔业部门将被迫适应亚北极鱼类种群的位置和分布范围、规模和季节性迁徙的变化。渔民可能需要更高的燃料成本，并且可能需要根据新捕捞目标鱼的大小和空间分布情况调整渔具及捕捞方法。不同渔船队伍

的适应能力存在相关的社会差异。位于挪威西部和南部的工业化近海船队以中上层与底栖鱼类种群为目标，并跟踪鱼类长距离迁徙，收获了最大份额的渔获物。相比之下，挪威北部沿海和小规模渔业的就业人数超过 4 000人，几乎占挪威渔民的一半（Fiskeridirektoratet，2018）。该船队可能会受到巴伦支海鱼类种群分布范围变化的更大挑战，因为其较小的船只可能无法跟踪远离海岸的鱼类种群。此外，峡湾的本地种群，如沿海鳕鱼，代表高度分散的亚种群，交换位置程度低，减缓了本地枯竭种群的恢复速度（Myksvoll et al.，2013）。然而，这些沿海渔业在挪威北部较小的社区具有高度的区域社会经济价值。石油行业对受教育工人的外部拉动，渔民的生计、就业选择，以及社会结构是北方社区稳定的相关因素（West et al.，2010；Dannevig et al.，2015；Koenigstein et al.，2014）。因此，即使在对国家层面经济影响有限的情况下，鱼类种群的变化也可能对当地和区域社区产生巨大影响。

从管理角度来看，捕捞种群范围变化是一项适应性挑战，可能需要进行技术和监管调整。渔获量配额的国家和国际分配、渔具条例（如渔网的类型和网目尺寸）以及某些类型捕捞船只（如底拖网）的尺寸或禁区条例可能需要调整。海洋鱼类种群跨越国界分布的情况会带来特殊的治理挑战，如重新谈判配额协议（Pinsky et al.，2018）。挪威和俄罗斯共同管理巴伦支海鳕鱼种群是国际合作的一个很好的例子，这成功地适应了跨越政治边界的目标渔获物种的生活史和环境变异性情况（Eide et al.，2013）。相反，在最近大西洋鲭鱼和挪威鲱鱼种群的案例中，种群的变化导致欧盟和挪威一方与冰岛和法罗群岛一方之间产生了关于渔获量配额分配的政治争议。

海洋温度的上升也可能促进北冰洋沿岸的海洋水产养殖设施的发展。巴伦支海区域渔业部门的利益攸关方通常预计未来鱼类市场价格会上涨；并且由于气候变化可能会给世界一些地区的农业粮食供应带来问题，渔业生产部门必须在世界粮食生产中占有越来越大的份额，最大限度地提高长期渔业产量，并增加水产养殖份额（Koenigstein et al.，2014）。

3.3.2　对沿海旅游业的影响

海洋在旅游和娱乐方面发挥着重要作用。休闲海上捕鱼项目中约有800 万~1 000 万从业人员，是一个具有社会经济意义的重要行业。休闲渔业和相关旅游业可以为小规模渔民提供替代性生计，但旅游活动也在一些沿海地区与专业渔业争夺空间。挪威北部的旅游区与北极和亚北极峡湾以及巴伦支海沿岸地区紧密相连。包括交通、住宿和餐饮、旅游和旅游公司在内的旅游业是一个重要的雇主，尤其是在挪威北部，它们提供了约18 000个就业机会和6%的总附加值。仅休闲海上捕鱼一项就在北部创造了约1 100万欧元的价值（Klima et al.，2011）。

最受欢迎的猎用鱼包括大比目鱼、产卵大西洋鳕鱼、鲶鱼、鲽鱼和绿鳕。体育与捕鱼旅游业在挪威北部的罗弗敦和西奥化群岛尤为相关。据报道，一些猎用鱼物种的出现与每年的鳕鱼产卵迁徙有关，最近挪威正从该种群的高产卵数量中获利。除了海上捕鱼外，沿海旅游业还围绕着与自然相关的活动，如赏鲸、海豹和海鸟之旅，皮划艇，徒步旅行和露营，以及作为挪威人民文化遗产的小规模渔业和海上活动（NMTI，2012）。挪威北部的旅游业与小规模捕鱼密切相关，因为船只、港口和相关活动（如养殖鱼类）对游客具有强大的吸引力，而且许多小规模渔船所有者季节性地使用船只进行专业捕鱼以及体育捕鱼或其他与旅游业相关的娱乐活动。

与气候有关的鱼类、哺乳动物和海鸟的变化可能会对高北极地区的旅游业产生影响。鲸的出现与其猎物有关，如小鱼和磷虾。罗弗敦、西奥伦和特罗姆瑟地区观鲸企业的成功主要依靠观赏抹香鲸与座头鲸。尽管近年来在特罗姆瑟地区虎鲸（*Orcinus orca*）的出现已经催生了商业性的观鲸活动，但由于其具有不可靠性，因此其无法作为旅游业的支柱。随着在许多地方观察到的海鸟数量减少，并且在气候变化下这种现象可能会变得更加频繁，旅游经营者提供的旅游替代品进一步减少。因此巴伦支海沿岸的旅游经营者在很大程度上依赖于某些当地丰富的物种（抹香鲸、座头鲸和虎鲸、鳕鱼、大比目鱼、海豹）。对于旅游经营者来说，重要的参数是目击概率和旅游船从海岸出发的距离，因此距离海岸太远的目标物种数量减少、迁移或分布变化使其无法提供旅游产品。鲱鱼、磷虾和其他猎物数量的变化，以及航运和勘探活动可能增加的海洋噪声，对北极的生态旅游业产生长期影响。

3.3.3　进一步影响：文化服务和价值观、生物多样性和碳固存

虽然旅游经济可以作为娱乐价值的间接指标，但当地娱乐价值和与海洋生态系统相关的其他文化价值却难以量化。鲸、海鸟、海豹和其他顶级

食肉动物是海洋生态系统中最亮眼的部分，对大部分人和游客来说具有很高的美学与教育意义。除了娱乐，沿海海洋生态系统还提供美学服务、宗教和精神服务、文化认同以及教育和研究的选择。这些服务中的大多数难以以货币为基础进行量化，但仍具有社会价值。

重要的是要考虑到，在许多北极社区，渔业不仅会对当地经济产生影响，而且会明显影响该地区的文化和教育生态系统服务。大西洋鳕鱼在罗弗敦群岛和诺德兰、特罗姆瑟和芬马克地区具有特殊的文化意义。对于许多沿海社区来说，经济活动与海洋环境密切相关，在峡湾和沿海地区捕捞鳕鱼的文化与历史意义远不止于此。此外，适应气候变化必须在人口老龄化和这些偏远社区的挑战下进行（West et al.，2010；Danneving et al.，2015）。

此外，海洋生态系统的一般功能和生物多样性以及冷水珊瑚礁等稀有生态系统可能受到气候变化的威胁。这种高度敏感的生态系统对当地生物多样性和当地营养物质及碳循环具有重要意义。此外，它们代表了一种文化价值，为教育和研究提供了独特的生态范例。由于其独特性，评估研究表明挪威公众非常愿意出资保护冷水珊瑚礁（Aanesen et al.，2015）。

具有高度社会相关性的海洋生态系统服务之一是通过从大气中固存和输出碳来调节气候（Le et al.，2004；Beaumont et al.，2007）。生物碳泵通过初级生产吸收二氧化碳，并主要通过下沉颗粒将其输出至深处。首先，挪威的经济估算表明，酸化介导还原的生物碳吸收相关成本可能比对渔业和水产养殖的影响高几个数量级（Armstrong et al.，2012）。然而，在决定未来生物碳吸收变化的低营养水平的生物地球化学参数和生物过程方面，仍然存在高度的科学不确定性。北冰洋海冰的减少可能导致先前被海冰覆盖的区域的生物增加对二氧化碳的吸收。然而，由于来自河流的淡水流入量增加而导致的分层增加可能会对其进行抵消（Wassmann et al.，2006；Wassmann et al.，2011）。

3.4　气候变化下的海洋生态系统变化是北极海洋治理面临的挑战

3.4.1　生态系统响应与人为驱动因素间的相互作用

虽然本章的描述集中在巴伦支海，但在其他北冰洋海域也观察到并预测了浮游生物组成、鱼类种群生产力和对顶级捕食者的间接影响方面的类似变化（Darnis et al.，2012；Hunt et al.，2002；Hollowed et al.，2014）。显然，必须强调的是，气候变化对北极海洋生物的影响并没有通过线性因果途径得到充分描述。相反，海洋变暖、海洋酸化和海冰减少等驱动因素将与海洋学变化以及氧气损失、紫外线辐射增加等其他驱动因素相互作用，从而塑造北极海洋生态系统的未来。

对海洋生物的直接影响由食物网中的物种相互作用调节，从而对其他物种产生间接影响，并改变生态群落的动态（Kordas et al.，2011）。因此，调查气候变化对海洋鱼类种群和生态系统的影响必须综合生物学科与不同组织的生态水平（生物体、种群和社区水平）。除此之外，它还必须建立在对潜在受影响的生物过程的理解之上，包括相互作用和反馈（Doney et al.，2012；Sydeman et al.，2015；Pörtner et al.，2010），以便改进对未来变化的预测，并描述与管理相关的生态权衡（Metcalfe et al.，2012；Koenigstein et al.，2016a）。

在海洋生态系统中，生态反馈可能在一定程度上缓冲对海洋物种的影响，但也可能导致突然和意外的管理体制转变。由海洋食物网一个要素的变化引发的级联效应，极有可能发生在北极的简单食物网和像巴伦支海那样的具有某种程度自上而下（捕食者）控制的系统中。该效应能够导致气候变化下的食物网重组（Mangel et al.，2005；de Young et al.，2008）。生态相互作用可以在确定鱼群分布时超越鱼群的生理温度偏好。例如，在最近的气候变暖条件下，巴伦支海的两种鱼类——鲭鱼和黑线鳕的平均生存环境温度实际上已经下降（Landa et al.，2014；Sundby et al.，2016）。因此，对北极物种的未来分布、丰度和生产力不应简单地从目前预计将迁移到北极的亚北极物种中推断，而有必要从生态学角度进行分析。

海洋生态系统动态行为的重要决定因素之一是渔业的开发程度（Brander，2012；Rijnsdorp et al.，2009；Fogarty et al.，2016）。捕鱼压力将影响北极海洋食物网对环境驱动因素的反应，如对生产、年龄结构和鱼类种群进化施加影响（Jorgensen et al.，2007；Perry et al.，2010）。此外，在持续的气候变化下，通过人为影响的变化，生物将受到间接影响。随着目标物种在巴伦支海向北和向东分布，渔业预计将进一步向北极移动，底拖网渔业将进入以前海冰覆盖的区域，并可能损害高度敏感的底栖生境，影响海绵、海星、海扇和软珊瑚等固着生物，以及深海章鱼、海蜘蛛和海参等海底生物（Jørgensen et al.，2015）。底栖生物的变化也可能因为捕食压力的变化而受到远洋鱼类物种变化的影响。

另一个例子是，随着巴伦支海石油资源勘探力度的加大，预计在北极冰盖消退的情况下，石油泄漏风险将增加。石油化合物可能对海洋生物产生毒性影响，特别是对敏感物种或在生命早期阶段，正如在一些鱼类幼体和浮游动物物种中发现的那样，这些影响可能加剧海洋变暖和海洋酸化造成的生理压力（Ingvarsdóttir et al.，2012）。虽然本书之后的章节将更详细地讨论海洋产业对海洋生物的生态影响，但必须指出，人为影响可能与气候变化驱动因素相互作用，并导致对海洋生物产生附加或协同影响，在这些互动效应方面，存在着与治理相关的重大科学知识缺口。

3.4.2　整合潜在的生态系统变化和用户群体的适应

本章所描绘的巴伦支海的生态变化说明了北极气候变化不断发展的趋势，同时强调了生态系统水平评估以及能够应对意外变化的适应性治理制度的必要性。海洋系统的非线性行为，产生诸如临界点、制度变迁和多重平衡等现象，是海洋领域基于科学的治理和社会适应气候变化的首要挑战之一（Perry et al.，2011；Rice et al.，2014a）。这些问题也可能源于与人类开发的相互作用，而社会对快速环境变化的缓慢适应在过去导致了海洋生物资源的过度利用和崩溃（Hannesson et al.，2006；Pershing et al.，2015）。

挪威北部和巴伦支海区域的利益攸关方在适应气候变化影响的能力方面存在很大差异。一些用户群体，如小规模渔民和当地旅游企业，在气温波动和气候变化下，对潜在生态变化的适应选择明显较少。巴伦支海区域的这些利益攸关方有兴趣将环境波动、鱼类物种之间的生态相互作用，以及初级和次级生产力的变化更好地纳入科学预测与管理过程（Koenigstein et al.，2016b；Tiller et al.，2016）。

为了评估气候变化和社会利用对海洋生态系统的影响，基于生态系统的管理战略的重要性日益得到人们的认可，生态模拟模型是这方面的重要工具（Crowder et al.，2008；Plaganyi，2007；Essington et al.，2011）。气候变化和海洋酸化会影响广泛的生物过程，以及各营养层级的相互作用，还有如过度捕捞和污染那样的人为因素的相互作用。这项复杂的任务需要开发先进的综合各种生物中不同过程的影响并结合实验结果的模型（Blackford et al.，2010；Koenigstein et al.，2016a）。

巴伦支海与气候有关的生态变化可能影响到的各种用户群体表明，对北极海洋生态系统的未来变化不应仅从部门角度（如渔业管理角度）来处理。不同资源和社会用户群体之间存在重要的生态与社会权衡。食物网对鲸、海鸟或较低营养层级的影响将导致鱼类供应和其他生态系统服务之间的相关治理和协调。例如，减少渔业开发可能有助于确保哺乳动物与海鸟的数量及其提供的文化和娱乐服务能力。此外，在鱼类种群水平较高的情况下，如目前巴伦支海鳕鱼种群，增加其捕捞量可以减少对饲料鱼类的捕食，从而减轻哺乳动物和海鸟的觅食压力（Bogstad et al.，2015）。

因此，巴伦支海体现了基于生态系统的管理方法的前景和效用，物种相互作用和环境驱动因素的某些方面已经被纳入渔业管理制度（Gjøsaeter et al.，2012）。一个重要的新工具是海洋系统的区域端到端模型，它有助于了解生态系统过程、改进生态系统调查和评估综合管理战略（Michalsen et al.，2013）。端到端模型 ATLANTIS 是目前巴伦支海可用的模型之一（Hansen et al.，2016；Hansen et al.，2019）。海洋生物资源的生态权衡、观察到的和即将发生的生物分布与生产力变化，以及用户群体适应能力的差异，都表明有必要推进具有适应性、以科学为基础的北极海洋区域治理框架，将环境变化和生态系统的相互作用结合起来，以适应北极气候变化的影响。

3.4.3 巴伦支海：北极海洋生物资源生态系统治理的范例

已确定的生态变化和受影响的用户群体受到巴伦支海地区一系列治理机制的制约。这些可以作为一个例子，为未来气候变化下海洋生态系统服务和受影响的其他北极地区社会群体的变化确定管理与适应备选方案。巴伦支海的渔业由挪威-俄罗斯联合渔业委员会在国际合作下管理，非法捕捞活动实际上已经杜绝（FAO，2013）。渔获量配额是根据国际海洋探索理事会（ICES）和海洋研究所的科学建议制定的（Mikalsen et al.，2001）。国家和区域渔业协会加入管理委员会，渔民提供捕捞日志为鱼类种群管理提供信息，并由渔获量控制系统监督（Johnsen，2013；Jentoft et al.，2014）。

近年来，挪威逐步将基于生态系统的方法的许多方面纳入渔业管理

（Gullestad et al.，2017）。2016 年，其对巴伦支海鳕鱼种群的捕捞控制规则进行了调整，以允许在高种群水平下增加捕获量，目的是减少对饲料鱼的影响，以及可能与哺乳动物和海鸟种群的协调（Skern-Mauritzen et al.，2018）。

自 2007 年以来，挪威对巴伦支海和罗弗敦群岛周围地区的综合管理计划规定了对海洋生态系统、人类使用及其生态影响的定期评估，并将冷水珊瑚礁等敏感地区置于特殊保护地位（Hoel et al.，2009）。这些计划认识到气候变化对巴伦支海的重大不确定性和潜在的巨大影响，旨在改善生态系统方面和用户群体的整合（Hoel et al.，2012）。在 ICES 综合生态系统评估框架内，为巴伦支海设立了一个工作组（ICES，2016）。总体来说，可以认为人们对海洋生物资源和区域的管理已做好充分准备，以适应气候变化下鱼类种群和海洋生态系统的变化。

然而，关于海洋生态系统对气候驱动因素的反应的一些科学不确定性仍有待研究，需要采取预防性治理办法。例如，按照世界渔业管理的惯例，现有的评估模型使用种群补充函数，假设稳定的补充依赖产卵种群，因此无法完全解决环境和生物驱动因素的影响（Rice et al.，2014b；Pepin，2016）。对于快速变化的北极和亚北极地区，有必要推动使用更详细的模型和工具来解决多种环境驱动因素与空间生命历史，同时承认并纳入决策过程中的不确定性。

此外，巴伦支海案例还表明，应确保受影响的利益攸关方群体在区域一级的参与，并且在北极未来气候变化影响的治理中，需要考虑如高北极地区小规模渔业配额分配那样的适应措施的社会后果。除渔业部门之外，受巴伦支海气候变化影响的其他用户群体组织不完善，主要通过挪威沿海区综合管理程序作为受影响的利益攸关方参与，包括州代表和用户群体，如渔民、旅游企业家、环境和户外活动组织、运输和军事部门、土地所有者和土著萨米人代表（Buanes et al.，2004）。挪威的中央集权国家管理制度往往使组织良好、经济实力强大的群体，如工业化渔业和水产养殖部门、比较小的用户群体和土著人民具有更大的政治影响力，从而为当地鱼类种群的共同管理设置了障碍（Hoel et al.，2012）。最近，渔业协会和环境非政府组织由于担心巴伦支海鳕鱼的繁殖而成功地联合起来，反对罗浮敦群岛周围的石油和天然气勘探计划（Jentoft et al.，2014）。旅游业战略理事会计划每年举行一次会议，这可能成为海洋生态旅游部门气候相关问题的一个平台（NMTI，2012）。

因此，挪威对巴伦支海海洋生物资源的管理可以作为在气候变化下管理北极海洋生态系统的范例。适应性强、基于科学和生态系统、国际合作并涉及各种利益相关者的管理制度将具有更大的潜力来可持续利用新出现的经济机会，同时缓解气候变化对北冰洋的负面影响（Skern-Mauritzen et al.，2018）。继续重新评估当前鱼类生物量呈积极趋势的环境和生态条件，以及应对不利环境变化的适应性治理机制，应成为持续气候变化下其他北极地区学习的典范。这也突出了保护对鱼类和浮游动物的敏感生命阶段来说非常重要的区域的重要性，如产卵区，使其免受石油污染等额外压力的影响。保护北极海洋生物多样性和管理北极渔业的国际条约应为北冰洋实现这一目标提供重要框架（De Lucia et al.，2018）。

3.5 结论

在巴伦支海，与其他北冰洋边缘一样，观察到多种气候变化驱动因素，如海水变暖、海冰减少和海洋酸化，预计将影响生物生产力、海洋鱼类种群、海洋哺乳动物和海鸟。这些变化正在逐步影响渔业、旅游业和其他文化及辅助性海洋生态系统服务。这些影响相互依存度高，难以预测，预计会在进一步的气候变化下加剧并与人为因素相互作用。因此，这些综合影响给北极海洋区域和资源的管理带来了严峻的挑战。

这表明有必要推进北极地区基于生态系统的治理制度。挪威的管理制度可以作为迎接这些挑战的备选方案的范例。对海洋生态系统未来的区域和地方变化进行的改进，对科学知识缺口的预防性考虑，扩大不同利益攸关方群体的参与，并通过公众参与使其更好地认识到海洋物种的文化意义，将进一步改善北极海洋生物资源和区域的治理现状，以应对全球变化带来的挑战。

参考文献

Aanesen, M., Armstrong, C., Czajkowski, M., Falk-Petersen, J., Hanley, N., & Navrud, S. (2015). Willingness to pay for unfamiliar public goods: Preserving cold-water coral in Norway. *Ecological Economics*, 112, 53-67. https://doi.org/10.1016/j.ecolecon.2015.02.007.

Allison, E. H., & Bassett, H. R. (2015). Climate change in the oceans: Human impacts and responses. *Science*, 350(6262), 778-782. https://doi. org/10. 1126/science. aac8721.

Allison, E. H., Perry, A. L., Badjeck, M. -C., Neil Adger, W., Brown, K., Conway, D., Halls, A. S., et al. (2009). Vulnerability of national economies to the impacts of climate change on fisheries. *Fish and Fisheries*, 10(2), 173-196. https://doi. org/10. 1111/j. 1467-2979. 2008. 00310. x.

AMAP. (2013). *AMAP assessment 2013: Arctic ocean acidification*. Oslo: Arctic Monitoring and Assessment Program. https://www. amap. no/documents/doc/ amap-assessment-2013-arctic-ocean-acidification/881.

Armstrong, C. W., Holen, S., Navrud, S., & Seifert, I. (2012). *The economics of ocean acidification - A scoping study*. Oslo: NIVA.

Arrigo, K. R., van Dijken, G., & Pabi, S. (2008). Impact of a shrinking Arctic ice cover on marine primary production. *Geophysical Research Letters*, 35 (19), 529. https://doi. org/10. 1029/2008GL035028.

Aune, M., Aschan, M. M., Greenacre, M., Dolgov, A. V., Fossheim, M., & Primicerio, R. (2018). Functional roles and redundancy of demersal Barents Sea fish: Ecological implications of environmental change. Edited by Athanassios C Tsikliras. *PLoS One*, 13(11), e0207451. https://doi. org/10. 1371/journal. pone. 0207451.

Barrett, R. T. (2007, November). Food web interactions in the southwestern Barents Sea: Blacklegged kittiwakes *Rissa Tridactyla* respond negatively to an increase in Herring Clupea Harengus. *Marine Ecology Progress Series*, 349, 269-276. https://doi. org/10. 3354/meps07116.

Beaumont, N. J., Austen, M. C., Atkins, J. P., Burdon, D., Degraer, S., Dentinho, T. P., Derous, S., et al. (2007). Identification, definition and quantification of goods and services provided by marine biodiversity: Implications for the ecosystem approach. *Marine Pollution Bulletin*, 54(3), 253-265. https://doi. org/10. 1016/j. marpolbul. 2006. 12. 003.

Berge, J., Heggland, K., Lønne, O. J., Cottier, F., & Hop, H. (2015). First records of Atlantic Mackerel (Scomber Scombrus) from the Svalbard Archipelago, Norway, with possible explanations for the extensions of its distribution. *Arctic*, 54, 68. https://doi. org/10. 2307/24363888.

Blackford, J. C. (2010). Predicting the impacts of ocean acidification: Challenges from an ecosystem perspective. *Journal of Marine Systems*, 81(1-2), 12-18. https://doi. org/10. 1016/j. jmarsys. 2009. 12. 016.

Bluhm, B. A., Gebruk, A. V., Gradinger, R., & Hopcroft, R. R. (2011). Arctic marine biodiversity: An update of species richness and examples of biodiversity change. *Oceanography*, 24(3), 232-248.

Bogstad, B., Gjøsæter, H., Haug, T., & Lindstrøm, U. (2015). A review of the battle for food in the Barents Sea: Cod vs. Marine Mammals. *Frontiers in Ecology and Evolution*, 3, 29. https://doi. org/ 10. 3389/fevo. 2015. 00029.

Bopp, L., Resplandy, L., Orr, J. C., Doney, S. C., Dunne, J. P., Gehlen, M., Halloran, P., et al. (2013). Multiple stressors of ocean ecosystems in the 21st century: Projections with CMIP5 models. *Biogeosciences Discussions*, 10(2), 3627-3676. https://doi. org/10. 5194/bgd-10-3627-2013.

Bouchard, C., Geoffroy, M., LeBlanc, M., Majewski, A., Gauthier, S., Walkusz, W., Reist, J. D., & Fortier, L. (2017). Climate warming enhances polar cod recruitment, at least transiently. *Progress in Oceanography*, 156, 121-129. https://doi. org/10. 1016/j. pocean. 2017. 06. 008.

Brander, K. (2012). Climate and current anthropogenic impacts on fisheries. *Climatic Change*, 119, 9-21. https://doi. org/10. 1007/s10584-012-0541-2.

Browman, H. I., & Stergiou, K. I. (2005). Politics and socio-economics of ecosystem-based management of marine resources. *Marine Ecology Progress Series*, 300, 241-296. https://doi. org/10. 3354/meps300241.

Buanes, A., Jentoft, S., Karlsen, G. R., & Maurstad, A. (2004). In whose interest? An exploratory analysis of stakeholders in Norwegian coastal zone planning. *Ocean and Coastal Management*, 47, 207-223. https://doi. org/10. 1016/j. ocecoaman. 2004. 04. 006.

Büscher, J. V., Form, A. U., & Riebesell, U. (2017). Interactive effects of ocean acidification and warming on growth, fitness and survival of the cold-water coral Lophelia Pertusa under different food availabilities. *Frontiers in Marine Science*, 4, 119. https://doi. org/10. 3389/ fmars. 2017. 00101.

CBD Secretariat. (2014). *An updated synthesis of the impacts of ocean acidification on marine biodiversity.* (CBD technical series no. 75). Secretariat of the convention on biological diversity. Eds: Hennige, S., Roberts, J. M., & Williamson, P. Montreal, technical series no. 75, 99 pages.

Charles, A. (2012). People, oceans and scale: Governance, livelihoods and climate change adaptation in marine social-ecological systems. *Current Opinion in Environmental Sustainability*, 4(3), 351-357. https://doi. org/10. 1016/j. cosust. 2012. 05. 011.

Christiansen, J. S., Mecklenburg, C. W., & Karamushko, O. V. (2014). Arctic marine fishes and their fisheries in light of global change. *Global Change Biology*, 20, 352-359. https://doi. org/10. 1111/gcb. 12395.

Collins, M., Knutti, R., Arblaster, J., Dufresne, J. L., Fichefet, T., Friedlingstein, P., Gao, X., et al. (2013). Chapter 12 - long-term climate change: Projections, commitments and irreversibility. In *IPCC 5th assessment report.* Cambridge/New York: Cambridge University Press.

Cooley, S. R., & Doney, S. C. (2009). Anticipating ocean acidification's economic consequences for commercial fisheries. *Environmental Research Letters*, 4(2), 024007. https://doi. org/10. 1088/1748-9326/4/2/024007.

Crowder, L. B., Hazen, E. L., Avissar, N., Bjorkland, R., Latanich, C., & Ogburn, M. B. (2008). The impacts of fisheries on marine ecosystems and the transition to ecosystem-based management. *Annual Reviews*, 39(1), 259-278. https://doi. org/10. 1146/annurev. ecolsys. 39. 110707. 173406.

Cury, P. M., Shin, Y. J., Planque, B., Durant, J. M., Fromentin, J.-M., Kramer-Schadt, S.,

Stenseth, N. C., Travers, M., & Grimm, V. (2008). Ecosystem oceanography for global change in fisheries. *Trends in Ecology & Evolution*, 23(6), 338-346. https://doi.org/10.1016/j.tree.2008.02.005.

Dahlke, F. T., Leo, E., Mark, F. C., & Pörtner, H.-O. (2017). Effects of ocean acidification increase embryonic sensitivity to thermal extremes in Atlantic Cod, *Gadus Morhua*. *Global Change Biology*, 23(4), 1499-1510. https://doi.org/10.1111/gcb.13527.

Dalpadado, P., Ingvaldsen, R. B., Stige, L. C., Bogstad, B., Knutsen, T., Ottersen, G., & Ellertsen, B. (2012). Climate effects on Barents Sea ecosystem dynamics. *ICES Journal of Marine Science*, 69(7), 1303-1316. https://doi.org/10.1093/icesjms/fss063.

Dannevig, H., & Hovelsrud, G. K. (2015). Understanding the need for adaptation in a natural resource dependent community in Northern Norway: Issue salience, knowledge and values. *Climatic Change*, 135(2), 261-275.

Darnis, G., Robert, D., Pomerleau, C., Link, H., Archambault, P., John Nelson, R., Geoffroy, M., et al. (2012). Current state and trends in Canadian Arctic marine ecosystems: II. Heterotrophic food web, Pelagic-Benthic coupling, and biodiversity. *Climatic Change*, 115(1), 179-205. https://doi.org/10.1007/s10584-012-0483-8. Springer Netherlands.

De Lucia, V., Prip, C., Dalaker Kraabel, K., & Primicerio, R. (2018). Arctic Marine biodiversity in the high seas between regional and global governance. *Arctic Review on Law and Politics*, 9(0), 264. https://doi.org/10.23865/arctic.v9.1470.

Denman, K., Christian, J. R., Steiner, N., Pörtner, H.-O., & Nojiri, Y. (2011). Potential impacts of future ocean acidification on marine ecosystems and fisheries: Current knowledge and recomS. Koenigstein mendations for future research. *ICES Journal of Marine Science*, 68(6), 1019-1029. https://doi.org/10.1093/icesjms/fsr074.

Derocher, Andrew E, Nicholas J Lunn, and Ian Stirling. 2004. Polar bears in a warming climate. *Integrative and comparative biology* 44(2). Oxford University Press: Oxford 163-176. doi: https://doi.org/10.1093/icb/44.2.163.

Descamps, S., Aars, J., Fuglei, E., Kovacs, K. M., Lydersen, C., Pavlova, O., Pedersen, Å. Ø., Ravolainen, V., & Strøm, H. (2017). Climate change impacts on wildlife in a high Arctic archipelago-Svalbard, Norway. *Global Change Biology*, 23(2), 490-502. https://doi.org/10.1111/gcb.13381.

De Young, B., Barange, M., Beaugrand, G., Harris, R., Perry, R. I., Scheffer, M., & Werner, F. (2008). Regime shifts in marine ecosystems: Detection, prediction and management. *Trends in Ecology & Evolution*, 23(7), 402-409. https://doi.org/10.1016/j.tree.2008.03.008.

Doney, S. C., Ruckelshaus, M., Emmett Duffy, J., Barry, J. P., Chan, F., English, C. A., Galindo, H. M., et al. (2012). Climate change impacts on marine ecosystems. *Annual Review of Marine Science*, 4, 11-37.

Drinkwater, K. F. (2006). The regime shift of the 1920s and 1930s in the North Atlantic. *Progress in*

Oceanography, 68(2-4), 134-151.

Drinkwater, K. F., Beaugrand, G., Kaeriyama, M., Kim, S., Ottersen, G., Perry, R. I., Pörtner, H. -O., Polovina, J. J., & Takasuka, A. (2010). On the processes linking climate to ecosystem changes. *Journal of Marine Systems*, 79(3-4), 374-388. https://doi.org/10.1016/j.jmarsys.2008. 12.014.

Drinkwater, K. F., Miles, M., Medhaug, I., Otterå, O. H., Kristiansen, T., Sundby, S., & Gao, Y. (2014, May). The Atlantic multidecadal oscillation: Its manifestations and impacts with special emphasis on the Atlantic region north of 60°N. *Journal of Marine Systems* 133, 117-130. https://doi. org/10.1016/j.jmarsys.2013.11.001.

Duarte, C. M., Agustí, S., Wassmann, P., Arrieta, J. M., Alcaraz, M., Coello, A., Marbà, N., et al. (2012). Tipping elements in the Arctic marine ecosystem. *Ambio*, 41(1), 44-55. https://doi. org/10.1007/s13280-011-0224-7.

Durant, J. M., Hjermann, D. Ø., Frederiksen, M., Charrassin, J. B., Le Maho, Y., Sabarros, P. S., Crawford, R. J. M., & Chr Stenseth, N. (2009). Pros and cons of using seabirds as ecological indicators. *Climate Research*, 39(2), 115-129. https://doi.org/10.3354/cr00798.

Durner, G. M., Douglas, D. C., Nielson, R. M., Amstrup, S. C., McDonald, T. L., Stirling, I., Mauritzen, M., et al. (2009). Predicting 21st-century polar bear habitat distribution from global climate models. *Ecological Monographs*, 79(1), 25-58. https://doi.org/10.1890/07-2089.1.

Eide, A., Heen, K., Armstrong, C., Flaaten, O., & Vasiliev, A. (2013). Challenges and successes in the management of a shared fish stock - The case of the Russian-Norwegian Barents Sea Cod fishery. *Acta Borealia*, 30(1), 1-20. https://doi.org/10.1080/08003831.2012.678723.

Ellingsen, I. H., Dalpadado, P., Slagstad, D., & Loeng, H. (2007). Impact of climatic change on the biological production in the Barents Sea. *Climatic Change*, 87(1-2), 155-175. https://doi.org/10. 1007/s10584-007-9369-6.

Eriksen, E., Skjoldal, H. R., Gjøsæter, H., & Primicerio, R. (2017, February). Spatial and temporal changes in the Barents Sea Pelagic compartment during the recent warming. *Progress in Oceanography*, 151, 206-226. https://doi.org/10.1016/j.pocean.2016.12.009.

Essington, T. E., & Punt, A. E. (2011). Implementing ecosystem-based fisheries management: Advances, challenges and emerging tools. *Fish and Fisheries*, 12(2), 123-124. https://doi.org/10. 1111/j.1467-2979.2011.00407.x.

FAO. (2012). *Technical guidelines for responsible fisheries 13: Recreational fisheries 194 pages*. Rome: United Nations Food and Agriculture Organization.

FAO. (2013). *Fishery and aquaculture country profiles - Norway*. Rome: United Nations Food and Agriculture Organization. http://www.fao.org/fishery/facp/NOR/en.

Filin, A., Belikov, S., Drinkwater, K., Gavrilo, M., Jørgensen, L. L., Kovacs, K. M., Luybin, P., McBride, M. M., Reigstad, M., & Strøm, H. (2016). *Future climate change and its effects on the ecosystem and human activities*. Barents Portal. www. barentsportal. com/barentsportal/ index. php/ en/mor.

Fiskeridirektoratet. (2018). *Economic and biological figures from Norwegian fisheries (Økonomiske Og Biologiske Nøkkeltal Frå Dei Norskefiskeria)*. Bergen: Norwegian Fisheries Directorate.

Fluhr, J., Strøm, H., Pradel, R., Duriez, O., Beaugrand, G., & Descamps, S. (2017). Weakening of the subpolar Gyre as a key driver of North Atlantic seabird demography: A case study with Brünnich's Guillemots in Svalbard. *Marine Ecology Progress Series*, 563, 1-11. https://doi. org/10. 3354/ meps11982.

Fogarty, M. J., Gamble, R., & Perretti, C. T. (2016). Dynamic complexity in exploited marine ecosystems. *Frontiers in Ecology and Evolution*, 4, 1187. https://doi. org/10. 3389/fevo. 2016. 00068.

Fossheim, M., Primicerio, R., Johannesen, E., Ingvaldsen, R. B., Aschan, M. M., & Dolgov, A. V. (2015). Recent warming leads to a rapid Borealization of fish communities in the Arctic. *Nature Climate Change*, 5(7), 673-677. https://doi. org/10. 1038/nclimate2647.

Frainer, A., Primicerio, R., Kortsch, S., Aune, M., Dolgov, A. V., Fossheim, M., & Aschan, M. M. (2017). Climate-driven changes in functional biogeography of Arctic marine fish communities. *Proceedings of the National Academy of Sciences of the United States of America*, 114(46), 12202-12207. https://doi. org/10. 1073/pnas. 1706080114.

Gao, K., & Häder, D. -P. (2017). Effects of ocean acidification and UV radiation on marine photosynthetic carbon fixation. *Systems Biology of Marine Ecosystems*, 14, 235-250. https://doi. org/ 10. 1007/978-3-319-62094-7_12.

Gattuso, J. -P., Magnan, A., Bille, R., Cheung, W. W. L., Howes, E. L., Joos, F., Allemand, D., et al. (2015). Contrasting futures for ocean and society from different anthropogenic CO2 emissions scenarios. *Science*, 349(6243), aac4722-aac4722. https://doi. org/10. 1126/science. aac4722.

Gjøsaeter, H., Tjelmeland, S., & Bogstad, B. (2012). Ecosystem-based management of fish species in the Barents Sea. In *Global progress in ecosystem-based fisheries management* (pp. 333-352). Alaska Sea Grant: University of Alaska Fairbanks. https://doi. org/10. 4027/gpebfm. 2012. 017.

Gullestad, P., Abotnes, A. M., Bakke, G., Skern-Mauritzen, M., Nedreaas, K., & Søvik, G. (2017). Towards ecosystem-based fisheries management in Norway - practical tools for keeping track of relevant issues and prioritising management efforts. *Marine Policy*, 77, 104-110. https://doi. org/10. 1016/j. marpol. 2016. 11. 032.

Hamilton, C. D., Lydersen, C., Ims, R. A., & Kovacs, K. M. (2015). Predictions replaced by facts: A keystone species' behavioural responses to declining Arctic Sea-Ice. *Biology Letters*, 11(11), 20150803. https://doi. org/10. 1098/rsbl. 2015. 0803.

Hamre, J. (1994). Biodiversity and exploitation of the main fish stocks in the Norwegian - Barents Sea ecosystem. *Biodiversity and Conservation*, 3(6), 473-492. https://doi. org/10. 1007/ BF00115154.

Hannesson, R. , & Herrick, S. F. (2006). *Climate change and the economics of the world's fisheries: Examples of small pelagic stocks.* Cheltenham: Edward Elgar.

Hansen, Cecilie, Mette Skern-Mauritzen, Gro van der Meeren, Anne Jähkel, and Ken Drinkwater. 2016. Set-up of the Nordic and Barents Seas (NoBa) Atlantis model, Havforskningsinstituttet, Bergen. http://hdl. handle. net/11250/2408609.

Hansen, C. , Drinkwater, K. F. , Jähkel, A. , Fulton, E. A. , Gorton, R. , & Skern-Mauritzen, M. (2019). Sensitivity of the Norwegian and Barents Sea Atlantis end-to-end ecosystem model to parameter perturbations of key species. *PLoS One*, 14(2), e0210419. https://doi. org/10. 1371/journal. pone. 0210419.

Harsem, Ø. , & Hoel, A. H. (2012). Climate change and adaptive capacity in fisheries management: The case of Norway. *International Environmental Agreements: Politics, Law and Economics*, 13(1), 49-63. https://doi. org/10. 1007/s10784-012-9199-5. Springer Netherlands.

Haug, T. , Bogstad, B. , Chierici, M. , Gjøsæter, H. , Hallfredsson, E. H. , Høines, Å. S. , Hoel, A. H. , et al. (2017). Future harvest of living resources in the Arctic ocean North of the Nordic and Barents Seas: A review of possibilities and constraints. *Fisheries Research*, 188, 38-57. https:// doi. org/10. 1016/j. fishres. 2016. 12. 002.

Haynie, A. C. , & Pfeiffer, L. (2012). Why economics matters for understanding the effects of climate change on fisheries. *ICES Journal of Marine Science*, 69(7), 1160-1167. https://doi. org/10. 1093/icesjms/fss021.

Hoegh-Guldberg, O. , Rongshuo Cai, E. S. , Poloczanska, P. G. , Brewer, S. , Sundby, K. , Hilmi, V. J. F. , & Jung, S. (2014). The ocean. In: *Climate change impacts, adaptation, and vulnerability. Part B Regional aspects. Contribution of Working Group II to the Fifth Assessment Report of the Intergovernmental Panel on Climate Change* (pp. 1-77). WGII Contribution to the IPCC Fifth Assessment Report (AR5): Chapter 30.

Hoel, A. H. , & Olsen, E. (2012). Integrated ocean management as a strategy to meet rapid climate change: The Norwegian case. *Ambio*, 41(1), 85-95. https://doi. org/10. 1007/s13280-011-0229-2.

Hoel, A. H. , von Quillfeldt, C. , & Olsen, E. (2009). Norway and integrated oceans management — The case of the Barents Sea. In A. H. Hoel (Ed.), *Best practices in ecosystem-based oceans management in the Arctic* (pp. 1-10). Tromsø: Norsk Polarinstitutt.

Hollowed, A. B. , & Sundby, S. (2014). Change is coming to the Northern oceans. *Science*, 344 (6188), 1084-1085. https://doi. org/10. 1126/science. 1251166.

Hop, H. , & Gjøsæter, H. (2013). Polar Cod (Boreogadus Saida) and capelin (Mallotus Villosus) as Key species in marine food webs of the Arctic and the Barents Sea. *Marine Biology Research*, 9(9), 878-894. https://doi. org/10. 1080/17451000. 2013. 775458.

Hoppe, C. J. M. , Wolf, K. K. E. , Schuback, N. , Tortell, P. D. , & Rost, B. (2018). Compensation of ocean acidification effects in Arctic phytoplankton assemblages. *Nature Climate Change*, 8(6), 529-

533. https://doi. org/10. 1038/s41558-018-0142-9.

Hunt, G. L. , Jr, P. S. , Walters, G. , Sinclair, E. , Brodeur, R. D. , Napp, J. M. , & Bond, N. A. (2002). Climate change and control of the southeastern Bering Sea pelagic ecosystem. *Deep Sea Research Part Ⅱ*: *Topical Studies in Oceanography*, 49(26), 5821-5853. https://doi. org/10. 1016/S0967-0645(02)00321-1.

Hunt, G. L. , Blanchard, A. L. , Boveng, P. , & Dalpadado, P. (2013). The barents and chukchi seas: Comparison of two Arctic shelf ecosystems. *Journal of Marine Systems*, 49(26), 5821-5853.

ICES. (2016). *Final report of the Working Group on the Integrated Assessments of the Barents Sea (WGIBAR)*. Murmansk: ICES.

ICES AFWG. (2016). *Report of the Arctic Fisheries Working Group (AFWG)*. Copenhagen: ICES. Ingvarsdóttir, A. , Bjørkblom, C. , Ravagnan, E. , Godal, B. F. , Arnberg, M. , Joachim, D. L. , & Sanni, S. (2012). *Journal of Marine Systems*, 93(C), 69-76. https://doi. org/10. 1016/j. jmarsys. 2011. 10. 014.

Jentoft, S. , & Mikalsen, K. H. (2014). Do national resources have to be centrally managed? Vested interests and institutional reform in Norwegian fisheries governance. *Maritime Studies*, 13(1), 5. https://doi. org/10. 1186/2212-9790-13-5.

Johannesen, E. , Ingvaldsen, R. B. , Bogstad, B. , Dalpadado, P. , Eriksen, E. , Gjøsæter, H. , Knutsen, T. , Skern-Mauritzen, M. , & Stiansen, J. E. (2012). Changes in Barents Sea ecosystem state, 1970-2009: Climate fluctuations, human impact, and trophic interactions. *ICES Journal of Marine Science*, 69(5), 880-889. https://doi. org/10. 1093/icesjms/fss046.

Johnsen, J. P. (2013). Is fisheries governance possible? *Fish and Fisheries*, 15(3), 428-444. https://doi. org/10. 1111/faf. 12024.

Jorgensen, C. , Enberg, K. , Dunlop, E. S. , Arlinghaus, R. , Boukal, D. S. , Brander, K. , Ernande, B. , et al. (2007). Ecology: Managing evolving fish stocks. *Science*, 318(5854), 1247-1248. https://doi. org/10. 1126/science. 1148089.

Jørgensen, L. L. , Planque, B. , Thangstad, T. H. , & Certain, G. (2015, June). Vulnerability of Megabenthic species to trawling in the Barents Sea. *ICES Journal of Marine Science*, 73, 84-97 https://doi. org/10. 1093/icesjms/fsv107.

Kaiser, B. A. , Kourantidou, M. , & Fernandez, L. (2018, March). A case for the commons: The Snow Crab in the Barents. *Journal of Environmental Management*, 210, 338-348. https://doi. org/10. 1016/j. jenvman. 2018. 01. 007.

Katsanevakis, S. , Stelzenmüller, V. , South, A. , Sørensen, T. K. , Jones, P. J. S. , Kerr, S. , Badalamenti, F. , et al. (2011). Ecosystem-based marine spatial management: Review of concepts, policies, tools, and critical issues. *Ocean and Coastal Management*, 54(11), 807-820. https://doi. org/10. 1016/j. ocecoaman. 2011. 09. 002.

Kjesbu, O. S. , Bogstad, B. , Devine, J. A. , Gjøsæter, H. , Howell, D. , Ingvaldsen, R. B. , Nash, R.

D. M. , & Skjæraasen, J. E. (2014). Synergies between climate and management for Atlantic Cod fisheries at high latitudes. *Proceedings of the National Academy of Sciences*, 111(9), 3478 – 3483. https://doi. org/10. 1073/pnas. 1316342111.

Klima – og Miljødepartementet. (2011). *First update of the integrated management plan for the marine environment of the Barents Sea-Lofoten area*. Regjeringen. no. March 11. http:// www. regjeringen. no/ nb/dep/md/dok/regpubl/stmeld/2010-2011/meld-st-10-20102011. html? id=682050.

Koenigstein, S. , & Goessling-Reisemann, S. (2014). *Ocean acidification and warming in the Norwegian and Barents Seas: Impacts on marine ecosystems and human uses*. University of Bremen, artec Sustainability Research Center. https://doi. org/10. 5281/zenodo. 8317.

Koenigstein, S. , Mark, F. C. , Gößling-Reisemann, S. , Reuter, H. , & Pörtner, H. –O. (2016a). Modelling climate change impacts on marine fish populations: Process – based integration of ocean warming, acidification and other environmental drivers. *Fish and Fisheries*, 17(4), 972 – 1004. https://doi. org/10. 1111/faf. 12155.

Koenigstein, S. , Ruth, M. , & Reisemann, S. G. (2016b). Stakeholder-informed ecosystem modeling of ocean warming and acidification impacts in the Barents Sea region. *Frontiers in Marine Science*, 3, 93. https://doi. org/10. 3389/fmars. 2016. 00093.

Koenigstein, S. , Dahlke, F. T. , Stiasny, M. H. , Storch, D. , Clemmesen, C. , & Pörtner, H. –O. (2018). Forecasting future recruitment success for Atlantic Cod in the warming and acidifying Barents Sea. *Global Change Biology*, 24(1), 526-535. https://doi. org/10. 1111/gcb. 13848.

Kordas, R. L. , Harley, C. D. G. , & O'Connor, M. I. (2011). Community ecology in a warming world: The influence of temperature on interspecific interactions in marine systems. *Journal of Experimental Marine Biology and Ecology*, 400(1-2), 218 – 226. https://doi. org/10. 1016/j. jembe. 2011. 02. 029.

Kortsch, S. , Primicerio, R. , Fossheim, M. , Dolgov, A. V. , & Aschan, M. (2015). Climate change alters the structure of Arctic marine food webs due to poleward shifts of Boreal generalists. *Proceedings of the Royal Society B: Biological Sciences*, 282, 1814 – 20151546. https://doi. org/10. 1098/rspb. 2015. 1546.

Kovacs, K. M. , Lydersen, C. , Overland, J. E. , & Moore, S. E. (2010). Impacts of changing seaice conditions on Arctic marine mammals. *Marine Biodiversity*, 41(1), 181 – 194. https://doi. org/10. 1007/s12526-010-0061-0.

Kroeker, K. J. , Kordas, R. L. , & Crim, R. (2013). Impacts of ocean acidification on marine organisms: Quantifying sensitivities and interaction with warming. *Global Change Biology*, 19, 1884 – 1896. https://doi. org/10. 1111/gcb. 12179.

Landa, C. S. , Ottersen, G. , Sundby, S. , Dingsør, G. E. , & Stiansen, J. E. (2014). Recruitment, distribution boundary and habitat temperature of an Arcto – boreal gadoid in a climatically changing environment: A case study on Northeast Arctic Haddock (*Melanogrammus Aeglefinus*). *Fisheries*

Oceanography, 23(6), 506-520. https://doi. org/10. 1111/fog. 12085.

Langangen, Ø., Färber, L., Stige, L. C., Diekert, F. K., Barth, J. M. I., Matschiner, M., Berg, P. R., et al. (2019). Ticket to spawn: Combining economic and genetic data to evaluate the effect of climate and demographic structure on spawning distribution in Atlantic Cod. *Global Change Biology*, 25 (1), 134-143. https://doi. org/10. 1111/gcb. 14474.

Le Quéré, C, & Metzl, N. (2004). *Natural processes regulating the ocean uptake of CO₂*. In: Field, CB & Raupach, M. R. (eds.): Towards CO_2 stabilization: Issues, Strategies, and Consequences Publisher. Island Press, Wahsington DC.

Le Quesne, W. J. F., & Pinnegar, J. K. (2012). The potential impacts of ocean acidification: Scaling from physiology to fisheries. *Fish and Fisheries*, 13(3), 333-344. https://doi. org/10. 1111/j. 1467-2979. 2011. 00423. x.

Lind, S., Ingvaldsen, R. B., & Furevik, T. (2018). Arctic warming hotspot in the northern Barents Sea linked to declining Sea-Ice import. *Nature Climate Change*, 8(7), 634-639. https://doi. org/10. 1038/s41558-018-0205-y.

Loeng, H., & Drinkwater, K. (2007). An overview of the ecosystems of the Barents and Norwegian Seas and their response to climate variability. *Deep Sea Research Part II*, 54, 2478-2500. https://doi. org/ 10. 1016/j. dsr2. 2007. 08. 013.

Long, R. D., Charles, A., & Stephenson, R. L. (2015, July). Key principles of Marine ecosystembased management. *Marine Policy*, 57, 53-60. https://doi. org/10. 1016/j. marpol. 2015. 01. 013.

Mangel, M., & Levin, P. S. (2005). Regime, phase and paradigm shifts: Making community ecology the basic science for fisheries. *Philosophical Transactions of the Royal Society of London. Series B*, *Biological Sciences*, 360(1453), 95-105. https://doi. org/10. 1098/rstb. 2004. 1571.

Manizza, M., Follows, M. J., Dutkiewicz, S., Menemenlis, D., Hill, C. N., & Key, R. M. (2013, November). Changes in the Arctic ocean CO_2 sink (1996—2007): A regional model analysis. *Global Biogeochemical Cycles*, 27, 1108-1118. https://doi. org/10. 1002/2012GB004491.

McNicholl, D. G., Walkusz, W., Davoren, G. K., Majewski, A. R., & Reist, J. D. (2015). Dietary characteristics of co-occurring polar Cod (Boreogadus Saida) and capelin (Mallotus Villosus) in the Canadian Arctic, Darnley Bay. *Polar Biology*, 39(6), 1099 - 1108. https://doi. org/10. 1007/ s00300-015-1834-5.

Metcalfe, J. D., Le Quesne, W. J. F., Cheung, W. W. L., & a Righton, D. (2012). Conservation physiology for applied management of marine fish: An overview with perspectives on the role and value of telemetry. *Philosophical Transactions of the Royal Society of London. Series B, Biological Sciences*, 367 (1596), 1746-1756. https://doi. org/10. 1098/rstb. 2012. 0017.

Michalsen, K., Dalpadado, P., Eriksen, E., Gjøsæter, H., Ingvaldsen, R. B., Johannesen, E., Jørgensen, L. L., Knutsen, T., Prozorkevich, D., & Skern-Mauritzen, M. (2013). Marine living resources of the Barents Sea-Ecosystem understanding and monitoring in a climate change perspective.

Marine Biology Research, 9(9), 932–947. https://doi. org/10. 1080/17451000. 2013. 775459.

Mikalsen, K. H., & Jentoft, S. (2001). From user–groups to stakeholders? The public interest in fisheries management. *Marine Policy*, 25(4), 281–292. https://doi. org/10. 1016/S0308–597X(01) 00015–X.

Myksvoll, M. S., Jung, K. M., Albretsen, J., & Sundby, S. (2013). Modelling dispersal of eggs and quantifying connectivity among Norwegian coastal cod subpopulations. *ICES Journal of Marine Science*, *February*, 71, 957–969. https://doi. org/10. 1093/icesjms/fst022.

Nakken, O. (1998). Past, present and future exploitation and management of Marine resources in the Barents Sea and adjacent areas. *Fisheries Research*, 37(1–3), 23–35. https://doi. org/10. 1016/S0165–7836(98)00124–6.

NMTI. (2012). *Destination Norway*. Norwegian Ministry of Trade and Industry. https://www. regjeringen. no/contentassets/1ce1d6cdcbac47739b3320a 66817a2dd/lenke_til_strategienengelsk. pdf.

Nøttestad, L., Sivle, L. D., Krafft, B. A., Langård, L., Anthonypillai, V., Bernasconi, M., Langøy, H., & Axelsen, B. E. (2013). Ecological aspects of fin whale and humpback whale distribution during summer in the Norwegian Sea. *Marine Ecology*, 35(2), 221–232. https://doi. org/10. 1111/maec. 12075.

Øigård, T. A., LindStrøm, U., Haug, T., Nilssen, K. T., & Smout, S. (2013). Functional relationship between harp seal body condition and available prey in the Barents Sea. *Marine Ecology Progress Series*, 484, 287–301. https://doi. org/10. 3354/meps10272.

Olsen, E., Aanes, S., Mehl, S., Holst, J. C., Aglen, A., & Gjøsæter, H. (2010). Cod, Haddock, Saithe, Herring, and Capelin in the Barents Sea and adjacent waters: A review of the biological value of the area. *ICES Journal of Marine Science*, 67 (1), 87 – 101. https://doi. org/10. 1093/icesjms/fsp229.

Onarheim, I. H., Smedsrud, L. H., Ingvaldsen, R. B., & Nilsen, F. (2014, June). Loss of sea ice during winter North of Svalbard. *Tellus A: Dynamic Meteorology and Oceanography*, 66(1),23933. https://doi. org/10. 3402/tellusa. v66. 23933.

Orlova, E. L., Boitsov, V. D., & Dolgov, A. V. (2005). The relationship between plankton,Capelin, and Cod under different temperature conditions. *ICES Journal of Marine Science*,62, 1281–1292.

Ottersen, G., & Stenseth, N. C. (2001). Atlantic climate governs oceanographic and ecological variability in the Barents Sea. *Limnology and Oceanography*, 46(7), 1774–1780. https://doi. org/10. 4319/lo. 2001. 46. 7. 1774.

Pepin, P. (2016). Reconsidering the impossible – Linking environmental drivers to growth, mortality, and recruitment of fish. *Canadian Journal of Fisheries and Aquatic Sciences*, 73(2),205–215. https://doi. org/10. 1139/cjfas–2015–0091.

Perry, R. I., Barange, M., & Ommer, R. E. (2010). Global changes in marine systems: A social–ecological approach. *Progress in Oceanography*, 87(1–4), 331–337. https://doi. org/10. 1016/j.

pocean. 2010. 09. 010.

Perry, R. I. , Ommer, R. E. , Barange, M. , Jentoft, S. , Neis, B. , & Sumaila, U. R. (2011). Marine social-ecological responses to environmental change and the impacts of globalization. *Fish and Fisheries*, 12(4), 427-450. https://doi.org/10. 1111/j. 1467-2979. 2010. 00402. x.

Pershing, A. J. , Alexander, M. A. , Hernandez, C. M. , Kerr, L. A. , Le Bris, A. , Mills, K. E. , Nye, J. A. , et al. (2015). Slow adaptation in the face of rapid warming leads to collapse of the Gulf of Maine Cod fishery. *Science*, 350(6262), 809-812. https://doi.org/10. 1126/science. aac9819.

Pinsky, M. L. , Reygondeau, G. , Caddell, R. , Palacios-Abrantes, J. , Spijkers, J. , & Cheung, W. W. L. (2018). Preparing ocean governance for species on the move. *Science*, 360(6394), 1189-1191. https://doi.org/10. 1126/science. aat2360.

Plaganyi, E. E. (2007). *Models for an ecosystem approach to fisheries* (FAO Fisheries Technical Paper. No. 477). Food and Agriculture Organization of the United Nations, Rome.

Poloczanska, E. S. , Brown, C. J. , Sydeman, W. J. , Kiessling, W. , Schoeman, D. S. , Moore, P. J. , Brander, K. , et al. (2013). Global imprint of climate change on marine life. *Nature Climate Change*, 3, 919-925. https://doi.org/10. 1038/nclimate1958.

Pörtner, H. -O. , & Peck, M. A. (2010). Climate change effects on fishes and fisheries: Towards a cause-and-effect understanding. *Journal of Fish Biology*, 77(8), 1745-1779. https://doi.org/10. 1111/j. 1095-8649. 2010. 02783. x.

Pörtner, H. -O. , Karl, D. M. , Boyd, P. W. , Cheung, W. W. L. , Lluch-Cota, S. E. , Nojiri, Y. , Schmidt,D. N. , & Zavialov, P. O. (2014). Ocean systems. In C. B. Field, V. R. Barros, D. J. Dokken,K. J. Mach, M. D. Mastrandrea, T. E. Bilir, M. Chatterjee, et al. (Eds.), *Climate change 2014:Impacts, adaptation, and vulnerability. Part A: Global and sectoral aspects. Contribution of Working Group II to the Fifth Assessment Report of the Intergovernmental Panel on ClimateChange* (pp. 411-484). Cambridge/New York: Cambridge University Press.

Renaud, P. E. , Berge, J. , Varpe, Ø. , Lønne, O. J. , Nahrgang, J. , Ottesen, C. , & Hallanger, I. (2011). Is the poleward expansion by Atlantic Cod and Haddock threatening native polar Cod, Boreogadus Saida? *Polar Biology*, 35, 1-12. https://doi.org/10. 1007/s00300-011-1085-z.

Rice, J. , Jennings, S. , & Charles, A. (2014a). Scientific foundation: Towards integration. In *Governance of Marine fisheries and biodiversity conservation* (Vol. 5, pp. 124-136). Chichester: Wiley. https://doi.org/10. 1002/9781118392607. ch9.

Rice, J. , Howard, I. , & Browman. (2014b). Where has all the recruitment research gone, long time passing? *ICES Journal of Marine Science*, 71(8), 2293-2299. https://doi.org/10. 1093/icesjms/fsu158.

Riebesell, U. , & Gattuso, J. -p. (2015). Lessons learned from ocean acidification research. *Nature Climate Change*, 5(1), 12-14. https://doi.org/10. 1038/nclimate2456.

Rijnsdorp, A. D. , Peck, M. A. , Engelhard, G. H. , Mollmann, C. , & Pinnegar, J. K. (2009).

Resolving the effect of climate change on fish populations. *ICES Journal of Marine Science*, 66(7), 1570–1583. https://doi. org/10. 1093/icesjms/fsp056.

Roberts, J. M. (2006). Reefs of the deep: The biology and geology of cold–water coral ecosystems. *Science*, 312(5773), 543–547. https://doi. org/10. 1126/science. 1119861.

Sakshaug, E. , Bjørge, A. , Gulliksen, B. , Loeng, H. , & Mehlum, F. (1994). Structure, biomass distribution, and energetics of the Pelagic ecosystem in the Barents Sea: A synopsis. *Polar Biology*, 14 (6), 405–411. https://doi. org/10. 1007/BF00240261.

Sandvik, H. , Erikstad, K. E. , Barrett, R. T. , & Yoccoz, N. G. (2005). The effect of climate on adult survival in five species of North Atlantic Seabirds. *Journal of Animal Ecology*, 74(5), 817–831. https://doi. org/10. 1111/j. 1365–2656. 2005. 00981. x.

Simmonds, M. P. , & Isaac, S. J. (2007). The impacts of climate change on Marine Mammals: Early signs of significant problems. *Oryx*, 41, 19–26.

Skern–Mauritzen, M. , Olsen, E. , & Huse, G. (2018). Opportunities for advancing ecosystem–based management in a rapidly changing, high latitude ecosystem. *ICES Journal of Marine Science*, 75(7), 2425–2433. https://doi. org/10. 1093/icesjms/fsy150.

Skogen, M. D. , Olsen, A. , Børsheim, K. Y. , Sandø, A. B. , & Skjelvan, I. (2014, March). Modelling ocean acidification in the Nordic and Barents Seas in present and future climate. *Journal of Marine Systems*, 131, 10–20. https://doi. org/10. 1016/j. jmarsys. 2013. 10. 005.

Slagstad, D. , Ellingsen, I. H. , & Wassmann, P. (2011). Evaluating primary and secondary production in an Arctic ocean void of summer sea ice: An experimental simulation approach. *Progress in Oceanography*, 90(1–4), 117–131. https://doi. org/10. 1016/j. pocean. 2011. 02. 009.

Sswat, M. , Stiasny, M. H. , Taucher, J. , Algueró–Muñiz, M. , Bach, L. T. , Jutfelt, F. , Riebesell, U. , & Clemmesen, C. (2018). Food web changes under ocean acidification promote herring larvae survival. *Nature Ecology & Evolution*, 2(5), 836–840. https://doi. org/10. 1038/s41559–018–0514–6.

Stenevik, E. K. , & Sundby, S. (2007). Impacts of climate change on commercial fish stocks in Norwegian waters. *Marine Policy*, 31(1), 19–31. https://doi. org/10. 1016/j. marpol. 2006. 05. 001.

Stiasny, M. H. , Mittermayer, F. H. , Sswat, M. , Voss, R. , Jutfelt, F. , Chierici, M. , Puvanendran, V. , Mortensen, A. , Reusch, T. B. H. , & Clemmesen, C. (2016). Ocean acidification effects on Atlantic Cod larval survival and recruitment to the fished population. *PLoS One*, 11(8), e0155448. https://doi. org/10. 1371/journal. pone. 0155448.

Stige, L. C. , Ottersen, G. , Brander, K. , & Chan, K. S. (2006). Cod and climate: Effect of the North Atlantic oscillation on recruitment in the North Atlantic. *Marine Ecology*, 325, 227–241.

Sundby, S. , & Nakken, O. (2008). Spatial shifts in spawning habitats of Arcto–Norwegian Cod related to multidecadal climate oscillations and climate change. *ICES Journal of Marine Science*, 65(6), 953–962. https://doi. org/10. 1093/icesjms/fsn085.

Sundby, S. , Drinkwater, K. F. , & Kjesbu, O. S. (2016). The North Atlantic spring-bloom system——Where the changing climate meets the winter dark. *Frontiers in Marine Science*, 3, 14. https://doi. org/10. 3389/fmars. 2016. 00028.

Sutton, R. T. , & Hodson, D. L. R. (2005). Atlantic ocean forcing of North American and European summer climate. *Science*, 309(5731), 115-118. https://doi. org/10. 1126/science. 1109496.

Sydeman, W. J. , Poloczanska, E. , Reed, T. E. , & Thompson, S. A. (2015). Climate change and Marine Vertebrates. *Science*, 350(6262), 772-777. https://doi. org/10. 1126/science. aac9874.

The Royal Society. (2005). *Ocean acidification due to increasing atmospheric carbon dioxide*. London: Royal Society. https://royalsociety. org/~/media/Royal _ Society _ Content/policy/publications/2005/ 9634. pdf.

Tiller, R, De Kok, J. L. , Vermeiren, K. , Richards, R. , Van Ardelan, M. , & Bailey, J. (2016, December). Stakeholder perceptions of links between environmental changes to their Socioecological system and their adaptive capacity in the region of Troms, Norway. *Frontiers in Marine Science*, 3, 444. https://doi. org/10. 3389/fmars. 2016. 00267.

Turley, C. M. , Roberts, J. M. , & Guinotte, J. M. (2007). Corals in deep-water: Will the unseen hand of ocean acidification destroy cold-water ecosystems? *Coral Reefs*, 26(3), 445-448. https://doi. org/ 10. 1007/s00338-007-0247-5.

Wassmann, P. , & Reigstad, M. (2011). Future Arctic ocean seasonal ice zones and implications for Pelagic-Benthic coupling. *Oceanography*, 24(3), 220-231. https://doi. org/10. 5670/oceanog. 2011. 74.

Wassmann, P. , Reigstad, M. , Haug, T. , Rudels, B. , Carroll, M. L. , Hop, H. , Gabrielsen, G. W. , et al. (2006). Food webs and carbon flux in the Barents Sea. *Progress in Oceanography*, 71(2-4),232-287. https://doi. org/10. 1016/j. pocean. 2006. 10. 003.

West, J. J. , & Hovelsrud, G. K. (2010). Cross-scale adaptation challenges in the coastal fisheries: Findings from Lebesby, Northern Norway. *Arctic*, 63 (3), 338 - 354. https://doi. org/10. 2307/20799601.

Wittmann, A. C. , & Pörtner, H. -O. (2013). Sensitivities of extant animal taxa to ocean acidification. *Nature Climate Change*, 3, 995-1001. https://doi. org/10. 1038/nclimate1982.

Yaragina, N. A. , & Dolgov, A. V. (2009). Ecosystem structure and resilience——A comparisonbetween the Norwegian and the Barents Sea. *Deep-Sea Research Part* Ⅱ, 56(21-22), 2141-2153. https:// doi. org/10. 1016/j.

第4章 北极鸟类种群石油脆弱性指数

——北极海鸟石油脆弱性指数的一种建设性计算方法

尼娜·J.O. 汉隆、亚历山大·L. 邦德、尼尔·A. 詹姆斯、
伊丽莎白·A. 马斯登①

摘　要： 近几十年来，北极资源所蕴含的政治利益和商业利益迅速增加。伴随着可预计的航运活动和烃类开采活动的增加，海洋生境和有机体所面临的风险也逐渐增加，尤其是那些来自海运事故、输油管线泄漏或水下井喷中的石油对北极脆弱生态环境的威胁尤为严重。海鸟在鸟类种群中是最易受到威胁的。对这些海上物种的威胁主要来自商业捕鱼和污染。海鸟很容易因石油污染而大规模死亡。由于物种受石油影响的程度不同，因此客观预测哪些物种在何地最易遭受石油泄漏的损害至关重要。通过建立海鸟对石油的敏感指数——石油脆弱性指数（OVI）——可以评估海鸟在石油面前的脆弱性。这个指数融合了鸟类的空间分布信息、密度、特有行为以及其他生活习性。本章重点研究北极地区石油污染对海鸟的威胁，以及石油脆弱性指数如何被用于表明易受石油污染威胁的海鸟种类及其在北极的地点。

关键词： 海洋；北大西洋；污染

在20世纪，北极地区的冰盖和减少，冰层厚度减小，这使得海上通道

---

① 英国北高地学院环境研究所，英国高地与岛屿大学。e-mail：nina.ohanlon@uhi.ac.uk.

出现的机会大为增加。随着该区域预测中的航运和烃类开采活动的增加，对海洋环境产生负面生态影响的风险也增加。海鸟尤其易受到石油污染的损害。溢油后，海鸟经常会与漂浮在海面上对其有直接和间接影响的原油相接触。某些海鸟物种因生态原因要比其他物种更易受到石油的影响。因此，通过考察不同海鸟物种的行为和生活习性特征，可以估算出其石油脆弱性。这种方法使我们建立了一个海洋鸟类对石油的敏感性指数——石油脆弱性指数（OVI）。在这一章，我们描述了如何通过英国海鸟石油敏感指数（SOSI）的细小变动来核定北大西洋东部海鸟的石油脆弱性，这有助于确定何种海鸟对未来预测中的北极航运和油气勘探活动的增加所带来的潜在石油污染最为敏感。

4.1　简介

近几十年来，北极资源所蕴含的政治利益和商业利益迅速增加。20世纪，北极冰盖和冰层已经减少，尤其是夏季冰盖和冰层的减少更为明显，而且随着气候变化，全球年地表温度预计将继续上升，冰盖和冰层的减少可能进一步加剧。北极海冰的不断融化，增加了自海洋进出该地区的机会，开辟了新的贸易航线，提供了接近未经开发的石油和天然气资源的机会（Wikinson et al.，2017）。与传统的、较长的航线相比，跨北极航线，如北方海航道，提供了一种更廉价、快捷的选择（Miller et al.，2014）。随着预计中的北部水域航运和烃类开采活动的增加，对海洋生境和生物产生的不利生态影响也在增加。随之而来的是，那些想开采这些资源的人，以及来自航运事故、管道泄漏或地下井喷的石油，成为北极环境的潜在威胁（Wikinson et al.，2017）。

海洋环境中少量的石油来自自然渗漏，然而大量的石油来自远洋船舶、石油勘探开发以及运输过程中意外或故意排放等人类的有关活动（Clark，2001）。大部分进入海洋的石油来自海上船舶。油轮和常规油气开采作业造成的大规模石油泄漏通常是震惊世人的事件，然而数量惊人的石油排放——主要是非法排放的石油——来自洗舱水和压载水排放。

4.2　石油对海鸟尤其是北极地区海鸟的威胁

海鸟是受石油威胁最严重的鸟类物种之一，世界上28%的海鸟被列为全球濒危物种，污染是其主要威胁（Coxall et al.，2012）。海鸟特别容易受到石油污染的损害。石油污染会导致海鸟大规模死亡，即使是轻微的漏油也会造成严重的问题（Piatt et al.，1996；Anchorage，1993）。石油会在海面上形成一层薄膜。石油可以通过致死和亚致死效应直接影响海鸟：其会使海鸟窒息或由于具有疏水性的油滴吸附在海鸟的羽毛上而破坏羽毛的绝缘性，由此导致的对羽毛微观结构的损害降低了海鸟的绝缘能力和防水能力，进而导致海鸟体温过低和浮力降低，并会导致海鸟无法飞行和觅食（Jenssen et al.，1985；Jenssen，1994；O'Hara et al.，2010）。

例如，在一只海鸟试图清洁羽毛的过程中，如果其摄入导致其脱水和中毒的石油以及相关毒素，会损伤其内脏并影响新陈代谢（Miller et al.，1978；Burger et al.，1993；Paruk et al.，2016）。多环芳烃（PAH）是一类通过化石燃料（煤或石油）不完全燃烧和有机物燃烧释放到环境中的具有诱导有机体突变与致癌的有机污染物。帕鲁克发现石油中的多环芳烃会导致成年和未成年的普通潜鸟（*Gavia immer*）体重较低（Paruk et al.，2016）。在发生严重石油泄漏后，海鸟也会因捕食被污染的猎物而接触多环芳烃（Alonso-Alvarez et al.，2007；Paruk et al.，2014）。即使那些成功把自己梳洗干净、油光可鉴的海鸟也已经在后续捕食和长远生存方面受到了不良影响（Esler et al.，2000；Peterson et al.，2003；Esler et al.，2010；Fraser et al.，2016）。埃斯勒等发现在"埃克森瓦尔迪兹号"油轮漏油事件发生6~9年后，油污地区雌性丑鸭（*Histrionicus histrionicus*）的冬季存活率相比无油污地区有所下降；直到11~14年后，这种差异才逐渐消失，这表明需要超过10年的时间丑鸭才能恢复存活率（Esler et al.，2000；Esler et al.，2010）。

海鸟也可能因觅食栖息地的替代以及猎物受到影响而导致的食物供应减少而受到石油泄漏的间接影响（Peterson et al.，2003；Velando et al.，2005）。在"海洋女皇号"漏油事件后，威尔士冬季的黑海番鸭（*Melanitta nigra*）被迫从其喜欢的觅食地点转移到猎物较少的地区觅食（Banks et al.，2008）。海鸟也会因人们清理漏油工作的骚扰和分散剂的毒性而受到负面影响（Jenssen，1994；Whitmer et al.，2018）。

北大西洋东部低温水域拥有大量海鸟，以及大量国际重要动物物种（Wong et al.，2014）。然而，这些高纬度水域的低温也会加剧海鸟对石油的脆弱性（Fraser et al.，2016）。在冷水中，石油会以更黏稠、更凝固的形式在海面上持续存在很长一段时间（Buist et al.，2000；Brandvik et al.，2008），而海鸟由于可能已经处于较高的热应力而更容易受到伤害（Ellis et al.，2001）。结果是，只要少量的石油就可能导致海鸟体温过低并进而增加其死亡风险（Hartung，1967；Jenssen et al.，1985）。维塞和里安发现，被石油污染的鸟类在周围气温较低的强风时期、对受伤鸟类造成较高热应力的岸风增大时期发病率较高（Wiese et al.，2003）。

尽管大规模石油泄漏和灾难会影响与杀死大量鸟类，但长期的石油污染因随着时间推移而具有持久性仍然被认为对海鸟的影响最大（Wiese et al.，2004；O'Hara et al.，2006；Ronconi et al.，2015）。自 20 世纪 70 年代以来，为了监测石油污染对北极海的滩涂鸟类的影响进行了长期系统调查，结果显示，该地区海鸟的石油污染率（被石油污染的鸟类数量除以发现的鸟类总数，简称油污率）主要因 1973 年《国际防止船舶造成污染公约》（MARPOL）及 1978 年该公约补充议定书的实施而有所下降（Jones，1980；Camphuysen，1998；Heubeck，2006；Stienen et al.，2017）。在加拿大，1984—2006 年海鸟的石油污染率也有所下降，但与其他地区相比仍然很高（Wilhelm et al.，2009）。

4.2.1　通过滩涂鸟类调查直接监测海鸟对石油的脆弱性

我们必须评估石油对海鸟的影响，以确定其程度和机理。其中一种方法是系统地寻找海岸线上被海浪冲上来的被石油污染了的鸟类（Camphysen et al.，2001；Wiese et al.，2003；Heubeck，2006）。这些滩涂鸟类调查可以提供沾染了石油的不同海上物种的石油污染风险详细信息，并可用于监测海上石油量的年份与地点变化（Furness et al.，1997；Heubeck et al.，2003）。

根据滩涂鸟类调查收集到的数据，有可能得出海鸟特定的"油污率"，即发现的被石油污染的鸟类和每千米海岸线发现的鸟类数量之比（Camphuysen，2007）。既然调查方法标准化，那么这些数值可被用于标识海鸟石油脆弱性的时空变化（Wiese et al.，2006）。滩涂鸟类调查结果显示，油污率最高的物种是那些经常在海面上活动的物种，如海雀（*Alcidae*）和欧绒鸭（*Somateria*）（Camphuysen et al.，2001；Wiese et al.，2003），而更多的空中物种和那些靠近海岸的物种的油污率较低（Wiese et al.，2003）。然而，捕食性和食腐性物种，如海鸥或燕鸥（*Laridae*），在被因石油污染死亡或丧失活动能力的个体吸引时，可能会面临更高的油污风险。

滩涂鸟类调查成功检测到了油污率中的微小变化，为监测石油污染和溢油对海鸟的影响提供了一种性价比相对较高的方法。这意味着滩涂鸟类调查也可被用来评估减少海洋石油污染措施的有效性（Heubeck，2006）。除了监测油污率外，调查还提高了公众对这一问题的认识。然而，滩涂鸟类调查会导致收集的数据出现偏差。因摄入石油而死亡但没有外部油污迹象的鸟类有可能被遗漏，也有可能是鸟类死后沾上了石油（Leighton，1995；Briggs et al.，1997）。通常在会增加海鸟死亡率的食物供应减少时期或严冬，油污率会较低（Camphuysen et al.，2001；Wiese et al.，2003）。此外，并非所有被石油污染的鸟类都能到达陆地，很大一部分仍留在海上。滩涂鸟类调查发现了许多影响干净和被石油污染鸟类数据的因素，包括风速和风向、表面洋流、海面温度，以及如捕捞活动或狩猎强度等其他致命因素（Camphuysen et al.，2001；Wilhelm et al.，2009）。最后，即使这些鸟类确实到达了海岸线，如果它们在被发现之前就被腐食者吃光（Ford et al.，2009），或者被冲到调查工作较少的偏远地区，则它们可能仍然无法被发现。这最后一点在北极地区尤为重要。

既然从滩涂鸟类调查中获得的信息对决策者有用，就需要确定所有被石油污染的鸟类的准确数量。但是，由于只有很小的区域被监控，因此目前这还不可能，也就是说，如果推断适用于广阔的、未经调查的区域，就需要做出假设。因为我们通常没有对海鸟种群数量的可靠估计，而且要分清石油的影响与其他自然和人为致命源，所以在种群水平上也很难确定石油污染对海鸟的影响（Wiese et al.，2006）。很难确定已洗刷油污的被石油污染的鸟类数量与那些在海上受到污染但从未被记录的鸟类数量之间的关系，因此目前的油污率具有很高的不确定性。

4.2.2　石油脆弱性指数简介

滩涂鸟类调查提供了过去受石油影响的鸟类的信息。然而，预测石油泄漏可能对海鸟种群和群落造成的影响也很有必要。例如，在规划石油和天然气开发、开通新航线和制订环境监测计划方面，这种预测是有用的。

由于自身生态原因，一些海鸟物种可能比其他物种受到更大的影响。

例如，爱好潜水的海鸟，如海鸭、潜鸟和海雀，由于它们在海面停留时间较长，因此更易接触到石油，可能比像海鸥和燕鸥那样的空中物种更易受到油污的影响（Camphuysen et al.，2001；Heubeck，2006）。大量聚集在一起的物种，如大多数冰沼湖中或经历无飞期（或天生如此）的海鸭，也处于高风险之中（Westphal et al.，1969；Burger，1993）。

评估海鸟对溢油事故的脆弱性，需要调查海鸟的空间丰度、特定物种的行为和其他生活习性。迄今为止，这已经通过基于行为特征、空间分布和溢油规模建构的死亡率模型（Fifield et al.，2009），或计算我们在这里关注的 OVI 得以实现。该指数采用根据研究结果而有所不同的评分系统，将与溢油相关并影响物种生存的因素纳入其中。对影响 OVI 的因素以专家判断、先验信息、物种行为知识、觅食策略和统计学为基础进行评估与评分。OVI 的得分范围从表示"不会或很少受石油伤害"的最低分到表示"高脆弱性"的最高分（Camphuysen，2007）。此外，将 OVI 的评分与有潜在溢油或正在漏油风险的区域内的物种分布和密度数据相结合可以用于创建空间 OVI 模型。例如，雷纳和库莱茨对阿留申群岛海鸟的航运油污风险进行了空间-季节分析（Renner et al.，2015），王等也对加拿大东部北极地区进行了同样的研究（Wong et al.，2018）。舍顿等通过为得出单一敏感指数时所用的组合因素提供数学论证进一步发展了 OVI 方法（Certain et al.，2015）。在彻底审查影响因素和空间密度数据（Webb et al.，2016）后，人们还对英国大陆架地区早期成果（Williams et al.，1994）精益求精，得出 SOSI。

4.3 案例分析：评估北大西洋东部石油敏感性指数的可行性

鉴于预计中的北欧和更广阔的北极地区的油气开采活动与跨北极航线运输的增加，有必要采用统一和可比较的方法评估这些地区海鸟对石油的敏感性。尽管该地区存在特定国家的海鸟对石油的敏感性指数（Gavrilo et al.，1998；Clausen et al.，2016），但并非所有管辖区都有评估海鸟石油风险的方法，也没有区域范围的评估。鉴于北大西洋东部的许多海鸟具有迁徙特性（Guilford et al.，2011；Chivers et al.，2012；Frederiksen et al.，2016），人们所理解的风险只能局限于远离繁殖地的死亡区域（Harris et al.，1996；Tasker et al.，2000）。在这里，我们通过检查如何调整英国

SOSI 方法以满足较大范围地域的需要及其局限性，讨论了使用其作为海鸟石油区域敏感性指数基础的理论基础。然后，我们进行了敏感性分析，以确定用于构建当前 SOSI 的何种因素对物种最终特有的影响最大，并用其对所需数据品质以及可能限制在北大西洋东部地区应用 SOSI 方法的数据缺口做出指导（表4.1）。

表 4.1　北大西洋东部常见海鸟的繁殖或迁徙物种

学名（拉丁文）	状态	鸟类红皮书
红喉潜鸟（*Gavia stellata*）	繁殖	低度关注
黑喉潜鸟（*Gavia arctica*）	繁殖	低度关注
普通潜鸟（*Gavia immer*）	繁殖	低度关注
黄嘴潜鸟（*Gavia adamsii*）	繁殖	濒危物种
赤颈䴙䴘（*Podiceps grisegena*）	繁殖	低度关注
凤头䴙䴘（*Podiceps cristatus*）	繁殖	低度关注
角䴙䴘（*Podiceps auritus*）	繁殖	易危物种
黑颈䴙䴘（*Podiceps nigricollis*）	繁殖	低度关注
暴雪鹱（*Fulmarus glacialis*）	繁殖	低度关注
克氏猛鹱（*Calonectris borealis*）	迁徙	低度关注
大鹱（*Ardenna gravis*）	迁徙	低度关注
灰鹱（*Ardenna grisea*）	迁徙	濒危物种
大西洋鹱（*Puffinus puffinus*）	繁殖	低度关注
西地中海鹱（*Puffinus mauretanicus*）	迁徙	极度濒危
风暴海燕（*Hydrobates pelagicus*）	繁殖	低度关注
白腰叉尾海燕（*Hydrobates leucorhous*）	繁殖	易危物种
北鲣鸟（*Morus bassanus*）	繁殖	低度关注
普通鸬鹚（*Phalacrocorax carbo*）	繁殖	低度关注
欧鸬鹚（*Phalacrocorax aristotelis*）	繁殖	低度关注
欧绒鸭（*Somateria mollissima*）	繁殖	濒危物种
王绒鸭（*Somateria spectabilis*）	繁殖	低度关注
小绒鸭（*Polysticta stelleri*）	繁殖	易危物种

表 4.1（续 1）

学名（拉丁文）	状态	鸟类红皮书
丑鸭（*Histrionicus histrionicus*）	繁殖	低度关注
长尾鸭（*Clangula hyemalis*）	繁殖	易危物种
黑海番鸭（*Melanitta nigra*）	繁殖	低度关注
斑脸海番鸭（*Melanitta fusca*）	繁殖	易危物种
鹊鸭（*Bucephala clangula*）	繁殖	低度关注
普通秋沙鸭（*Mergus merganser*）	繁殖	低度关注
红胸秋沙鸭（*Mergus serrator*）	繁殖	低度关注
斑背潜鸭（*Aythya marila*）	繁殖	低度关注
红颈瓣蹼鹬（*Phalaropus lobatus*）	繁殖	低度关注
灰瓣蹼鹬（*Phalaropus fulicarius*）	繁殖	低度关注
中贼鸥（*Stercorarius pomarinus*）	繁殖	低度关注
北极贼鸥（*Stercorarius parasiticus*）	繁殖	低度关注
长尾贼鸥（*Stercorarius longicaudus*）	繁殖	低度关注
大贼鸥（*Catharacta skua*）	繁殖	低度关注
地中海鸥（*Larus melanocephalus*）	繁殖	低度关注
小鸥（*Hydrocoloeus minutus*）	繁殖	低度关注
叉尾鸥（*Xema sabini*）	迁徙	低度关注
红嘴鸥（*Larus ridibundus*）	繁殖	低度关注
普通海鸥（*Larus canus*）	繁殖	低度关注
小黑背鸥（*Larus fuscus*）	繁殖	低度关注
银鸥（*Larus argentatus*）	繁殖	低度关注
黄脚银鸥（*Larus michahellis*）	迁徙	低度关注
冰岛鸥（*Larus glaucoides*）	繁殖	低度关注
北极鸥（*Larus hyperboreus*）	繁殖	低度关注
大黑背鸥（*Larus marinus*）	繁殖	低度关注
楔尾鸥（*Rhodostethia rosea*）	繁殖	低度关注
三趾鸥（*Rissa tridactyla*）	繁殖	易危物种
象牙鸥（*Pagophila eburnea*）	繁殖	濒危物种

表 4.1（续 2）

学名（拉丁文）	状态	鸟类红皮书
白嘴端燕鸥（*Thalasseus sandvicensis*）	繁殖	低度关注
粉红燕鸥（*Sterna dougallii*）	繁殖	低度关注
普通燕鸥（*Sterna hirundo*）	繁殖	低度关注
北极燕鸥（*Sterna paradisaea*）	繁殖	低度关注
白额燕鸥（*Sternula albifrons*）	繁殖	低度关注
黑浮鸥（*Chlidonias niger*）	繁殖	低度关注
崖海鸦（*Uria aalge*）	繁殖	低度关注
厚嘴崖海鸦（*Uria lomvia*）	繁殖	低度关注
刀嘴海雀（*Alca torda*）	繁殖	濒危物种
白翅斑海鸽（*Cepphus grylle*）	繁殖	低度关注
侏海雀（*Alle alle*）	繁殖	低度关注
北极海鹦（*Fratercula arctica*）	繁殖	易危物种

4.3.1 区域敏感性指数

英国 SOSI 的产生经历了一个全面的审查过程，以确定哪些因素对英国水域内的石油污染应急规划和应急反应最为有效（Webb et al.，2016）。因此，英国联合自然保护委员会（JNCC）通过了 SOSI，以在英国周围水域发生石油泄漏的时间和地点提供必要的行动建议（JNCC，2017）。因此，我们利用这一最新的海鸟对石油的脆弱性评估方法，为北大西洋东部地区开发了一种区域方法。

英国使用的 SOSI 包含 8 个因素，它们代表了评估海鸟物种对石油敏感性的 3 个原则：①个体因其行为受到石油影响的可能性（因素 1~3）；②种群/物种的脆弱程度（因素 4~6）；③种群或物种从石油事故中恢复的速度（因素 7~8）。按照这 8 个因素在 0.2~1.0 内进行评分，从低到高，以 0.2 分为一级增量进行评分，并针对每个物种进行测定（Webb et al.，2016），总分为 1.6~8.0 分。8 个因素如下：

（1）漂浮在水面上的时间（使用 1995—2015 年的欧洲海鸟海上数据）。经常栖息在海洋表面的物种更容易受到石油污染，因此得分更高。

（2）潮汐线鸟类尸体中被石油污染的比例（Williams et al.，1994）。本方法认为含油率较高的鸟类尸体（潮汐线尸体被油污染的比例较高）所属物种对油污染更敏感，得分更高。

（3）栖息地灵活性（Furness et al.，2013），其定义为一个物种使用的栖息地范围，得分从 0.2（栖息地灵活性高：倾向于在特定海洋特征很少的大范围海域觅食）到 1（栖息地灵活性低：倾向于在有非常特定特征的栖息地觅食维生，如双壳类群落的浅滩或海藻床）。

（4）英国大陆架内生物地理种群的比例以及衡量一个物种对死亡的脆弱程度的指标。英国大陆架内生物地理种群比例较高的物种得分较高，因为这可以表明英国物种种群在全球的重要性。

（5）列入鸟类保护名录（BOCC）（得分取决于 BOCC 2、BOCC 3（Eaton et al.，2009）和 BOCC 4（Eaton et al.，2015））的状态水平。保护关注度较高的物种得分较高。

（6）出现在欧盟鸟类指令附件中，以及第三个衡量物种对死亡率的脆弱程度的指标（Furness et al.，2012）。在指令附件 1 中列出的物种（具有最高保护级别的特别关注物种）得分为 1；在附件 1 中未列出但被列为迁徙物种的得分为 0.6；在附件 1 中未列出或未被列为迁徙物种的评分为 0.2。

（7）基于威廉姆斯等于 1994 年的研究，对潜在年生产力基于首次繁殖年龄和平均每窝产卵数量的大小评分（Williams et al.，1994）（高分反映首次繁殖年龄较高时的最大值和平均值，而低分反映首次繁殖年龄较低时的最大值和平均值）。得分高的物种预计从石油事故中恢复得更慢。

（8）成年年存活率，也是衡量一个物种从石油事故中恢复的速度的指标，得分高的物种（反映出高的年存活率）预计需要更长的时间才能从石油事故中恢复。

还有一些其他因素可能会影响物种对石油的敏感性，但未包括在 SOSI 的计算中，如耐油能力（Burger et al.，2002）、觅食/摄食行为（Schreiber et al.，2002）、海上聚集（Stone et al.，1995）、繁殖地的殖民性（Schreiber et al.，2002），以及基于与渔业船舶的相互作用、物种被船舶吸引的程度（Wahl et al.，1979）。如果将可能影响物种对石油敏感性的所有方面结合起来，增加用于计算敏感性指数的因素数量可能会使其更具代表性。然而，对于许多物种来说，获得足够的数据对这些因素进行准确评分是不大可能的，这将增加指数数值的不确定性。因此，具有更少的因素可以减少索引值中的误差。改变当前方法和确定替代因素是否合适还需要额外的管理成本。考虑到当前在英国的实用性，SOSI 可以在更广范围内应用。此外，由于 SOSI 是一个指数，而不是一个具有一定确定性的绝对值，因此在不同区域使用相同的方法时一致地应用它，将使使用它的人更好地理解使用它的注意事项。由于在时间和空间上难以获得足够的物种数据，尤其是在北极这样偏远的地区，因此我们在使用英国的 SOSI 作为计算北大西洋东部物种石油脆弱性指数的基础时，应特别关注欧洲和北极地区的北部边缘地带，如丹麦、英格兰、法罗群岛、芬兰、格陵兰岛、冰岛、爱尔兰、北爱尔兰、挪威、苏格兰、斯瓦尔巴特群岛（包括比约尔尼亚和扬玛雅）、瑞典和威尔士。

在英国之外，目前对北大西洋东部海鸟对石油的脆弱性信息掌握的程度不一（Cumphuysen，2007）。法罗群岛的数据收集覆盖率相对较高，但冬季海鸟分布数据有限（Skov et al.，2002）。波罗的海有大量关于海鸟分布和数量的数据，但尚未建立石油敏感性指数（Camphuysen，2007）。数据收集范围覆盖挪威海以及斯瓦尔巴群岛和格陵兰岛周围的部分海域，但数据不完整。例如，在斯瓦尔巴群岛附近，有夏季巴伦支海南部海域的海鸟出海的最新数据，但没有北部水域的数据。一个涵盖巴伦支海、挪威海和北海的国际海鸟跟踪方案"SEATRACK"收集了关于该区域特别侧重于非繁殖季节的海鸟在海上分布的数据。两者都没有研究其管辖范围内的全面的 OVI，但有一个关于格陵兰岛西海岸的石油脆弱性地图集（Mosbech et al.，2004；Stjernholm et al.，2011；Clausen et al.，2016），格陵兰岛东部类似的地图集正在制作。由于海鸟在海上的数据有限，冰岛水域以及格陵兰岛周围的公海、爱尔兰西部和斯瓦尔巴群岛周围的公海都缺乏数据，因此没有对海鸟或其栖息地石油污染的敏感性进行评估。

4.3.2 SOSI 因素的敏感性分析

在将 SOSI 扩展到北大西洋东部之前，我们必须评估当前 SOSI 因素的相对重要性。在英国发展起来的海鸟监测技术有着悠久的历史（Reid et al.，2001；Mitchell et al.，2004），但其数据可能并不一定适用于整个地区所有物种的所有因素。因此，敏感度分析可以确定哪些因素是最有影响力的，从而确定未来数据收集的重点，或者使用其他物种的替代值。由于SOSI采用二分法，每个因素的个别参数值在0.2~1之间，因此改变参数值实际上不会对总体结果产生任何重大影响。

用于计算SOSI的因素不考虑参数值的变化，这对于因素（1）（漂浮在水面上的时间）、因素（2）（潮汐线鸟类尸体中被石油污染的比例）、因素（7）（潜在年生产力）和因素（8）（成年年存活率）尤其重要。后两者对海鸟具有重要的人口学意义，且不同地点间差异较大，反映了当地以及更多区域的压力（Lavers et al.，2009；Bond et al.，2011）。因此，进行敏感性分析也将使我们能够确定在将参数值应用于更大的地理区域时是否需要考虑这种可变性。敏感性分析还将确定当前因素在计算中的加权方式，以及这是否适用于个体因素的可用数据质量。例如，对于很少出现在滩涂鸟类调查中的近海物种（Camphuysen et al.，2001）和目前未进行数据收集的北大西洋东部海岸线，不太可能获得关于潮汐线鸟类尸体中被石油污染的比例的数据。

所有分析均在R 3.5.1（2018）中进行。在R程序包pse（Chalom et al.，2017）中，我们使用拉丁超立方体采样（McKay，1992）的灵敏度分析确定了8个SOSI因素在SOSI计算中的相对重要性。该分析根据输入变量对模型输出的影响（在本案例中为SOSI计算）对输入变量进行排序，以确定影响最大的因素。我们制作了200个随机参数组合，每个因素值从0.2到1之间的均匀分布中以0.2的增量得出，所有的因素都可能有所不同。为每个因素随机选择一个介于0.2和1之间，间隔为0.2的参数，并与其他因素的值组合。我们计算了偏秩相关系数（PRCC），以确定每个因素对SOSI计算的相对重要性（Blower et al.，1994）。PRCC值反映了SOSI计算中各因素相对重要性的估计值，PRCC值越接近1，影响程度越强。

对最终SOSI得分影响最大的因素是因素（1）（漂浮在水面上的时间比例）、因素（2）（潮汐线鸟类尸体中被石油污染的比例）和因素（3）（栖息地灵活性），所有这些因素的PRCC值均高于0.5（Taylor，1990）。这些对SOSI影响最大的因素是那些反映由于个体行为而受石油影响的可能性的因素。因素（7）和因素（8）反映了物种的人口统计学特征（潜在的年生产力和成年年存活率），对最终SOSI得分的影响最小（图4.1）。鉴于在计算物种SOSI得分中的相对重要性，这突出了获得与行为相关因素

（1）~因素（3）的准确参数值和相关区域可变性的重要性。研究结果还在一定程度上缓解了人们的担忧，即 SOSI 没有考虑海鸟种群的空间和时间变化，在最大和平均窝卵数、首次繁殖年龄和存活率方面存在差异（Horswill et al.，2015）。人口学因素的影响相对较低，这表明对于研究不足的种群或物种，解释这种变异或这些参数值的不确定性可能不是必要的，而在缺乏数据的情况下，来自替代物种、专家意见或当地生态知识的数据可能是合适的选择。此外，这意味着可能没有必要考虑在海鸟人口统计学变量中观察到的空间和时间变化，特别是在进行 SOSI 计算之前，这些参数值以0.2 的增量放置在集合中。

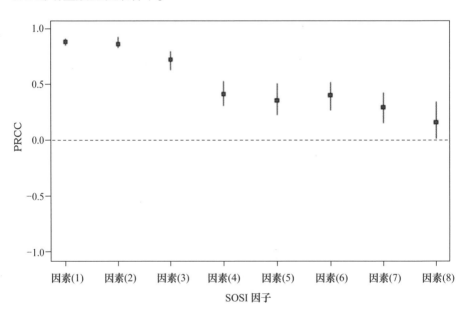

图 4.1　8 个 SOSI 因子的 PRCC 以及自举产生的置信区间
（PRCC 反映了去除其他因素的线性影响后，结果与每个输入因素之间的线性
关联的强度）

4.3.3　将 SOSI 扩展到北大西洋东部

如果要将 SOSI 的应用扩展到其他地区，那么我们必须首先探讨与评估英国石油敏感性相关的 8 个因素是否也适用于更广泛的北大西洋东部地区。

因素（1）和因素（2）对英国使用的 SOSI 整体评分的影响最大，因此这些因素值所依据的数据尽可能准确是很重要的。在可能的情况下，考虑到这些因素在整个区域的一切变化都是有益的。个体漂浮在水面上的时间在物种内可能是一致的,因为这在很大程度上是由行为驱动的。在某种程度上,这种一致性也将适用于潮汐线鸟类尸体中被石油污染的比例,因为这也与海鸟的行为有关,在海面上停留时间更长的物种具有更高的上油率(Camphuysen,1998)。虽然不同地点的物种的上油率的排序大体上相似,但其确切的参数值不同。目前的上油率在地理上也存在偏差,因为标准化的滩涂鸟类调查数据主要是从北海周边地区整理出来的,尽管斯堪的纳维亚半岛也有一些滩涂鸟类调查(Camphuysen et al.,2001),但这些数据在更难到达的海岸线(如格陵兰岛、冰岛或斯瓦尔巴德群岛)上基本上是缺失的。因素(1)和因素(2)都反映了个体由于其行为而受石油影响的可能性,并显示出显著的正相关(rs = 0.69,P < 0.001,N = 50)。鉴于这种关系和准确确定潮汐线尸体数量的挑战,一种选择是去除因素(2),只考虑存在更可靠的数据的因素(1)。从计算中去除含油海岸线尸体的比例增加了物种的 SOSI 评分,但含油海岸线尸体比例最高的物种(因素(2)评分为 1)除外,其最终评分保持不变。然而,去除因素(2)对物种的 SOSI 得分的增长程度有所影响,因此物种的敏感性排名确实发生了变化。

因素(3)反映了栖息地灵活性如何影响个体因其行为而受石油影响的可能性,也对英国使用的 SOSI 的总体得分有重要影响。这一因素考虑了物种的栖息地范围,对于大多数物种而言,确定其栖息地范围相对简单。对这一因素进行评分可能存在一定的主观性,因此考虑到已经公布的数值(Garthe et al.,2004;Furness et al.,2012)和专家判断,对北大西洋东部不在英国海洋保护倡议范围内的其他物种进行评分以确保其一致性十分重要。

为了将英国使用的 SOSI 扩展到更广泛的区域,需要替换因素(4)~因素(6),因为这些因素涉及英国(因素(4)和因素(5))或欧盟(因素(6)),而这并不包括北大西洋东部的所有管辖区。这 3 个因素涉及物种的保护状况,并反映了在英国和欧盟较小区域内,种群或物种对石油污染等威胁的脆弱性。一种选择是确定每个物种包括北大西洋东部生物地理种群的比例,但这可能很难确定,因为许多物种的区域和全球种群估计数存在相当大的不确定性。相反,使用国际自然保护联盟红名单确定的

物种的全球保护状态更有意义（BirdLife International，2019）。或者，由于
研究区域的国家在欧洲，可以使用欧洲红名单（BirdLife International，
2015）。通过使用国际自然保护联盟的红名单类别，该索引可以扩展到其
他地区，甚至全球。然而，这样做的缺点是消除了与物种地位和脆弱性相
关的因素的任何空间或时间变异性。

我们比较了 50 种英国海鸟的实际冬季（10 月至次年 3 月）和夏季（4
月至 9 月）SOSI 指数评分，使用的是自然保护联盟红名单类别的评分而不
是因素（4）、因素（5）和因素（6）计算的评分。一般来说，国际自然
保护联盟 SOSI 得分低于原来的冬季和夏季得分。这在很大程度上是因为大
多数物种被列为国际自然保护联盟红名单中最不受关注的物种，导致这些
物种的得分最低，为 0.2 分（被列为近危物种的得分为 0.4 分，易危物种
为 0.6 分，濒危物种为 0.8 分，极度濒危物种为 1 分）。基于国际自然保护
联盟的红名单计算出的物种得分对物种的 SOSI 得分影响程度有所不同，因
此物种的敏感性排名确实发生了变化。

在英国的 SOSI 中，因素（7）和因素（8）关系到一个物种的死亡率，
并反映了一个种群或物种从石油事故中恢复的速度。北大西洋东部常见的
62 种海鸟中的大多数都有相关的统计数据，尽管北极的一些物种，如黄嘴
潜鸟、楔尾鸥、冰岛鸥存在差异，而且统计率具有很高的年际变化。然
而，鉴于它们在计算英国使用的 SOSI 方面的影响力较低，在这些信息无法
用于特定物种的情况下，来自替代物种的数据可能会很有帮助，但应谨慎
使用。

以鸭科为例，我们计算了包含上述适应性的分数，并将其与韦伯等
（Webb et al.，2016）计算的分数进行了比较，见表 4.2。首先，我们使用
国际自然保护联盟的红名单状态作为因素（4）、因素（5）、因素（6）的
替代值来计算得分。其次，我们计算了包含国际自然保护联盟的红名单状
态以及去除因素（2）的得分。对英国使用的 SOSI 进行这些修改确实改变
了物种之间的得分和排名，特别影响了那些得分最高的物种。国际自然保
护联盟的红名单分数通常低于韦伯等计算的分数，因为这些物种的全球保
护状况是最不受关注的，但长尾鸭和斑脸海番鸭除外，它们在全球均处于
弱势地位。其中，黑海番鸭的 SOSI 得分和排名的变化特别大，因为它被列
入了英国保护鸟类红色名录（Eaton et al.，2015）。专注于分数的排名，最

大的变化是黑海番鸭和长尾鸭，因为它们在当地和全球范围内的保护状况不同。

表 4.2　韦伯等给出的鸭（鸭科）物种于冬季和夏季 SOSI 得分的比较及使用建议的改编 SOSI 方法计算的分数

物种	冬季 SOSI 分数（排名）	夏季 SOSI 分数（排名）	因素（4）、因素（5）和因素（6）被国际自然保护联盟的红名单类别取代的分数	因素（4）、因素（5）和因素（6）被国际自然保护联盟的红名单类别取代，因素（2）被删除的分数
斑脸海番鸭（*Melanitta fusca*）	0.657（2）	0.657（2）	0.657（2）	0.727（1）
长尾鸭（*Clangula hyemalis*）	0.570（5）	0.570（4）	0.570（2）	0.694（2）
欧绒鸭（*Somateria mollissima*）	0.651（3）	0.651（3）	0.542（3）	0.659（3）
黑海番鸭（*Melanitta nigra*）	0.712（1）	0.677（1）	0.336（4）	0.336（6）
鹊鸭（*Bucephala clangula*）	0.597（4）	0.555（5）	0.300（5）	0.336（6）
斑背潜鸭（*Aythya marila*）	0.561（6）	0.529（6）	0.287（6）	0.409（4）
红胸秋沙鸭（*Mergus serrator*）	0.396（8）	0.396（8）	0.270（7）	0.409（4）
普通秋沙鸭（*Mergus merganser*）	0.427（7）	0.427（7）	0.260（8）	0.317（7）

物种按分数排序，其中因素（4）、因素（5）和因素（6）被国际自然联盟的红名单类别所取代，反映了排名最大的（1）到最小的（8）易受石油影响。

从计算中删除因素（2）会进一步改变国际自然保护联盟的红名单得分，甚至会改变物种的排名。所有鸭科物种的因素（1）的得分为最高得分1，因为它们花费大量时间在海面上的行为导致其对油渍很敏感。然而，反映物种特定上油率的因素（2）得分从0.4（低上油率——红胸秋沙鸭、斑背潜鸭）到0.8（高上油率——黑海番鸭、斑脸海番鸭）不等。在SOSI计算中，因素（2）是一个加重因素（Certain et al.，2015），因此去除因素（2）会增加潮汐线鸟类尸体中被石油污染的比例较低的物种的分数（因为该分数由因素（1）乘以因素（2）得到）（Webb et al.，2016）。由于删除因素（2）确实会改变物种对石油污染的敏感程度，因此必须考虑删除这一因素的利弊，而不是使用可能偏向有关区域内某些地点的数据。

$$\text{SOSI}_i = (F_1 \cdot F_2)^{1-\frac{F_3}{F_3+0.5}} \cdot \left(\frac{F_4 + F_5 + F_6}{3}\right)^{1-\frac{\left(\frac{F_7+F_8}{2}\right)}{\left(\frac{F_7+F_8}{2}\right)+0.5}} \tag{4.1}$$

为了建立一个适用于北大西洋东部海域的基于英国SOSI方法的石油脆弱性指数，需要对8个影响因素进行修改。通过以下措施，这应该是可以实现的。首先，用单一的全球评估，特别是国际自然保护联盟的红名单，取代关于物种保护状况的因素（4）、因素（5）和因素（6）。其次，如果没有关于含油潮汐线鸟类尸体比例的数据，且认为使用北海的参数值不具有代表性，则可以选择删除该因素。

但需要注意的是，与使用现有的SOSI方法相比，做出这些变化确实改变了石油脆弱性评分，更重要的是改变了物种的排名（将国际自然保护联盟的红名单值视为因素（3），替换因素（4）、因素（5）、因素（6）的中位数变化；使用国际自然保护联盟的红名单值＝4时，从建议的改编SOSI计算中删除因素（2）的中值秩变化）。尽管如此，与创建一种完全不同的评估物种对石油敏感性的方法相比，这一选择仍然可能是与英国使用的SOSI最具可比性的。

4.4　结论

鉴于某些海鸟比其他海鸟物种对石油污染更敏感，了解这种变异性，以及这些物种的集中分布位置，对于确定海鸟群体特别容易受到石油污染等威胁的海域非常重要。由此，可以影响管理层对于开采现场位置、海船运输路线或发生泄漏时的缓解和响应措施的决定。海鸟脆弱性评估可以通过客观预测哪些海鸟物种最容易受到石油污染的影响来完成。扩大目前在英国使用的 SOSI，并对其进行一些小的修改，将为整个北大西洋东部地区的海鸟提供一个适用和有用的石油脆弱性指数。在计算中省略潮汐线鸟类尸体中被石油污染的比例（因素（2））将消除有关海滩鸟类调查中的偏差以及北极地区此类调查的空间覆盖率较低的问题。物种的国际自然保护联盟的红名单状态可以替代涉及区域或国家保护状态的 3 个因素。通过做出这些小小的改变，我们可以使用 SOSI 方法来评估北大西洋东部地区海鸟对石油的脆弱性，这种方法应该与英国目前使用的 SOSI 方法相当，并且将改进我们对海鸟对石油泄漏脆弱性的区域评估。将这种改进的 SOSI 方法与海鸟分布和密度数据结合起来，将能够确定北大西洋东部地区海鸟的密度。制定一个空间 SOSI，将使利益相关者能够确定哪些地方的海鸟可能最容易受到与未来航运交通、钻探和开采量预计增加相关的潜在石油污染的影响，特别是在这种方法在北极地区得到推广的情况下。

参考文献

Alonso-Alvarez, C. , Munilla, I. , López-Alonso, M. , & Velando, A. (2007). Sublethal toxicity of the Prestige oil spill on yellow-legged gulls. *Environment International*, 33, 773-781.

Banks, A. N. , Sanderson, W. G. , Hughes, B. , Cranswick, P. A. , Smith, L. E. , Whitehead, S. , Musgrove, A. J. , Haycock, B. , & Fairney, N. P. (2008). The Sea Empress oil spill (Wales, UK): Effects on Common Scoter *Melanitta nigra* in Carmarthen Bay and status ten years later. *Marine Pollution Bulletin*, 56, 895-902.

BirdLife International. (2012). *Spotlight on seabirds. Presented as part of the BirdLife state of the world's birds website*. Available from: http://www.birdlife.org/datazone 4 Oil Vulnerability Index, Impact on Arctic Bird Populations.

BirdLife International. (2015). *European red list of birds*. Luxembourg: Office for Official Publications of the European Communities.

BirdLife International. (2019). *BirdLife data zone*. URL http://datazone.birdlife.org. Accessed 12 Feb 2019.

Blower, S. , & Dowlatabadi, H. (1994). Sensitivity and uncertainty analysis of complex models of disease transmission: An HIV model, as an example. *International Statistical Review*, 62, 229-243.

Bond, A. L. , Jones, I. L. , Sydeman, W. J. , Major, H. L. , Minobe, S. , Williams, J. C. , & Byrd,

G. V. (2011). Reproductive success of planktivorous seabirds in the North Pacific is related to ocean climate on decadal scales. *Marine Ecology Progress Series*, 424, 205–218.

Brandvik, P. J., & Faksness, L. G. (2008). Weathering processes in Arctic oil spills: Meso–scale experiments with different ice conditions. *Cold Regions Science and Technology*, 55, 160–166.

Briggs, K. T., Gershwin, M. E., & Anderson, D. W. (1997). Consequences of petrochemical ingestion and stress on the immune system of seabirds. *ICES Journal of Marine Science*, 54, 718–725.

Buist, I., Belore, R., Dickins, D., Hackenberg, D., Guarino, A., & Zhendi, W. (2000). Empirical weathering properties of oil in ice and snow. In *Proceedings of the thirty–second AMOP technical seminar on environmental contamination and response* (pp. 67–107). Vancouver: Environment Canada.

Burger, A. E. (1993). Estimating the mortality of seabirds following oil spills: Effects of spill volume. *Marine Pollution Bulletin*, 26(3), 140–143.

Burger, A. E., & Fry, D. M. (1993). Effects of oil pollution on seabirds in the Northeast Pacific. In *The status, ecology and conservation of marine birds of the North Pacific* (pp. 254–263).

Burger, J., & Gochfield, M. (2002). Effects of chemicals and pollution on seabirds. In J. Schreiber & E. A. Burger (Eds.), *Biology of marine birds* (pp. 485–525). New York: CRC Press.

Camphuysen, K. C. J. (1998). Beached bird surveys indicate decline in chronic oil pollution in the North Sea. *Marine Pollution Bulletin*, 36, 519–526.

Camphuysen, K. C. J. (2007). *Chronic oil pollution in Europe*. Brussels: IFAW.

Camphuysen, C. J., & Heubeck, M. (2001). Marine oil pollution and beached bird surveys: The development of a sensitive monitoring instrument. *Environmental Pollution*, 112, 443–461.

Certain, G., Jørgensen, L. L., Christel, I., Planque, B., & Bretagnolle, V. (2015). Mapping the vulnerability of animal community to pressure in marine systems: Disentangling pressure types and integrating their impact from the individual to the community level. *ICES Jornal of Marine Science*, 72, 1470–1482.

Chalom, A. & de Prado, P. I. K. L. (2017). *pse: Parameter space exploration with Latin Hypercubes. R package version* 0.4.7.

Clark, R. B. (2001). *Marine pollution* (5th ed.). Oxford: Oxford University Press.

Clausen, D. S., Mosbech, A., Boertmann, D., Johansen, K. L., Nymand, J., Potter, S., & Myryp, M. (2016). *Environmental oil spill sensitivity atlas for the Northwest Greenland (68° – 72° N) coastal zone* (164 pp). DCE–Danish Centre for Environment and Energy.

Committee on Oil in the Sea. (2003). *Oil in the sea Ⅲ: Inputs, fates, and effects* (278 pp). Washington, DC: National Research Council.

Corkhill, P. (1973). Oiled seabirds successfully cleaning their plumage. *British Birds*, 66, 535–537.

Croxall, J. P., Butchart, S. H. M., Lascelles, B., Stattersfield, A. J., Sullivan, B., Symes, A., & Taylor, P. (2012). Seabird conservation status, threats and priority actions: A global assessment. *Bird Conservation International*, 22, 1–34.

Eaton, M. , Brown, A. , Noble, D. , Musgrove, A. , Hearn, R. , Aebischer, N. , Gibbons, D. , Evans, A. , & Gregory, R. (2009). Birds of conservation concern 3: The population status of birds in the United Kingdom, Channel Islands and the Isle of Man. *British Birds*, 102, 296-341.

Eaton, M. , Aebischer, N. , Brown, A. , Hearn, R. , Lock, L. , Musgrove, A. , Noble, D. , Stroud, D. , & Gregory, R. (2015). Birds of conservation concern 4: The population status of birds in the United Kingdom, Channel Islands and Isle of Man. *British Birds*, 108, 708-746.

Ellis, H. I. , & Gabrielsen, G. W. (2001). Energetics of free-ranging seabirds. In E. A. Schreiber & J. Burger (Eds.), *Biology of marine birds* (pp. 359-484). Boca Raton: CRC Press.

Esler, D. , & Iverson, S. A. (2010). Female harlequin duck winter survival 11 to 14 years after the Exxon Valdez oil spill. *Journal of Wildlife Management*, 74, 471-478.

Esler, D. , Schmutz, J. A. , Jarvis, R. L. , & Mulcahy, D. M. (2000). Winter survival of adult female harlequin ducks in relation to history of contamination by the "Exxon Valdez" oil spill. *The Journal of Wildlife Management*, 64, 839-847.

European Commission. (2009). *European union birds directive*. Available at: http://data. europa. eu/eli/ dir/2009/147/oj.

Fifield, D. A. , Baker, K. D. , Byrne, R. , Robertson, G. J. , Burke, C. , Gilchrist, H. G. , Hedd, A. , Mallory, M. L. , McFarlane Tranquilla, L. , Regular, P. M. , Smith, A. , Gaston, A. J. , Montevecchi, W. A. , Elliot, K. H. , Phillips, R. (2009) *Modelling seabird oil spill mortality using flight and swim behaviour environmental studies research funds report no.* 186. Dartmouth, 46 p.

Ford, R. G. , & Zafonte, M. A. (2009). Scavenging of seabird carcasses at oil spill sites in California and Oregon. *Marine Ornithology*, 37, 205-211.

Fraser, G. S. , & Racine, V. (2016). An evaluation of oil spill responses for offshore oil production projects in Newfoundland and Labrador, Canada: Implications for seabird conservation. *Marine Pollution Bulletin*, 107, 36-45.

Frederiksen, M. , Moe, B. , Daunt, F. , Phillips, R. A. , Barrett, R. T. , Bogdanova, M. I. , Boulinier, T. , Chardine, J. W. , Chastel, O. , Chivers, L. S. , Guilford, T. , Jensen, G. H. , & Gre, D. (2012). Multicolony tracking reveals the winter distribution of a pelagic seabird on an ocean basin scale. *Diversity and Distributions*, 18, 530-542.

Frederiksen, M. , Descamps, S. , Erikstad, K. E. , Gaston, A. J. , Gilchrist, H. G. , Grémillet, D. , Johansen, K. L. , Kolbeinsson, Y. , Linnebjerg, J. F. , Mallory, M. L. , McFarlane Tranquilla, L. A. , Merkel, F. R. , Montevecchi, W. A. , Mosbech, A. , Reiertsen, T. K. , Robertson, G. J. , Steen, H. , Strøm, H. , & Thórarinsson, T. L. (2016). Migration and wintering of a declining seabird, the thick-billed murre *Uria lomvia*, on an ocean basin scale: Conservation implications. *Biological Conservation*, 200, 26-35.

Furness, R. W. , & Camphuysen, K. C. J. (1997). Seabirds as monitors of the marine environment. *ICES Journal of Marine Science*, 54, 726-737.

Furness, R. W., Wade, H. M., Robbins, A. M. C., & Masden, E. a. (2012). Assessing the sensitivity of seabird populations to adverse effects from tidal stream turbines and wave energy devices. *ICES Journal of Marine Science*, 69, 1466-1479.

Furness, R. W., Wade, H. M., & Masden, E. A. (2013). Assessing vulnerability of marine bird populations to offshore wind farms. *Journal of Environmental Management*, 119, 56-66.

Garthe, S., & Hüppop, O. (2004). Scaling possible adverse effects of marine wind farms on seabirds: Developing and applying a vulnerability index. *Journal of Applied Ecology*, 41, 724-734.

Gavrilo, M., Bakken, V., Firsova, L., Kalyakin, V., Morozov, V., Pokrovskaya, I. & Isaksen, K. (1998). *Oil vulnerability assessment for marine birds occuring along the northern sea route area* (INSROP Working Paper), 56 pp.

Guilford, T., Freeman, R., Boyle, D., Dean, B., Kirk, H., Phillips, R., & Perrins, C. (2011). A dispersive migration in the Atlantic Puffin and its implications for migratory navigation. *PLoS One*, 6 (7), e21336.

Harris, M. P., & Wanless, S. (1996). Differential responses of Guillemot *Uria aalge* and Shag *Phalacrocorax aristotelis* to a late winter wreck. *Bird Study*, 43, 220-230.

Hartung, R. (1967). Energy metabolism in oil-covered ducks. *The Journal of Wildlife Management*, 31, 798-804.

Heubeck, M. (2006). The Shetland beached bird survey, 1979-2004. *Marine Ornithology*, 34, 123-127.

Heubeck, M., Camphuysen, K. C. J., Bao, R., Humple, D., Sandoval, A., Cadiou, B., Bräger, S., & Thomas, T. (2003). Assessing the impact of major oil spills on seabird populations. *Marine Pollution Bulletin*, 46, 900-902.

Horswill, C., & Robinson, R. A. (2015). Review of seabird demographic rates and density dependence. *JNCC Report*, 552, 1-126.

IPCC. (2013). Summary for policymakers. In T. F. Stocker, D. Qin, G. K. Plattner, M. Tignor, S. K. Allen, J. Boschung, A. Nauels, Y. Xia, & V. Bex (Eds.), *Climate change 2013: The physical science basis. Contribution of Working Group I to the Fifth Assessment Report of the Intergovernmental Panel on Climate Change* (pp. 2-23). Cambridge: Cambridge University Press.

Jenssen, B. M. (1994). Review article: Effects of oil pollution, chemically treated oil, and cleaning on thermal balance of birds. *Environmental Pollution*, 86, 207-215.

Jenssen, B. M., Ekker, M., & Bech, C. (1985). Thermoregulation in a naturally oil-contaminated black-billed Murre *Uria aalge*. *Bulletin of Environmental Contamination and Toxicology*, 35, 9-14.

JNCC. (2017). *Using the seabird oil sensitivity index to inform contingency planning* (7 pp). Peterborough: Joint Nature Conservation Committee.

Jones, P. H. (1980). Beached birds at selected Orkney beaches 1976-8. *Scottish Birds*, 11, 1-12.

King, J. G., & Sanger, G. A. (1979). Oil vulnerability index for marine oriented birds. In *Conservation of marine birds of Northern North America* (pp. 227-239). Washington, DC: U. S. Fish and Wildlife

Service.

Lavers, J. L., Jones, I. L., Robertson, G. J., & Diamond, A. W. (2009). Contrasting population trends at two razorbill colonies in Atlantic Canada: Additive effects of fox predation and hunting mortality? *Avian Conservation and Ecology*, 4(2), 3.

Leighton, F. A. (1995). The toxicity of petroleum oils to birds: An overview. In L. Frink (Ed.), *Wildlife and oil spills* (pp. 10-22). Newark: Response, Research, Contingency Planning, Tri State Bird Rescue and Research.

McKay, M. D. (1992). Latin Hypercude sampling as a tool in uncertainty analysis of computer models. In J. J. Swain, D. Goldsman, R. C. Crain, & J. R. Wilson (Eds.), *Proceedings of the 24th conference on winter simulation* (pp. 557-564). New York: ACM.

Miller, A. W., & Ruiz, G. M. (2014). Arctic shipping and marine invaders. *Nature Climate Change*, 4, 413-416.

Miller, D. S., Peakall, D. B., & Kinter, W. B. (1978). Ingestion of crude oil: Sublethal effects in herring gull chicks. *Science*, 199, 315-317.

Mitchell, P. I., Newton, S. F., Ratcliffe, N., Eds, T. E. D., Dunn, T. E., Poyser, A. D., & May, L. (2004). *Seabird populations of Britain and Ireland: Results of the seabird 2000 census*. London: JNCC, Poyser.

Mosbech, A., Boertmann, D., Olsen, B. Ø., Olsvig, S., von Platen, F., Buch, E., Hansen, K. Q., Rasch, M., Nielsen, N., Møller, H. S., Potter, S., Andreasen, C., Berglund, J. & Myrup, M. (2004). *Environmental oil spill sensitivity atlas for the South Greenland coastal zone*. DCE – Danish Centre for Environment and Energy, 611 pp.

Munilla, I., Arcos, J. M., Oro, D., álvarez, D., Leyenda, P. M., & Velando, A. (2011). Mass mortality of seabirds in the aftermath of the Prestige oil spill. *Ecosphere*, 2, art83.

O'Hara, P. D., & Morandin, L. A. (2010). Effects of sheens associated with offshore oil and gas development on the feather microstructure of pelagic seabirds. *Marine Pollution Bulletin*, 60, 672-678.

O'Hara, P. D., & Morgan, K. H. (2006). Do low rates of oiled carcass recovery in beached bird surveys indicate low rates of ship-source oil spills? *Marine Ornithology*, 34, 133-140.

Paruk, J. D., Long, D., IV, Perkins, C., East, A., Sigel, B. J., & Evers, D. C. (2014). Polycyclic aromatic hydrocarbons detected in common loons (*Gavia immer*) wintering off coastal Louisiana. *Waterbirds*, 37, 85-93.

Paruk, J. D., Adams, E. M., Uher-Koch, H., Kovach, K. A., Long, D., Perkins, C., Schoch, N., & Evers, D. C. (2016). Polycyclic aromatic hydrocarbons in blood related to lower body mass in common loons. *Science of the Total Environment*, 565, 360-368.

Peterson, C. H., Rice, S. D., Short, J. W., Esler, D., Bodkin, J. L., Ballachey, B. E., & Irons, D. B. (2003). Long-term ecosystem response to the Exxon Valdez oil spill. *Science*, 302, 2082-2086.

Piatt, J. F., & Glenn Ford, R. (1996). How many seabirds were killed by the Exxon Valdez oil spill. In

S. D. Rice, R. B. Spies, & D. A. Wolfe (Eds.), *Proceedings of the Exxon Valdez oil spill symposium*, Anchorage, Alaska, 2 - 5 February, 1993 (pp. 712 - 719). Bethesda: American Fish Society.

R Development Core Team. (2018). *R: A language and environment for statistical computing*. Reid, J. B., Pollock, C. M., & Mavor, R. (2001). Seabirds of the Atlantic Frontier, north and west of Scotland. *Continental Shelf Research*, 21, 1029 - 1045.

Renner, M., & Kuletz, K. J. (2015). A spatial - seasonal analysis of the oiling risk from shipping traffic to seabirds in the Aleutian Archipelago. *Marine Pollution Bulletin*, 101, 127 - 136.

Ronconi, R. A., Allard, K. A., & Taylor, P. D. (2015). Bird interactions with offshore oil and gas platforms: Review of impacts and monitoring techniques. *Journal of Environmental Management*, 147, 34 - 45.

Schreiber, E. A., & Burger, J. (2002). *Biology of marine birds*. Florida: CRC Press.

Skov, H., & Durinck, J. (2001). Seabird attraction to fishing vessels is a local process. *Marine Ecology Progress Series*, 214, 289 - 298.

Skov, H., Upton, A. J., Reid, J. B., Webb, A., Taylor, S. J., & Durinck, D. (2002). *Dispersion and vulnerability of marine birds and cetaceans in Faroese waters* (106 pp). Peterborough: Joint Nature Conservation Committee.

Stienen, E. W. M., Courtens, W., Van de walle, M., Vanermen, N., & Verstraete, H. (2017). Longterm monitoring study of beached seabirds shows that chronic oil pollution in the southern North Sea has almost halted. *Marine Pollution Bulletin*, 115, 194 - 200.

Stjernholm, M., Boertmann, D., Mosbech, A., Nymand, J., Merkel, F., Myrup, M., Siegstad, H., Clausen, D., & Potter, S. (2011). *Environmental oil spill sensitivity atlas for the northern West Greenland (72° - 75°N) coastal zone*. DCE - Danish Centre for Environment and Energy, 798 pp.

Stone, C. J., Webb, A., & Tasker, M. L. (1995). The distribution of auks and Procellariiformes in north - west European waters in relation to depth of sea. *Bird Study*, 42, 50 - 56.

Tasker, M. L., Camphuysen, C. J. K., Cooper, J., Garthe, S., Montevecchi, W. A., & Blaber, S. J. M. (2000). The impacts of fishing on marine birds. *ICES Journal of Marine Science*, 57, 531 - 547.

Taylor, R. (1990). Interpretation of the correlation coefficient: A basic review. *Journal of Diagnostic Medical Sonography*, 1(35), 35 - 39.

Velando, A., Munilla, I., & Leyenda, P. M. (2005). Short - term indirect effects of the Prestige oil spill on a marine top predator: Changes in prey availabilty for European shags. *Marine Ecology Progress Series*, 302, 1 - 22.

Votier, S. C., Hatchwell, B. J., Beckerman, A., McCleery, R. H., Hunter, F. M., Pellatt, J., Trinder, M., & Birkhead, T. R. (2005). Oil pollution and climate have wide - scale impacts on seabird demographics. *Ecology Letters*, 8, 1157 - 1164.

Wahl, T. R., & Heinemann, D. (1979). Seabirds and fishing vessels: Co - occurrence and attraction.

The Condor, 81, 390-396.

Webb, A., Elgie, M., Hidef, C. I., Pollock, C., Barton, C., Burns, S., & Hawkins, K. (2016). *Sensitivity of offshore seabird concentrations to oil pollution around the United Kingdom: Report to oil & gas UK.* 103 pp.

Westphal, A., & Rowan, M. K. (1969). Some observations on the effects of oil pollution on the Jackass Penguin. *Ostrich*, 40, 521-526.

Whitmer, E. R., Elias, B. A., Harvey, D. J., & Ziccardi, M. H. (2018). An experimental study of the effects of chemically dispersed oil on feather structure and waterproofing in Common Murres (*Uria aalge*). *Journal of Wildlife Diseases*, 54(2), 315-328. 2017-01-016.

Wiese, F. K., & Elmslie, K. I. M. (2006). Underuse and misuse of data from beached bird surveys. *Marine Ornithology*, 34, 157-159.

Wiese, F. K., & Robertson, G. J. (2004). Assessing seabird mortality from chronic oil discharges at sea. *Journal of Wildlife Management*, 68, 627-638.

Wiese, F. K., & Ryan, P. C. (2003). The extent of chronic marine oil pollution in southeastern Newfoundland waters assessed through beached bird surveys 1984-1999. *Marine Pollution Bulletin*, 46, 1090-1101.

Wilhelm, S. I., Robertson, G. J., Ryan, P. C., Tobin, S. F., & Elliot, R. D. (2009). Re-evaluating the use of beached bird oiling rates to assess long-term trends in chronic oil pollution. *Marine Pollution Bulletin*, 58(2), 249-255.

Wilkinson, J., Beegle-Krause, C., Evers, K. U., Hughes, N., Lewis, A., Reed, M., & Wadhams, P. (2017). Oil spill response capabilities and technologies for ice-covered Arctic marine waters: A review of recent developments and established practices. *Ambio*, 46, 423-441.

Williams, J. M., Tasker, M. L., Carter, I. C., & Webb, A. (1994). A method of assessing seabird vulnerability to surface pollutants. *Ibis*, 137, 147-152.

Wong, S. N., Gjerdrum, C., Morgan, K. H., & Mallory, M. L. (2014). Hotspots in cold seas: The composition, distribution, and abundance of marine birds in the North American Arctic. *Journal of Geophysical Research: Oceans*, 119, 1-15.

Wong, S. N. P., Gjerdrum, C., Gilchrist, H. G., & Mallory, M. L. (2018). Seasonal vessel activity risk to seabirds in waters off Baffin Island, Canada. *Ocean and Coastal Management*, 163, 339-351.

第5章 北极产业与鲸目动物之间的冲突

夏拉·J. 巴斯兰、玛丽安·H. 拉斯穆森①

摘　要：与全球许多海洋一样，北极鲸目动物与产业之间存在着广泛且不断增加的互动。北极有16种鲸目动物（鲸、海豚和钝吻海豚），其中一些是季节性停留，另一些是全年生活在此。本章重点介绍了6种鲸目动物，并对它们进行了广泛的研究，包括须鲸——蓝鲸（*Balaenoptera musculus*）和座头鲸（*Megaptera novaeangliae*）、大型齿鲸——抹香鲸（*Physetter macrocephalus*）和虎鲸（*Orcinus orca*）、小型齿鲸——白喙斑纹海豚（*Lagenorhynchus albirostris*）和港湾鼠海豚（*Phocoena Phocoena*）。这些可以作为所有北极鲸类物种的代表。与北极鲸类动物冲突最大的行业包括航运、石油勘探和渔业。本章将探讨6个示例物种与这些行业之间的相互作用，以及这些相互作用对两者的影响。随着工业扩张和人类在北冰洋的活动增加，还将触及其他北极活动与鲸类之间更深层的冲突。

关键词：北极；鲸类；冲突；航运；石油勘探；缠绕

5.1 北极鲸类

5.1.1 须鲸——蓝鲸和座头鲸

须鲸的特征通常是上颚有数百块须鲸板，头顶有两个气孔。此外，它们主要是独居动物，通过低频声音进行远距离交流。许多须鲸在夏季觅食

---

① 冰岛大学。e-mail：cjb2@ hi. is.

地和冬季繁殖地之间进行长距离迁徙。北极地区季节性或全年共有 7 种须鲸，即蓝鲸（*Balaenoptera musculus*）、座头鲸（*Megaptera novaeangliae*）、长须鲸（*Balaenoptera physalus*）、灰鲸（*Eschrichtius robustus*）、弓头鲸（*Balaena mysticetus*）、须鲸（*Balaenoptera borealis*）和小须鲸（*Balaenoptera acutorostrata*）。

蓝鲸（图 5.1）是地球上最大的须鲸和最大的动物，体长最大可达 33 m，重达 150 t（Wilson et al.，2014）。蓝鲸的交流频率是鲸类中最低的，范围为 16~100 Hz（Cummings et al.，1971）。北大西洋蓝鲸的声音由一个大约 19 Hz 的单音单位组成（Mellinger et al.，2003）。赤松要等在冰岛海域测量到的来自标记的蓝鲸呻吟声的来源级在 159~169 dB/μPa 有效值之间（Akamatsu et al.，2014）。人们对蓝鲸的听觉尚不清楚，但据推测，它们至少能听到与其发声相同的频率。一些蓝鲸种群是季节性迁徙到北极水域的，它们在那里度过夏季，主要以磷虾为食。它们在北极的栖息地范围包括挪威北部（直到斯瓦尔巴群岛）、冰岛北部以及格陵兰岛东部和西部（Wilson et al.，2014）。

图 5.1　蓝鲸

座头鲸（图 5.2）是须鲸群的另一个成员，体长最大为 17 m，重达 34 t（Wilson et al.，2014）。它们会发出不同种类的声音，如咕噜声和呻吟声，大多在 10 Hz 到 10 kHz 的宽频率范围内（Thompson et al.，1979；Cerchio et al.，2001）。在阿拉斯加的觅食场，记录到的呻吟声主频率为 300~500 Hz，声源级为 175~192 dB/μPa（Thompson et al.，1986）。座头鲸以其歌声而闻名，佩恩和麦克维首次报道了它们的歌声。据报道，它们在热带繁殖地唱歌，最近在冰岛冬季也在亚北极水域唱歌（Magnúsdóttir et al.，2014；2015）。对座头鲸的听觉是根据解剖学数据建模的，这些数据表明座头鲸在 2~6 kHz 时具有最大听觉灵敏度，在 700 Hz~10 kHz 时类似于它们发声的频率具有良好的听觉灵敏度（Houser et al.，2001）。它们也是季节性迁徙者，在亚北极和北极水域度过夏季觅食季节，活动范围在挪威北部（包括斯瓦尔巴群岛北部）、冰岛北部、格陵兰岛东部和西部、加拿大北部和阿拉斯加。在这里，它们以磷虾和小型鱼群为食（Wilson et al.，2014）。

图 5.2　一头座头鲸冲出水面

5.1.2　齿鲸——抹香鲸、虎鲸、白喙斑纹海豚和港湾鼠海豚

齿鲸的特征通常是有真正的牙齿，只有一个气孔，并使用回声定位来捕捉猎物和确定方向。这一群体包括抹香鲸、虎鲸、海豚和鼠海豚，因此由大量物种组成。与须鲸不同，它们生活在社会群体中，用更高频率的哨声和叫声进行交流。在北极共发现了 9 种齿鲸：抹香鲸（*Physester macrocephalus*）、白鲸（*Delphinapterus leucas*）、独角鲸（*Monodon monoceros*）、北瓶鼻鲸（*Hyperoodon ampullatus*）、虎鲸（*Orcinus orca*）、白喙斑纹海豚（*Lagenorhynchus albirostris*）、大西洋白边海豚（*Lagenorhynchus acutus*）、长鳍领航鲸（*Globicephala melas*）和港湾鼠海豚（*Phocoena phocoena*）。

抹香鲸（图5.3）是地球上最大的齿鲸，雄性体长可达到19 m，重达70 t（Wilson et al.，2014）。它们是深海潜水专家，最大潜水深度为3 000 m，以鱿鱼和深海鱼类为食。抹香鲸使用中心频率为15 kHz的"咔嗒"声进行回声定位（Møhl et al.，2003），它们发出的声音是所有鲸类动物中最响亮的，"咔嗒"声的源级可达到236 dB/mPa有效值。抹香鲸的听觉是未知的，但与其他物种一样，人们认为它们至少能听到与它们发出的声音相同的频率范围。与在北极发现的所有其他鲸类不同，只有雄性抹香鲸出现在北极水域。它们在北极的已知活动范围从挪威北部、冰岛北部和格陵兰岛东海岸一直延伸到南部冰缘（Wilson et al.，2014）。

图5.3　抹香鲸吸食（抬起尾巴）并在水面休息

虎鲸（图5.4）是世界上最大的海豚物种，雌性体长可达到8 m，重达5 t；雄性体长可达到10 m，重达7 t（Wilson et al.，2014）。虎鲸的回声定位点击的中心频率为45～80 kHz（Au et al.，2004），平均声源级为173～202 dB/μPa（以1 m处峰峰值1μPa为参考峰值）（Simon et al.，2007）。虎鲸通过叫声和哨声进行交流，不同的虎鲸群体有不同的方言叫声（Strager，1995）。据报道，哨声包括基频高达40 kHz的高频（Samarra et al.，2010）。根据对圈养虎鲸的研究，已知它们在18～42 kHz时具有最佳听力，但它们在约95 dB下可有效地对100 kHz的音调做出反应（Szymanskia et al.，1999）。虎鲸遍布北极水域，因此随着海冰的减少，虎鲸的活动范围正在扩大。在这里，它们以各种鱼类和其他海洋哺乳动物为食（Wilson et al.，2014）。

白喙斑纹海豚（图5.5）身长可达3 m，体重可达350 kg（Wilson et

al.，2014)。它们会产生宽带"咔嗒"声回声定位，频率高达250 kHz，声源级高达219 dB/mPa（Rasmussen et al.，2002)。白喙斑纹海豚用基频高达35 kHz（Rasmussen et al.，2002)、谐波高达65 kHz（Rasmussen et al.，2006）的哨声进行交流。哨声的声源级高达160 dB。白喙斑纹海豚的听觉频率范围为1~150 kHz（Nachtigall et al.，2008)。它们只生活在北大西洋的温带至北极水域，在北冰洋，它们分布在挪威北部、冰岛以及格陵兰岛东部沿线。一年中，人们都可以看到它们成群结队地出现，通常多达50只，它们以各种小型鱼群为食（Wilson et al.，2014)。

图5.4　虎鲸

图5.5　一群白喙斑纹海豚

港湾鼠海豚（图 5.6）是最小的北极鲸类物种，体长达 1.6 m，重
65 kg（Lockyer，2003）。它们产生以 130 kHz（Au et al.，1999）为中心的
窄波段"咔嗒"声，声源级高达 160~205 dB/μPa（Au et al.，1999）。港
湾鼠海豚不吹口哨，只通过高速"咔嗒"声进行交流（Clausen et al.，
2011）。众所周知，港湾鼠海豚在 16~140 kHz 时听觉最佳（Kastelein et
al.，2002）。它们广泛分布于从温带到北极的水域，在俄罗斯东北部、挪
威北部和冰岛，沿着格陵兰岛东部和西部、加拿大东北部和阿拉斯加都有
分布。在整个活动范围内，它们最常出现在浅水区，但已知一些种群会长
途跋涉到深水区，根据地点和季节，以各种鱼类和头足类动物为食
（Wilson et al.，2014；Nielsen et al.，2018）。

图 5.6　港湾鼠海豚

5.2　鲸类与北极工业的冲突

5.2.1　船舶撞击

须鲸在迁徙路线上面临的主要威胁之一，包括进入北极的威胁，是来
自大型船舶和邮轮、渔船、观鲸船的撞击。已知这些船舶撞击会导致鲸严
重受伤或死亡，特别是当船舶长度为 80 m 或更长时，或当所涉船舶以 14 kn
或更高的速度行驶时（Laist et al.，2001）。船舶撞击发生的一个主要原因
是航运路线与鲸类密度高的区域重叠。这可能是狭窄通道区域的最大风
险，因为该区域的船舶交通和鲸类高度集中（Williams et al.，2010）。

对蓝鲸的研究发现，蓝鲸几乎没有横向运动来避开迎面而来的船只，但在55%的研究案例中，蓝鲸表现出缓慢而优雅的浅层潜水回避（McKenna et al.，2015）。这些因素使得蓝鲸特别容易受到船只撞击。虽然船只撞击可能不是后捕鲸时代影响蓝鲸种群缓慢恢复的主要原因（Monnahan et al.，2015），但为了确保蓝鲸种群的恢复，这仍然是一个严重问题。

座头鲸也经常被船只撞击（Laist et al.，2001），并且实际上它也是卷入船只撞击事件报道最多的物种之一，尽管这可能部分是由于座头鲸栖息在沿海地区，因此与其他远离海岸的物种相比，在沿海水域被船只撞击的动物的可探测性更高（Jensen et al.，2004）。座头鲸的数量近几年有所恢复，因此它们在世界各地数量的增加也可能是增加船舶撞击风险的一个因素。

问题是，为什么这些鲸不游开？建模表明，水面上的须鲸可能难以从声学上探测到迎面而来的船只（Allen et al.，2012）。人们已经发现，船舶噪声在水面上具有较低的声源水平，船舶往往具有由船头引起的"声影"，从而降低了船舶正前方的可检测噪声。这些因素意味着须鲸可能无法探测到这艘船，等到它们游离航道时已经太晚了（Allen et al.，2012）。研究还表明，船只撞击的可能性也取决于鲸在船舶靠近时的行为。当鲸睡觉或进食时，有证据表明它们对接近的船只的噪声反应要小得多（Laist et al.，2001）。其他因素也可能会增加鲸对船只撞击的脆弱性，如寄生虫、疾病或缠绕在渔具中，这可能会导致一些动物在水面上花费比平时更多的时间。

此外，船舶与鲸碰撞可能会造成其损坏。对于大型货船和邮轮来说，这不太可能是一个问题，但对于渔船或观鲸船等较小的船只来说，可能会出现这种情况。在一些情况下，死亡的鲸实际上是被撞到的大型船只的前部带到港口的。这通常是公司希望避免的一种负面情况，因此在一些地区已经探索并采取了缓解措施。有人已经提出了改变航道的建议，甚至一些航道已经改道，以减少船舶与鲸撞击的风险（Redfern et al.，2013）。在一些靠近鲸类密度高的地区的航道，已经实施了速度限制（Van dor Hoop et al.，2015）。使用前向声呐也被提议作为一种方式，以使船只能够及时看到路径上的大型鲸鱼，从而改变航向（Miller et al.，2001）。

北极海冰的减少为增加航运、开辟新航线以及通过邮轮增加北极旅游带来了可能。据估计，由于冰层变薄，现在夏季使用北海航线，欧洲和亚洲之间的航运时间预计将减少50%（Aksenov et al.，2017）。预计到2020年，将有6 500万t货物通过白令海峡沿北海航线运输，相比之下，2013年只有136万t（Huntington et al.，2015）。应当考虑到海洋空间规划措施，以尽量减少交通量的增加对北极鲸类的影响。

5.2.2　对石油勘探的应对

海洋中的一个主要噪声源是用于石油勘探的地震测量气枪（Di Iorio et al.，2010），它可能会导致鲸类的通信屏蔽和行为干扰。气枪被拖在船只的后面，并发射高功率的空气冲击波，导致地震波深入海底，以寻找石油矿床。这些巨大的冲击波可以在海洋中传播很远的距离，在某些情况下，距离震源3 000 km以上的水听器会接收到这些冲击波（Nieukirk et al.，2004），因此可能会影响范围广泛的海洋物种。

地震测量的爆炸被认为"屏蔽"了蓝鲸的通信，使其交流更加困难，因为气枪发出的低频信号与蓝鲸的叫声在同一频率范围内（Di Iorio et al.，2010）。研究发现，蓝鲸在地震测量期间显著提高了它们的呼叫率。这被推断为通过增加物种其他成员接收它们信息的机会来补偿海洋中增加的噪声。一项观察显示，一头蓝鲸在距离一艘装有主动气枪阵列的船只10 km的地方停止呼叫1 h后离开了船只，显示出潜在的躲避行为（McDonald et al.，1995）。

对座头鲸对石油勘探的反应进行的研究发现，它们的反应各不相同，有些表现出回避，有些表现为接近，有些则几乎没有反应（Malme et al.，1985）。一些座头鲸表现出"惊吓反应"，这意味着动物对声音的直接反应是迅速改变方向或行为。在座头鲸迁徙过程中进行的试验发现，动物们在距离座头鲸1.2~4.4 km内避开了使用气枪的船只（McCauley et al.，2000）。人们还注意到，一些动物在水面上花费了异常长的时间。这可能与水面声级较低的事实有关，与5.2.1中对船舶噪声的描述相同，可被视为"垂直回避响应"（Weir，2008）。这种反应可能使动物更容易受到船只撞击。有趣的是，已经观察到一些座头鲸有相反的反应，实际上它们会在100~400 m内接近有气枪的船只。这被推断为雄性座头鲸对气枪的声音做出反应，它们认为这是竞争对手冲出水面的声音（McCauley et al.，

2000）。这可能对鲸有潜在的危险，因为有人认为须鲸在近距离暴露于气枪时至少会经历暂时的听力损伤（Gedamke et al.，2011）。

与须鲸的情况一样，一些有齿鲸也会对用于石油勘探的气枪做出反应。由于气枪声音的带宽很宽，它们被认为是所有鲸类动物都能听到的（Goold et al.，2006）。有趣的是，研究发现，尽管有一些证据表明，由于在水面停留的时间较长，抹香鲸在气枪活动期间可能会减少觅食，但它们对使用中的气枪不会有明显的反应，也不会躲避使用中的气枪（Miller et al.，2009）。研究还发现，虎鲸对活跃的气枪表现出"局部回避"，在这种情况下，虎鲸将自己与声音来源保持距离（Stone et al.，2006），这也表明了行为的改变。

目前，关于白喙斑纹海豚对用于石油勘探的气枪反应的科学研究很少。这是有问题的，根据已知的其他小型鲸类物种的信息，作为大量的亚北极和北极物种，它们可能对这类噪声敏感。一项研究发现，在26.5%的目击事件中，观察到白喙斑纹海豚远离装有气枪的船只，而在气枪不工作的情况下，只有4.8%的目击事件发生（Stone et al.，2006），这表明它们对声音有回避反应。

港湾鼠海豚被认为是对气枪噪声最敏感的鲸类之一。当港湾鼠海豚在70 km以外时，观察到其明显避开了装有主动气枪的船只（Bain et al.，2006）。它们也被认为比任何其他鲸类动物对地震勘测引起的暂时性听力损伤最敏感（Lucke et al.，2009）。其他研究表明，即使没有明显的回避反应，其行为似乎也会发生其他变化。研究发现，在距离装有主动气枪的船只25 km的范围内，港湾鼠海豚发出的嗡嗡声减少了15%（Pirotta et al.，2014）。这种嗡嗡声与猎物捕获或交流有关（Verfu et al.，2009），声音的减少表明了它们的行为受到干扰。

从其他角度来看，石油行业在环境影响方面面临着越来越大的公众和科学压力。例如，美国试图通过立法，以便允许在目前的北极国家野生动物保护区内勘探和开采石油。这遭到了37位北极顶尖科学家的反对，他们说："……许多看似微小的变化的累积影响是巨大的。北极保护区是地球上最重要的保护区之一，其沿海平原的新开发只会加剧对野生动物的有害影响。出于所有这些原因，我们反对在北极保护区的沿海平原上勘探、开发和生产石油及天然气。"（Bowyer et al.，2017）在挪威于2017年进行的一项民意调查中发现，大多数挪威人会选择尽量减少石油工业活动以保护环境（Wijnen，2017）。甚至还有来自其他北极产业的反对，如挪威的渔业和旅游业，它们公开反对石油勘探所产生的负面影响（Fouche，2009）。基于这类反对意见，整个行业都需要寻找新技术来进行侵入性较小的勘测，或将重点转向石油替代品。其中一种技术是海洋振动器。该行业已开发出一种比气枪更弱的声源，同时工作方式基本相同。在冰岛对海洋振动器对蓝鲸和座头鲸的影响进行了初步测试，发现用声学行为记录仪标记的动物不断进食，似乎没有被海洋振动器的声音打断（Akamatsu et al.，2014）。这些海洋振动器尚未在齿鲸身上进行测试。

北极的石油勘探一直在扩大，而且随着海冰的减少，开辟了新的勘探可能性，使这种活动很可能会继续进行。北极大陆架现在是世界上剩余最大的石油勘探区之一（Gautier et al.，2009）。俄罗斯的大型石油公司一直在探索其北极大陆架，并相信到2050年，俄罗斯20%～30%的石油产量将来自该地区（Paraskova，2017）。挪威被认为是北极石油工业的另一个主要领导者，在巴伦支海有93个石油勘探区块（Milne，2017）。人们对北极石油勘探的兴趣与日俱增，可能会对北极鲸类动物产生严重影响。这需要进行预防性研究，以尽量减少地震勘测对这些动物的影响。

5.2.3　缠绕和误捕

缠绕（当鲸目动物被渔线或渔网捕获时）和误捕（当鲸类动物被渔具捕获并淹死时）是人类造成的鲸类伤害和死亡的主要原因。如果捕鱼活动和鲸目动物活动之间存在重叠，这很可能是一个问题。随着渔业的发展和扩大，尤其是北极冰盖的减少，缠绕和误捕近年来不断增加（Meyer et al.，2011）。对于大型须鲸来说，被渔具缠住通常不会导致其立即溺死，而这种缠绕可能持续数小时、数天甚至数月，对动物造成广泛的潜在影响。除了溺水的可能性外，对动物的影响还包括绳索撕裂和感染风险以及无法进食带来的饥饿（Cassoff et al.，2011）。此外，拖拽缠绕装置可能会导致对鲸能量预算的干扰，从而影响它们的迁徙能力（Moore et al.，2012）。缠绕对动物来说也是一种应激事件，导致释放的应激激素增加，这可能损害其免疫系统和降低其生殖成功率（Robbins et al.，2001）。在某种程度上，所有类型的渔具都会出现缠绕和误捕，包括固定渔网、延绳、诱捕罐、围网以及"幽灵渔具"（即在海上丢失的渔具）（Butterworth et al.，2012）。

蓝鲸有时会被渔具缠住，尽管频率似乎比座头鲸小。除了美国加利福尼亚州的脱离缠绕的新闻报道外，关于蓝鲸缠绕的信息很少。这可能是由于蓝鲸的体型非常大，而且在近岸浅水水域的时间较少，而在近岸浅水水域大多数使用的是缠绕装置。也可能是由于它们的难以捉摸的天性和通常的种群小，因此它们比座头鲸更少被发现和研究。

相反，座头鲸被缠绕已经在一些种群中得到了广泛的研究，它们被认为是最容易受到这个问题影响的物种之一（Cole et al.，2006）。对非致命缠绕率的疤痕研究发现，估计北太平洋种群中有 29% ~ 50% 的座头鲸（Robbins et al.，2007），北大西洋西部有 48% ~ 65% 的座头鲸（Robbins et al.，2004），冰岛周围有 25% 的座头鲸（Basran et al.，2019）一生中至少有一次被渔具缠住的经历。这可能是一个低估的数字，没有考虑到由于缠绕而死亡的鲸。由于体型庞大，座头鲸经常会从全部或部分缠绕装置中解脱出来，但情况并非总是如此。在北大西洋西部，报告的缠绕座头鲸案例中有 16% 的座头鲸受到的伤害是致命的（Benjamins et al.，2012）。

抹香鲸和虎鲸都接触渔业，特别是延绳钓渔业。它们可能会像须鲸一样被渔线缠住，偶尔也会被渔网缠住，不过这对大齿鲸来说通常不是什么问题，而且关于这方面的科学信息也很少。有一些报道称虎鲸背部被钩住，身上有之前缠绕的渔线伤痕（Visser，1998）。此外，还有一些关于虎鲸被围困在鲱鱼围网中的第一手资料，甚至有时会被溺死。对抹香鲸的研究发现，在厄瓜多尔搁浅后并对其进行死后研究的 8 头抹香鲸中，有 6 头仍有刺网装置附着在身体上，或者露出明显的缠绕伤痕（Felix et al.，1997）。此外，抹香鲸有被捕获并被流网缠住（Pace et al.，2008），同时携带长绳（Purves et al.，2004）的报道。抹香鲸除了被这些渔网缠住外，还被认为会误食渔网（Jacobsen et al.，2010）。抹香鲸特有的一种缠绕是深海电缆缠绕。由于抹香鲸是一种可潜入非常深水域的潜水物种，与大多数其他鲸类物种不同，它们会遇到这些用于通信的深海电缆。这个问题可以追溯到 1953 年，当时报道有 14 头抹香鲸被电缆缠住（Heezen，1953）。虽然人们对大齿鲸被缠绕知之甚少，但这一问题很可能与将渔船和渔具与一顿便餐联系起来的习得行为密切相关。

由于海豚和港湾鼠海豚的体型较小，其被渔具缠住和溺水是全世界的一个主要问题。白喙斑纹海豚有时会受到误捕的影响，尽管这一物种的问题似乎比港湾鼠海豚的问题要小，但它们被评估为在网捞渔业中处于"高风险"的误捕者，就像港湾鼠海豚一样（Brown et al.，2013）。在冰岛，白喙斑纹海豚是海参斑鱼（*Cyclopterus lumpus*）刺网渔业中第三常见的副渔获物，2013 年被捕获了 54 头（Palsson et al.，2015）。英格兰和威尔士报告了更多的误捕证据，4 头白喙斑纹海豚被冲上岸，死亡原因被确定为误捕（Kirkwood et al.，1997）。据报道，甚至有少量白喙斑纹海豚被其他类型的渔具捕获，如中层拖网，它们占爱尔兰各地捕获的海豚总数的1.5%（$n=71$）（Couperus，1997）。白喙斑纹海豚的误捕似乎不会对总体种群造成损害，尽管它可能会对局部个体或小种群产生影响（MacLeod，2013）。

众所周知，港湾鼠海豚极易受到误捕的影响，尤其是被刺网捕获（Brown et al.，2013）。刺网广泛用于亚北极和北极水域，以捕获鳕鱼（*Gadus morhua*）、安康鱼（*Lophius piscatorius*）和海参斑鱼等物种。据估计，仅在挪威刺网渔业中，每年就有 6 900 头港湾鼠海豚死于误捕（Bjorge et al.，2013）。在冰岛，据估计，仅海参斑鱼刺网渔业每年的副渔获物就有 551 头港湾鼠海豚，另外还有 1 450~1 650 头最终成为鳕鱼刺网渔业的副渔获量（Palsson et al.，2015）。其他亚北极和北极渔业，如阿拉斯加的鲑鱼刺网渔业和许多格陵兰岛渔业，在副渔获物方面的研究不足。在未研究的渔业中，港湾鼠海豚的副渔获物也可能很高，尽管目前还没有正确的记录（Moore et al.，2009）。这些高数量的副渔获物死亡可能意味着死亡数量超过了从总量中计算得出的"可接受捕捞量"。例如，在挪威，上述估计的年度副渔获物需要来自超过 400 000 数量的种群，才能保持在可持续的范围内，但人们认为，种群不太可能如此庞大（Bjorge et al.，2013）。

鲸目动物的缠绕和副渔获物不仅给动物带来若干问题，也给渔民或渔业公司带来了一些问题。大型鲸鱼与渔具的碰撞通常会导致渔具的大面积损坏，进而导致停机修理、新投资和渔获量损失。在某些情况下，如在无人看管的水中放置一段时间的渔网或陷阱、罐子、渔具会完全丢失，因为它们被鲸带走了。这一切都给渔业公司带来了经济损失。仅在加拿大的北大西洋西部，据报道，鲸造成的渔具损失估计每年要花费数十万美元，如果将停机时间损失计算在内，可能会超过 100 万美元[①]（Lien，1979）。从渔民的角度来看，小型鲸类的副渔获物通常比大型鲸类的问题要小。即便如此，港湾鼠海豚和白喙斑纹海豚的副渔获物都会造成一些渔网损害，并可能导致潜在的维修停工。被严重缠绕的动物，特别是海豚，可能需要剪掉渔网，这将造成更大的损失。仅在冰岛北部，每季（3—4 月）就有 2~3 个无法修复的大洞造成海参斑鱼刺网损失。可以想象，由于这些问题，捕鱼公司发现避免鲸类缠绕或副渔获物符合他们的最佳利益。为了尽量减少鲸目动物与捕鱼之间的冲突及其对双方的影响，已经出台了几种缓解措施。有些地方已经使用了几种缓解方法。其中一项措施是使用"发声器"：一种在目标鲸目动物最广为人知的听觉范围内发出噪声的装置，以提醒它们注意水中的渔具（Harcourt et al.，2014）。为了减少副渔获物，世界各地的一些渔场甚至强制要求使用港湾鼠海豚、海豚"声波发射器"（Europa，2010），并且已知在减少海豚和港湾鼠海豚副渔获物方面取得了一些实验性与"现实世界"中的成功（Cox et al.，2007）。还为固定网开发了"薄弱环节"：设计用于在大型鲸类发力时能断裂的链，以避免缠绕和渔具损坏。此外，在一些地方已经实施区域禁渔，通常限制了在某些被视为重要鲸类栖息地的区域——如关键的觅食或产卵区——允许使用的渔具的时间和类型（Vanderlaan et al.，2011）。

随着北极环境的变化和北冰洋的变暖，鱼类物种正在向极地移动，因此扩大了渔业的可能性。目前，大多数商业捕捞活动发生在亚北极水域和"北极走廊"，主要以亚北极/北方鱼类物种为目标（Christiansen et al.，2014），但随着这些目标物种进一步向北进入北极，预计北极捕捞活动将扩大。建模预测，与 2000 年相比，到 2050 年，北极每年的上岸渔获量将增加 39%（Lam et al.，2016）。北极渔业的扩张可能意味着北极鲸类在缠绕和副渔获物方面面临更大的风险，因此应采取缓解措施，以避免冲突加剧。

5.2.4 北极产业与鲸目动物之间的其他冲突

1. 船舶噪声

北极水域船舶交通量的增加意味着海洋中的噪声污染增加。不同类型

---

① 考虑到通货膨胀转换为当前估计的数额。

的船舶产生不同类型的水下噪声，大多数发动机产生 20～1 000 Hz 的低频噪声（Richardson et al.，1996）。因此，在这个频率范围内进行活动的动物因其交流被屏蔽而将受到最大影响。屏蔽由埃尔布等定义为"一种声音的听阈因另一种（屏蔽）声音的存在而提高的过程，以及一种声音听阈由于另一种声音（屏蔽声）的存在而提高的量，以 dB 表示"（Erbe et al.，2016）。因此，通信屏蔽取决于动物的听力（它们的听力图）、信号的响度、信号的频率、与声源的距离（因为声音随着距离的增加而衰减）以及动物使用的信号的频率。在这 6 个示例物种中，船舶噪声对蓝鲸、座头鲸、抹香鲸、虎鲸和白喙斑纹海豚的通信屏蔽最为相关，但最近甚至被认为会干扰港湾鼠海豚的通信（Hermannsen et al.，2014）。船舶噪声可能会导致所有 16 种北极鲸类的屏蔽和通信困难，因此航线应尽可能避免通过重要的栖息地。

2. 观鲸

在世界各地，包括在亚北极和北极水域，观鲸是一个日益蓬勃发展的行业。总的来说，观鲸可以被视为对鲸鱼的一种积极影响，通过与人们联系，增加公众认识，推动保护鲸和海洋生态系统。随着北极海冰的减少和物种分布的变化（很可能是由于气候变化），亚北极和北极的观鲸活动可能会继续增长与演变。尽管形象积极，但如果不谨慎经营，该行业可能会产生一些负面后果。正如航运业的增加一样，观鲸活动的增加也意味着海洋中会有更多的船舶引擎噪声，可能会屏蔽所有类型鲸之间的交流，并可能导致船只和鲸类之间更多的碰撞（Parsons，2012）。已经注意到观鲸船周围鲸的行为变化，包括潜水、呼吸频率、游泳方向、游泳速度、进食和休息的变化。就 6 个示例物种而言，座头鲸、抹香鲸和虎鲸的这些行为变化已被特别注意（Corkeron，1995；Richter et al.，2006；Noren et al.，2009）。为了消除观鲸的影响，自愿或在某些情况下强制性的观鲸行为守则已经出台，通常限制船只与动物之间的距离、速度和时间（Garrod et al.，2004）。

3. 海上风电开发

包括俄罗斯、挪威和芬兰在内的几个亚北极、北极国家正在制订海上风电场计划，通过利用北极的风力条件生产清洁可再生能源。这些项目开发的目的是抵御冰层和恶劣的北极条件。与海洋哺乳动物特别相关的是在某些情况下建造风力涡轮机所需的打桩噪声。这种噪声与地震勘测带来了许多相同的问题：行为变化、潜在的通信屏蔽（尤其是蓝鲸的叫声），以及近距离的潜在听力损伤（Bailey et al.，2010）。由于风力发电场通常建在沿海浅水水域，因此港湾鼠海豚被认为是受影响较大的物种之一。研究发现，在 90 dB/μPa（或估计距离声源 70 km）的声级下，它们可能会显示"轻微干扰"，而在 155 dB/μPa 的声级（或估计距声源 20 km）下，它们会显示"严重干扰"（Dähne et al.，2013）。与其他水下噪声问题一样，大多数北极鲸目动物可能会受到海上风电场建设的影响，这取决于位置、建设方法、声级和与声源的距离。消除施工问题的一种方法是创建固定在海底的浮动风电场平台（Roddier et al.，2010）。这项设计还允许在较深水域中使用涡轮机，并选择对海洋哺乳动物栖息地影响较小的地点。

4. 掠夺

抹香鲸和虎鲸与渔业都有一种独特的互动关系，称为掠夺。掠夺是指鲸专门将渔船作为食物来源，并从钓线上偷走鱼，或破坏已上钩的鱼。这是一种习得的行为，而且似乎是全世界的一个问题，包括在亚北极和北极水域，因为这两个物种的分布范围很大。在阿拉斯加，当已知有抹香鲸存在时，由于抹香鲸的掠夺而造成的鱼类损害发生在 46%~65% 的延绳钓中（Hill et al.，1999）。延绳钓的目标物种是银鳕鱼（黑鳕）（*Anoplopoma fimbria*）。类似地，阿拉斯加和周边水域的虎鲸正在掠夺银鳕鱼，以及箭齿比目鱼（*Atheresthes stomias*）、格陵兰大菱鲆（*Reinhardtius hippoglossoides*）和其他一些延绳钓捕鱼物种。

掠夺对这些延绳钓渔业的捕获量有影响，因此对公司的收益有影响。在有抹香鲸掠夺记录的地方，阿拉斯加水域的银鳕鱼捕获量估计损失了 2%（Sigler et al.，2008）。由于虎鲸的掠夺，预计阿拉斯加及其周边水域每年会损失 11%~29% 的银鳕鱼、10%~22% 的箭齿比目鱼和 22% 的格陵兰大菱鲆（Peterson et al.，2013）。事实上，抹香鲸和虎鲸的掠夺在这些地区重叠，这意味着这个问题的累积影响更大。这两个物种似乎是北极水域的唯一罪魁祸首。为了应对这些损失，渔业部门已经改变了方法，从使用延绳转向使用罐式渔具或拖网，或者改变了捕鱼季节，以减少掠夺带来的损失（Peterson et al.，2013）。除渔获物损失外，掠夺还可能影响用于设定捕捞配额的鱼类资源评估，因为掠夺导致未记录的鱼类移除（Purves et al.，2004）。据了解，在过去10年中，掠夺行为一直在增加，应被视为上述不断扩大的北极渔业中的一个重要问题。

总的来说，北极的人类工业活动与季节性或全年生活在那里的鲸类物种之间存在许多相互作用和潜在冲突。如前所述，人类在北极水域的存在可能会继续扩大到新的地点，并普遍增加。这就需要持续的研究、监测和计划来减轻影响，以维持北极的可持续发展，同时考虑到工业对北极动植物群的影响，鲸目动物只是已知受到工业和工业发展广泛影响的一群动物中的一个例子。

参考文献

Akamatsu, T., Rasmussen, M. H., & Iversen, I. (2014). Acoustically invisible feeding blue whales in northern Icelandic waters. *The Journal of the Acoustical Society of America*, 136, 939-944.

Aksenov, Y., Popova, E. E., Yool, A., et al. (2017). On the future navigability of Arctic sea routes: High-resolution projections of the Arctic Ocean and sea ice. *Marine Policy*, 75, 300-317.

Allen, J. K., Peterson, M. L., Sharrard, G. V., et al. (2012). Radiated noise from commercial ships in the Gulf of Maine: Implications for whale/vessel collisions. *The Journal of the Acoustical Society of America*, 132(3), EL229-EL235.

Au, W. W. L., Ford, J. K. B., Horne, J. K., et al. (2004). Echolocation signals of free-ranging killer whales (*Orcinus orca*) and modeling of foraging for chinook salmon (*Oncorhynchus tshawytscha*). *The Journal of the Acoustical Society of America*, 115, 901-909.

Au, W. W. L., Kastelein, R. T., et al. (1999). Transmission beam pattern and echolocation signals of a harbor porpoise (*Phocoena phocoena*). *The Journal of the Acoustical Society of America*, 106, 3699-3705.

Bain, D. E., & Williams, R. (2006). *Long-range effects of airgun noise on marine mammals: Responses as a function of received sound level and distance*. Report by Sea Mammal Research Unit (SMRU), University of St Andrews, and University of Washington, p. 5.

Bailey, H., Senior, B., Simmons, D., et al. (2010). Assessing underwater noise levels during piledriving at an offshore windfarm and its potential effect on marine mammals. *Marine Pollution Bulletin*, 60, 888-897.

Basran, C. J., Bertulli, C. G., Cecchetti, A., et al. (2019). First estimates of entanglement rate of humpback whales *Megaptera novaeangliae* observed in coastal Icelandic waters. *Endangered Species Research*, 38, 67-77.

Benjamins, S., Ledwell, W., & Davidson, A. R. (2012). Assessing changes in numbers and distribution of large whale entanglements in Newfoundland and Labrador, Canada. *Marine Mammal Science*, 28(3), 579–601.

Brown, S. L., Reid, D., & Rogan, E. (2013). A risk–based approach to rapidly screen vulnerability of cetaceans to impacts from fisheries bycatch. *Biological Conservation*, 168, 78–87.

Bjorge, A., Skern–Mauritzen, M., & Rossman, M. C. (2013). Estimated bycatch of harbour porpoise (*Phocoena phocoena*) in two coastal gillnet fisheries in Norway, 2006 – 2008. Mitigation and implications for conservation. *Biological Conservation*, 161, 164–173.

Bowyer, T. R., Boylan, M., Brodie, J., Brown, S., et al. (2017, November 9). *Letter to: Committee on energy and natural resources*, *United States Senate*. https://www. audubon. org/sites/default/files/arctic_refuge_science_letter_2017_11_09_final_00000003. pdf. Accessed 21 Sep 2018.

Butterworth, A., Clegg, I., & Bass, C. (2012). *Untangled – Marine debris: A global picture of the impact on animal welfare and of animal–focused solutions*. London: World Society for the Protection of Animals.

CAFF. (2017). *State of the arctic marine biodiversity report*. Conservation of Arctic Flora and Fauna International Secretariat, Akureyri, Iceland. 978–9935–431–63–9.

Cassoff, R. M., Moore, K. M., McLellan, W. A., et al. (2011). Lethal entanglement in baleen whales. *Diseases of Aquatic Organisms*, 96, 175–185.

Cerchio, S., & Dahlheim, M. (2001). Variation in feeding vocalizations of humpback whales, *Megaptera novaeangliae*, from Southeast Alaska. *Bioacoustics*, 11, 277 – 295. https://doi. org/10. 1080/09524622. 2001. 9753468.

Christiansen, J. S., Mecklenburg, C. W., & Karamushko, O. V. (2014). Arctic marine fishes and their fisheries in light of global change. *Global Change Biology*, 20, 352–359.

Clausen, K. T., Wahlberg, M., Beedholm, K., et al. (2011). Click communication in harbour porpoises (*Phocoena phocoena*). *Bioacoustics*, 20(1), 1–28. https://doi. org/10. 1080/09524622. 2011. 9753630.

Cole, T., Hartley, D., & Garron, M. (2006). *Mortality and serious injury determinations for baleen whale stocks along the eastern seaboard of the United States, 2000—2004*. U. S. Department of Commerce: NOAA National Marine Fisheries Service.

C. J. Basran and M. H. Rasmussen Consortium for Wildlife Bycatch Reduction. (n. d.). *Fishing technique modifications*. http://www. bycatch. org/research/consortium/fishing–gear–modi–fications. Accessed 15 Dec 2013.

Corkeron, P. J. (1995). Humpback whales (*Megaptera novaeangliae*) in Hervey Bay, Queensland: Behaviour and responses to whale – watching vessels. *Canadian Journal of Zoology*, 73 (7), 1290–1299.

Couperus, A. S. (1997). Interactions between Dutch midwater trawl and Atlantic white–sided dolphins (*Lagenorhynchus acutus*) southwest of Ireland. *Journal of Northwest Atlantic fishery science*, 22,

209–218.

Cox, T. M., Lewison, R. L., Zydelis, R., et al. (2007). Comparing effectiveness of experimental and implemented bycatch reduction measures: The ideal and the real. *Conservation Biology*, 21(5), 1155–1164.

Cummings, W. C., & Thompson, P. O. (1971). Underwater sounds from the blue whale, *Balaenoptera musculus*. *The Journal of the Acoustical Society of America*, 50, 1193–1198.

Dähne, M., Gilles, A., & Lucke, K. (2013). Effects of pile–driving on harbour porpoises (*Phocoena phocoena*) at the fist offshore wind farm in Germany. *Environmental Research Letters*, 8 (2013), 025002.

Di Iorio, L., & Clark, C. W. (2010). Exposure to seismic surveys alters blue whale acoustic communication. *Biology Letters*, 6, 51–54.

Erbe, C., Reichmuth, C., & Cunningham, K. (2016). Communication masking in marine mammals: A review and research strategy. *Marine Pollution Bulletin*, 103, 15–38.

Europa. (2010). *Summaries if EU legislation: Protecting cetaceans against incidental catch* (Council regulation (EC) No 812/2004). http://europa. eu/legislation_summaries/environment/ nature_and_ biodiversity/l66024_en. htm. Accessed 14 Dec 2013.

Felix, F., Haase, B., Davis, J. W., et al. (1997). A note on recent stranding and bycatches of sperm whales (Physeter macrocephalus) and humpback whales (*Megaptera novaeangliae*) in Ecuador. *Report for the Internation Whaling Commission*, 47, 917–919.

Fouche, G. (2009, March 20). Opposition grows to Norway's Arctic oil Search. *The Guardian*. https:// www. theguardian. com/environment/2009/mar/20/oil–exploration–polar–circle–norway. Accessed 20 Sept 2018.

Gautier, D. L., Bird, K. J., Charpentier, R. R., et al. (2009). Assessment of undiscovered oil and gas in the Arctic. *Science*, 324, 1175–1179.

Garrod, B., & Fennell, D. A. (2004). An analysis of whalewatching codes of conduct. *Annals of Tourism Research*, 31(2), 334–352.

Gedamke, J., Gales, N., & Frydman, S. (2011). Assessing risk of baleen whale hearing loss from seismin surveys: The effect of uncertainty and individual variation. *The Journal of the Acoustical Society of America*, 129(1), 496–506.

Goold, J. C., & Coates, R. F. W. (2006). *Near source, high frequency air–gun signatures*. A paper prepared for the IWC seismic workshop, St. Kitts, 24–25 May 2006.

Harcourt, R., Pirotta, V., Heller, G., et al. (2014). A whale alarm fails to deter migrating humpback whales: An empirical test. *Endangered Species Research*, 25, 35–42.

Heezen, B. C. (1953). Whales entangled in deep sea cables. *Deep Sea Research*, 4, 105–114.

Hermannsen, L., Beedholm, K., Tougaard, J., et al. (2014). High frequency components of ship noise in shallow water with a discussion of implications for harbor porpoises (*Phocoena phocoena*). *The*

Journal of the Acoustical Society of America, 136, 1640-1653.

Hill, P. S., Laake, J. L., & Mitchell, E. (1999). *Results of a pilot program to document interactions between sperm whales and longline vessels in Alaska waters.* NOAA Technical Memorandum NMFS-AFSC-108.

Houser, D. S., Helweg, D. A., & Moore, P. B. W. (2001). A bandpass filter-bank model of auditory sensitivity in the humpback whale. *Aquatic Mammals*, 27, 82-91.

Huntington, H. P., Daniel, R., Hartsig, A., et al. (2015). Vessels, risks, and rules: Planning for safe shipping in the Bering Strait. *Marine Policy*, 51, 119-127.

Iceland Marine and Freshwater Institute. (2018). *Bycatch of seabirds and marine mammals in Lumpsucker Gillnets 2014—2017.* Report March 2018.

Jacobsen, J. K., Massey, L., & Gulland, F. (2010). Fatal ingestion of floating net debris by two sperm whales (*Physeter macrocephalus*). *Marine Pollution Bulletin*, 60, 765-767.

Jensen, A. S., Silber G. K. (2004). *Large whale ship strike database.* NOAA Technical Memorandum, NMFS-OPR-January 2014.

Kastelein, R. A., Bunskoek, P., Hagedoom, M., et al. (2002). Audiogram of a harbour porpoise (*Phocoena phocoena*) measured with narrow-band frequency modulated signals. *The Journal of the Acoustical Society of America*, 112, 334-344.

Kirkwood, J. K., Bennett, P. M., Jepson, P. D., et al. (1997). Entanglement in fishing gear and other causes of death in cetaceans stranded on the coasts of England and Wales. *The Veterinary Record*, 141, 94-98.

Laist, D. W., Knowlton, A. R., Mead, J. G., et al. (2001). Collisions between ships and whales. *Marine Mammal Science*, 17(1), 35-75.

Lam, V. W. Y., Cheung, W. W. L., & Sumaila, U. R. (2016). Marine capture fisheries in the Arctic: Winners or losers under climate change and ocean acidification. *Fish and Fisheries*, 17, 335-357.

Lien, J. (1979). *A study of entrapment in fishing gear: Causes and prevention.* Progress Report, March 1, 1979.

Lien, J., & Aldrich, D. (1982). *Damage to the inshore fishing gear in Newfoundland and Labrador by whales and sharks during 1981.* CAFSAC Marine Mammal Committee Meetings, St. John's NFL, May 18-19, 1982.

Lockyer, C. (2003). Harbour porpoise (*Phocoena phocoena*) in the North Atlantic: Biological parameters. *NAMMCO Science Publications*, 5, 71-90.

Lucke, K., Seibert, U., Lepper, P. A., et al. (2009). Temporary shift in masked hearing thresholds in a harbor porpoise (*Phocoena phocoena*) after exposure to seismic airgun stimuli. *The Journal of the Acoustical Society of America*, 125, 4060-4070.

MacLeod, C. D. (2013). IV. *White-beaked Dolphins in the Northeast Atlantic: A brief review of their ecology and potential threats to conservation status*. In Proceedings of the ECS/ASCOBANS/ WDC workshop towards a conservation strategy for White - beaked Dolphins in the Northeast Atlantic. Document 4. 1c.

Madsen, P. T. , Mohl, B. , Neilsen, B. K. , et al. (2002). Male sperm whale behaviour during exposures to distant seismic survey pulses. *Aquatic Mammals*, 28(3), 231-240.

Magnúsdóttir, E. E. , Rasmussen, M. H. , Lammers, M. O. , et al. (2014). Humpback whale songs during winter in subarctic waters. *Polar Biology*, 37, 427-433.

Magnúsdóttir, E. E. , Rasmussen, M. H. , Lammers, M. O. , et al. (2015). Humpback whale (*Megaptera novaeangliae*) song unit and phrase repertoire progression on a subarctic feeding ground. *The Journal of the Acoustical Society of America*, 138, 3362-3374.

Malme, C. I. , Miles, P. R. , Tyack, P. , et al. (1985). *Investigation of the potential effects of underwater noise from petroleum industry activities on feeding humpback whale behavior* (OSC Study MMS 85 - 0019). Prepared for U. S. Department of the Interior Minerals Management Service.

McCauley, R. D. , Fewtrell, J. , Duncan, A. J. , et al. (2000). *Marine seismic surveys: Analysis and propagation of air-gun signals; and effects of air-gun exposure on humpback whales, sea turtles, fishes and squid*. Report R99-15. Prepared for Australian Petroleum Production Exploration Association.

McDonald, M. A. , Hildebrand, J. A. , & Webb, S. C. (1995). Blue and fin whales observed on a seafloor array in the Northeast Pacific. *The Journal of the Acoustical Society of America*, 96(2), Pt. 1.

McKenna, M. F. , Calambokidis, J. , Oleson, E. M. , et al. (2015). Simultaneous tracking of blue whales and large ships demonstrates limited behavioral responses for avoiding collision. *Endangered Species Research*, 27, 219-232.

Mellinger, D. K. , & Clark, C. W. (2003). Blue whale (*Balaenoptera musculus*) sounds from the North Atlantic. *The Journal of the Acoustical Society of America*, 114(2), 1108-1119.

Meyer, M. A. , Best, P. B. , Anderson-Reade, M. D. , et al. (2011). Trends and interventions in large whale entanglement along the South African coast. *African Journal of Marine Science*, 33 (3), 429-439.

Miller, P. J. O. , Johnson, M. P. , & Madsen, P. T. (2009). Using at-sea experiments to study the effects of airguns on the foraging behavior of sperm whales in the Gulf of Mexico. *Deep-Sea Research Part I*, 56, 1168-1181.

Miller, J. H. , Potter, D. C. (2001). *Active high frequency phased-array sonar for whale shipstrike avoidance: target strength measurements*. MTS/IEEE Oceans 2001. An Ocean Odyssey. Conference proceedings (IEEE Cat. No. 01CH37295), Honolulu, HI, USA (4): 2104-2107. https://doi. org/ 10. 1109/OCEANS. 2001. 968324.

Milne, R. (2017, June 21). Norway opens up record 93 blocks for Arctic oil exploration. In *Financial Times*. https://www. ft. com/content/a120d578 - 567e - 11e7 - 9fed - c19e2700005f. Accessed 21 Sept 2018.

Monnahan, C. C., Branch, T. A., & Punt, A. E. (2015). Do ships threaten the recovery of endangered eastern North Pacific blue whales? *Marine Mammal Science*, 31(1), 279-297.

Møhl, B., Wahlberg, M., Madsen, P. T., et al. (2003). The monopulsed nature of sperm whale clicks. *The Journal of the Acoustical Society of America*, 114, 1143-1154.

Moore, M. J., & van der Hoop, J. M. (2012). The painful side of trap and fixed net fisheries: Chronic entanglement of large whales. *Journal of Marine Biology*, 2012, 1-4.

Moore, J. E., Wallace, B. P., Lewison, R. L., et al. (2009). A review of marine mammal, sea turtle and seabird bycatch in USA fisheries and the role of policy in shaping management. *Marine Policy*, 33, 435-451.

Nachtigall, P. E., Mooney, T. A., & Taylor, K. A. (2008). Shipboard measurements of the hearing of white-beaked dolphins, *Lagenorhynchus albirostris*. *The Journal of Experimental Biology*, 211, 642-647.

Nieukirk, S. L., Stafford, K. M., Mellinger, D. K., et al. (2004). Low-frequency whale and seismic airgun sounds recorded in the mid-Atlantic. *The Journal of the Acoustical Society of America*, 115(4), 1832-1843.

Nielsen, N. H., Teilmann, J., Sveegaard, S., et al. (2018). Oceanic movements, site fidelity and deep diving in harbour porpoises from Greenland show limited similarities to animals from the North Sea. *Marine Ecology Progress Series*, 597, 259-272.

Neilson, J. L., Straley, J. M., Gabriele, C. M., et al. (2009). Non-lethal entanglement of humpback whales (*Megaptera novaeangliae*) in fishing gear in northern Southeast Alaska. *Journal of Biogeography*, 36, 452-464.

NOAA - Fisheries Service: Protected Resources Division. (2010). *Harbor porpoise take reduction plan.* http://www.nero.noaa.gov/prot_res/porptrp/ptci.html. Accessed 30 Nov 2013.

Noren, D. P., Johnson, A. H., Rehder, D., et al. (2009). Close approaches by vessels elicit surface active behaviors by southern resident killer whales. *Endangered Species Research*, 8(3), 179-192.

Pace, D. S., Miragliuolo, A., & Mussi, B. (2008). Behaviour of a social unit of sperm whales (*Physeter macrocephalus*) entangled in a driftnet off Capo Palinuro (Southern Tyrrhenian Sea, Italy). *Journal of Cetacean Research and Management*, 10(2), 131-135.

Palsson, O. K., Gunnlaugsson, Th., & Olafsdottir, D. (2015). Meeafli sjófugla og sjávarspendyra í fiskveieum á íslandsmieum (By-catch of sea birds and marine mammals in Icelandic fisheries). Hafrannsóknir nr. 178.

Paraskova, T. (2017, October 19). *Russia goes all in on arctic oil development.* https://oilprice.com/Energy/Crude-Oil/Russia-Goes-All-In-On-Arctic-Oil-Development.html. Accessed 21 Sept 2018.

Parsons, E. C. M. (2012). The negative impacts of whale-watching. *Journal of Marine Biology*, 2012, 1-9.

Payne, R., & McVay, S. (1971). Songs of humpback whales. *Science*, 173, 585-597.

Peterson, M. J., Mueter, F., Hanselman, D., et al. (2013). Killer whale (*Orcinus orca*) depredation effects on catch rates of six groundfish species: Implications for commercial longline fisheries in Alaska. *ICES Journal of Marine Science*, 70(6), 1220-1232.

Pirotta, E., Brookes, K. L., & Graham, I. M. (2014). Variation in harbour porpoise activity in response to seismic survey noise. *Biology Letters*, 10(5), 20131090.

Purves, M. G., Agnew, D. J., Balguerias, E., et al. (2004). Killer whale (*Orcinus orca*) and sperm whale (*Physeter macrocephalus*) interactions with longline vessels in the Patagonian toothfish fishery at South Georgia, South Atlantic. *CCAMLR Science*, 11, 111-126.

Rasmussen, M. H., Lammers, M., Beedholm, K., et al. (2006). Source levels and harmonic content of whistles in white-beaked dolphins (*Lagenorhynchus albirostris*). *The Journal of the Acoustical Society of America*, 120, 510-517.

Rasmussen, M. H., & Miller, L. A. (2002). Whistles and clicks from white-beaked dolphins, *Lagenorhynchus albirostris* recorded in Faxaflói Bay. *Aquatic Mammals*, 28, 78-89.

Rasmussen, M. H., Miller, L. A., & Au, W. W. L. (2002). Source levels of clicks from free-ranging white beaked dolphins (*Lagenorhynchus albirostris* Gray 1846) recorded in Icelandic waters. *Journal of the Acoustical Society of America*, 111, 1122-1125.

Redfern, J. V., McKenna, M. F., Moore, T. J., et al. (2013). Assessing the risk of ships striking large whales in marine spatial planning. *Conservation Biology*, 27(2), 292-302.

Richardson, W. J., Greene, C. R., Jr., Malme, C. I., et al. (1996). *Marine mammals and noise*. San Diego: Academic. https://doi.org/10.1017/S0025315400030824.

Richter, C., Dawson, S., & Slooten, E. (2006). Impacts of commercial whale watching on male sperm whales at Kaikoura, New Zealand. *Marine Mammal Science*, 22(1), 46-63.

Robbins, J., Mattila, D. K. (2001). Monitoring entanglements of humpback whales (*Megaptera novaeangliae*) in the Gulf of Maine on the basis of caudal peduncle scarring (Document SC/53/NAH25). Unpublished report to the 53rd Scientific Committee Meeting of the International Whaling Commission. Hammersmith, London.

Robbins, J., & Mattila, D. (2004). *Estimating humpback whale (Megaptera novaaeangliae) entanglement rates on the basis of scar evidence*. Report to the Northeast Fisheries Science Center National Marine Fisheries Service.

Robbins, J. (2009). Entanglement scarring on North Pacific humpback whales. In J. Calambokidis (Ed.), *Symposium on the results of the SPLASH humpback whale study*. Final Report and Recommendations, Quebec City, Canada.

Robbins, J., Barlow, J., Burdin, A. M., et al. (2007). Preliminary minimum estimates of humpback whale entanglement frequency in the North Pacific Ocean based on scar evidence. (Unpublished Document SC/59/BC15).

Roddier, D., Cermelli, C., Aubault, A., et al. (2010). WindFloat: A floating foundation for offshore wind turbines. *Journal of Renewable and Sustainable Energy*, 2, 033104.

Rolland, R. M. , McLellan, W. A. , Moore, M. J. , et al. (2017). Fecal glucocorticoids and anthropogenic injury and mortality in North Atlantic right whales *Eubalaena glacialis. Endangered Species Research*, 34, 417–429.

Samarra, F. I. P. , Deecke, V. B. , Vinding, K. , et al. (2010). Killer whales (*Orcinus orca*) produce ultrasonic whistles. *The Journal of the Acoustical Society of America*, 128, EL205–EL210.

Schnitzler, J. , Rasmussen, M. H. , Lucke, K. , et al. (2018). *Impact of vibroseismic underwater sound on the behaviour of baleen whales.* In ESOMM conference, Hague, the Netherlands.

Sigler, M. F. , Lunsford, C. R. , Straley, J. M. , et al. (2008). Sperm whale depredation of sablefish longling gear in the Northeast Pacific Ocean. *Marine Mammal Science*, 24(1), 16–27.

Simon, M. , Wahlberg, M. , & Miller, L. (2007). Echolocation clicks from killer whales (*Orcinus orca*) feeding on herring (*Clupea harengus*) (L). *The Journal of the Acoustical Society of America*, 121, 749–752.

Stone, C. J. , & Tasker, M. L. (2006). The effects of seismic airguns on cetaceans in UK waters. *Journal of Cetacean Research and Management*, 8(3), 255–263.

Strager, H. (1995). Pod – specific call repertoires and compound calls of killer whales, *Orcinus orca* Linnaeus, 1758, in the waters of northern Norway. *Canadian Journal of Zoology*, 73, 1037–1047.

Szymanskia, M. D. , Bain, D. E. , Wong, S. , et al. (1999). Killer whale (*Orcinus orca*) hearing: Auditory brainstem response and behavioral audiograms. *The Journal of the Acoustical Society of America*, 106, 1134–1141.

Thompson, T. J. , Winn, H. E. , & Perkins, P. J. (1979). Mysticete sounds. In H. E. Winn & B. L. Olla (Eds.), *Behavior of marine animals*, Vol. 3: *Cetaceans.* New York: Plenum.

Thompson, P. O. , Cummings, W. C. , & Ha, S. J. (1986). Sounds, source levels, and associated behaviour of humpback whales, Southeast Alaska. *The Journal of the Acoustical Society of America*, 80 (3), 735–740.

Van der Hoop, J. M. , Vanderlaan, A. S. M. , & Cole, T. V. N. (2015). Vessel strikes to large whales before and after the 2008 ship strike rule. *Conservation Letters*, 8(1), 24–32.

Van der Hoop, J. , Moore, M. , Fahlman, A. , et al. (2013). Behavioral impacts of disentanglement of a right whale under sedation and the energetic costs of entanglement. *Marine Mammal Science*, 30, 282–307.

Vanderlaan, A. S. M. , Smedbol, R. K. , & Taggart, C. T. (2011). Fishing–gear threat to right whales (*Eubalaena glacialis*) in Canadian waters and the risk of lethal entanglement. *Canadian Journal of Fisheries and Aquatic Sciences*, 68, 2174–2193.

Verfuß, U. K. , Miller, L. A. , Pilz, P. K. , et al. (2009). Echolocation by two foraging harbour porpoises (*Phocoena phocoena*). *The Journal of Experimental Biology*, 212, 823–834.

Villadsgaard, A. , Wahlberg, M. , & Tougaard, J. (2007). Echolocation signals of wild harbour porpoises, *Phocoena phocoena*. *The Journal of Experimental Biology*, 210, 56-64.

Visser, I. N. (2000). Killer whale (*Orcinus orca*) interactions with longline fisheries in New Zealand waters. *Aquatic Mammals*, 26(3), 241-252.

Visser, I. N. (1998). Prolific body scars and collapsing dorsal fins on killer whales (*Orcinus orca*) in New Zealand waters. *Aquatic Mammals*, 24(2), 71-81.

Weir, C. R. (2008). Overt responses of humpback whales (*Megaptera novaeangliae*), sperm whales (*Physeter macrocephalus*), and Atlantic spotted dolphins (*Stenella frontalis*) to seismic exploration off Angola. *Aquatic Mammals*, 34(1), 71-83.

Williams, R., & O'hara, P. (2010). Modelling ship strike risk to fin, humpback and killer whales in British Columbia, Canada. *Journal of Cetacean Research and Management*, 11(1), 1-8.

Wilson, D. E., & Mittermeier, R. A. (2014). Blue whale; humpback whale; sperm whale; Orca; white-beaked dolphin; harbour porpoise. In *Handbook of the mammal of the world. Vol 4. Sea mammals*. Barcelona: Lynx Edicions.

Wijnen, P. (2017, August 4). Survey: Majority choose climate before oil. In *Norway Today*. http://norwaytoday. info/news/climate-oil-survey-majority/. Accessed 20 Sept 2018.

第二部分

交通基础设施

第6章　北极海上作业可持续发展中不断演变的社会责任实践

安东尼娜·茨维特科娃[①]

摘　要：本章的个案研究旨在探讨供应链运营如何结合社会责任层面以应对环境影响，以及实施社会责任原则对供应链管理可能产生的影响。本章介绍了俄罗斯在北极环境下，将社会责任落实到供应链管理实践中的情况；对来自22次半结构化访谈、个人观察和档案材料的数据通过制度逻辑方法得到解释；揭示了社会责任原则如何在现有供应链管理实践中演变，并使供应链能够在社会价值方面满足当地社区的需求。调查结果表明，在满足俄罗斯北极地区货物运输的经济和环境关切后，现有供应链管理实践中的社会责任倡议成为可能。此外，案例研究了环境挑战如何使公司重新考虑其核心竞争力和供应链实践的作用，以更具弹性和社会责任感。研究结果表明，社会责任倡议如果有助于加强供应链中的财务绩效，将为其进一步发展提供更为肥沃的土壤。建议对实现供应链管理可持续性的社会责任进行更多的实证研究。

关键词：可持续供应链管理；社会可持续性；制度逻辑；案例研究；北极航运；单一城镇

6.1　简介

海运在促进全球贸易方面发挥着重要作用。约80%的国际贸易量和70%以上的国际贸易额是通过海上贸易获得的，由世界各地的海港处理。

---

①　挪威摩尔德大学物流学院。e-mail：antonina. tsvetkova@ himolde. no.

航运管理的主要关切之一是确保地理位置之间的货物运输具有成本效益。有关供应链文献中的一个相对较新的关注点涉及了海上作业实现可持续发展的潜力，为理解相应的挑战和机遇提供了充足的空间。

现有的大多数关于可持续或"绿色"供应链的文献主要集中在通过尽量减少环境影响和燃料消耗以提高经济效益，使供应链运营环境友好的问题上（Carter et al.，2008）。

同时，可持续性概念不仅包括环境和经济层面，还包括供应链运作的社会影响。经济、环境和社会这三个同等维度的平衡已被确定为做出管理决策与公司绩效以实现供应链运营可持续性的关键。尽管先前关于可持续供应链管理的研究促进了对可持续供应链问题和可能性的理解，但迄今为止，关于供应链管理可持续性的社会层面的文献仍然存在重大不足。虽然环境方面的研究强度最近增加了两倍多（Gurtu et al.，2015），但社会层面受到的关注极为有限（Seuring et al.，2008；Wu et al.，2011；Beske，2012；Sarkis，2012；Ahi et al.，2015；Mani et al.，2016），许多学者强调了这一点，这给衡量可持续供应链管理实践的进展造成了困难（Davidson，2011）。

此外，社会层面被认为与环境问题密切相关，是因为水和沿海污染会影响旅游业，并通过食用来自污染地区的海鲜增加人类患病风险，从而可能产生负面社会影响（Lam et al.，2016）。因此，先前的研究表明，通过减少环境影响，从而提高生活质量，实现社会可持续性是一种间接贡献（Mansouri et al.，2015）。只有少数研究人员注意到了这一差距，并强调了物流管理纳入社会责任考虑的重要性（Carter et al.，2002；Murphy et al.，2002）。社会责任通常意味着一个组织的行为需要衡量的不仅仅是其经济上的可取性，而是其对公众、客户以及更重要的地方社区的影响。然而，迄今为止，之前的研究主要集中在概念框架的提出上，将环境、伦理、工作条件、人权、安全问题和慈善事业等独立概念联系起来（Carter et al.，2002），并考虑来自法规和利益相关者的外部压力（Miao et al.，2012）。尽管这些框架具有优势和贡献，但由于供应链运营、监管压力和环境的相互作用，人们仍然缺乏对关于组织如何使供应链管理发挥社会责任的作用，以及随着时间的推移，在实际操作中如何发展供应链运营的社会作用的理解。

针对有关供应链可持续性文献中的上述缺陷，本章旨在探讨供应链运营如何结合社会责任层面以应对环境影响，以及在供应链管理中实施社会责任原则可能产生的影响。

在此过程中，本章举出了俄罗斯北极地区一家矿业公司在现有供应链管理实践中制定社会责任原则的实证案例。俄罗斯北极地区提供了一个独特的经验设置，采矿公司面临着恶劣的气候条件、偏远、与其他地区和全球市场的运输联系稀少，以及供应商和物流供应商数量有限的挑战。为了确保定期交付满足自身需求和客户需求的货物，他们必须实施具体的供应链战略，不仅要能够满足工业活动，还要能够满足极偏远北极地区当地社区的社会需求。海运通常是行业和当地社区生存的唯一连接动脉，但受到许多监管规范的质疑。

本章采用了制度逻辑方法，这是不同于以往的侧重于可持续供应链管理实践和社会责任研究的另一个理论视角。这种方法有助于揭示社会责任开始渗透供应链运作的条件，如何将其纳入，以及为什么没有明显的经济回报而选择某些做法（DiMaggio et al.，1983）。它还深入了解了不同行为者在可持续供应链发展中的作用。

本章组织如下：6.2 节介绍现有文献中关于供应链社会可持续性的知识。6.3 节是从制度逻辑方法中获得的理论框架。6.4 节介绍研究方法。6.5 节介绍背景和案例研究。6.6 节、6.7 节总结并讨论了调查结果，分析了结论及其对理论和实践的影响。本章总结了对理论和实践的启示，给出了对未来研究机会的一些指导。

6.2　供应链中的社会可持续性：文献综述

可持续性的概念被定义为在不损害未来一代需求的情况下满足今天的需求，它综合了经济、环境和社会。可持续性要求平衡这三个同样重要的方面。

苏沃林和米勒强调利益相关者的利益，将可持续供应链管理（SSCM）定义为物质、信息和资本流动的管理以及供应链沿线公司之间的合作，同时考虑到源自客户和利益相关者的要求的可持续发展的所有三个方面的目标，即经济、环境和社会（Seuring et al.，2008）。

哈西尼等的最新定义将预期绩效与利益相关者的利益结合起来

（Hassini et al.，2012），进行供应链运营、资源、信息和资金的管理，以最大限度地提高供应链的盈利能力，同时最大限度减少环境影响，最大限度地增加社会福利。

为了将供应链转变为可持续的供应链，需要在所有阶段进行合作和整合：从原材料采购到最终客户的消费（Seuring et al.，2008），通过基于信任的合作伙伴关系是可行的。此外，一些学者强调，可持续供应链只有通过学习、变革和创新解决方案才能实现（Pagell et al.，2009；Tsvetkova，2011；Silvestre，2015）。

在过去10年中，越来越多的研究探讨了供应链更可持续管理方面的挑战和问题。最近的文献综述指出，在可持续性的环境方面的研究力度很大，以尽量减少环境影响和燃料消耗，从而形成"绿色"供应链管理（Seuring et al.，2008；Quarshie et al.，2016）。大多数研究将社会可持续性缩小到环境问题，即环境污染对人类健康、安全和生活质量可能产生的负面影响。然而，正如许多学者所强调的，社会层面本身在供应链管理研究中很少被提及（Seuring et al.，2008；Wu et al.，2011；Beske，2012；Sarkis，2012；Ahi et al.，2015）。

从主要关注环境问题转向更可持续的观点意味着将社会层面纳入考虑。这可能会带来更大的管理挑战，因为涉及具有不同动机、目标和需求的广泛利益相关者的复杂性，可能会对相同情况做出不同的解释（Matos et al.，2007），出现所谓的"利益相关者模糊性"（Hall et al.，2005）。

学者们建议将社会可持续性视为人类生存和未来发展的道德行为准则，需要"以相互包容和审慎的方式"实现（Sharma et al.，2003）。此外，在供应链文献中，从企业社会责任（CSR）的角度定义了可持续性的社会层面（Carter et al.，2002；Ciliberti et al.，2008）。供应链管理中关于社会责任的大多数研究都集中在采购决策和供应商的不正确行为导致的社会问题上，包括道德和安全条件，从而强调供应商关系是对社会可持续性的挑战（Carter et al.，2001；Boyd et al.，2007；Ciliberti et al.，2008）。另一个社会可持续性问题涉及人权、工作条件、福利和劳动安全（Quarshie et al.，2016）。

此外，苏沃林和米勒认为，为了建立可持续的供应链，一个组织应寻求在社会、环境和经济问题方面有利的战略，处理这三个维度之间的权衡，并为供应商制定最低要求（Seuring et al.，2008）。然而，很少有人注意到下文提及因素的潜在影响，如公司位置、监管规范、当地社区和网络联系以及所有其他被视为理所当然的价值观。可持续供应链的讨论中仍然存在一个问题，即它们在什么条件下出现以及何时能够成功。同时，战略实施定义了供应链与环境或制定了可持续性战略的外部环境之间互动的性质。环境的变化也可能需要改变战略的实施或制定，这反过来可能会改变包括当地社区在内的所有供应链参与者之间的联系（Tsvetkova et al.，2018）。此外，劳伦斯和苏达比认为，研究往往忽略了在某些情况下，公司能够通过纳入新的供应链管理实践和规范自己的行为来应对环境压力（Lawrence et al.，2006）。

组织的社会响应或责任可基于以下义务：执行政策，做出决定，或者遵循我们社会的目标和价值观所需要的行动路线（Bowen，1953）。

在供应链中，来自不同商业领域的不同组织以不同的目标和管理方式联系在一起，对社会责任的共同理解成为所有供应链参与者的一个重大挑战，包括供应商、制造商、客户、社会或地方社区。因此，社会层面关切公平机会、社区内外的参与，而不仅仅是单个组织的边界。同时，尽管在文献中越来越多地观察到"供应链管理"和"企业社会责任"这两个主题，但很少有人关注供应链管理如何通过纳入社会责任的考量来满足社会或当地社区的需求。虽然可持续性研究现在强调了考虑所有三个可持续层面的相互作用的重要性，但对供应链中整合供应链管理和社会响应对当地社区（社会）的可能影响仍知之甚少。这使得我们对可持续性的认识和理解不足以创建真正可持续的供应链（Pagell et al.，2014）。

为了调查供应链管理实践中的社会责任，本章采用了制度逻辑视角，如下节所述。

6.3　理论框架：从制度逻辑看供应链管理中的社会责任

可持续供应链管理的一个主要特征是，它基于组织间领域，影响并受供应链中不同组织之间的互动和整合的影响（Sarkis et al.，2011）。笔者认为，更深入地了解供应链多层次参与者之间的这些互动，可以提高可持续供应链管理实践的有效实施。反过来，这又造成了供应链中目标、动机需求和管理方式的异质性。本章使用"制度逻辑"的概念来理解不同行为者行为异质性的原因。桑顿和奥卡西奥将制度逻辑定义为"社会建构的包括物质实践、假设、价值观、信仰和规则在内的历史模式，个人通过这些模式产生和再生产其物质生存、组织时间和空间，并为其社会现实提供意义"（Thornton et al.，1999）。因此，"制度逻辑方法不是假设组织领域的同质性和同构性，而是将任何背景视为可能受到不同社会部门竞争逻辑的潜在影响"。

因此，机构创造了定义组织合法和适当行动的预期，即什么是可接受的行为（DiMaggio et al.，1991），并形成了在法律、规则和理所当然的行为预期看来自然与永久的逻辑（Zucker，1987）。然后，它影响组织如何做出决策。先前的研究表明，制度逻辑在其随时间演变方面的可能动态（Thornton et al.，1999），以及在任何一个时间点不同逻辑之间的矛盾和竞争（Greenwood et al.，2011）。

在供应链中，组织必须处理不同的社会层面，如市场、专业、公司、社区等，这些都与独特的制度逻辑相关（Scott，2014）。每个逻辑定义了一套特定的行为模型，用于激励社会实体并组织机构和商业环境（Thornton et al.，2012）。

在供应链背景下，可以认为，鼓励组织更可持续地思考为新逻辑创造了先决条件，新逻辑试图取代、挑战或补充其他主导逻辑，如市场和金融逻辑。因此，制度逻辑方法有助于调查各种利益相关者在促进或阻碍可持续性在供应链管理实施方面的作用和行为。然而，到目前为止，它在大多数有关供应链管理的文献中被忽略（Sayed et al.，2017）。

6.4 方法

6.4.1 研究设计

我们选择了一个定性的个案来探索俄罗斯北极航运供应链管理中的社会可持续性实践，以便进行深入分析，获得与此相关的问题的解决经验，并通过将这些问题与现有文献联系起来来拓展知识。这一社会可持续性实践被一家俄罗斯采矿和冶金公司纳入供应链管理与海运业务，其核心活动是矿产资源的开采和加工，以及有色金属和贵金属的生产、营销及销售(以下简称该公司为"焦点公司")。在俄罗斯北极航运链中，该公司是制定和实施供应链管理实践方法中社会可持续性的主要参与者。

探索性案例研究方法被用于捕捉俄罗斯偏远北极地区的现实生活背景，在这些地区，当地工业和社区与其他基础设施及全球市场发达的地区隔离，海上运输是唯一的连接动脉。它有助于确定环境对焦点公司供应链管理中社会可持续性发展的潜在影响及其对当地社区的进一步影响。此外，有人认为，这一文本有更大的潜力用来理解由焦点公司将社会责任倡议发展为海上业务涉及的供应链参与者行为的不同制度逻辑之间的相互作用。

对单一案例研究的误解之一是，从特定的背景因素中获得的结果很难有助于丰富理论知识，因为人们无法以一概全（Flyvbjerg，2006）。然而，单个案例有助于从有限的现实世界环境中追踪和深入理解现象发生的过程（Maxwell，1996；Bennett et al.，2010），并"根据人们带给它们的意义"对其进行解释（Denzin et al.，2005）。此外，这种单一案例研究方法能够从俄罗斯北极航运供应链中的多个组织收集丰富的数据，并对所选案例中事件的顺序和关联进行严格的证据分析。

6.4.2　数据收集

本章通过使用多个数据源完成数据收集。首先，进行文献综述，以了解与本章研究主题相关的先前研究状况。然后，进行了 22 次半结构化和深入的面对面访谈，以进一步了解焦点公司在俄罗斯北极海上业务中社会责任倡议的发展情况。访谈对象是焦点公司的管理人员、港口码头运营商、供应商和船舶管理部门，以及当地居民和地区当局。受访者是根据他们参与焦点公司与社会可持续性和无障碍性相关的供应链运营而选择的。访谈强调跟踪与供应链管理中社会责任倡议发展相关的事件和行动，并确定不同供应链参与者在这些事件和行动中的作用。采访安排在圣彼得堡、摩尔曼斯克港和杜丁卡港，时间分为五个阶段：2014 年 5 月、2014 年 11 月、2015 年 10 月、2015 年 12 月和 2016 年 5 月。访谈用俄语进行，然后翻译成英语。所有访谈都是在获得每位受访者的同意后手写和记录的，随后将其进行转录。通过电子邮件向受访者（在叶尼塞河口浮冰上接受采访的两名渔民除外）提供了采访协议草案和笔录，以确保描述和解释的有效性。如有必要且可行，通过电子邮件、电话或亲自进行后续访谈，询问更多问题，以获得更深入的数据。

此外，本章利用各种二手来源，如贸易期刊、焦点公司的年度报告、内部档案材料、新闻稿和官方网站收集数据。

2016 年 4 月 28 日—5 月 6 日，焦点公司拥有的集装箱船 "冰级 Arc7" 从摩尔曼斯克港到杜丁卡港的定期航行中的个人观察支持了上述发现。在这次航行中收集的数据有助于揭示参与发展海上业务中社会可持续性的所有利益攸关方之间不同的、往往相互矛盾的行为制度逻辑。此外，在对焦点公司港口码头和受访者自己在焦点公司现场的办公室进行的几次全天访问期间，进行了个人观察。

多个数据源和多个访谈阶段揭示了社会责任是如何通过不同的倡议与运营活动纳入焦点公司的供应链管理实践过程的。

6.4.3　数据分析

从多个来源收集的数据似乎是整个案例的一部分，将其结合在一起，据此可以了解供应链的社会责任在这一特定背景下的演变。

确定数据中的主要制度逻辑，并评估其将社会责任考虑纳入焦点公司供应链的影响是在数据分析的指导下完成的。它揭示了焦点公司的行动、国家监管压力以及俄罗斯偏远北极地区当地社区的社会挑战和需求之间的相互作用。在构建案例叙述时，访谈内容的意义对于解释供应链管理中参与社会可持续性过程的所有供应链参与者的组织行动和行为至关重要。案例介绍基于许多定性数据，包括受访者的个人意见、看法和经验。采访引述被用来支持这些说法。数据分析以时间顺序的方式构建，重点关注所选案例中事件的先决条件、顺序和结合点。

本案例首先描述了俄罗斯偏远北极地区的背景，包括当地工业和社区的主要特点和挑战；然后介绍了将社会责任纳入焦点公司供应链管理的过程。

6.5　案例介绍

6.5.1　俄罗斯北极的环境背景：当地产业和社区的相互作用

焦点公司的生产地位于俄罗斯北部一个极其偏远、靠近丰富矿产资源区域的地区。考虑到加工产品的数量较低，价值较高，因此组织加工产品供应链比原材料供应链更有效率（Plaizier et al. , 2012）。焦点公司的客户是欧洲、亚洲和北美洲的钢铁生产商、水电设施与机械制造厂，这些公司将焦点公司的矿产和金属生产作为其工业流程的半产品加以引入。

像焦点公司这样的北方企业的一个主要特点是，在苏联时期，他们在自己周围建立了单一的工业城镇。俄罗斯北极地区的单一城镇代表了专门的城市社区，其社会经济发展主要或完全取决于一个或几个城镇企业的绩效。这一现象在苏联解体后引起了关注，导致单一城镇的社会经济状况恶化。向市场经济的过渡打破了为主导企业提供运作的现有联系并暴露了它们的弱点。由于生产缺乏竞争力、基础设施陈旧、国家不参与和管理不当，企业无法面对开放经济的激烈竞争。与苏联的城镇企业为当地居民提供就业和社会服务不同，21世纪，许多公司停止履行这种社会职能。然而，焦点公司对生活在其商业活动周围内的大型单一工业城镇的当地居民承担社会责任，包括社会基础设施和基本商品甚至食品的供应。

这里只有一条穿过北极水域的交通连接线，即杜丁卡、摩尔曼斯克和阿尔汉格尔斯克港口之间的海区。焦点公司主要关注的是，其供应链能够确保全年定期向客户交付产品以及供应商满足其制造需求的货物的定期交付。因此，确保定期货物交付不仅关系到焦点公司的生产运营，而且关系到当地居民的生存。

6.5.2　环境和监管挑战：实施新供应链实践的先决条件

位于北纬地区意味着要面临具体的环境挑战，如偏远、距离遥远、恶劣的北极气候、稀疏的交通网络和缺乏交通基础设施。供应商的选择和与其他地区的运输联系非常有限，主要是通过海路，在不断变化的冰情下进行复杂的航行。此外，在小丘之间的冰水中作业，也需要冰级船舶和破冰船协助。这些挑战，即所谓的"锁定"，使焦点公司的货物交付容易受到可能的中断和交付时间延长的影响，使得焦点公司与其客户和全球市场、当地居民与食品和基本商品供应商相隔离。

另一个挑战涉及国家监管和国家参与俄罗斯北极水域的货运。由于大规模开采自然资源，焦点公司的矿产开采和制造活动是国家与区域经济发展的主要组成部分。其货物流，包括运往全球市场的成品金属产品和满足制造要求的材料/设备，构成了该海运段装运货物总量的大部分，从而影响俄罗斯北极西部的货运发展。因此，国家是焦点公司活动的主要利益相关者。值得注意的是，国家曾经扮演了两个角色——第一，作为俄罗斯北极水域货物运输的监管机构；第二，作为运输基础设施的唯一供应商，包括冰级船舶和破冰船援助。

在截至 21 世纪初的几十年中，一家位于摩尔曼斯克的国有航运公司是唯一一家在 10 月至次年 5 月冬季航行期间提供冰级船舶和核动力破冰船援助的海运公司。焦点公司是该地区最大的货主，其杜丁卡港和摩尔曼斯克港之间的货运量占该唯一承运人利润的 45%。然而，由于对其活动和行为的依赖，焦点公司受到了该国有航运公司的强有力控制。

20 世纪 90 年代，经济危机和许多工业企业的产量下降导致俄罗斯北极水域内的航运活动大幅减少，货运经常中断和不正常。为了补偿经济损失，国家不断提高破冰船服务的收费。21 世纪初，由于运输成本的持续增长，货物交付对焦点公司来说变得无利可图。此外，由于冰级船舶和破冰船的船队已过使用期限，需要翻新，货物运输情况变得更加复杂。

6.5.3 开发新的供应链实践以实现可持续性

供应商/海运公司的选择有限，核动力破冰船和冰级船舶短缺，破冰船援助费用不断增加，导致货物交付的可靠性不确定。焦点公司的一位高级经理强调：货物交付的任何中断都可能影响制造流程，并可能给公司造成重大经济损失。

1. 开发焦点公司自己的运输基础设施

2006—2008 年，焦点公司投入运营了 5 艘冰级（Arc7）集装箱船，载货能力为 16 000 t。这些船的技术能力使它们能够克服 1.5 m 厚的冰盖，在周围形成一个无冰区域。焦点公司的一位高级经理指出，这一行动是发展供应链的最重要步骤：

> 我们拥有自己的船队，保证货物运输全年无须破冰船协助。它的可用性实现了我们最紧迫的战略目标之一：确保运输独立，不受北极航运中不断使用破冰船援助和政府政策的影响，以避免在沿北海航线航行时支付强制性破冰船费用。

2014 年，焦点公司在摩尔曼斯克港完成了自己的转运码头建设。码头可以处理各种自己的货物：从诺里尔斯克港到摩尔曼斯克港的镍铣；杜丁卡港和摩尔曼斯克港出口至欧洲的金属成品；以及供应商提供的满足偏远工业城镇社会需求的商业货物。每年通过摩尔曼斯克港转运的货物多达 70

万 t。在建造自己的码头之前，只有一家装卸服务提供商——国有机构"摩尔曼斯克海上贸易港"。2010—2013 年，该供应商将其服务的费用提高了近 50%。此外，只有一个泊位可用于处理包括焦点公司在内的不同客户的货物。摩尔曼斯克港的其他泊位设计用于处理煤炭（煤炭是主要港口货物），货物延误的风险很大。此外，靠近煤炭转运可能导致煤尘污染集装箱。

建设自己的转运码头使焦点公司摆脱了对国家组织行动和行为的严重依赖。正如高级经理所强调的：

> 码头的货物处理大大降低了我们的成本，提高了公司的稳定性。此外，使用我们自己的码头使我们能够开发一种新的活动，如商业货物运输，不仅满足制造过程，还满足俄罗斯北极偏远地区的社会需求和市政设施。装有商业集装箱的卡车直接驶向装载作业区，节省了资源和处理时间。

2. 确保环境效率

焦点公司的船舶配备了一种创新的电动装置——叠足推进装置，该装置由驱动安装在吊舱上的固定螺距的螺旋桨的电机组成。这些船舶的技术特点使其更环保，节能高达 20%，降低了燃料消耗。焦点公司的一位高级经理强调：

> 这类船舶对润滑油的需求最低，减少了潜在的泄漏事故。较低的燃料消耗减少了排放。叠足推进装置还允许使用可生物降解的润滑剂。同时，这些船只在港口高度机动，精度为分米。这在冬季航行中，快速、安全地进入北部港口（如杜丁卡港）非常狭窄的冰冷水域非常重要。

因此，新的北极船舶为焦点公司节省了燃料，并严格遵守了国家法规和《防止船舶污染国际公约》。

3. 确保成本效益

其自身船队的建造和随后的运营需要焦点公司对被其视为非核心的资

产进行大量投资。正如焦点公司的高级经理所指出的：

> 建造第一艘船舶的成本为7 170万欧元，以下4艘船舶每艘成本约为8 200万欧元（数据截至2010年）。由于当时金属商品的价格大幅上涨，建造价格上涨。尽管有如此巨大的投资，该公司还是在短时间内收回了成本。破冰船费用如此之高，以至于其自己船队的运营重新调整了公司与破冰船援助和第三方船只运输的相关成本。

因此，自己船队的运营使焦点公司能够降低运输成本，从而大大提高其供应链效率。

4. 重新制定现有供应链管理实践方法

自身运输基础设施的发展鼓励焦点公司实施新的供应链实践方法，这在以前北极航行中几乎从未使用过。这些新实践，如集装箱化、"开放水域"原则和货物流通原则，避免空船航行，构成了具体的操作，重点是确保了海上安全和提高了货物运输性能。如焦点公司的一位高级经理所述：

> 这些新的北极航行解决方案在没有破冰船协助的情况下沿整个北海航线航行，缩短了交付时间，降低了运输成本。

集装箱化通过减少港口货物转运和装卸作业时间，确保了产品在运输各个阶段的安全保障，并缩短了产品交付期。正如焦点公司的一位高级经理所强调的：

> 通过使用自己的转运码头，集装箱化通过消除港口的散装货物装卸成本，将1 t货物的运输成本平均降低了15%。

"开放水域"原则意味着，通过监测冰况，船长使用复杂的在线信息系统选择最佳路线导航船舶通过开放水域航道或轻冰。它能够遵守船舶交通的紧凑时间表，避免任何中断，并缩短交付时间和减少燃料消耗。

货物流通原则不仅意味着焦点公司的商业利益，还意味着社会责任倡议，以满足下面所述的社会需求。

6.5.4　将社会责任纳入供应链管理并满足当地社会需求

在北极水域航行时，航运公司经常遇到一个成本问题，即由于北部地区货物积累不足，船只可能不得不空着朝一个方向航行。为了避免从摩尔曼斯克港到杜丁卡港的空船航程，焦点公司引入了装载商业货物的货物流通原则。正如焦点公司的一位高级经理所言：

> 货物流通原则意味着，我们的船只不仅运送工业货物以满足加工和制造设施的需求，还为当地居民装载商业货物。我们自己船只的商业货物总量占货物总量的1/5。因此，避免空船航行可确保额外收入。

1. 满足社会需求的商业货物

在组建了自己的船队后，焦点公司成为摩尔曼斯克港、阿尔汉格尔斯克港和杜丁卡港之间海上航段的唯一海上承运人。这意味着，焦点公司成为唯一一家拥有必要资源的承运人，为周边生产设施、单一偏远小镇的当地居民提供定期货物运输。焦点公司的一位高级经理介绍了商业货运活动是如何开始的：

> 早些时候，我们主要关注我们自己的工业和一般货物，以满足偏远地区的制造需求。然而，我们公司是一个形成城镇的企业，我们还必须考虑社会需求。我们勉强开始发展商业货物运输。一开始，只有两名管理人员参与这项活动。

商业货物包括食品、药品和汽车等交通工具以及满足社会需求的其他类型货物。

将社会责任纳入供应链管理是焦点公司管理人员的额外负担，在船舶交通紧张的情况下使船队运营复杂化。正如焦点公司高级经理所强调的：

> 在安排货物和船舶运输时，我们按重要性顺序分配工业和商业货物。打个比方说，当橘子成熟的时间在新年假期之前到来

时，我们交付的是橘子，而不是建筑工业材料。我们了解到，制造业的可持续性主要取决于当地的工作人员。

有时，商业货物会在阿尔汉格尔斯克港口码头滞留数月，然后装上焦点公司的船只前往偏远的北极地区，因为其优先考虑的是与制造需求相关的货物。

然而，供应商向杜丁卡港提供货物运输服务的需求逐年增加，这些服务旨在满足当地居民和偏远单一城镇的市政需求。焦点公司的管理人员必须修改港口作业惯例，以减少船舶装卸时间。这有可能加快摩尔曼斯克港、杜丁卡港和阿尔汉格尔斯克港之间的船舶周转，优化船舶时间表，从而增加货运量，包括商业货运活动。正如焦点公司的高级经理所指出的：

> 我们的商务部已经大大扩大了。与之前我们对商业集装箱运输不感兴趣不同，现在我们在某种程度上专注于吸引这类货物。商业交付带来了良好的额外收入。

商业货物的交付是根据与不同供应商签订的合同进行的。焦点公司负责确保定期交付，但不负责产品的安全，如冷藏集装箱。在装载到船上之前，不会对商业集装箱进行检查，因为这一程序特别要求有一名员工在货物运输过程中跟踪货物，并在港口码头检查货物的质量和状况。这种对供应商的信任实际上导致供应商自己频繁提出索赔。船舶管理局的一位受访者强调：

> 去年冬天，单一城镇当地食品店的一个装满洋葱的集装箱发生了一起事故，洋葱在途中被冷冻。这一情况只有在抵达目的港时才知道。也许洋葱在出发港上船之前已经被冷冻了。冷藏集装箱在卡车运输过程中可能暂时断电。发生此类事件时，索赔和投诉主要向船长提出。

尽管这些索赔不时发生，但焦点公司并未改变与供应商的工作订单，并认为这些索赔毫无根据。此外，在摩尔曼斯克港、杜丁卡港和阿尔汉格

尔斯克港之间的海区上，没有其他海上运输公司可以进行这种运输。船舶
管理局的一位受访者补充说：

> 船舶机械师每天两次检查船上所有集装箱，包括商业货物、
> 是否有电力供应，尽管与供应商的合同中没有规定。如有必要，
> 机械师会修复集装箱的小问题，主要是出于安全原因。

2. 当地居民的交通

除了运输食品和必需品的商业货物外，焦点公司供应链运营中的社会
责任还包括将当地居民从叶尼塞河口北部海岸沿线极偏远的定居点运送到
最近的杜丁卡港。海上作业中的这一社会责任层面得到了地方当局的同
意。来自叶尼塞河和泰米尔河口沿岸极为偏远的小定居点的当地居民可以
获得医疗服务，去最近的机场，甚至不需要付费。9 月至次年 6 月冬季航
行期间开展当地客运，此时北部河流航运停止，直到夏季，这些定居点都
变得完全孤立。如船舶管理局代表所述：

> 事实上，对当地居民的运输对于船员来说相当繁忙和令人不
> 安。船停在某个地方的冰上，当地人骑着雪地摩托或步行接近
> 它。一艘船的载客量为 6~8 人。但水手们害怕被当地居民传染病
> 毒，因为他们来自过于孤立的地方，当地病毒对他们没有危险，
> 但会对船员造成极大伤害。因此，当地乘客不与船员一起吃饭，
> 而是使用一次性餐具，并被告知非必要不要离开客舱。

3. 与当地居民的贸易往来

船员提出的另一个社会责任方面是发展和维持与当地居民的贸易关
系。贸易实际上是一种必需品、食品和药品与当地珍贵鱼类的易货交换。
焦点公司代表强调：

> 鱼类和商品的交换也在远离海岸的冰上进行。办公室管理人
> 员对这项活动视而不见，因为船员的主要任务是及时到达目的
> 港，不得延误。

因此，在供应链管理中实施社会责任的举措缓解了焦点公司和当地居民在俄罗斯北极地区极其偏远的弊端，减少了由于运输网络稀疏、供应链中断的可能性，以及供应商和承运人选择非常有限而带来的重大风险。

6.5.5 总结

焦点公司将社会责任原则纳入和发展到俄罗斯北极地区现有供应链管理实践中大致包括三个阶段（表6.1）。

表6.1 面向社会责任的新供应链实践的发展

阶段	实施新供应链管理实践的先决条件	发展自己的运输基础设施和新的供应链管理做法	将社会责任纳入供应链管理
过程	背景挑战： 偏远，唯一的传输链路； 国家海上承运人的控制； 缺乏破冰船； 摩尔曼斯克港唯一一个集装箱泊位； 装卸服务的唯一国家供应商服务； 监管限制； 不断提高费用； 不稳定、强制性的国家政策	使用新技术调试自己的北极船队； 在摩尔曼斯克港建造自己的转运码头； 新的供应链管理实践（集装箱化、"开放水域"原则、货物流通原则）	可持续性的经济方面： 降低运输成本； 缩短交付时间； 商业货物运输的额外收入； 降低摩尔曼斯克港货物装卸成本。 可持续性的环境方面： 减少船舶的燃料消耗和排放； 减少润滑剂的用量和潜在泄漏风险； 严格遵守国家和国际法规
阶段	实施新供应链管理实践的先决条件	发展自己的运输基础设施和新的供应链管理做法	将社会责任纳入供应链管理
后果	供应链中断的不确定性；	提高货物运输效率和灵活性；	社会责任方面： 运输商业货物以满足偏远地区的社会需求；

表 6.1 （续）

		确保海上供应链的可靠性； 实施商业货物运输； 消除偏远地区的弊端； 使供应链运作更加可持续	运送当地居民前往医院和最近的机场； 与当地居民进行贸易交流； 消除偏远地区的弊端
后果	决定建立自己的北极船队并发展自己的运输基础设施		
制度逻辑	稳定逻辑： 注重确保定期货物交付； 降低运输成本的逻辑： 注重降低运输成本	稳定逻辑： 注重确保定期货物交付； 财务逻辑： 关注盈利能力	稳定逻辑： 注重确保定期货物交付； 财务逻辑： 关注盈利能力； 可持续性逻辑： 关注社会、环境和经济方面

　　发展具有社会责任感的供应链运营过程表明，供应链运营从供应链中断的不确定性、高风险的情况向确保定期交付货物与供应链运营在经济、环境和社会三个方面的可持续性转变。

　　此外，研究结果表明，参与供应链社会责任发展的各个供应链参与者都获得了一些好处，并感受了这一过程的一些弊端（表6.2）。

表 6.2　供应链参与者在供应链社会责任方面的利弊

利益相关者	利益	弊端
焦点公司经理	商业货物运输的盈利能力	客户在到达目港时对受损货物（主要是食品）的索赔——在港口码头装货前，没有合同条款要求检查货物质量
	没有空航	
供应商	商业利益	由于多次转运和长途运输，货物可能在目的港受损
	基于信任与海运承运人的关系——装货前不检查货物	

表 6.2（续）

利益相关者	利益	弊端
焦点公司所有船舶上的船员	与当地居民交换珍贵鱼类和来自大陆的商品（冬季航行期间）	船上的本地乘客造成额外的麻烦——将他们视为外国人
		害怕感染本地病毒
来自极端偏远定居点，9月至次年6月冬季被隔离的当地居民	与船员进行贸易交流	—
	获得医疗服务、去最近的机场（不含票价）	
当地社区	定期向边远地区运送食品、药品、汽车等公共交通工具以及满足社会需求的其他类型的货物	—
	当地基础设施单一城镇的生存和支持	

6.6　讨论

俄罗斯北极地区现有供应链管理实践中社会责任的发展是焦点公司采取若干战略行动的结果。对俄罗斯北极地区的经济活动至关重要的一系列环境和监管挑战鼓励焦点公司开发自己的运输基础设施，并引入新的供应链管理实践，即在没有破冰船协助的情况下航行。这些战略行动有助于提高货物运输效率，在结冰条件下保持港口之间船舶的高度流通，并消除焦点公司位置偏远的弊端。新的创新供应链管理实践，如船舶流通原则，鼓励焦点公司在其自身的工业货物之外发展商业货物运输，以满足偏远单一城镇和定居点居民的社会需求。因此，由于新资源的可用性、新的供应链管理实践以及焦点公司与地方当局的安排，供应链中出现了社会层面因素。

有人建议采用制度逻辑方法，重点关注供应链中社会责任原则的实施。研究结果揭示了在这一过程的不同阶段形成的若干制度逻辑的总体情况（表6.1）。最初，确保定期交付货物的逻辑和降低运输成本的逻辑在供应链中占主导地位。然后，供应链战略举措在如此恶劣的气候条件下似乎是虚幻的，但在某些情况下可能会改变现有的供应链管理实践，并发展一种可持续供应链实践的新制度逻辑。

在供应链管理实践实现了所有三个维度——经济、环境和社会——之后，财务逻辑仍然凌驾于可持续性逻辑之上。然而，它不能被视为发展社会责任原则的权衡，因为在这种情况下，它起到了推动作用。财务逻辑占主导地位，并已经得到确立，因为焦点公司继续投资交通基础设施的发展，从而加强可持续性逻辑。此外，这是因为高级管理人员经常经历，处理社会问题和需求被证明是困难的，在某种程度上是麻烦的。公众期望不断变化；现有供应链实践、成本和竞争优势之间的关系可能不清楚或难以定义。然而，调查结果表明，如果社会责任举措也有助于加强供应链的财务绩效，则会为其进一步发展提供更为肥沃的土壤。因此，研究结果表明，在某些条件下，如果当前的主导逻辑（如本案例中的财务逻辑）有助于可持续逻辑的进一步发展，则无须追求可持续逻辑的主导地位。

关于供应链管理和企业社会责任的现有文献集中于外部压力与激励因素，作为可持续供应链管理的驱动因素，主要由两个群体——接受供应链运营服务的客户和所有政府控制模式来设定（Seuring et al.，2008）。然而，在我们的案例中，商业货物运输鼓励将社会责任原则纳入供应链管理，并成为焦点公司应对如严冬条件和偏远，以及缺乏基础设施和政府支持等环境挑战的战略应对措施。因此，研究结果支持这样一种假设，即制度因素可能在供应链战略举措的演变过程中发挥作用，并且这些举措不仅仅是目标设定和活动规划的客观、合理进程。此外，本章说明了当商业利益处于最高优先地位时，社会责任如何提供经济层面的帮助。

调查结果表明，当焦点公司能够通过实施其供应链战略影响环境挑战和体制约束时，该公司有责任确保定期交付。这反过来又产生了具体的社会结果，如将当地居民从极为偏远的定居点运送出去。这一发现与克拉森和韦雷克的结论一致，与地方当局的安排和焦点公司的道德言外之意都会产生责任（Klassen et al.，2012）。因此，社会响应包括焦点公司对其自身的战略行动和决策负责，这会影响公司的员工和社会环境。当有可用的能力，包括公司的意愿和资源，将责任与社会问题和需求的必要行动联系起来时，公司也会被授予这种权利。

此外，本章揭示了可持续供应链管理的一个更显著的特征。当客户对到达目的港的商业货物的损害提出索赔时，焦点公司受到压力，通常会将这种压力转嫁给供应商。在成为唯一的海运承运人后，焦点公司必须考虑到供应链中比之前更长的部分，以满足制造需求和纯粹的经济原因。虽然先前的研究更多地关注供应链外部的因素，但本章也强调了探索哪些内部因素是实施可持续供应链的障碍以及哪些因素支持这些发展的重要性。同时，调查结果表明，所有供应链参与者，包括供应商、制造商、客户和社会，由于他们在社会责任纳入过程中获得的好处和感受的弊端而对社会责任的理解不同（表6.2）。本章通过将社会责任原则纳入现有货物运输实践中，深入了解了供应链战略如何在俄罗斯偏远北极地区的社会价值观方面满足当地社区的需求。因此，本章强调不仅要了解如何管理社会问题，而且要了解这些社会问题的解决方案如何以及是针对谁的。

6.7 结论及其对理论和实践的影响

从制度逻辑方法的视角，本章通过探索社会责任原则在特定情况下如何出现并演变为行动，为当地社区的需求做出贡献，表明了社会责任原则落实到现有供应链管理实践。在本章所研究的案例中，社会责任倡议不是为了战略优势或合法性而事先规划的；在满足了俄罗斯北极地区货物运输的经济和环境关切后，它们才成为可能。我们强调，当供应链不仅为焦点公司创造价值，而且通过支持和建设当地社区的能力直接为当地经济创造价值时，供应链就变得可持续。在如北极地区这样交通网络稀疏的偏远地区，这一点尤其重要。通过分析如何构建更具弹性和社会责任感的供应链，本章提供了更深入的见解，说明公司如何在实现供应链运营进一步可持续性的过程中涉及经济、环境和社会三个方面。这在现存文献中仍然是罕见的（Seuring et al.，2008）。

为了响应在供应链管理领域开展更多基于案例研究的呼吁（Näslund，2002；Seuring，2005；Pagell et al.，2009；Stock et al.，2010；Quarshie et al.，2016），研究结果提供了对特定经验环境中社会可持续性的深入理解。单一案例研究说明了现有不同背景因素交会下供应链管理实践的发展，从而使抵抗国家强制压力成为进一步可持续发展的可能选择。在现实实践中，这可能比现有文献通常预期的更为频繁。此外，调查结果强调，北极地区的供应链可持续性建设不能再被忽视，因为这是进一步发展工业和社会发展的最重要途径之一。

在制定新的供应链管理实践（如可持续性的社会层面）方法之前，对背景挑战和环境进行反思，对于选择一套必要的战略行动可能至关重要。这可以解释为，存在着往往无形但却能够对可持续供应链管理实践等战略举措产生相当大影响的制度力量和逻辑（Tsvetkova et al.，2018）。通过考虑环境、监管压力或驱动因素的相互作用，以及新战略举措对现有供应链管理实践的潜在影响，管理者将更好地理解如何发展供应链管理，使其更具社会责任感、更具弹性和更具可持续性。当将业务扩展到交通网络稀疏的国家或地区时，这一点尤为重要，因为当地法规可能会带来环境挑战。

这项研究有助于物流管理者和决策者了解社会可持续性的不同模式，并可作为偏远北极地区可持续性决策的关键工具，特别是关于采矿公司和海上石油、天然气开发项目。

这些发现对于管理者在将社会责任整合到供应链管理中时，通过开发监控和协作能力来说明供应商商品质量改进的重要性也很有价值。这不仅有助于解决社会问题，而且有助于为运营商和供应商获得竞争优势。

6.8 限制和进一步研究

本章通过深入了解将社会责任纳入现有供应链管理实践的现实情况，扩展了以往关于供应链可持续性的研究。然而，俄罗斯北极是一个日益复杂的特定环境，至少是因为其恶劣的自然条件和极端偏远的地理位置。进一步的研究应包括在其他情况下供应链管理中的社会责任案例研究，这可能包括组织如何发展其供应链业务以承担社会责任的其他替代性制度影响。

此外，本章侧重于满足社会需求的一般商业货物运输。具有对环境更直接或更具体影响的某些专业产品（如化学产品供应商）的供应链可以进一步深入了解可持续供应链管理实践中的制度影响。

研究结果表明，直接参与供应链管理社会责任实践，并在某种程度上对于致力于社会责任活动的船员的个人倡议，即使没有支持性的组织文化也可以推动。进一步研究探索物流经理和其他供应链参与者之间的功能性相互作用是必要的。

　　未来的研究仍需要解决一些基本问题，以探索如何创建更负责任和更可持续的供应链，以及可持续逻辑如何成为供应链中的主导逻辑。

参考文献

Ahi, P., & Searcy, C. (2015). Measuring social issues in sustainable supply chains. *Measuring Business Excellence*, 19(1), 33–45.

Bennett, A., & Elman, C. (2010). Case study methods. In C. Reus-Smit & D. Snidal (Eds.), *The Oxford handbook of international relations* (p. 29). Oxford: Oxford University Press.

Beske, P. (2012). Dynamic capabilities and sustainable supply chain management. *International Journal of Physical Distribution and Logistics Management*, 42(4), 372–387.

Bowen, H. R. (1953). *Social responsibilities of the businessman*. New York: Harper & Row.

Boyd, D. E., Spekman, R. E., Kamauff, J. W., & Werhane, P. (2007). Corporate social responsibility in global supply chains: A procedural justice perspective. *Long Range Planning*, 40(3), 341–356.

Carter, C. R., & Jennings, M. M. (2001). Social responsibility and supply chain relationships. *Transportation Research. Part E*, 38, 37–52.

Carter, C. R., & Jennings, M. M. (2002). Logistics social responsibility: An integrative framework. *Journal of Business Logistics*, 23(1), 145–180.

Carter, C. R., & Rogers, D. S. (2008). A framework of sustainable supply chain management: Moving toward new theory. *International Journal of Physical Distribution and Logistics Management*, 38(5), 360–387.

Ciliberti, F., Pontrandolfo, P., & Scozzi, B. (2008). Logistics social responsibility: Standard adoption and practices in Italian companies. *International Journal of Production Economics*, 113, 88–106.

Davidson, K. M. (2011). Reporting systems for sustainability: What are they measuring? *Social Indicators Research*, 100(2), 351–365.

Denzin, N. K., & Lincoln, Y. S. (2005). *The Sage handbook of qualitative research* (2nd ed.). Thousand Oaks: SAGE.

DiMaggio, P. J., & Powell, W. W. (1983). The iron cage revisited: Institutional isomorphism and collective rationality in organizational fields. *American Sociological Review*, 48, 147–160.

DiMaggio, P. J., & Powell, W. W. (1991). Introduction. In W. W. Powell & P. J. DiMaggio (Eds.). *The new institutionalism in organizational analysis* (pp. 1–38). Chicago: University of Chicago Press.

Flyvbjerg, B. (2006). Five misunderstandings about case-study research. *Qualitative Inquiry*, 12(2), 219–245.

Greenwood, R., Raynard, M., Kodeih, F., Micelotta, E. R., & Lounsbury, M. (2011). Institutional complexity and organizational responses. *The Academy of Management Annals*, 5(1), 317-371.

Gurtu, A., Searcy, C., & Jaber, M. Y. (2015). An analysis of keywords used in the literature on green supply chain management. *Management Research Review*, 38, 166-194.

Hall, J., & Vredenburg, H. (2005). Managing the dynamics of stakeholder ambiguity. *MIT Sloan Management Review*, 47(1), 11-13.

Hassini, E., Surti, C., & Searcy, C. (2012). A literature review and a case study of sustainable supply chains with a focus on metrics. *International Journal of Production Economics*, 140(1), 69-82.

Institute of Regional Policy. (2008). *Monotowns of Russia: How to survive the crisis?* English edition: Моногорода России: как пережить кризис?" (trans), p. 81.

Klassen, R. D., & Vereecke, A. (2012). Social issues in supply chains: Capabilities link responsibility, risk (opportunity), and performance. *International Journal of Production Economics*, 140, 103-115.

Lam, J. S. L., & Lai, K. (2015). Developing environmental sustainability by ANP-QFD approach: The case of shipping operations. *Journal of Cleaner Production*, 105, 275-284.

Lam, J. S. L., & Lim, J. M. (2016). Incorporating corporate social responsibility in strategic planning: Case of ship-operating companies. *International Journal of Shipping and Transport Logistics*, 8(3), 273-293.

Lawrence, T. B., & Suddaby, R. (2006). Institutions and institutional work. In S. R. Clegg, C. Hardy, W. R. Nord, & T. Lawrence (Eds.). *The handbook of organization studies* (2nd ed.). London: Sage.

Mani, V., Agarwal, R., Gunasekaran, A., Papadopoulos, T., Dubey, R., & Childe, S. J. (2016). Social sustainability in the supply chain: Construct development and measurement validation. *Ecological Indicators*, 71, 270-279.

Mansouri, S. A., Lee, H., & Aluko, O. (2015). Multi-objective decision support to enhance environmental sustainability in maritime shipping: A review and future directions. *Transportation Research Part E*, 78, 3-18.

Matos, S., & Hall, J. (2007). Integrating sustainable development in the extended value chain: The case of life cycle assessment in the oil & gas and agricultural biotechnology industries. *Journal of Operations Management*, 25, 1083-1102.

Maxwell, J. A. (1996). *Qualitative research design: An interactive approach*. Thousand Oaks: SAGE.

Miao, Z., Cai, S., & Xu, D. (2012). Exploring the antecedents of logistics social responsibility: A focus on Chinese firms. *International Journal of Production Economics*, 140(1), 18-27.

Murphy, P. R., & Poist, R. F. (2002). Socially responsible logistics: An exploratory study. *Transportation Journal*, 41(4), 23-35.

Näslund, D. (2002). Logistics needs qualitative research-Especially action research. *International Journal of Physical Distribution and Logistics Management*, 32(5), 321-338.

Pagell, M., & Shevchenko, A. (2014). Why research in sustainable supply chain management should have no future. *Journal of Supply Chain Management*, 50(1), 44-55.

Pagell, M., & Wu, Z. (2009). Building a more complete theory of sustainable supply chain management using case studies of 10 exemplars. *Journal of Supply Chain Management*, 45(2), 37-56.

Plaizier, W., McCool, M., & Cretenot, G. (2012). The risks in remote locations. *Supply Chain Management Review*, 16(1), 52-53.

Quarshie, A. M., Salmi, A., & Leuschner, R. (2016). Sustainability and corporate social responsibility in supply chains: The state of research in supply chain management and business ethics journals. *Journal of Purchasing and Supply Management*, 22, 82-97.

Sarkis, J. (2012). Models for compassionate operations. *International Journal of Production Economics*, 139(2), 359-365.

Sarkis, J., Zhu, Q., & Lai, K. H. (2011). An organizational theoretic review of green supply chain management literature. *International Journal of Production Economics*, 130(1), 1-15.

Sayed, M., Hendry, L. C., & Bell, M. Z. (2017). Institutional complexity and sustainable supply chain management practices. *Supply Chain Management: An International Journal*, 22(6), 542-563.

Scott, W. R. (2014). *Institutions and organizations: Ideas, interests and identities* (4th ed.). Thousand Oaks: SAGE.

Seuring, S. (2005). Case study research in supply chains – An outline and three examples. In H. Kotzab, S. Seuring, M. Müller, & G. Reiner (Eds.). *Research methodologies in supply chain management* (pp. 75-90). Heidelberg: Physica.

Seuring, S., & Müller, M. (2008). From a literature review to a conceptual framework for sustainable supply chain management. *Journal of Cleaner Production*, 16, 1699-1710.

Sharma, S., & Ruud, A. (2003). On the path to sustainability: Integrating social dimensions into the research and practice of environmental management. *Business Strategy and the Environment*, 12, 205-214.

Silvestre, B. S. (2015). Sustainable supply chain management in emerging economies: Environmental turbulence, institutional voids and sustainability trajectories. *International Journal of Production Economics*, 167(C), 156-169.

Stock, J. S. L., Boyer, S., & Harmon, T. (2010). Research opportunities in supply chain management. *Journal of the Academy of Marketing Science*, 38(1), 32-41.

Thornton, P. H., & Ocasio, W. (1999). Institutional logics and the historical contingency of power in organizations: Executive succession in the higher education publishing industry, 1958—1990. *The American Journal of Sociology*, 105(3), 801-843.

Thornton, P. H., Ocasio, W., & Lounsbury, M. (2012). *The institutional logics perspective: A new approach to culture, structure, and process*. Oxford: Oxford University Press.

Tsvetkova, A. (2011). Innovations for sustainability of maritime operations in the Arctic. In B. Th, C.

Jahn, & W. Kersten (Eds.). *Maritime logistics in the global economy: Current trends and approaches* (Vol. 5). Lohmar-Koln: Josef Eul Verlag Gmbh.

Tsvetkova, A., & Gammelgaard, B. (2018). The idea of transport independence in the Russian Arctic: A Scandinavian institutional approach to understanding supply chain strategy. *International Journal of Physical Distribution and Logistics Management*, 48(9), 913-930.

WCED. (1987). *Report of the world commission on environment and development: "Our common future"*. Oxford: Oxford University Press.

World Bank Report. (2010). The world bank in Russia. *Russian Economic Report*, 22, 29. http://siteresources. worldbank. org/INTRUSSIANFEDERATION/Resources/305499 - 1245838520910/rer_22_eng. pdf. Accessed 29 Nov 2018.

Wu, Z., & Pagell, M. (2011). Balancing priorities: Decision-making in sustainable supply chain management. *Journal of Operations Management*, 29, 577-590.

Zucker, L. (1987). Institutional theories of organizations. *Annual Review of Sociology*, 13(1), 443-464.

第7章　英里、米的重要性

——北极测量方法对航线的政治影响

埃达·阿亚伊登[①]

摘　要：各国通过发现北极地区这片未知领土的广袤，寻求对其的主权。沿海国家开发了测量方法，以在该区域占据最大份额。其中一种测量方法是 1907 年由加拿大参议员帕斯卡·波里耶（Pascal Poirier）提出的扇区原则。其他北极国家，如美国和挪威，反对这种原则。然而，俄罗斯在1926 年也开始采用这一原则来划定北极边界。在引入扇区原则之前，人们已经使用了中线原则，目前仍在使用。因此，这项新技术原则在北极争议地区引发了政治争议。除了争议地区未解决之外，还出现了另一个问题：各国在准备主张《联合国海洋法公约》规定的北极权利时，还就其计量和计算方法进行了辩论。《联合国海洋法公约》（1982 年）为北极的 5 个沿海国家带来了获得主权的规则。另外，目前气候变化威胁增加了该地区在石油和天然气，特别是新的航运路线机会方面的巨大的地缘政治重要性。因此，该地区的主权权利对北极周边国家来说变得更加重要。因此，本章将试图了解技术系统如何影响政治主张——特别是航运路线——并将通过两种测量方法分析北极主权获得的历史，重点是主权下的扇区原则和地缘政治框架。

关键词：主权；测量方法；治理；《联合国海洋法公约》；航线

缩写	含义
CHNL	极地物流中心

CLCS	大陆架界限委员会
EEZ	专属经济区
LNG	液态天然气
NSR	北方海航道
NWP	西北航道
TPP	跨极地航道
TSR	跨北冰洋航线
UNCLOS	《联合国海洋法公约》
UNCLCS	联合国大陆架界限委员会

7.1　介绍

美国最高法院表示："没有任何一个词的含义比'占有'更模糊了。"占有（possessio）是古罗马人用来指对土地或财产的占有或控制。这正是1884—1885 年柏林会议框架内的主题。柏林会议为国际舞台带来了一个新概念：有效占有（animus possidendi）。组织柏林会议是为了确定非洲的命运。然而，它继承了有效占领，迫使殖民者在精神上留在被占领地区，以建立维持其主权的权力。主权概念是国际法和政治的主要支柱，可以被描述为"对所拥有的实体或领土拥有控制权力"。关于主权概念的讨论已经持续了几个世纪，从历史、司法和政治背景下的"主权使用"到"主权类型"。国际舞台上主权和占有的合法化是一个核心问题。18 世纪，俄罗斯对阿拉斯加的占有是一个根据精神存在而有效占领来建立殖民地的管理机构——俄罗斯阿拉斯加公司的例子。到 1867 年，俄罗斯一直在该地区，并被称为阿拉斯加的主权国，直到《阿拉斯加条约》将阿拉斯加割让给美国。

如今，2019 年，北极不再无人认领，虽然没有具体的《北极宪章》或《北极条约》。《联合国海洋法公约》于 1982 年生效，该公约在拥有和主张主权方面规定了北极的治理问题。5 个北极国家（加拿大、丹麦、挪威、俄罗斯和美国）有自己的北极战略和主权主张。然而，他们需要测量其主张的区域，并向联合国大陆架界限委员会（UNCLCS）证明其主张。该委员会审查了每一项科学主张，如果测量结果准确，这些国家将获得对主张领土的合法主权，并可以开发高北极地区及其资源。

本章的目的是分析对作为国际体系理性行为体的国家实现国家权力最大化工具的北极地区的测量方法。具体而言，本章质疑测量方法如何影响政治主张，以及在何种程度上实施它们。

7.2 测量方法

直到今天，北极地区在某些方面仍然是一个谜。各国，特别是北极周边国家，为了拥有、控制和开发北极地区，在该地区进行了多次勘探。本节分析了作为邻国努力权力合法化结果的测量方法。

7.2.1 扇区原则与中线原则

在对冰漠提出要求的同时，政府试图建立其边界，并因此寻求新的方法（Crawford，2012）。扇区原则是有争议的方法之一，它使用经线作为划定领土主张的便捷方式。首先，该原则被作为加拿大内政部于1904年编制的地图的准官方方法。该地图显示以141°和60°经线为边界。最终，帕斯卡·波里耶（Pascal Poirier）的努力使它取得支配地位。1907年，加拿大参议院首次定义了扇区原则。根据波里耶的说法，60°和141°经线之间直到北纬90°的区域都属于加拿大。这些经线看起来像是从北极发出的饼状。

多纳思·法兰德（Donath Pharand）认为，扇区原则有三个特点：边界、毗连和习惯法（Pharand et al.，2000）。一般来说，作为边界条约例子的1825年和1867年条约使用了相同的标准，即经线，但没有提到"扇区"一词。然而，克里斯托弗·乔伊纳（Christopher Joyner）发现这一点有争议，强调了这两项条约都是为陆地地区而不是为冰层制定的（Joyner，1992）。冰层的法律地位尚不清楚，但人们一致认为，由于冰层的厚度，应将其视为陆地。

各国试图根据扇区原则划定彼此相邻的界线。毗连性需要国家实践，这是扇区原则的一个特点。然而，挪威作为北极的主要国家之一，强烈反对扇区原则。因此，挪威对扇区原则的拒绝使该原则在国际法上不准确。

加拿大和美国在育空地区和阿拉斯加之间的波弗特海有一条经过谈判确定的边界。传统上，美国建议采用等距线。然而，加拿大根据1825年《盎格鲁-俄罗斯公约》，将扇区原则测量的141°经线作为划界。加拿大认为141°是划界线，因为阿拉斯加海岸略呈"凸"字形，育空海岸呈"凹"

字形，而等距线对美国有利。

加拿大的西部界线是根据 1825 年俄罗斯和加拿大在圣彼得堡签署的公约划定的（Witschel et al.，2010）。该公约没有明确指出阿拉斯加和加拿大之间的边界是一条延伸至北极的扇区线。然而，它指出：

……延伸到（原文如此）冰川海……（Hyde et al.，1947）

在这一点上，当时的通用语言浮出水面。拜尔斯（Byers）认为，1825 年《英俄条约》是用法语写成的，这导致了一些翻译问题。当翻译成英语时，"dans son extension jusqu'à, la mer Glaciale"一句中的介词"jusqu'à"可能包括冰冻的海洋。因此，1825 年的条约可以被解释为 1907 年波里耶之前扇区理念的开始。

根据 1867 年公约，西线位于北纬 65°35′，与白令海峡上的一点相对应，即没有土地义务的区别。因此，边界可能在冰上或海上。在这一点上，可以公平地说，扇区原则在 1907 年的加拿大议会上正式推广之前就已被部分使用。

加拿大对北极的主张始于 1907 年，当时波里耶引入了扇区原则。其官方部门界线于 1925 年划定。在 1925 年之前，加拿大的立场并不明确，即该主张是仅涵盖陆地还是包括海洋。然而，1925 年，政府通过了一项议会命令，强调保护扇区线范围内的野生动物。这项立法声称北极扇区线延伸到北极，这表明加拿大打算对海洋和陆地拥有主权。1939 年，矿产和资源部长托马斯·亚历山大·克莱尔（Thomas Alexander Crear）在下议院正式宣布扇区原则为官方原则。

加拿大不仅在扇区线内增加领土，而且还声称拥有冰封的海洋。渥太华希望根据加拿大原住民提出的"历史所有权法令"对西北航道拥有主权。因纽特人过去生活在加拿大北极地区，他们的经济领地和生物群已经千年（Byers，2009）。然而，美国和其他北极国家（俄罗斯除外）将西北航道视为国际海峡。

俄罗斯不反对加拿大对西北航道的主权主张，因为莫斯科也将北方航道作为内水，因此两国有着相似的利益。

加拿大发明了扇区原则，但是苏联首先使用的。圣彼得堡于 1916 年采纳了这一原则，莫斯科于 1926 年正式实施（莫斯科于 1918 年成为苏联首都）。这是苏联通过苏联中央执行委员会首次正式宣布扇区主张（Joyner，1992）。莫斯科计算了西经 168° 和东经 32° 的扇区线。它在《消息报》上发表为：

> 位于苏联北部的所有已知尚未被承认属于其他国家的，以及未来可能发现的土地和岛屿都是苏联的一部分（Lajeunesse，2016）。

根据这一方法，苏联还声称拥有北极地区的土地以及冰封的海洋，如东西伯利亚、楚科奇和拉普捷夫海，无论这些土地和冰封的海洋是"已被发现的还是未被发现的"。此外，克里姆林宫通过使用这一新的测量方法，将西伯利亚的几个岛屿加入了其主权主张。

考虑到利用 20 世纪初的技术，在像北极这样的偏远地区进行测量是不容易的，这些地区面积巨大，根本没有被发现。这也是 20 世纪探险家们的探险和向各自政府的报告的重要性所在。例如，加拿大探险家维尔贾穆尔·斯特凡森（Viljhamur Stefansson）在 1926 年苏联采用扇区原则后前往北极探险。斯特凡森声称弗兰格尔岛（俄罗斯领土）为加拿大领土，并请求政府允许其占领该地区，但苏联立即向该地区派遣军队（Lajeunesse，2016）。由于缺乏技术进步，探险者有时可能会在该地区造成政治紧张，导致北极国家之间的不信任。

扇区原则的反对者是中线原则。这一原则产生了一条线，即每个点与基线的最近点等距（Sjöberg，2002）。20 世纪 40 年代，国际律师开始研究中线原则（Howard，2009）。1958 年关于大陆架的《日内瓦公约》（简称《公约》）强调了中线。此外，《公约》的规定要求，边界应根据从中线到海岸最近点的等距绘制。世界上 89% 的相对沿海国在划界方面使用中线原则。这种方法通过双方之间的陆地边界划分海上边界。

这些措施在渔业、自然资源、国际海峡和安全方面很重要。因此，基线对于权利主张的范围以及关于大量捕鱼和自然资源的权利至关重要。

基线对沿海国的主张非常重要，因为它们是权利主张区的起点（Schofield，2012），而且是国家的外部界限。因此，基线对于划定专属经济区（EEZ）非常重要。《联合国海洋法公约》将领海、毗连区和专属经济区分别定义为 12 n mile、24 n mile 和 200 n mile。

有两种类型的基线：正常基线和直线基线。正常基线是与海岸相交的低水位线。直线基线应为沿海岸的低水位线。北极的海岸线经常因侵蚀而变化，因此低水位线也会发生变化。

直线基线可以完全适用。根据《联合国海洋法公约》第 7 条，如果海岸线参差不齐或沿海岸存在岛屿边缘，则允许使用直线基线。国际法庭指出，在特定情况下，直线可作为正常基线的例外。然而，在这个人类活动的时代，国际法院的这一原则似乎并不实际适用。

7.2.2　测量方法冲突

北极海岸线主要被冰覆盖。然而，随着气候变暖，情况发生了变化，基线越来越容易受到侵蚀。岩石海岸的基线更稳定，斯瓦尔巴群岛的情况就是如此。在东西伯利亚、拉普捷夫和波弗特海岸可以看到最大的侵蚀。例如，波弗特海每年的侵蚀量为 10~30 m（Jones et al.，2009）。冰正在融化，沿海地区的永久冻土正在融化，此外，大规模风暴、海浪和海平面上升使沿海地区更加脆弱。因此，这在技术和政治上影响了基线上的基点。如果任何一个国家的主张被证明其基点在冰上，这种情况将带来争议，因为全球变暖正在北方加剧，冰基点融化的可能性也在增加。在这种情况下，目前的国际法体系无法做出反应。这就是为什么需要对《联合国海洋法公约》进行某些修正的原因。否则，在没有法律法规的情况下，北极将发生进一步的边界斗争。

俄罗斯于 1997 年成为《联合国海洋法公约》缔约国，并于 2001 年向大陆架委员会提交了一份划界案，其中外部界限包括北极。莫斯科于 2001 年利用扇区原则向联合国大陆架界限委员会提交了声索。相比之下，美国、挪威和丹麦强烈反对扇区原则，即使他们可以通过这种方法获得更多的领土。另一方面，由于其广阔的海岸线，加拿大也将通过中线原则获得更多主权（Jones et al.，2009）。

俄罗斯在 2008 年通过了一项新的北极战略，强调该地区的重要性和作为俄罗斯经济的主要收入来源（Johansson et al.，2015）。由于北极石油的权利问题，对俄罗斯经济的直接影响可能造成斗争和冲突。当然，为了获得更多的石油，北极需要更多的"领土"。至此，可以理解北海航线和西北通道的地缘政治和经济意义。

俄罗斯和加拿大认为扇区原则更有利于获得北极主权。通过将俄罗斯的西部界线向东撤回，扇区原则的使用导致俄罗斯领土主权减少。2010年，俄罗斯得出结论，扇区原则对其不利。因此，俄罗斯通过签署《巴伦支海和北冰洋海洋划界与合作条约》放弃了这一方法。一开始，俄罗斯和挪威作为该条约的缔约国，基于俄罗斯的需求，适用了扇区原则。然而，他们无法妥协，最终他们将海洋分成了两个相等的部分。因此，在 176 000 km² 的面积中，俄罗斯占 88 000 km²，挪威占 88 000 km²（Dahl-Jorgensen, et al., 2013）。

在巴伦支会谈期间，俄罗斯和挪威表示了两国合作的可能性。例如，2008 年，作为欧洲主要能源供应国，俄罗斯和挪威签署了石油和天然气勘探和生产伙伴关系。2011 年，俄罗斯天然气工业股份公司（Gazprom）、挪威国家石油公司（Statoil）和法国道达尔公司（Total）签署了一项开发什托克曼气田的协议。此外，继 2012 年巴伦支协议之后，俄罗斯石油公司和挪威国家石油公司签署了另一项关于巴伦支海和鄂霍次克海合作协议（Honneland，2016）。

可以说，苏联解体后，俄罗斯联邦的北极政策没有受到负面影响，但发生了变化，如放弃扇区原则。苏联是扇区原则的最大支持者之一；经过40 年的谈判，巴伦支会谈于 2010 年结束，莫斯科放弃了这一理论。

波弗特海是加拿大和美国之间的主要争议地区。在这里，美国和加拿大拥有 6 250 n mile² 的重叠声索领海。加拿大根据 1825 年《英俄边界条约》的扇区原则，从 141°经线划出边界线。然而，美国支持划定一条中线作为海洋边界。

由于划定方法不同，加拿大和美国无法划定其大陆架。因此，他们不能在波弗特海海岸进行资源开发。另一方面，两国科学家正在合作收集数据并绘制该地区地图。

加拿大和美国之间的另一个问题是过去一百年来一直存在的西北航道问题。加拿大从未声明放弃对这一神秘通道的主张。美国一直坚持将西北航道宣布为国际海峡。这条航道将大西洋和太平洋之间的距离缩短了一半，给各国的航运带来了好处。随着气候变暖，使用这条路线开始成为可能，因此美国不想将该航道的主权让给加拿大。

美国一直认为北极是对国际社会开放的地区，西北航道也是国际性的。它不想获得通行许可并支付费用。这是美国没有批准 UNCLOS 的原因之一。

直到今天，北极一直是一个稳定的地区，没有任何冲突。该地区正在发生根本性变化，领导人也在发生变化。因此，这种变化将影响新蓝海的未来。

应丹麦外交部长和格陵兰总理的邀请，五个北极沿海国家于 2008 年 5 月 27 日在格陵兰伊卢利萨特聚集一堂。所有通过的决定都具有约束力。会议强调，应如 UNCLOS 那样通过双边或多边协定就边界争端达成共识。汉斯岛案就是一个相关的例子。

汉斯岛的名字来自北极探险家汉斯·亨德里克（Hans Hendrik）（Hund，2014）。该岛位于纳雷斯海峡，连接巴芬湾和林肯海，将埃尔斯米尔岛和格陵兰岛隔开（Smith et al.，1998）。汉斯岛位于加拿大和丹麦的主权领土之间。1973 年加拿大−丹麦大陆架协定不包括林肯海。两国妥协使用中线原则划分其有争议的领海。但他们对基点仍有争议。

7.3 麻烦的冰，麻烦的水

在气候变化时代来临之前，或者无论气候变化的影响如何，北极一直是各国的问题。精神上无法弥补的环境和生态变化正在导致新的航运路线，以及北极高纬度地区的石油和天然气获取、渔业和旅游业。本节仔细检视了北极主权的获取过程，以及与测量方法影响有关的前景良好的航线的地缘政治。

7.3.1 获得北极主权

斯瓦尔巴群岛是一个北极群岛，濒临巴伦支海。新地岛（Novaya Zemlaya）和弗朗茨约瑟夫岛（Franz Josef Land）位于斯瓦尔巴群岛东部，格陵兰岛位于斯瓦尔巴群岛西海岸。1596 年，荷兰探险家威廉·巴伦支（Willem Barents）在试图寻找北海路时发现了斯瓦尔巴群岛（Conway，1906）。后来，斯瓦尔巴群岛成为探险家发现新区域的有趣之地，因此许多探险家对该群岛进行了探险。例如，本杰明·李·史密斯（Benjamin Leigh Smith）是 19 世纪美国探险家之一，他曾五次到该岛探险。他命名了斯瓦尔巴群岛的 31 个点，如布罗乔约（Brochoyo）、莱布林（Leighbreen）

和卡普·利·史密斯（Kapp Leigh Smith）。在他的船撞到冰上后，他不得不在弗朗茨约瑟夫岛上生活了 10 个月（Credland，1980）。尽管这些发现和商业活动始于 16 世纪，即使 19 世纪技术有所改进，船舶依然在航行过程中可能沉没。根据威廉·巴伦支的报告，斯瓦尔巴群岛拥有丰富的狩猎资源。在很短的时间内，丹麦-挪威王国、英国、荷兰、法国和西班牙等国开始探索并耗尽资源。各国根据雨果·格劳修斯（Hugo Grotius）的"公海"（Churchill et al.，2010）术语找到了开发斯瓦尔巴群岛的依据。

19 世纪，斯瓦尔巴群岛的法律地位是无主地（Ulfstein，1995）。在 20 世纪，1905 年挪威从瑞典分离后，奥斯陆要求取消斯瓦尔巴群岛无主地的法律地位。在 1919 年巴黎和平会议期间，挪威要求修订这一无主地的法令。会议成立了斯匹次卑尔根委员会，该委员会于 1920 年承认挪威对斯瓦尔巴群岛的主权。此外，46 个缔约国是该条约的签署国，委员会给予签署国平等的捕鱼权和采矿权。另一方面，该条约禁止在岛上存在任何海军基地或进行军事演习。

挪威和俄罗斯在这个群岛上有 40 年的争端。1920 年的条约将群岛主权授予挪威。除了条约赋予所有缔约国采矿权和捕鱼权之外，目前挪威和俄罗斯都最大限度地使用这项权利。

如上所述，斯瓦尔巴群岛不能用于军事目的，双方不能在群岛上设置军事设施。但是，2017 年，挪威-俄罗斯关系因斯瓦尔巴群岛紧张时，北约计划在斯瓦尔巴岛的朗伊尔拜恩（Longyearbyen）举行会议。莫斯科感到受到北约的威胁，做出了强烈反应，称《斯瓦尔巴条约》为：北约会议与 1920 年《斯瓦尔巴条约》的精神相悖，这是挑衅政策的一部分。

俄罗斯不是北约成员国，这是俄罗斯抗议的主要原因。

巴伦支海在渔业方面也非常重要。海洋中有大量的鱼类，如鳕鱼、黑线鳕鱼、虾和鲱鱼。挪威和俄罗斯是巴伦支海的主要捕鱼国，但格陵兰、冰岛和欧盟也有捕鱼权。

另一方面，巴伦支海深处拥有大量的石油资源。俄罗斯和挪威已经在斯诺维特（Snohvit）开始进行开采演习。在环保人士的强烈反对下，挪威于 2017 年 2 月开始在巴伦支钻探。因此，由于斯瓦尔巴群岛的地缘政治和地缘战略位置，《斯瓦尔巴条约》十分重要。

沿海国家对其大陆架资源拥有专属权利的国际法律规约可追溯到 1945

年杜鲁门大陆架宣言。1958 年《日内瓦公约》确立了大陆架的基本法律法规。该公约规定：沿海国对大陆架权利的性质是"以勘探和开发其自然资源为目的的主权权利"，这意味着大陆架的"矿物和其他非生物资源"以及"定居物种"的"主权权利"是该国独有的，沿海国对其毗连大陆架的权利无须或不取决于明确宣布。

如上所述，根据《公约》，沿海国的外部界限是模糊的。它规定了外部界限的标准，即只要相邻的水域海床都允许开采自然资源，包括深度为 200 m 或超过该界限的部分水域内的海床。由于限制的模糊性，人们认为，在近海油气可开采性标准方面，立法者面临着政治和经济压力。

如果我们将这一模糊的外部界限标准应用于北极，由于该地区有前途的地下特征和航运路线的经济利益，肯定会导致政治危机。另一方面，作为受全球变暖影响最严重的地区，北极在任何有害活动中都保持着其客观脆弱性。因此，这种开放式标准导致了更多的石油和天然气开采以及与外部国家在北极资源方面的额外合作。因此，在持续变暖的情况下，它可能会进一步破坏该地区的环境。

1969 年，国际法院在大陆架语境中引入了"自然延伸"一词。因此，在任何大陆架被证明自然延伸的情况下，声索国有权延伸该区域。根据这一概念，加拿大、丹麦和俄罗斯声称其海岸陆架的自然延伸延伸至罗蒙诺索夫海脊。这一海脊之所以重要，是因为北极周围深海中的油气资源密度很大。北极沿岸国家的海岸很浅。因此，北极国家努力开发广阔的大陆架以扩大其主权。

《日内瓦公约》的四个部分已于 1982 年纳入 UNCLOS。UNCLOS 是一项法律制度，在管辖权、领海、大陆架、专属经济区和国际海底区域等方面管辖世界海洋空间。

UNCLOS 还批准了《日内瓦公约》关于沿海大陆架 200 n mile 界限的规定。根据 UNCLOS，如果任何声索得到 CLCS 的证明，声索国可以将其专属经济区延伸至 350 n mile。北极毗连国家的声索对象是大陆架界限委员会。该委员会可向声索人提出建议。CLCS 履职而制定的限制具有法律约束力。在 CLCS 做出最终决定后，沿岸国获得在特定限制范围内的开采权；它们还可以与拥有主权的其他非北极国家开展合作。

该区域的采掘业是北极的重要经济特征之一，地下资源不是各国提交大陆架外部界限划界案的动机。各国必须提交声索，因为这一要求来自UNCLOS。当各国进行了科学探索以绘制靠近其海岸的大陆架地图时，它们就有空间为CLCS寻找从其观点来看有益的证据。这就是为什么他们试图说服CLCS相信他们的大陆架是尽可能大的。

对于北极五国专属经济区以外的区域将发生什么，没有任何共识。这五个北极国家不仅在这里受到关注，而且在运输、捕鱼和开采方面，非北极国家也是利益相关者。除此之外，北极的一个非常重要和著名的特征是，开采业对地下资源进行了勘探和开发。私营或国有公司需要符合采掘公司运营所在的国家法规。与此同时，这些公司必须获得他们将在海底进行钻探的权利。由于北极的水下边界尚不清楚，测量方法将发挥重要作用。如果使用中线原则测量面积，则在最佳条件下，350 n mile将是专属经济区的极限，但如果使用扇区原则，虽然面积将包含北纬90°，但将更窄。

显然，UNCLOS关于冰盖地区的第234条[①]需要修正，以应对该区域的当前局势。尽管该区域的治理受UNCLOS的制约，但该公约目前的内容无法对该区域变化可能产生的政治和法律结构做出回应。

7.3.2　为什么北极水域结冰

北冰洋海冰融化带来的最重要的经济效益之一是新航线的出现。北冰洋本身不仅是连接太平洋和大西洋的重要通道，而且北方海航道（NSR）和西北航道（NWP）在地缘政治中也获得了认可。只要国家之间的贸易持续，就始终需要新的航线。北冰洋的航运可能有三种不同的方式：

· 北极圈内航运：从北极圈内的一个地点航行到另一个地点；

· 用于前往该区域内部或外部的北极航线；

· 跨北极海路（TSR）或跨北极通道（TPP）意味着使用北冰洋作为太平洋和大西洋之间的过境路线。

跨北极海路的海冰状况比北方海航道和西北航道更为密集和偏远。此外，它提供了一年中很少的时间段来航行通过。当然，穿越跨北极海路是

---

① UNCLOS，第8节，冰封区，第234条，"沿海国有权通过和执行非歧视性法律和条例，以防止、减少和控制专属经济区界限内冰封区内船只造成的海洋污染，特别恶劣的气候条件和一年中大部分时间覆盖这些区域的冰对航行造成障碍或特殊危险，海洋环境污染可能对生态平衡造成重大损害或不可逆转的干扰。这些法律和条例应适当考虑到航行以及根据现有最佳科学证据保护和保全海洋环境。"

一个很好的机会，因为不需要俄罗斯北方海航道或加拿大西北航道，也不需要支付费用。然而，这些物理术语不便于经常使用。

俄罗斯联邦立法规定了北方海航道。北方海航道的官网显示，2015年，207个过境目的地中有125个是俄罗斯，其中82个是其他国家，主要是中国（64%）和韩国。94%的船舶类型是油轮，它们运载石油和液化天然气等液体。船舶还需要在预计过境时间前4个月内提交详细的信息清单，以获得北方海航道管理部门的许可。另一方面，北方海航道的费用极具争议性。2003年，俄罗斯联邦颁布了一项名为《关于改变北方海航道破冰船队服务费率》的法令，费用大幅增加。2000年，船舶每吨支付7.5美元，2003年这一价格增至每吨23美元，2009年北方海航道的费用达到每吨40美元。2009年，德国白鲸（Beluga）航运公司的两艘船只在两艘破冰船的陪同下运载3 500 t通过了北方海航道。根据对白鲸航运公司总裁兼首席执行官尼尔斯·斯托尔伯格（Niels Stolberg）的采访，白鲸航运公司使用北方海航道服务的收益为每天2万美元。这表明北方海航道没有收取高昂的关税，德国白鲸公司实现了盈利转型。因此，航运关税不稳定，北方海航道的费用是可以谈判的。

北方海航道的另一个问题是船舶类型。航行通过北方海航道的船舶类型必须符合俄罗斯船舶登记的要求。船舶根据冰级的强化程度进行分类。非北极船舶的船舶分类为冰级1~3，北极船舶的分类为北极4~9，在北方海航道中航行的破冰船必须符合破冰船6~9的分类。航行的准入标准分类如下：无冰层加固的冰级1~3类船舶可在7月至11月期间航行，有冰层加固的北极4~9类船舶可在11月至次年7月间航行，破冰船6~9类船舶可在1月至6月期间航行。

北方海航道将西北欧和亚洲之间的距离缩短了大约一半。然而，北方海航道是一条季节性航线，与跨北极航道和西北航道相同。即使在气候变化的情况下，该地区仍保持着物理上的恶劣条件，北方海航道根据天气条件年通航约135天。

西北航道在费用方面与北方海航道不同。从西北航道通过不收取任何费用。加拿大政府监控航道的航行，但监控过程肯定不足以防止未经授权的通过或危险事故发生。德国和加拿大科学家启动了一个安装海上监视系统，以减少危险风险，并在西北航道全年安全导航的"通道"项目。然

而，就搜索和救援能力而言，加拿大北极与北方海航道相比仍然较弱
（Byers，2017）。与通过苏伊士运河连接西欧和亚洲的航线相比，西北航道
的航线缩短了 5 000 n mile，这意味着节省了大量时间、燃料和员工。然
而，由于缺乏监测系统和搜救活动薄弱，西北航道并不安全。缺乏关于传
感器和通信技术的数据和基础设施。因此，该区域发生的未经许可的捕捞
活动和通航也可能造成国家之间的冲突。

据推测，只要北极的极端气候条件持续变暖，苏伊士运河和巴拿马运
河将被北方海航道和西北航道取代，成为西欧和亚洲之间的运输通道。苏
伊士运河在西北欧和远东之间需要 11 400 n mile，航行 32 天，而北方海航
道需要 7 200 n mile，航行 18 天（Brathen et al.，2011）。可以说，北极航
线对北方和亚洲国家更为有利。

北极地区的石油和天然气开采已经开始，其中很大一部分是从北极向
中国、印度和欧洲等大型经济体出口的。另一方面，北极地区铁、铜、
镍、磷酸盐和铝土矿的储量不容忽视。对于化石能源和矿物的运输，可以
在俄罗斯和中国之间修建管道（例如，为了将天然气从恰扬金斯科耶-雅
库特（Chayandinskoye-Yakutia）输送到中国，"西伯利亚力量"天然气管
道已经建成），但海运路线将在从北极到欧洲或印度的运输中发挥重要作
用。在俄罗斯和德国即将开展的项目中，"北溪 2 号"项目提出了俄罗斯
对欧洲的影响力问题。因此，航线的作用不仅具有地缘政治意义，而且可
以替代有争议的运输工具。

俄罗斯天然气巨头诺瓦泰克（Novatek）和法国能源公司在 2018 年前 8
个月在亚马尔半岛共生产了 350 万 t 天然气（Humpert，2018）。一艘冰级
北极 4 的船舶将天然气输送至欧洲（法国和荷兰），而冰级为北极 7 的船
舶在没有任何破冰船支持的情况下，在 19 天内将天然气运输至亚洲市场，
而不是通过苏伊士运河运输 35 天。诺瓦泰克建造的 LNG 冰级船舶在北方
海航道完成了 47 次往返。诺瓦泰克和道达尔已于 2018 年 7 月 12 日开始建
设第二条液化天然气生产线，这意味着北方海航道沿线的运输将在 2018 年
全年继续。

由于该地区的恶劣条件，北极不像索马里、马六甲海峡、亚丁湾那样
存在海盗和阻塞点的危险。另一方面，从马哈尼亚（Mahanian）的观点来
看，美国试图维持其作为海洋领袖的海上霸主地位。美国在海上航线上的

主导地位造成了与其他国家的战略竞争。然而，美国不是唯一一个，其他国家也注意到了海权的作用。

北极航线的最后是成为欧洲和美洲或欧洲和亚洲之间的邮轮航线。北极地区旅游活动日益增多，这一点不容忽视。此外，由于气候的变化，一些鱼种也为了寒冷的需要，将它们的鱼群转向北方大部分水域。这也将增加在季节性开放的北极水域看到更多渔船的可能性。

7.4 结论

"北极的夏天只是名义上的"；这是一部电视连续剧中的台词，讲述了约翰·富兰克林（John Franklin）在1845年至1848年间在加拿大水域寻找西北航道的迷途探险。它一天比一天变得不那么真实，激起了新的欲望！加拿大是第一个提出扇区原则的国家，这是中线原则的替代方案。根据扇区原则，加拿大将西北航道并入其主权范围。作为扇区原则的第一个支持者，加拿大是2019年最后一个向CLCS提出北极主张的沿海国家。该声明将表示北极西北航道第二大国的决心，并将显示使用哪些方法进行测量。

虽然根据俄罗斯立法，沿北方海航道的航运仍在继续，但根据国际法，俄罗斯北方海航道规则的合法性仍在讨论中。苏联于1926年采用了扇区原则，根据1990年的一项法令，北方海航道被定义为"位于其内海、领水或与苏联北部海岸相邻的专属经济区内，包括适合于在冰上航行的船舶的航道"，对符合扇区概念描述的岛屿、领海或专属经济区，在选定经度之间的海洋和陆地具有国家主权。

苏联坚持扇区原则，不仅是为了领土利益，也是为了保护其北部地区免受敌人的侵害，确保国家经济利益，阻止建设空军基地和守卫北方海航道。1962年至1968年（古巴导弹危机时期），美国派遣一艘船只对北方海航道进行水文研究，以确定扇区原则是否适用于国际法，对北极最大国家的这一努力提出了质疑。美国将北方海航道视为一条国际海峡，就像华盛顿特区与渥太华有争议的西北航道一样。

在涉及石油和天然气开采、渔业和航运等经济活动的主权时，英里和米一直是一个问题。在夏季，不可能的冰封变成了可通航水域，为通过新通道的航运铺平了道路。冰和季节都不是北极水域航运的唯一困难，技术进步对航行能力的要求很高，这需要花费大量成本按要求建造合适的船舶、不稳定的昂贵费用、有效的极地船舶证书和等待通过许可。

参考文献

Brathen, S. , & Schoyen, H. (2011). The Northern Sea route versus the Suez Canal: Cases from bulk shipping. *Journal of Transport Geography*, 19(4), 977-983.

Byers, M. (2009). *Who owns the Arctic: Understanding sovereignty disputes in the North*. Vancouver: Douglas & McIntyre Publishing.

Byers, M. (2013). *International law and the Arctic*. Cambridge: Cambridge University Press.

Byers, M. (2017). Canada's Arctic nightmare just came true: The Northwest Passage is commercial. *The Globe and Mail*, 28 November 2017. https://www. theglobeandmail. com/opinion/canadas - arctic - nightmare-just - came - true - the - northwest - passage - is - commercial/article14432440/. Accessed in Aug 2018.

Chernova, S. , & Volkov, A. (2010). *Economic feasibility of the Northern Sea Route container shipping development*. Masteroppgaver i bedriftsøkonomi: Bodo University Publishing.

Churchill, R. , & Ulfstein, G. (2010). The disputed maritime zones around Svalbard. In *Changes in the Arctic environment and the law of the sea, panel IX* (pp. 551 – 593). Leiden: Martinus Nijhoff Publishers.

Conway, M. (1906). *No man's land: A history of Spitsbergen from its discovery in 1596 to the beginning of the scientific exploration of the country*. Cambridge: Cambridge University Press.

Crawford, J. (2012). *Brownlies's principles of public international law*. Oxford: Oxford University Press.

Credland, A. (1980). Benjamin Leigh Smith: A forgotten pioneer. *Cambridge Core*, 20(125), 127-145.

Dahl-Jorgensen, A. , Eger, M. K. , Floistad, B. , Larsen-Mejlaender, M. , Lothe, L. , Wergeland, T. , & Ostreng, W. (2013). *Shipping in Arctic waters, a comparison of the northeast, northwest and trans-polar passages*. Chichester: Praxis Publishing.

Honneland, G. (2016). *Russia and the Arctic: Environment, identity and foreign policy*. London: I. B Tauris.

Howard, R. (2009). *The Arctic gold rush: The new race for Tomorrow's natural resources*. London: Bloomsbury Academic Press.

Humpert, M. (2018). Novatek's Yamal LNG doubles production capacity ahead of schedule. *High North News*, 13 August 2018. http://www. highnorthnews. com/novateks - yamal - lng - doublesproduction - capacity-ahead-of-schedule/. Accessed in Aug 2018.

Hund, J. A. (2014). *Antarctica and the Arctic circle: A geographic encyclopedia of the earth's polar regions*. California: ABC-CLIO Publishing.

Hyde, C. (1947). *International law chiefly, interpreted and applied by the United States*. Little, Brown and

Company Press：Boston.

Johansson，T.，& Donner，P.（2015）. *The shipping industry，ocean governance and environmental law in the paradigm shift in search of a pragmatic shift for the Arctic*. New York：Springer.

Jones，B.，Puckett，C.，& Vinas，J. M.（2009）. Erosion Doubles along Part of Alaska's Arctic Coast：Cultural and Historical Sites Lost. *U. S. Department of the Interior*. U. S. Geological Survey，18 February 2009. https：//soundwaves. usgs. gov/2009/05/research2. html. Accessed in 20 May 2017.

Joyner，C.（1992）. *Antarctica and the law of the sea*. Dordrecht：Martinus Nijhoff Publishers. Klein，C. A.（2016）. *Property：Cases，problems and skills*. New York：Wolters Kluwer.

Lajeunesse，A.（2016）. *Lock，stock and icebergs：A history of Canada's Arctic maritime sovereignty*. Vancouver：UBC Press.

Mahan，A. T... *The influence of sea power upon history*，1660–1783. Internetim yok tam referans bul Pharand，D.（2000）. *Legal status of the Arctic regions*. Toronto：Edmond Mongomery Publications.

Radin，M. Fundamental concepts of the Roman law. *California Law Review*，13（3），207–228. Berkeley.

Schofield，C.（2012）. Departures from the coast：Trends in the application of territorial sea baselines under the law of the sea convention. *The International Journal of Marine and Coastal Law*，27，723–732.

Sjöberg，L.（2002）. The three–point problem of the median line turning point：On the solution for the sphere and ellisoid. *International Hydrographic Review*，3（1），81–87.

Smith，R. W.，& Bradford，T.（1998）. Island disputes and the law of the sea：An examination of sovereignty and delimitation disputes. In S. Clive & H. Andrew（Eds.），*Maritime briefing，Vol：2，No：4*（pp. 24–25）. Durham：International Boundaries Research Unit.

Staalesen，A.（2017a）. Going all in Norway proposes massive opening of artic shelf. *The Independent Barents Observer*，13 March 2017. https：//thebarentsobserver. com/en/industryand–energy/2017/03/going–all–norway–opens–its–arctic–shelf–wide–open–oil–drilling. Accessed in May 2017.

Staalesen，A.（2017b）. Russian Svalbard Protest Totally without Merit. *The Independent Barents Observer*，21 April 2017. https：//thebarentsobserver. com/en/arctic/2017/04/russian–svalbardprotest–totally–without–merit. Accessed in Apr 2017.

Ulfstein，G.（1995）. *The Svalbard Treaty，from Terra Nullius to Norwegian Sovereignty*. Oslo：Scandinavia University Press.

Wasum–Rainer，S.，Winkelmann，I.，& Tiroch，K.（2012）. *Arctic science，international law and climate change：Legal aspects of marine science in the Arctic Ocean*. Berlin：Springer.

Witschel，G.，Winkelmann，I.，& Tiroch，K.（2010）. *New chances and new responsibilities in the Arctic region*. Papers from the international conference at the German Federal Foreign Office in Cooperation with the Ministries of Foreign Affairs of Denmark and Norway 11–13 March 2009. Berlin：Berliner Wissenschafts–Verlag.

第8章 炭黑，海上交通和北极

奥利·佩卡·布鲁尼拉、汤米·因基宁、

瓦普·穆纳阿拉·海尔基、埃萨·哈马莱宁、

卡特里娜·阿拉米①

摘　要：海运约占全球交通量的90%。全球船队由约100 000艘柴油船、约250艘液化天然气船和少量甲醇甚至电动渡轮组成。在海上运输方面，航运业对北极航道越来越感兴趣，因为据估计，与苏伊士运河相比，东北航道可以显著缩短运输距离。炭黑（BC）是仅次于二氧化碳（CO_2）的第二大气候变化排放源。炭黑颗粒从不同来源扩散，大部分炭黑排放物从全球其他地区传输到极地。据估计，国际航运产生的全球炭黑排放量占全球总量的3%。北方海航道能够缩短航行距离，但重要的是要弄清楚，海上交通的增加是否会影响北极的炭黑排放。本章考虑了船舶燃料的炭黑对北极的影响；还讨论了替代燃料和减排技术，这些技术可以减少船舶排放，也可能影响未来北极的炭黑排放。

关键词：炭黑；减排；北极；船舶交通

8.1　导言

近几十年来，北极地区的气温有所上升。众所周知，北极地区的气候变暖速度几乎是世界其他地区的两倍。减少全球二氧化碳排放是减缓气候变暖的必要条件，但也需要减少短期气候强迫因子。据估计，对北极辐射强迫的主要影响来自温室气体和颗粒物（PM）的外部排放，北极气温上

---

① 芬兰图尔库大学、芬兰东南大学、奥卢大学。e-mail：olli-pekka. brunila@ utu. f.

升的一半可能与炭黑有关。尽管在偏远地区，如北极地区，炭黑的大气浓度普遍较低，但其对区域气候的影响可能很大（Flanner，2013；Winiger et al.，2016；Corbett et al.，2007）。

排放物中富含炭黑的污染源可分为几类：柴油发动机、工业、住宅固体燃料和露天燃烧。最大的全球炭黑来源是森林和热带草原的露天燃烧、用于烹饪和取暖的固体燃料以及公路和越野柴油发动机。来自其他燃烧类型的炭黑主要排放源取决于位置。工业活动也是重要的排放源，但例如航运排放量只占据了全球范围黑碳排放量的很小一部分。值得注意的是，航运排放能够排放到排放浓度较低的地区。目前，北极本身几乎没有污染源，因此几乎所有的炭黑都是从其他地区输送到那里的（Bond et al.，2013）。

海上交通量约占全球交通量的90%，它还导致全球气候变化，并通过排放温室气体和其他污染物，包括二氧化碳、氮氧化物、硫氧化物和炭黑在内的各种颗粒物，对健康造成影响。航运业的炭黑排放被认为占全球炭黑总量的2%~3%（Corbett et al.，2010）。

北冰洋冰量的减少增加了人们对建立新贸易通道的兴趣。在一年中的部分时间里，北极海冰的消退正在开放西北通道（跨越加拿大北极水域）和东北通道（也被称为沿西伯利亚北海岸的北方海航道）（Yumashev et al.，2017；Kiiski，2017）。与目前的海上航道相比，亚洲和欧洲、美国东部和亚洲之间通过北极的经西北航道和北方海航道的旅行距离分别缩短25%和50%。此外，一般认为这些路线在经济上是可行的，因为它们可以节省时间和燃料（Corbett et al.，2010）。尽管北极航运的增加可能带来商业机会，但也应考虑相关的环境问题（Corbett et al.，2010；Yumashev et al.，2017）。

本章的目的是考虑北极海上交通和炭黑的关系。这是通过文献回顾和提供最新的炭黑排放水平数据完成的。监管框架被视为控制商业活动的支柱，从而可以控制北极海上运输中负责任的潜在商业活动。本章的大部分内容是概念性的，并采用最新的测量数据，以考虑北极海上运输的问题。由于不断发展的减排和控制技术以及与航运业相关的其他不确定因素，如活跃船型之间的不对称增长，使得该主题具有挑战性。利用这些因素很难评估北极地区航运的未来影响（Corbett et al.，2010）。

8.2 炭黑

炭黑排放源于化石燃料或生物质的燃烧。在燃烧过程中，碳质物质在火焰附近形成（Bond et al.，2013）。化石燃料在运输部门、工业和住户得到了非常广泛的应用，森林火灾在全球范围内产生了大量炭黑排放。继森林和热带草原的露天燃烧之后，最大的排放源包括用于烹饪和取暖的固体燃料，以及公路和越野柴油发动机。来自其他燃烧类型的炭黑主要排放源取决于位置。工业活动也是重要的排放源，但在全球范围内，航运排放所占炭黑排放的份额较小（Bond et al.，2013）。

炭黑是仅次于二氧化碳的第二大气候变化因素（Petzlod et al.，2013；Aplin，2015；Bond et al.，2013）。炭黑是一种短期的气候强迫因子或短期的气候污染物。实际上，炭黑对极地气候的影响大于二氧化碳。炭黑排放对北极地区的气候影响显著，因为炭黑粒子能够有效地吸收太阳热量。当这些颗粒沉积到反射表面（如冰）时，它们可能会显著改变表面的反照率，并增加吸收的太阳热量，从而导致表面变暖。这将导致冰雪覆盖率增加，并直接导致气候变化（Vihanninjoki，2014；Flanner et al.，2007）。值得注意的是，航运排放排放到了浓度较低的区域。目前，北极本身几乎没有污染源，因此几乎所有的炭黑都是从其他地区输送到那里的（Bond et al.，2013）。

到目前为止，炭黑还没有一个普遍的定义，在这一问题上达成共识是有问题的。为了使测量和排放控制技术和政策能够按预期以有成本效益的方式运作，就这一问题达成谅解至关重要。国际海事组织海洋环境委员会（MEPS）在其会议上批准了炭黑的定义：炭黑是一种固体碳基物质，由于碳基燃料的燃烧过程不充分而形成。当它进入大气层时，它可以强烈地吸收所有长度的可见光。炭黑中80%以上是纯碳，其中大多数具有双键。在大气中，粒子形成一个球体，其空气动力学直径为20~50 nm。炭黑粒子吸收光的能力取决于其浓度、形状、尺寸分布和粒子混合状态。

炭黑的气候影响要么是直接的，要么是间接的。不同排放对气候的影响分为三类：①当它飘浮在空气中时，炭黑吸收阳光，使大气加热（直接效应）；②炭黑影响云特征（间接效应）；③在冰雪之上，炭黑吸收光并加热，从而加速冰雪融化过程（雪效应）。在极地地区，雪效应对气候的影响最大。在全球范围内，雪效应估计高达 1%。另一方面，例如，芬兰的直接和间接的炭黑气候影响仅约百万分之一。该估计基于气候模拟计算。芬兰炭黑的最大来源是小规模的木材燃烧（Twigg，2009）。

炭黑是一种所谓的初级粒子，这意味着它进入大气时呈固体状态。当炭黑刚形成时，具有疏水性，这意味着它是防水的。此阶段仅持续数小时。次级炭黑粒子的形成仅在其到达大气时发生。随着碳核的扩大，它们充当了气流中碳氮黏附的表面。随着液体的凝固和蒸发，颗粒会增长，但也会变得更致密（Twigg，2009）。

8.3　来自不同燃料类型的炭黑

航运通过排放温室气体和其他污染物，包括二氧化碳（CO_2）、氮氧化物（NO_x）、硫氧化物（SO_x）和各包括炭黑在内的种颗粒物，对全球气候变化造成了重大影响。航运业产生的炭黑排放量被认为占全球炭黑排放量的 2%~3%，这使得海运与公路运输相比成为炭黑的第二生产者。

海上运输的排放量不仅取决于总交通量，还取决于船队的特征，这些特征至少同样重要。重要因素包括平均发动机功率、发动机类型和燃料类型。全球船队由约 100 000 艘柴油船、约 250 艘液化天然气船和少量甲醇甚至电动渡轮组成。根据温瑟等（Winther et al.，2014）和丁满等（Timonen et al.，2017）的文章，2012 年北极船舶炭黑排放的最大份额来自渔船（45%），其次是客船（20%）、油轮（9%）、普通货物（8%）和集装箱船（5%）。

大约 10%~20% 的全球炭黑排放来自道路运输（Bond et al.，2013；Lund et al.，2014）。由此可知，柴油发动机的炭黑排放约占 90%。在一些国家，柴油发动机产生的炭黑总排放量约为 70%（Lund et al.，2014）。国际内燃机理事会（CIMAC）使用在 ISO 10054 和 ISO 8178 中标准化的滤纸式烟度（FSN）方法测量不同燃料的炭黑量得出了相同的结论。滤纸式烟度方法是基于滤光器变暗或光声方法的光学测量。在光声方法中，粒子被激光加热，并测量粒子的声吸收和光吸收。通常，不同的测量技术会给出不同的结果。在小型汽车柴油发动机中，柴油颗粒物中的元素碳（EC）或炭黑可以超过 70%。图 8.1 显示了使用 ISO 8178 测量方法（NSF）的典型柴油颗粒物成分。

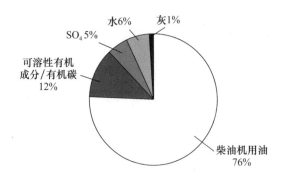

图 8.1 来自汽车柴油发动机和车用柴油的典型颗粒物 CIMAC（2012）

图 8.2 显示了四冲程柴油机使用船用蒸馏燃料或轻质燃料油（LFO）的元素碳或炭黑份额。这类柴油机为中速，负载相对较重。其中，燃料颗粒中的元素碳含量为 11%。根据 CIMAC（2012 年），变化通常在 10%~15% 左右。

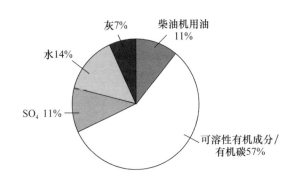

图 8.2 来自四冲程船用柴油发动机的蒸馏燃料颗粒物 CIMAC（2012）

图 8.3 显示了重质燃料油颗粒物份额。当测量重质燃油（HFO）时，颗粒物通常由 2%~5% 碳元素或炭黑组成。从炭黑的升温效应来看，在小型柴油发动机的汽车燃料中，颗粒物中约 75% 为炭黑。在重油的颗粒物中，比例仅为 2%~5%。与炭黑相比，硫酸盐、有机碳（OC）和矿物粉尘对环境具有冷却作用。

新的燃料类型可以显著减少运输产生的排放量。然而，考虑到海运船舶的长周期运转率，引入替代燃料在短期内不会产生显著影响。

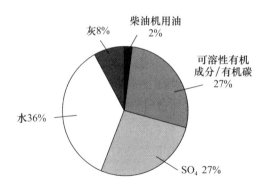

图 8.3　四冲程船用柴油机中的重油燃料颗粒物 CIMAC（2012）

8.4　炭黑减排技术

在几项研究中测量和计算了炭黑排放量。炭黑的排放量根据燃料类型和测定方法而变化。根据 CIMAC，每燃烧一种燃料的炭黑排放量在 0.1 至 1 g/kg 之间变化。CIMAC 还得出结论，就航运而言，炭黑的排放量似乎被高估了。根据不同的研究，有几种方法可以减少炭黑排放（Azzara et al.，2015）。此外，国际海事组织正在制定减少炭黑排放的法规。表 8.1 显示了海事组织对炭黑减排技术进行的分类。

表 8.1　国际海事组织的炭黑减排技术

（1）燃料效率——船舶设计（不包括发动机、燃油选择）
（2）燃料效率——监测选项
（3）燃料效率——发动机选项
（4）减速航行
（5）燃料处理：胶体催化剂；燃料乳化液中的水（WiFE）
（6）燃料质量（传统燃料）
（7）重油——蒸馏
（8）替代性燃料：生物柴油；液化天然气；甲醇-二甲醚（DME）；核能
（9）废气处理：静电除尘器（ESP）；柴油微粒过滤器（PDF）；柴油氧化催化剂（doc）；选择性催化还原（SCR）；废气再循环（EGR）；废气洗涤器（EGS）

先前的研究表明，使用柴油微粒过滤器、液化天然气、洗涤器和低硫燃料（LSF）可将航运炭黑排放减少 70%（Azzara et al.，2015）。根据阿卡萨卡等（Aakko-Saksa et al.，2017）和丁满等（Timonen et al.，2017）的研究，在两个不同的测量活动实验室和船上进行的测量表明，在 25% 发动机负荷下，0.5% 含硫燃料中的炭黑量高于 2.5% 硫燃料中的，但在 75% 发动机负荷时则没有。在 0.1% 硫燃料和 Bio30 燃料中观察到低炭黑量，Bio30 的燃料具有特别低的炭黑和多环芳烃量。在一艘现代船舶上的测量表明，与旧船用发动机相比，新的发动机排放控制技术（SCR+洗涤器）和低硫（0.7%硫）燃料在 25% 发动机负荷下显著降低了船舶排气中的炭黑和颗粒物浓度。与旧船用发动机相比，新船的发动机负荷对炭黑的影响较小。

如表 8.1 所述，国际海事组织定义了几种减排技术，包括洗涤器和慢速航行。此外，排放可以通过其他环境政策手段加以控制。这些措施包括各种消极和积极的激励措施和立法行动，如引入排放控制区。尽管国际海事组织尚未对炭黑进行监管，但它已经受到国际海事组织《国际防止船舶造成污染公约》附件六的间接监管，该附件规定了燃料中氮氧化物和硫含量的限制。炭黑也在排放控制区中受到间接监管，该地区已实施 0.1% 的硫排放限制。波罗的海是这些特殊排放控制区之一。在这些区域，船舶需要使用低硫燃料或废气清洁技术，如洗涤器。未来，国际海事组织将推动进一步研究炭黑的影响，未来有可能制定炭黑排放法规（Timonen et al.，2017）。有研究表明，没有单一的解决方案可以减少炭黑排放（Brunila et al.，2017）。不同的减排技术、洗涤器、燃料类型选择、慢速航行、更好的发动机维护和更好的燃料燃烧都是减少炭黑排放的因素。目前，更多的重点是如何测量炭黑排放，而不是如何减少炭黑排放，因为目前没有针对炭黑的法规或限制。

8.5 北极的船舶交通

数百年来，北方海航道一直是海员们的兴趣所在。北极海冰的减少重新激起了人们对建立新的北极贸易通道的兴趣（Mjelde et al.，2014；Winther et al.，2014；Mukunda et al.，2018；Kiiski，2017；Yumashev et al.，2017）。极地地区变暖的速度是地球其他地区的两倍。其原因包括雪和冰盖的不断缩小。随着冰雪的消失，更多来自太阳的辐射被暴露出来的黑暗表面吸收（Rubbel，2015；Vihanninjoki，2014）。到 2050 年，北极地区的航运预计将增长 1.8%～5%。增长率取决于现有航线的运力和新航线相对于现有航线的成本。

北极海冰的消退在一年中的部分时间里开放了西北航道（横跨加拿大北极水域）和东北航道（也被称为北方海航道，沿西伯利亚北海岸）（Yumashev et al.，2017）。与目前的海上航线相比，通过北极的西北航道和北方海航道的旅行可以将亚洲和欧洲之间、美国东部和亚洲之间的距离分别缩短 25% 和 50%。这两条路线在经济上都是可行的，因为它们将节省时间和燃料（Corbett et al.，2010）。据估计，在全年通航不受阻碍的情况下，仅北极地区就可以通过北方海航道运输世界贸易的 5% 左右（Yumashev et al.，2017）。

尽管北极航运的增加可能提供商业机会，但也应考虑相关的环境问题。北极航运的增加将导致包括炭黑的近地表直接排放（Corbett et al.，2010；Yumashev et al.，2017）。由于人们对北极航线的兴趣越来越大，国际海事组织正在制定船舶炭黑排放限值（Timonen et al.，2017；Brunila et al.，2017）。

目前，北极航运占该地区的排放量比例不大，但排放发生在更远的北方，因此它们具有更强的区域影响（Quinn et al.，2008）。直接排放占重要的比例，因为北极变暖对该区域内的排放最为敏感，而目前排放量中的大多数，在直接影响该地区之前，必须从其来源地进行长距离传输。由于地处偏远，交通不便，北极目前的排放水平与全球平均水平相比相对较低。在这种环境下，即使是微小的绝对增长也可能导致显著的相对增长（Vihanninjoki，2014）。

对北极地区最重要的是来自近距离运输船舶的短期气候强迫因子（如炭黑）的额外来源（Corbett et al.，2010）。炭黑排放可能对北极地区的气候产生重大影响，因为炭黑粒子能非常有效地吸收太阳热量。当这些粒子沉积到反射表面时，它们可能会显著改变表面的反照率，并增加吸收的太阳热量，从而导致表面变暖，并直接导致气候变化（Flanner，2013；Vihanninjoki，2014）。

为了增加航运业对北极贸易通道的兴趣，需要满足几个要求。首先，潜在无冰期的持续时间必须增加或至少保持不变。需要考虑的其他因素包括：适当的燃料、燃油价格，可能的破冰船援助，合适的破冰和过境费用，设备投资，人员培训和保险费用。管理部门、沿海基础设施以及适当的救援设备也需要沿着航线进行改进，以提高安全性。

总体来说，北极地区的运营监管仍然不足。由于缺乏监管，不适当的设备可能会在北极地区造成不利后果。有研究人员列出了与北极航运相关的几个因素（Vihanninjoki，2014）：

（1）装备不足和冰强度不足的船舶；

（2）船员没有受过在北极水域应对艰难航行和操作挑战的训练；

（3）缺乏海岸基础设施；

（4）北极水域的海图绘制得不是很好；

（5）搜索和救援基础设施有限，且各地区各不相同。

根据米埃尔德等人的研究，2012年，近1 350艘船只在北极地区作业。这些船只总共航行了580万n mile，消耗了约16.6万t蒸馏燃料和13.5万t重油（Mjelde et al.，2014）。计算表明，这些船舶每年生产105 t炭黑。可以说，平均而言，大多数大型货船（湿散货和干散货）使用重油。重油主要用于集装箱船。北极的捕鱼船队主要使用蒸馏燃料。在北极航运中，最大的炭黑排放峰值出现在夏季，在此期间，天气和冰层条件最适合船舶运行。从地理上看，炭黑排放分布接近贝林海、巴伦支海和拉布拉多海，其中大多数受欢迎的海路都位于这一带。

已经就未来北极地区的船舶交通和排放负荷将如何发展进行了若干研究（Corbett et al.，2010；Dalsøren et al.，2010）。根据发展情景（高、正常或低），据估计，北极地区的全球航运量将增加1%~3%。与此同时，北极地区以外的航运将根据情况增加2%~3%。

航运量的增加和排放量的增加会对北极高纬度地区产生巨大影响。特别是在夏季，排放峰值将增加。然而，北极不太可能在不久的将来成为过境运输的可行替代品。例如，与苏伊士运河或其他繁忙航线的交通量相比，北方海航道的船舶交通量仅占一小部分。北极地区的大部分交通由内部的与俄罗斯亚马尔和格丹半岛液化天然气项目相关的北方海航道组成。目前，俄罗斯能源公司在北极地区有几个能源项目，可以在一定时期内增加船舶交通量，通常只有一两个月。

2016 年，只有 19 艘船只和 214 513 t 货物通过北方海航道过境。相比之下，当年有 16 800 艘船只和 9.74 亿 t 货物通过苏伊士运河。北方海航道的高峰期在 2013 年，当时有 71 艘船只和 136 万 t 货物通过该航线过境。相比之下，2013 年，通过苏伊士运河过境的船只为 16 600 艘，货物为 9.15 亿 t。在北极地区作业将带来挑战，特别是海上安全和环境问题。《极地规则》于 2017 年 1 月 1 日生效，它将改善安全问题和标准（Yliskylä-Peuralahti et al.，2016）。

8.6　结论

为了得出结论，可以对炭黑排放和北极地区做出以下解释。一个明显的事实是，在最近几十年中，北极地区的温度有所上升。减少全球二氧化碳排放量是减缓气候变暖的必要条件，但也需要减少短期气候强迫因子，特别是被认为对北极环境特别有害的炭黑（Winiger et al.，2016）。北极的气温上升也导致北极海冰减少。这反过来又重新激起了人们对建立新贸易通道的兴趣。尽管北极航运的增加可能提供商业机会，但也应考虑相关的环境问题，因为北极航运的增长将导致像炭黑那样直接的近地表污染排放（Corbett et al.，2010；Yumashev et al.，2017）。由于地处偏远，交通不便，北极目前的排放水平与全球平均水平相比相对较低。在这种环境下，即使是微小的绝对增长也可能导致显著的相对增长。炭黑排放可能对北极地区的气候产生显著影响，因为炭黑颗粒能非常有效地吸收太阳热量。当这些颗粒沉积到反射表面时，它们可能会显著改变表面的反照率，并增加吸收的太阳热量，这反过来导致表面变暖，并直接导致气候变化（Flanner，2013；Vihanninjoki，2014）。

其次，国际海上运输的排放量不仅取决于总交通量，还取决于船队的特征，这同样重要。重要因素包括平均发动机功率、发动机类型和燃料类型。然而，由于船舶的周转率通常相当缓慢，替代燃料的影响也不是那么迅速。有几种减少北极航运排放的方法。国际海事组织定义了几种减排技术，包括洗涤器和减速航行。此外，排放可以通过其他环境政策手段加以控制。这些措施包括各种消极和积极的激励措施和立法行动，如引入排放控制区（Makkonen et al.，2018）。另一方面，在对北极地区的炭黑和其他排放制定明确的限制和法规之前，将缺乏对新的清洁技术和清洁燃料的投资（Brunila et al.，2017）。目前，国际海事组织尚未确定将成为"北极排放控制区"的区域。此外，国际海事组织尚未确定炭黑法规和限制是否应仅涉及北极地区的航运，还是应在国际航运中更广泛地引入炭黑限制，并涉及波罗的海和北海等其他地区。

最后，很难估计北极地区航运的未来影响。这是因为不断发展（用于减排）的技术、（国际海事组织）控制法规以及与航运业相关的其他不确定性（如不同类型船舶之间活跃度的不对称增长）（Corbett et al.，2010）。此外，与排放控制领域相关的新立法的出台可能会导致航运业对北极航道的兴趣降低。为了增加航运业对北极贸易通道的兴趣，需要满足几个要求。首先，潜在无冰期的持续时间必须增加。需要考虑的其他因素包括燃油价格、可能的破冰船援助和过境费、设备和人员培训投资以及保险成本（Vihanninjoki，2014）。总体来说，北极地区的运营监管仍然不足。由于缺乏监管，不适当的设备可能会在北极地区造成不利后果。

参考文献

Aakko-Saksa, P., Murtonen, T., Vesala, H., Koponen, P., Timonen, H., Teinilä, K., Aurela, M., Karjalainen, P., Kuittinen, N., Puustinen, H., Piimäkorpi, P., Nyyssönen, S., Martikainen, J., Kuusisto, J., Niinistö, M., Pellikka, T., Saarikoski, S., Jokela, J., Simonen, P., Mylläri, F., Wihersaari, H., Rönkkö, T., Tutuianu, M., Pirjola, L., & Malinen, A. (2017). *Black carbon emissions from a ship engine in laboratory* (*SEA-EFFECTS BC WP 1*) (Report VTT-R-02075-17). 8 Black Carbon, Maritime Traffic and the Arctic.

AMAP. (2011). *The impact of black carbon on Arctic climate* (P. K. Quinn, A. Stohl, A. Arneth, T. Berntsen, J. F. Burkhart, J. Christensen, M. Flanner, K. Kupiainen, H. Lihavainen, M. Shepherd, V. Shevchenko, H. Skov, & V. Vestreng, Eds.). Oslo: Arctic Monitoring and Assessment Programme (AMAP).

AMAP. (2015). *Black carbon and ozone as Arctic climate forcers*. Oslo: Arctic Monitoring and Assessment Programme (AMAP).

Aplin, J. (2015). *Five things the shipping industry needs to know about black carbon*. Available at URL: know-about-black-carbon.

Azzara, A., Minjares, R. and Rutherford, D. (2015). *Needs and opportunities to reduce black carbon emissions from maritime shipping*. The International Council on Clean Transport (ICCT). Working Paper 2015-2. Available at URL: https://theicct.org/sites/default/files/publications/ICCT_black-carbonmaritimeshipping_20150324. pdf.

Bond, T. C. , Doherty, S. J. , Fahey, D. W. , Forster, P. M. , Berntsen, T. , DeAngelo, B. J. , Flanner, M. G. , Ghan, S. , Kärcher, B. , Koch, D. , Kinne, S. , Kondo, Y. , Quinn, P. K. , Sarofim, M. C. , Schultz, M. G. , Schulz, M. , Venkataraman, C. , Zhang, H. , Zhang, S. , Bellouin, N. , Guttikunda, S. K. , Hopke, P. K. , Jacobson, M. Z. , Kaiser, J. W. , Klimont, Z. , Lohmann, U. , Schwarz, J. P. , Shindell, D. , Storelvmo, T. , Warren, S. G. , & Zender, C. S. (2013). Bounding the role of black carbon in the climate system: A scientific assessment. *Journal of Geophysical ResearchAtmospheres*, 118(11), 5380-5552.

Brunila, O. -P. , Ala-Rämi, K. , Inkinen, T. & Hämälänen, E. (2017). *Black carbon measurement in the Arctic - Is there a business potential?* Final report of the work package 3 in the sea effects black carbon project. Publications of Centre for Maritime Studies, University of Turku. A 73, 2017 Turku, Finland. ISBN 978-951-29-6983-8 (PDF).

CIMAC. (2012). Background information on black carbon emissions from large marine and stationary diesel engines - definition, measurement methods, emission factors and abatement technologies. The International Council on Combustion Engines.

Corbett, J. J. , Wang, C. , Winebrake, J. J. , & Green, E. (2007). *Allocation and forecasting of global ship emissions*. Prepared for the clean air task force. Boston.

Corbett, J. J. , Lack, D. A. , Winebrake, J. J. , Harder, S. , Silberman, J. A. , & Gold, M. (2010). Arctic shipping emissions inventories and future scenarios. *Atmospheric Chemistry and Physics*, 10, 9689-9704.

Dalsøren, S. , Eide, M. , Myhre, G. , Endresen, O. , Isaksen, I. , & Fuglestvedt, J. (2010). Impacts of the large increase in international ship traffic 2000 - 2007 on tropospheric ozone and methane. *Environmental Science & Technology*, 44, 2482-2489.

Dalsøren, S. B. , Samset, B. H. , Myhre, G. , Corbett, J. J. , MInjares, R. , Lack, D. , & Fuglestvedt, J. S. (2013). Environment impacts of shipping in 2030 with a particular focus on the Arctic region. *Atmospheric Chemistry and Physics*, 13, 1941-1955.

Flanner, M. G. (2013). Arctic climate sensitivity to local black carbon. *Journal of Geophysical Research-Atmospheres*, 118, 1840-1851.

Flanner, M. G. , Zender, C. S. , Randerson, J. T. , & Rasch, P. J. (2007). Present-day climate forcing and response from black carbonin snow. *Journal of Geophysical Research - Atmospheres*, 112, 2007.

Fuglestvedt, J. , Berntsen, T. , Eyring, V. , Isaksen, I. , Lee, D. S. , & Sausen, R. (2009). Shipping emissions: From cooling to warming of climate and reducing impacts on health. *Environmental Science & Technology*, 43, 9057-9062.

IMO. (2015). *Investigation of appropriate control measures (abatement technologies) to reduce black carbon emissions from international shipping* (p. 2015). London: International Maritime Organization.

Kiiski, T. (2017). *Feasibility of commercial cargo shipping along the Northern Sea Route* (p. E12). Turku: Publications of University of Turku.

Lund, M. T., Berntsen, T. K., Heyes, C., Klimot, Z., & Samser, B. H. (2014). Gloal and regional climate impacts of black carbon and co-emitted species from on-road diesel sector. *Atmospheric Environment*, 98, 50-58.

Makkonen, T., & Inkinen, T. (2018). Sectoral and technological systems of environmental innovation: The case of marine scrubber systems. *Journal of Cleaner Production*, 200, 110-121.

Mjelde, A., Martinsen, K., Eide, M., & Endresen, O. (2014). Environmental accounting for Arctic shipping - A framework building on ships tracking data from satellites. *Marine Pollution Bulletin*, 87 (1-2), 22-28.

Mukanda, M. G. M., Babu, S., Moorthy, K., Thakur, R., Chaubey, J., & Nair, V. (2015). Aerosol black carbon over svalbard regions of arctic. *Polar Science*, 10, 1-11.

Mukunda, M. G., Babu, S. S., Pandey, S. K., Nair, V. S., Vaishya, A., Girach, I. A., & Koushik, G. N. (2018). Scavening ratio of black carbon in the Arctic and the Antarctic. *Polar Science*, 16, 10-22.

Northern Sea Route Administration. (2017). *Vessel activity*. Northern Sea Route Administration. Available at URL: < http://www.nsra.ru/en/home.html>.

Petzlod, A., Orgen, J. A., Fiebig, M., Li, S. M., Baltensperger, U., Holtzer-Popp, T., Kinne, S., Pappalardo, G., Sugimoto, N., Whrli, C., Wiedensohler, A., & Zhang, X. Y. (2013). Recommendation for reporting "Black Carbon" measurements. *Atmospheric Chemistry and Physics*, 13, 8365 8379.

Quinn, P. K., Bates, T. S., Baum, E., Doubleday, N., Fiore, A. M., Flanner, M., Fridlind, A., Garrett, T. J., Koch, D., Menon, S., Shindell, D., Stohl, A., & Warren, S. G. (2008). Short-lived pollutants in the Arctic: Their climate impact and possible mitigation strategies. *Atmospheric Chemistry and Physics*, 8(6), 1723-1735.

Rubbel, M. M. (2015). *Black carbon deposition in the European Arctic from the preindustrial to the present*. Dissertationes Schola Doctoralis Scientiae Circumiectalis, Alimentariae, Biologicae. ISSN 2342-5423 (print).

Sand, M., Berntsen, T. K., von Salzen, K., Flanner, M. G., Langner, J., & Victor, D. G. (2016). Response of Arctic temperature to changes in emissions of short-lived climate forcers. *Nature Climate Change*, 62(016), 286-289.

Timonen, H., Aakko-Saksa, P., Kuittinen, N., Karjalainen, P., Murtonen, T., Lehtoranta, K., Vesala, H., Bloss, M., Saarikoski, S., Koponen, P., Piimäkorpi, P. & Rönkkö, T. (2017). *Black carbon measurement validation onboard* (*SEA-EFFECTS BC WP*2) (Report VTT-R-04493-1).

Twigg, M. (2009). Cleaning the air we breathe - controlling diesel particulate emissions from passenger cars. *Platinum Metals Review*, 53, 27-34.

Vihanninjoki, V. (2014). *Arctic shipping emissions in the changing climate.* Reports of the Finnish Environment Institute 41/2014.

VITO. (2013). Specific evaluation of emissions from shipping including assessment for the establishment of possible new emission control areas in European Seas. Paul Campling, P., Janssen, L., Vanherle, K., Cofala, J., Heyes, C. & Sander, R. Vision on Technology (VITO), Belgium.

Winiger, P., Andersson, A., Eckhardt, S., Stohl, A., & Gustafsson, Ö. (2016). The sources of atmospheric black carbon at a European gateway to the Arctic. *Nature Communications*, 7, 12776.

Winther, M., Christensen, J. H., Plejdrup, M. S., Ravn, E. S., Eriksson, Ó. F., & Kristenssen, H. O. (2014). Emission inventories for ships in the Arctic based on satellite sampled AIS data. *Atmospheric Environment*, 91, 1–14.

Yliskylä-Peuralahti, J., Ala-Rämi, K., Rova, R., Kolli, T., & Pongracz, E. (2016). *Matching safety and environmental regulations regarding the Inter-national maritime organization's polar code in Finland (POLARCODE).* Publications of the govenrment's analysis, assessment and research activities 11/2016. Prime Minister's office, March 14th, 2016.

Yumashev, D., van Hussen, K., Gille, J., & Whiteman, G. (2017). Towards a balanced view of Arctic shipping: estimating economic impacts of emissions from increased traffic on the Northern Sea Route. *Climatic Chang*, 143, 143–155.

第9章 无人机的潜在使用对北方 海航道安全监测的影响

尼基塔·库普里科夫、米哈伊尔·库普里科夫、
马克西姆·希沙耶夫①

摘　要：本章介绍了创建基础设施的特点，该特点使得通过航空航天系统与陆地和海洋自动监测站之间的通信对北极的基础设施项目进行实时控制成为可能。新信息技术的应用以及确保竞争力的硬件和软件的应用将使人们能够安全有效地使用导航、航空和航天领域的各种高科技。

关键词：无人机（UAV）；北方海航道；北极；安全监控；竞争力

北极的经济和地缘政治意义在很大程度上取决于潜在最大的天然气和石油储量。北极地区的碳氢化合物储量是北极和非北极国家对该地区感兴趣的主要原因之一。大型北极项目，包括俄罗斯和中国共同实施的亚马尔液化天然气项目等国际项目，将越来越频繁地出现，因为之前束缚该地区的永久冰消失了。

在这种情况下，在未来可能成为开发新可开发资源的地点的地区，创建最准确的冰盖行为预测系统至关重要。冰情的不可预测性可能对货船和客船以及钻井平台和设施构成威胁。由于对冰盖行为的错误预测，它们的运行效率可能会受到损害。有鉴于此，有必要开发综合监测系统，将所有气候和时间因素考虑在内。此类系统不仅包括特殊的北极卫星系统，还包括无人机的预期使用。

北极的资源潜力是迫使最大的石油和天然气公司开发新的钻井和天然

---

① 俄罗斯莫斯科航空学院，科拉科学中心。

气生产系统的主要因素，这些系统的安全必须得到保障。北极的资源容量占世界上所有未勘探碳氢化合物的 25%（表 9.1）。

表 9.1　北极未发现的石油和天然气地质估算

石油产地	原油/ 10^8 桶	天然气/ 10^{12} ft³	天然气液体/ 10^8 桶	总计（以 10^8 桶为单位的石油当量）
西西伯利亚盆地	3.66	651.50	20.33	132.57
北极阿拉斯加	29.96	221.40	5.90	72.77
东巴伦支海盆地	7.41	317.56	1.42	61.76
东格陵兰岛裂谷盆地	8.90	86.18	8.12	31.39
叶尼塞-哈坦加盆地	5.58	99.96	2.68	24.92
亚美利加盆地	9.72	56.89	0.54	19.75
西格陵兰 岛加拿大东部	7.27	51.82	1.15	17.06

资料来源：《环北极资源评估：北极圈北部未发现石油和天然气的估计》，肯尼斯·J. 伯德（Kenneth J. Bird）等人，美国地质调查局，2008—3049 年概况介绍，2008 年 7 月。

与此同时，不仅因为北冰洋前所未有的冰川融化（相对于 1981 年至 2010 年的平均水平，北冰洋海冰目前以每十年 12.8% 的速度下降——NASA），北冰洋运输走廊的生命周期正在发生变化，新条件下的航运需要新的方法和工作协调系统（图 9.1）。

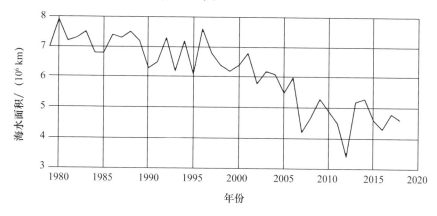

图 9.1　北极海冰最小值（资料来源：Climate. nasa. gov）

气候变化正在影响大气条件的动态变化，这给控制这些系统的设备和专家带来了一系列新的外部影响因素。交通网络的发展，包括其相关基础设施要素（灯塔、泊位、码头、布线、信息系统等），需要持续监测一些参数，以进行分析和规划，以及自然资源使用和开发的可持续发展（McDonald，2818）。在这一领域，除了预期的北极卫星系统的卫星测量外，还需要直接在现场进行测量，这是新型自主测量设备可以展示其优势的地方。

北极卫星网络可以执行各种遥感任务，如监测环境状况，并在整个区域提供可靠的通信和导航。两颗北极-M卫星完全由俄罗斯空间预算资助，专注于气象学和应急通信。每个卫星携带一个多光谱成像仪，称为MSUGSM，以及用于气象和救援系统的发射器。它们轨道的远地点（最高点）在地球表面上方40 000 km左右，近地点在地球表面上方1 000 km左右。这些轨道参数使其能够频繁飞越极地，几乎不间断地看到北半球。

在20世纪90年代之前，在北方海航道沿线、北极岛屿和群岛附近定期进行海洋学和气象观测。这些岛屿都位于北极圈内，分散在北冰洋的边缘海域，即巴伦支海、喀拉海、拉普捷夫海、东西伯利亚海、楚科奇海和白令海。该地区西起卡累利阿，东至楚科奇半岛，全长7 000 km（4 300 mile）。

然而，在随后的几年中，由于俄罗斯科学状况的总体下降，常规观测点的数量显著减少。今天，为了监测和预防特别极端天气事件，需要一个全新的观测系统，以便快速监测极端天气事件发生的条件。在这方面，有必要在北方海航道和北极大陆架边远和潜在可开发区域部署更多的地球物理、水文气象、生态和海洋学条件监测系统。

对世界市场和主要运输干线的全球竞争导致了可用于安全监控和跟踪的卫星控制系统在科学和技术上的不断发展和改进，在北极和远东地区有利益的俄罗斯公司在北方海航道沿线以及邻近地区基础设施的设计和运营中努力实现最大经济效益。一些大型能源公司，包括诺里尔斯克镍业公司、卢克石油公司和许多其他石油公司，已经购买了现代电信、运输和信息设施和设备，用以消除信息不足，并减少可能对北方海航道上的货物流量产生不利影响，进而影响其全球市场地位的风险。

今天，俄罗斯北极地区的基础设施发展取决于破冰船和货运船队、北极港口和机场的任务和能力，其活动在很大程度上受到航行周期以及北方海航道上不断变化的气候和冰情条件的限制（根据多模式模拟，预计到 21 世纪末，北方海航道的航行周期约为 3 至 6 个月）。这些因素客观上对管理机制的系统化、港口的生产能力和工作安全条件的改善提出了要求。

现代技术能力有助于对极易受外部影响的北极地区的自然环境进行有效的操作监测。有许多因素可以显著改变该区域未来的形态，包括人为因素、不同时期的气候变化监测、潜在自然和人为紧急情况的监测。它们允许系统地接收全球范围内水文气象和太阳地球物理信息。鉴于基础设施和气候限制，提高俄罗斯极地地区竞争力的首要综合措施之一是不断监测当地港口、原油生产、加工设施和海运货船的基础设施。

测量冰盖的季节变化和沿海冰盖的质量分布为创建新型冰情预报系统提供了必要的数据。最重要的参数是大型冰原的运动、它们的速度和与大陆表面的接触线，以及冰的厚度及其表面的融化速度。卫星遥感研究冰质量变化的发展提供了除冰厚度之外的许多这样的参数。然而，除了测量冰面高度变化的激光系统之外，从轨道上测量冰层厚度的方法还没有完全开发出来，而且使用成本很高。

解决这一问题的办法可能在于在北极使用无人机。它们配备了收集数据的设备，可以提供信息和研究功能，包括改善北方海航道运输规划的可靠性、运输过程的运行控制和调度以及搜索和救援的电信支持。无人机是监测浅水中冰山移动的关键，这可能会对放置在沿海海床上的通信电缆和管道造成损坏。它们还可以改变海底地形，导致航行条件可能发生变化。与此同时，一项重要的实际任务是拥有和保持准确的包括这一地区发生的所有变化的海图的相关性。现在，在导航、定位、大地测量、制图和电信的可靠性方面，俄罗斯联邦的北极领土仍然被认为不够发达。

无人机未来在当地的使用可解决客观技术难题，例如，北方海航道沿线控制站和校正站的覆盖和维护（Gorokhov et al.，2018）。用于记录和测量冰情的无人机尤其应能够监测海冰、沿海冰原、冰川和冰帽、大型冰山的状态。考虑到北方海航道的总长度约为 5 600 km，海岸带约为 370 km（200 mile），无人机必须配备激光高度计、具有光度控制的高清晰度光学器件和其他设备，其重量不能太大——不超过 50~150 kg。同时，无人机一次任务的储备充电应足以覆盖 200 $mile^2$ 的领土。此外，还需要为此类无人机组织地面起飞和着陆点，这些无人机的失控长度不超过 400 m，不需要认真准备。使用这种机载平台，特别是无人机，可以大大改善冰盖测量，并为俄罗斯联邦北极地区的研究和监测活动系统化提出新的方法。

此外，需要注意的是，在北方海航道水域对无人机国际使用的监管方面存在一些不确定性。今天，某些具有重大经济和政治影响力的国家（包括联合国安理会常任理事国）可以为制定管理其自身无人机使用以支持其在北方海航道的运输作业以及使在外国领土上的极地研究和冰测量规范化和标准化的现有国际法律规范做出贡献（Zaikov，2015）。这些关于在北极各国领土上使用外国无人机的规则可能会成为国家间对话的产物，也可以采取反映各国对北极无人机管理系统未来形态的共同目标和关切的公共文件或联合标准的形式。

根据联合国专家团体的说法，北极的可持续发展将难以实现，除非全面的控制系统得到加强，对科学界进行极地研究的控制能得到集中。在北极全球竞争的条件下，利用先进技术成功监测北方海航道水域，其中最有希望成为北极和亚北极国家制定互动与合作机制"跳板"的是无人机。这种方法不仅可以全年监测在全球变暖条件下特别脆弱的冰盖状态，而且还将成为创建预测冰层运动最准确方法的基础，从而由于其日益成为正规化的运输走廊而将北方海航道沿线的风险降至最低。

参考文献

Arctic Potential: Realizing the Promise of U. S. Arctic Oil and Gas Resources. National Petroleum Council (NPC), 2015. Part One. www. npcarcticpotentialreport. org（06. 09. 2018）.

Gorokhov, A. M., Zaikov, K. S., Kondratov, N. A., Kuprikov, M. Y., Kuprikov, N. M., & Tamickij, A. M.（2018）. Analysis of scientific and educational space of the Arctic zone of the Russian Federation and its contribution to social and economic development. *European Journal of Contemporary Education*, 7（3）, 485–497. https：//doi. org/10. 13187/ejced. 2018. 3. 485.

McDonald, J.（2018）. *Drones and the European Union. Prospects for a common future.* London: The Royal Institute of International Affairs. 20 p.

Transport & Logistics in the Arctic. Almanah 2015. Issue 1. Edited by S. V. Novikov, Moscow: TEHNOSPHERA, 2015. pp. 68–73.

Zaikov, K. S.（2015）. The "Arctic competition" problem and the marine transport hubs: Is it a clash of business interests or the knockout game? *Arctic and North*, 19, 35–55. https：//doi. org/10. 17238/ issn2221–2698. 2015. 19. 35.

第三部分

油 气

第 10 章 应对北极水域海上和海上作业的备灾挑战

凯·费尔托夫特、托尔·埃纳尔·伯格①

摘 要：本章的目的是了解与极地水域可持续海洋活动相关的备灾考虑和行动。在这方面，北冰洋作业包括渔业、水产养殖、近海石油作业、海洋采矿、旅游/探险家邮轮和商船。我们的使命是分享有关备灾的知识，以支持可持续发展，并将北冰洋海上作业对环境的影响降至最低。北极水域的活动层级不断上升，需要提高政府能力之外的应急能力。备灾是保护环境、财产和人类，其中拯救生命和减少事故或操作造成的损失是最高优先事项。石油和天然气公司必须发展自己的应急组织，以获得经营许可证。他们的组织必须与公共组织合作，也必须能够独立运作。在涉及商业航运和渔业等其他部门的情况下，应急响应行动将取决于事故发生时政府资源和机会之船的可用性。备灾是为了防止未来发生事故，并在事故发生时将危害降至最低。

关键词：北极巡航；北极防备灾；紧急拖航；漏油·航行安全；极地规则

缩写	含义
AIS-Sat 1/2	挪威卫星自动识别系统
AMSA	北极海运评估
ARCSAR	北极和北大西洋安全和备灾网络
BSEE	美国内政部安全与环境执法局

① 挪威科技工业研究院。e-mail：kay.fjortoft@ sintef. no.

EMERCON	民防、紧急情况和救灾部
EPA	应急备灾分析
EPPR	应急、预防、备灾和反应工作组
GEO	地球静止轨道
GMDSS	全球海上遇险和安全系统
GNSS	全球导航卫星系统
HEO	高椭圆轨道
HIBLEO 2	铱星星座
HSC	国际高速船安全规则
IHO	国际水文局
ISPS Code	国际船舶和港口设施安全规则
ITC	信息和通信技术
IMO	国际海事组织
INMARSAT	国际海事卫星组织
IO	综合行动
JIP	联合工业计划
JRCC	联合救援协调中心
LRS	当地救援中心
MARPART	高纬度北极地区的海上备灾和国际伙伴关系
MARPOL	《国际防止船舶污染公约》
MarSafe	海事安全研究计划
MOSPA	《北极海洋石油污染防备和应对合作协议》
MTO	人、技术和组织
NORDLAB	应急备灾实验室
NORSOK	挪威石油部门使用的标准
NOU	挪威官方报告
NOR VTS	瓦德船舶交通中心
OILPOL	《国际防止石油污染海洋公约》
OSPD	溢油备灾司
PAME	北极海洋环境工作组
PSA	挪威石油安全局

RRFP	区域接收设施计划
SAR	搜救
SARiNOR	高纬度北极地区搜救
SOP	标准作业程序
SOLAS	《国际海上人命安全公约》
VSAT	甚小孔径终端
VTC	船舶交通中心

10.1　导言

　　1912 年，"泰坦尼克号"在纽芬兰海岸与一座冰山相撞时，有关漂流冰山的信息还没有到达该船的官员和领航员，附近的船只花了很长时间才收到援助请求。就在 1989 年，驶入斯瓦尔巴群岛西南部冰带的"马克西姆·高尔基号"（Maxim Gorkiy）邮轮也经历了类似的信息缺失（Kvamstad et al.，2009）。虽然船体受损，但乘客、船员安全获救，这归功于极其良好的天气条件和勇敢的现场指挥官。在这两种情况下，如果领航员事先收到信息，他们本可以选择另一条更安全的路线，事故本可以避免。

　　从"泰坦尼克号"时代到今天，北极备灾的范围迅速扩大。导航技术正在稳步前进，搜索和救援（SAR）能力也在不断提高，国际和海运业的合作也在不断改进，预测不良情况和要求导航支持的能力也在提高。备灾工作不仅涉及搜救问题，还涉及拥有足够的信息，以便能够以安全的方式规划和执行行动。如果天气预报处于警戒级别，则可能不得不推迟作业，或选择新的航行路线。如果空间天气预报显示导航或定位卫星中断，则可能需要中止操作，或至少在操作开始前实施故障安全程序（图 10.1）。

　　在备灾方面，未来看起来更好（Shhmied et al.，2016）。尽管我们正在朝着更加数字化的方向前进，我们不知道其后果，但新技术看起来很有希望成为避免事故和减少不确定性的手段。人们普遍预期会有更大的安全性，许多研究表明，涉及"人为错误"的海上事故数量在 60% 到 90% 之间。我们知道，一些部门的运营实践活动将发生变化，信息和通信技术（ICT）、数字化和自主船舶等创新技术将成为可持续性和提高认识的重要驱动因素。自主化和数字化不是目标，而是使其更安全的手段。在发展创新的同时，重要的是确保人的因素得到照顾，包括工人或操作员的培训和教育。因此，新技术的引进应包括"回路中的人"，因为备灾活动是在显微镜下进行的。关注人、技术和组织（MTO）之间的整合是核心（图10.2）。

图 10.1 北极备灾（图片来源：挪威科技工业研究院）

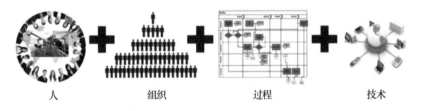

| 人 | 组织 | 过程 | 技术 |

图 10.2 综合行动是人/人、组织、过程和技术的整合
（插图：挪威科技工业研究院）

综合行动（IO）是人员、组织、工作流程和信息技术的整合，能够做出更明智的决策。通过在全球获取实时信息、协作技术以及跨学科、组织和地理位置的多种专业知识的整合，实现了这一目标，目的是实现更好和更协调的行动规划，防止事件发生。综合行动是一种提高认识的工具，这再次导致更好的备灾。

本章介绍了一些北极中部海上备灾系统及其运作方式，并举例说明了影响北极环境备灾状况的现有和未来趋势。

10.2 海上备灾的起点

正如"泰坦尼克号"的故事所述，它（海上备灾）开始于19世纪初，以下引用了 History. com 网站内容：

> 1912年4月15日凌晨，豪华汽船"泰坦尼克号"在其处女航中撞上冰山，在北大西洋纽芬兰海岸沉没。在船上2 240名乘客和机组人员中，有1 500多人在灾难中丧生。根据一些假设，泰坦尼克号从一开始就注定要被一个被许多人称赞的最先进设计所毁灭。"奥林匹克"级船舶采用双层底和15个水密舱壁隔间，配备电动水密门，可通过驾驶台上的开关单独或同时操作。正是这些水密舱壁激发了造船杂志的灵感，在一期专门报道"奥林匹克"邮轮的专刊中，他们认为这些舱壁"实际上是不沉的"。但水密舱室的设计存在一个缺陷，这是泰坦尼克号沉没的一个关键因素：虽然各个舱壁确实是水密的，但分隔舱壁的墙壁仅延伸到水线上方几英尺，因此水可能从一个舱室流入另一个舱室，特别是当船开始倾斜或向前倾斜时。
>
> 在与冰山接触一个多小时后，随着第一艘救生艇的下降，开始了一场混乱而随意的疏散。该救生艇设计可容纳65人；船上只有28人。可悲的是，这将成为常态：在"泰坦尼克号"坠入大海前的宝贵时间里，在混乱和杂乱中，几乎每一艘救生艇都会令人遗憾地不满员下水，有些救生艇只有少数乘客。

由于巨大的生命损失，以及由此导致的监管和运营失败，"泰坦尼克号"的消息引起了全世界的震惊和愤怒。对事故的调查导致海上安全的重大改善。它们最重要的遗产之一是1914年制定的《国际海上人命安全公约》（SOLAS），该公约至今仍管辖海上安全。"泰坦尼克号"灾难被认为是触发有组织的海上备灾系统的事件（图10.3）。

图 10.3 "泰坦尼克号"的沉没

（来源：威利·斯特弗（Willy Stöver），《凉亭》杂志（Die Gartenlaube））

对于海上石油部门，亚历山大·基兰·弗洛特尔（Alexander L. Kielland flotel）灾难是导致挪威当局改进浮式结构设计和安全法规的等效事件。它于 1980 年 3 月在北海埃科菲斯克（Ekofisk）地区的埃达（Edda）平台附近倾覆；123 人死亡，89 人存活。断裂导致弗洛特尔五根柱子中失去一根。然后，它遭受了严重的倾覆，导致在钻井平台倾覆之前，水到达了顶部。强风、巨浪和浓雾共同阻碍了救援工作。这次事故对挪威大陆架的安全发展具有重大意义——包括新的法规、大幅改进的监管制度和新的监管责任分配。

事故调查的一些结果如下：

（1）海上设施的新浮力标准；

（2）启动了包括努力改进救生艇在内的研究项目；

（3）新的、改进的救生服被引入海上使用。

防止石油污染的国际努力的一个重大步骤是 1954 年签署了《国际防止石油污染海洋公约》（OILPOL），该公约于 1973 年被纳入《国际防止船舶污染公约》（MARPOL）。北极水域的石油泄漏涉及特殊问题。埃格尔简要概述了北极水域石油泄漏的影响，以及北极理事会的应急、预防、准备和响应工作组（EPPR）继续努力改进对环境和其他紧急情况的响应（Eger，2010）。

10.3 国际海事组织

国际海事组织是根据 1948 年在日内瓦举行的联合国会议上达成的一项协议成立的；10 年后举行了第一次会议。国际海事组织总部设在伦敦，目前有 174 个成员国和 3 个非正式成员国。国际海事组织的主要职责是负责管理国际航运，这是通过维持一个包括安全、环境关切、法律事项、技术合作、海事安全和航运效率在内的航运综合管理框架来实现的。

国际海上人命安全会议于 1914 年举行，以应对"泰坦尼克号"灾难。其目的是将海事安全的监管纳入国际框架。《海上人命安全公约》要求船旗国确保悬挂其国旗的船舶在商船的建造、设备和操作方面符合最低安全标准。该条约包括规定一般义务的条款，随后是分为 12 章的附件。2016 年和 2017 年增加了两个新的章节，其中《极地规则》被称为第 14 章。

第 1 章——一般规定：包括有关各类船舶检验的规定。

第 2-1 章——建造分舱和稳定性、机械和电气装置：将客船分舱为水密舱必须确保在假定船体损坏后，船舶仍将保持漂浮和稳定。

第 2-2 章——消防、火灾探测和灭火：包括所有船舶的详细消防安全规定以及客船、货船和油轮的具体措施。

第 4 章——无线电通信：包括全球海上遇险和安全系统（GMDSS）。

第 5 章——航行安全：确定了应由缔约国政府提供的某些航行安全服务，并规定了一般适用于所有航行中所有船舶的操作性规定。

第 6 章——货物运输：涵盖所有类型的货物（散装液体和气体除外）"由于其对船舶或船上人员的特殊危险，可能需要采取特别预防措施"。

第 7 章——危险货物运输：包装形式的危险货物运输；散装运输危险液体化学品的船舶的结构和设备；运输散装液化气体和气体的船舶的结构和设备；船上运输包装辐照核燃料、钚和高放射性废物的特殊要求。

第 8 章——核动力船舶：概述了核动力船舶的基本要求，并特别关注辐射危害。

第 10 章——高速船安全措施：本章强制执行《国际高速船安全规范》（HSC 规范）。

第 11-1 章——加强海上安全的特别措施：澄清与认可组织授权相关的要求。

第 11-2 章——加强海事安全的特别措施：澄清《国际船舶和港口设施安全规则》（ISPS 规则）。

第 12 章——散货船的附加安全措施：包括长度超过 150 m 的散货船的结构要求。

第 13 章——合规性验证：一个系统、独立和有文件记录的获取检查证据并对其进行客观评估以确定检查标准适用程度的程序。

第 14 章——在极地水域作业船舶的安全措施：本章规定，自 2017 年 1 月 1 日起，必须强制执行《国际极地水域作业船舶规范》（《极地规则》）第一部分 A。

许多国家已将这些国际要求转化为国家法律，从而使违反《海上人命安全公约》第五条要求的任何海上船舶的所有人可能会受到法律诉讼。关于对北极的关注，《极地规则》于 2017 年生效。该规范规定了极地地区的船舶规则，主要涉及冰上航行和船舶设计。《极地规则》第 14 章涵盖了与在两极周围不适宜居住水域作业船舶有关的所有设计、建造、设备、操作、培训、搜索和救援以及环境保护事项。该规则不适用于 500 总吨以下的船舶、渔船或享有主权豁免的船舶。

10.4 北极用户群体

挪威在北极的总体利益和其他大多数北极利益国家的利益包括能源、交通、航空、环境、渔业、旅游以及安全和当地居民的生活。能源和海事是该地区作业用户关注清单的重要部分。

表 10.1 定义了海上活动，描述了作业类型、船舶或装置类型、一年中的作业季节和区域。该表是从挪威的角度编制的，但与其他国家和北极地区相关。

表 10.1 北极挪威地区的典型海上活动（资料来源：高纬度北极地区搜救）

北极海上活动	船舶类型	操作期间	地区
沿海交通	客船、货船、检验船舶	全年	靠近海岸，在斯瓦尔巴特群岛和大陆之间
洲际运输	干货、集装箱和罐装产品的运输	全年，取决于冰况	在航道里航行。破冰船通常用于北方海航道（东部和西部通道）

表 10.1（续）

北极海上活动	船舶类型	操作期间	地区
渔业	沿海和远洋渔船	全年	挪威海岸适合小型船只。挪威海、巴伦支海和斯瓦尔群岛地区大型船只靠近斯瓦尔巴岛北部的冰缘
石油活动	勘探、施工和运营，使用各种海上服务船、浮动和固定装置以及直升机的油田	全年，但大部分活动在夏季。勘探通常在夏季进行	接近大陆的现有生产。扩展到更远的近海油田和更靠近冰原的油田
海上旅游	休闲船、小型游船和大型邮轮	主要在夏季，但在秋季和春季增加。冬季旅游业正在增长	它们都靠近公海的大陆，并朝向斯瓦尔巴群岛周围的岛屿。北极巡游正在增加
研究和其他公共部门活动	陆基和海基研究团队，军舰和飞机	全年	靠近大陆、公海和结冰水域

根据先前的研究，如海事安全（MarSafe）项目（Fjørtoft et al.，2012），北极海域往往需要导航进入。在北方，冬季带来了与极地低压、雾、雪和冰有关的特殊挑战，这也挑战了安全和应急响应系统执行搜救行动的能力。越往北，获得良好的海图、良好的通信和定位信号的机会就越差，而到港口和必要基础设施的距离也会增加。此外，北部地区相对落后的海运基础设施构成了进一步的挑战。一个例子是用于信息交换、导航和定位的有限且不稳定的无线电/卫星通信（Fjørtoft et al.，2017）。这会增加事故风险、应急响应时间，并增加搜救人员以及该区域其他用户的风险。

离岸较远的地方，远洋船只活动频繁，包括船上有 50 多人的船只（Borch et al.，2017）。少数大型海船在挪威海、巴伦支海和斯瓦尔巴地区的较偏远地区作业。鳕鱼、鲱鱼和虾拖网渔船在斯瓦尔巴群岛以北的北纬

83°处作业。巴伦支海北部的搜救行动非常具有挑战性，因为直升机支援距离朗伊尔城和大陆都很远。由于海冰、恶劣天气、缺乏港口基础设施以及距离直升机和海岸警卫队资源可能很远，斯瓦尔巴群岛地区也是一个具有挑战性的地区。来自朗伊尔城的直升机必须在加油站加油才能到达最偏远的地区。巴伦支海北部和斯瓦尔巴群岛地区的捕鱼活动每年大部分时间都在进行，8—12月的活动特别频繁。根据 AIS 信号（船舶自动识别跟踪系统）获得的交通量测量，船只的典型尺寸为 25～60 m，船员人数为 10～50 人。

挪威大陆周围沿海地区的运输水平相对稳定。一些沿海交通是俄罗斯和挪威大陆之间以及大陆和斯瓦尔巴群岛之间的运输路线。如今，每年约有 300 艘满载油轮沿挪威海岸往返俄罗斯，预计未来几年内数量将增加。最大的港口是俄罗斯边境一侧的摩尔曼斯克和阿尔汉格尔斯克。许多船舶被视为"危险船舶"，挪威海岸管理局将其定义为：①装有危险和/或有毒货物的油轮和船舶；②所有超过 5 000 t 的船舶；③运载放射性物质的船舶。

挪威海和巴伦支海的洲际运输主要与俄罗斯西北部的油气活动有关。北极洲际运输的主要趋势是油轮运输量的增加（McCormick，2012）。通过挪威海岸的油轮数量每月在 15 至 35 艘之间波动。由于俄罗斯北部的商业活动不断增加，导致更多的交通通过东北航道，预计在挪威港口停靠通过挪威海过境的商船数量将增加。

近年来，在北极地区航行的旅游船数量有所增加。冬季沿挪威北部海岸的北极邮轮越来越受欢迎，是邮轮行业的新产品。每年约有 100 艘邮轮在为期 8 个月的季节访问挪威城市特罗姆瑟，我们可以列出约 50 艘不同大小和年龄的邮轮。2015 年，访问特罗姆瑟的最大船只是"辉煌号"（MSC Splendida）（图 10.4），有 3 900 名乘客和大约 1 300 名船员，这意味着船上总共有 5 200 人。2018 年，"辉煌号"以 4 500 名乘客抵达朗伊尔城。2017 年，特罗姆瑟的居民约为 75 000 人，而朗伊尔城的人口约为 2 300 人，这意味着访问期间基础设施的压力很大。朗伊尔城的医院容量很低，无法为如此大量的人提供服务，这在邮轮上发生健康或紧急事故时至关重要。根据特罗姆瑟港的数据，北极巡游的主要季节是 5—9 月，但黑暗季节（10、11 月—2、3 月）的邮轮流量正在上升。黑暗季节邮轮的卖点之一是该地区的北极光。

图 10.4 辉煌号（摄影：罗伯特·科尔库霍恩）

另一个旅游项目是探险邮轮。许多离开斯瓦尔巴群岛的项目都是从朗伊尔城开始的。远征巡游的中小型客船一般不到 200 名乘客，通常持续 3~14 天。他们在斯瓦尔巴群岛和群岛东海岸附近的偏远地区开展活动。博奇等人的研究显示，对向东进入俄罗斯水域的路线，如弗朗茨约瑟夫岛和东北航道以及斯瓦尔巴群岛和格陵兰岛之间的向西路线的兴趣正在增长（Borch et al.，2017）。由于距离遥远、缺乏基础设施和所涉及的搜救能力有限，这给备灾系统带来了进一步的挑战。

邮轮行业由于乘客和船员人数众多、船只的大小以及发生事故时的潜在污染而面临重大风险。在偏远地区作业的邮轮数量不断增加，以及在该地区作业的船舶和船员的资格参差不齐等因素令人关切。根据博奇和埃尔萨斯及奥弗达尔等人的研究，邮轮行业的主要风险类别包括以下问题（Borch et al.，2017）：

（1）严重疾病/伤害和从偏远地区撤离；

（2）船上发生火灾/爆炸，需要医务人员和消防员；

（3）搁浅和沉船，需要全面的救援行动；

（4）将乘客转移至小型船只时发生的事故；

（5）船上的暴力行为需要综合搜救行动。

挪威北极的石油和天然气活动包括从挪威海到巴伦支海东部沿海地区的勘探、开发/建设和生产。其趋势是，活动正在挪威海向北移动，并进一步向巴伦支海的东部和西部移动。目前，几艘船舶参与地震探测，钻井平台在补给船的陪同下参与勘探。勘探区域还包括冰岛北部的扬马延。该区域的环境保护、备灾或运输基础设施有限。石油公司将负责提供自己的强制性搜救能力，但大型行动将与公共资源合作进行。在东部和西部地区，国家之间在利用搜救资源和缓解风险活动方面的合作在重大危机或事故中至关重要。

北极地区的研究活动水平相对较高。研究领域包括环境监测和生物研究，有多个国家的代表参加。一些参与研究的船舶是商船，一些船既满足民用需求，也满足军事需求。随着越来越多的船只和新的研究领域出现在北极越来越偏远的地区，科学活动水平呈上升趋势。

2018 年 9 月，"文塔马士基号"（Venta Maersk）作为集装箱船首次穿越北冰洋。在部分北方海航道它有一艘破冰船护航。这是东西运输走廊的一个里程碑，预计在不久的将来将变得越来越重要。增长的一个原因是现在北冰洋的大部分地区似乎在夏季大部分时间都没有冰。这意味着开辟新的航运走廊的新机会和可能性，这将导致这些地区的用户数量增加（Overland et al.，2013）。对于在北极地区开展业务的所有利益攸关方而言，安全和高效的运营是具有挑战性的，需要良好地规划。必须根据可用和可信的数据来规划操作，以便能够提供合格的预报和良好的预测。如果可能，公司和组织之间应在发生事故时共享计划和信息。"互相帮助"原则在北极地区至关重要。与更南部的情况相比，该地区还有许多额外的挑战。一个例子是天气信息经常无法获得，并且可能非常不可靠。另一个例子是缺乏适当的导航基础设施，加上海图不可靠，其部分原因是北极水域缺乏海床测绘。北极备灾对于防止不良情况和减少事件发生时的影响至关重要。北极可持续发展的唯一途径是优先考虑安全和应急准备，并发展提高活动水平所需的基础设施（图 10.5）。

图 10.5　冰水中的集装箱运输，一艘马士基船舶（摄影：吉恩·兰德里）

10.5　数字基础设施

北极的一个主要问题是，今天几乎所有的卫星通信系统都是基于赤道平面上的地球同步轨道（GEO）卫星。这也适用于国际海事卫星组织，它是 GMDSS 的一部分。原则上，国际海事卫星组织（INMARSAT）和甚小孔径终端（VSAT）通信系统在北纬 75°以上使用时存在问题。一些系统在该范围之外的某些区域中给出了良好的结果，但这不是一般规则。可以使用铱星，但目前的系统存在一些服务质量问题。此外，它只提供低数据容量和语音服务。为了保持对北极的持续覆盖，高椭圆轨道（HEO）的卫星将发挥作用。由挪威空间局牵头的一项倡议目前正处于发射两颗高椭圆轨道卫星的设计阶段。

用户终端通常需要卫星的视线。在高纬度地区，只能在很低的地平线上看到地球同步轨道卫星。当卫星和用户终端不在同一经度时，通常情况下，在明显较低的高度，用户将看不到卫星。用户终端和地球同步轨道卫星之间通过大气层的信号路径长度（倾斜范围）高度依赖于终端的仰角，其在较高纬度处急剧增加，因此由于上述影响，信号恶化加剧。地球大气层对无线电波传播有重大影响，但不同的现象主要取决于频率。总体来说：

（1）较低的频率，如 2~3 GHz 或 L 波段（1~2 GHz），主要受电离层的影响，随着频率的增加，影响逐渐减小。电离层效应极易受到太阳活动的影响。

（2）较高频率，例如 Ku 波段（12~18 GHz）和 Ka 波段（27~40 GHz），主要受对流层（气体、云、雨、冰雹、雪、雨夹雪、灰尘等）的影响，其影响随着频率的增加而增加。

挪威太空部门提出了一项旨在改善北极未来通信基础设施的新倡议。他们一直在进行一个项目，发射两颗新的通信卫星，覆盖高纬度北极地区。卫星将为用户提供更多的带宽，计划将它们发射到高椭圆轨道。挪威政府于 2018 年 6 月决定，工业和渔业部可能向挪威空间局做出有条件的承诺，实现在高纬度北极地区建设基于卫星宽带通信能力的项目。引进两颗新卫星将大大改善该区域的通信状况，并将是解决北极备灾问题的一个重大步骤。

另一个重要的安全系统是 GMDSS。这是一个国际系统，旨在提高船只遇险时发出警报的概率，从而提高收到警报的可能性，进而提高我们找到幸存者的能力。它还将改善救援通信和协调，并为海员提供重要的海上安全信息。GMDSS 使用地面和卫星技术以及船上无线电系统。其唯一卫星提供商是国际海事卫星组织，但铱星/HIBLEO 2 正在申请成为 GMDSS 服务提供商。位于阿拉伯联合酋长国的全球卫星运营商舒拉亚（Thuraya）也表示，未来可能有兴趣成为 GMDSS 服务提供商。

另一个信息来源是挪威 AIS 卫星 1 号和 2 号系统，该系统由两颗监测船舶交通的卫星组成。AIS 卫星 1 号和 2 号是挪威海岸管理局、挪威航天中心、挪威国防研究机构和康斯伯格西泰克斯公司（Kongsberg Seatex）之间的合作项目。AIS 卫星 1 号于 2010 年 6 月开始运行，而 AIS 卫星 2 号于 2014 年启动。基于 AIS 的统计数据示例如图 10.6 所示。在本例中，数据是从地图上显示的从大陆穿过斯匹次卑尔根以东沿着挪威和俄罗斯之间的海洋边界线收集的。数据来自 2013 年至 2017 年的 5 年期间，并统计了从东到西和从西到东的两个航行方向的船舶过境情况。图中的条形图显示了船只类别。在这段时间内，标记线内的穿越总数为 220 031 艘船只，每年约有 4 400 艘船只穿越该线。2013 年，有 4 660 艘船只通过该线，2016 年达到峰值，有 4 724 艘船只通过。统计数字进一步表明，渔船是最大的船舶类别，在 5 年期间共有 6 971 次过境，平均每年有 1 394 次过境。

导航系统在这里也面临挑战。北极地区的作业意味着夏季 24 h 明亮日光，冬季 24 h 漆黑一片。由雾、雨夹雪或雪引起的能见度问题很常见。此外，在冰中航行可能会导致与"冰山屑"的碰撞，因为它们仅上升到冰盖或水上方几米，所以很难看到。这意味着需要新的驾驶台设计方法，以及更好的传感器和显示系统。另一个问题是，图表是否可用，它们通常质量很低。这取决于地图中的细节、几何图形以及它们使用的大地基准。据国际水文局（IHO）估计，大约 95% 的极地地区没有地图，或者被精度较差的海图覆盖。

石油和天然气部门不仅需要可靠的数据传输基础设施，还需要合格的导航数据用于业务目的。例如，高精度的纬度和经度定位坐标在钻井作业中非常重要。用户需要可靠的全球导航卫星系统——可用于动态定位的 GNSS 信号。超过几厘米的偏差可能导致钻井活动或船舶航行中的严重事故。例如，由于缺乏参考站，远北的全球导航卫星系统的精度低于更南边的精度（图 10.7）（Vigen et al.，2013）。

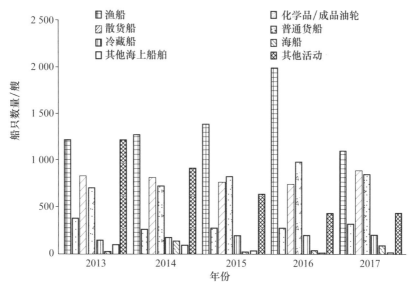

图 10.6　跨越挪威和俄罗斯边界线的船只（双向）（来源：havbase. no）

图 10.7　渔船 MV Remøy 位于北纬 82°（摄影：亨宁·弗洛森）

10.6　挪威搜救备灾活动

挪威联合救援协调中心在本章重点讨论区域内的搜索和救援行动中承

担全面的行动责任。挪威有两个联合救援协调中心（JRCC），一个在博德（Bodø），另一个在斯塔万格（Stavanger）附近的索拉（Sola）。联合救援协调中心覆盖的区域从南纬57°到北纬90°。这些中心全面负责协调该地区的所有海上、空中和陆地搜救服务。在大多数情况下，根据联合救援协调中心的指示，岸上事故响应的协调被委托给当地救援中心（LRS）之一。联合救援协调中心北部覆盖从北纬65°到北极的区域。在西部，其范围的边界穿过本初子午线，在东部，从挪威-俄罗斯边界和东北偏北的区域，到东经35°以东，向上直到北极。联合救援协调中心还全面负责斯瓦尔巴群岛的所有救援服务。联合救援协调中心的职责主要是拯救处于紧急困境中的人员。

关于北极搜救，挪威提出了以下目标：

> "挪威将在规划、协调和实施北方海上搜救行动方面处于世界领先地位。"

北极地区的搜救行动要求很高，包括与长距离、有限的基础设施和苛刻的气候条件有关的若干挑战。这对设备、专门知识以及参与应急备灾的行为体之间的合作提出了严格要求。对于重大行动，广泛的应急备灾行为体、利益相关者和机构将参与搜救行动，包括私营和公共行为体、民间和军方以及志愿者和专业援助组织。在个别情况下，几个国家的救援机构之间也可能密切合作，提供所谓的东道国支持。

作为实现这一搜救目标的步骤之一，挪威的高纬度北极地区搜救（SARiNOR）项目于2013年启动。SARiNOR项目的目标是实现成为海上搜救行动世界领导者的愿景。SARiNOR代表高纬度北极地区的搜救行动。该项目得到了挪威政府和挪威工业界的支持，目的是对北极地区作业的可能改进进行可行性研究，重点是搜救。该项目分析了不同搜救活动之间的差距。SARiNOR工作包涵盖了技术差距、组织程序和人为因素，如加强北极搜救能力的培训和教育需求：

（1）警报和通知；

（2）搜索；

（3）寒冷气候下的救援和生存；

（4）共享态势感知；

（5）培训和能力建设。

从 SARiNOR 项目期间的活动和演习中获得的经验表明，需要进行能力建设，以改善北极地区的搜救备灾工作。所有相关行为者之间良好的知识交流对于建立对情况的共同理解、更好的知识和培训以及加强互动从而实现强大的搜救能力至关重要。工作包 7 的报告指出，目前的培训和能力建设可以改进（Borch et al.，2017）。一个分析中心可以对学习做出重大贡献，并指出将举办为期一周的实践课程，利用演习和事故数据作为新培训计划的基础。

SARiNOR 项目造就了许多与北极备灾有关的发现。如上所述，一个重要问题是提高北极国家之间搜救合作的潜力。确定的要素包括：

（1）目前对事件的系统审查有限，特别是在北部。

（2）需要一个区域资源登记册。我们有很好的国家概况，但很少与其他国家协调。

（3）应绘制、记录专业知识要求和状态，并与其他国家共享。

（4）很少关注以往活动的"经验教训"，也很少关注培训演习和多国演习。

（5）应制定一项关于北极搜救的国际培训方案。

（6）随着更多知识的获得，应映射、实践和调整极地规则中搜救元素的重要性。

10.7 环境保护备灾

北极海洋环境工作组（PAME）是北极水域环境保护备灾工作中最重要的角色。2009 年的《北极海运评估报告》提供了一份良好的最新总结。《北极海运评估报告》描述了对四个北极地区（阿留申群岛/大圆航线、巴伦支海和喀拉海、白令海峡和加拿大北极地区）的环境考虑和影响，该报告介绍了这些地区的调查结果以及现有北极海洋基础设施的概况。为北极理事会的部长们编写了《2009 年北极海洋环境评估报告》年度执行情况报告。北极理事会还组织了一项工作，促成了 2013 年的《北极海洋石油污染防备和应对合作协议》（MOSPA）。北极海岸警卫队论坛确定了海岸警卫队活动的 10 个战略目标。其中之一是合作促进海洋环境的保护。通过联合演习，他们试图改善信息交流、专业知识共享和处理重大事件。例如，2017 年的北极卫士演习和计划中的北极星 2019（重点是与海上事件相关的大规模救援行动）。最后，挪威 SARiNOR2 号项目（SARiNOR 2018）对北极水域溢油响应和打捞的挑战进行了研究。

10.8 泄漏备灾

漏油备灾对于北极水域的所有商业活动至关重要。保护北极海洋环境工作组的应急、预防、备灾和反应工作组于 2017 年更新了《海洋石油污染操作指南》。不同类型的泄漏源于不同的活动。在本节中，我们重点关注石油和航运部门的石油泄漏。其他类型的泄漏，如有毒物或核废物，以及海洋中的塑料废物，将只简单提及。

10.8.1 溢油

随着人们对北极水域石油生产的兴趣越来越大，石油和天然气公司开始调查石油泄漏带来的额外挑战。九家石油公司参加了联合工业计划北极应对技术方案。挑战包括低海温、波浪和天气条件以及海冰。各国政府要求安全作业，并尽可能降低对环境的影响。一个例子是由美国内政部安全与环境执法局（BSEE）溢油备灾司（OSPD）制定的标准作业程序（SOP）。这些程序被称为《OSPD 手册》。另一个例子是挪威石油安全局（PSA）编制的挪威指南。其中第 13 章有以下小节：

第 78 节——合作预防严重污染

第 79 节——对付严重污染的行动

巴沙拉特基于对记录的事故的分析以及如何处理这些事故，将挪威石油部门使用的标准（NORSOK）Z-013 作为调查基线，讨论了北极和亚北极地区预期的应急备灾挑战（Basharat, et al., 2012）。在介绍了风险评估之后，该标准有以下章节：

第 9 节——应急准备评估的一般要求

第 10 节——概念选择阶段的应急准备评估

第 11 节——概念定义、优化和详细工程阶段的应急准备分析（EPA）

第 12 节——运行阶段的应急准备分析

在冬季，撇油器和油栅、化学分散和就地燃烧等溢油资源的可操作性可能会显著降低。由于距离遥远，且缺乏配备过冬设备的岸上仓库，目前北极水域的溢油备灾能力降低。关于北极石油泄漏清除方法、能力和技术的回顾，请参见 *Ambio* 期刊（2017 年第 3 期）。最新的 SARiNOR2 报告描述了可用的政府和石油公司溢油资源。报告采用了一种分层方法：

第 1 层——本地资源

第 2 层——区域/国家资源

第 3 层——国际资源

SARiNOR2 号项目的主要目标之一是确定北极高纬度地区行动面临的其他挑战。如何处理它们是项目的一个重要部分。重点是具体说明减少后果的行动，如使用渔船等可用的船只和人力资源，专门的船员培训和在船上安装相关设备。报告还讨论了国际海事组织《极地规则》边界以北作业的新行动。该项目的一个成果是提出了一项行动计划，其中包括 19 项行动，分为 4 个主题（按优先顺序）：

（1）斯瓦尔巴群岛北极备灾基地；

（2）提高北极备灾能力、合作与协作；

（3）北极高纬度地区监视和响应的指挥及控制；

（4）北极高纬度地区备灾船舶方案。

一些研究和教育机构正在讨论建立协作活动以解决这些行动要点的倡议。一个例子是博德市的诺德大学（Nord University），其正在开发新的硕士学位课程，启动研究计划，并建立应急备灾实验室（NORDLAB）——一个关于备灾和应急管理培训和测试的新概念。

北极水域商业航运的增长增加了意外漏油的风险。对交通量增加地区负责的政府需要改进区域溢油备灾工作，并加强国际合作。区域改善的一个例子是紧急状态部在北方海沿线建立了新的救援中心。另一个例子是挪威海岸管理局采购了三个冰强化油栅系统。其中一个系统将安装在挪威海岸警卫队船只"KV 斯瓦尔巴号"（KV Svalbard）上，另一个安装在（靠近俄罗斯边界）的"瓦兰格峡湾号"（Varanger Fjord）上。北极海岸警卫队论坛由于其第七个战略目标"合作推进海洋环境保护"的相关性，可以作为一个在建立处理北极水域石油泄漏的能力和作业经验过程中加强国际合作的平台。

10.8.2 有毒物质泄漏、核废料和海洋中的塑料

到目前为止，这些主题作为北极水域的具体问题很少受到关注。海洋

环境保护工作组已经启动了一个关于应对运输废物挑战的工作组。2017年，海洋环境保护工作组编制了一份关于北极航运区域废物管理战略的文件，其中讨论了区域接收设施计划（RRFP）。该文件是作为一项供海事组织审议的提案编写的。

航运活动的增加可能会增加源自海上丢失的危险货物（集装箱）或搁浅船只的有毒物质泄漏的风险。各类有毒废物的扩散及其对当地生境的影响是进一步研究的主题。这是养鱼业的一个具体课题。在这里，一些除虫方法的使用已被证明对靠近养鱼场的虾种群有负面影响。

核废料污染可能是核动力军舰事故带来的。此外，俄罗斯第一座浮动核电站"罗蒙诺索夫院士号"（Academician Lomonosov）（将于2019年在佩韦克（Pevek）附近投入运行）的计划运行可能因误操作而受到影响，在最坏的情况下会将核废料倾倒入海中。在浮动核电站附近建立的应急中心应具备处理此类情况的能力。最后，最近有人对前核导弹试验场融冰造成的污染表示关切。

海洋中的塑料正在成为一个全球性问题。塑料在冷水中的降解时间延长是一个主要挑战。需要研究"收集"漂浮塑料的方法，并且修改温暖水域的开发方法应高度优先考虑。

10.9　财产保护备灾

船舶和海上设施的价值很高。在发生事件/事故时，重要的是防止相关装置的全部损失。本节重点介绍如何节省漂流船舶和应急拖航资源。其他造成全损的原因，如爆炸和火灾，这里没有涉及。各装置的应急响应计划描述了如何处理海上浮式装置的此类情况。

10.9.1　紧急拖航

由于动力不足或转向系统损坏而遇险的船舶需要外部帮助，以防止其搁浅或倾覆。在某些情况下，邻近地区会有一艘机会之船。此类船舶的援助将受到限制，除非该船舶配备有设备和训练有素的船员，能够进行初始紧急牵引连接，以防止漂流船舶进入沿海水域，从而降低搁浅风险。其他有机会的船只可能会在弃船时接回幸存者，并充当与救援组织的通信中心，等待商业远洋拖船或专用应急拖船抵达。不幸的是，市场上没有很多商用海冰加固拖船。在大多数情况下，将派遣海岸警卫队船只协助漂流船只。在国家层面与紧急拖航相关的经验比较成熟。挪威的一个例子是每年挪威海岸管理局与挪威科技工业研究院海洋系合作举办的应急和海上拖航讲习班。这些讲习班的参加者来自拖船公司、挪威海岸警卫队、挪威海岸管理局、联合救援协调中心、综合性大学和研究机构。国家经验也将在两个国际海岸警卫队论坛——北大西洋海岸警卫队论坛和北极海岸警卫队论坛上分享。

由于 20 世纪 90 年代挪威水域漂流船只和搁浅事件数量的增加，挪威海岸管理局决定建立国家紧急拖航服务。一开始，他们分配了三艘应急拖船。这些船只驻扎在发生海事事故时环境风险高并且缺乏商业拖船的水域。挪威海岸管理局通过其船舶交通中心监督挪威水域的船舶移动。瓦德船舶交通中心（NOR VTS）负责挪威北部和挪威北极水域。如果观察到可疑船舶轨迹，瓦德船舶交通中心将联系现场船舶并询问是否需要帮助。瓦德船舶交通中心有权派遣政府紧急拖船协助遇险船舶。目前，有两艘船舶位于挪威北部，"斯特里堡号"（Strilborg）和"远刀号"（Far Sabre）。这两艘船都是前海上船舶，具有高牵引力。此外，挪威海岸警卫队的船只可用于紧急拖航作业。作为紧急拖航服务重组的一部分，已决定由挪威海岸警卫队船只接管该服务。从 2019 年起，第一艘船舶将与现有的一艘海上船舶并行作业。第二艘海岸警卫队船只将于 2020 年投入使用。

2012 年 10 月，挪威北部水域发生了一次具有挑战性的拖航作业。"卡马罗号"（Kamaro）渔船引擎故障，在恶劣天气条件下开始漂移。同一公司的另一艘渔船前来协助，并建立了拖航连接，但由于天气恶化，拖缆断裂。瓦德船舶交通中心随后要求挪威海岸警卫队船只协助漂流中的"卡马罗号"。"KV 哈斯塔德号"（KV Harstad）抵达，建立了新的拖航连接，并开始拖航。考虑到实际天气情况，决定撤离该船船员。博德联合救援协调中心被要求提供协助。最初的计划是用直升机将机组人员吊离，但由于天气条件（暴风雨和 10 m 高的海浪），该计划被修改。船员必须跳入水中，由救援直升机空运。人们担心可能会发生第二次拖缆故障，这确实在船员救援行动中发生了。第二艘海岸警卫队船只"KV 巴伦沙夫号"（KV Barentshav）抵达现场，成功建立了新的拖航连接，并将船只拖至港口。挪威海岸管理局、海岸警卫队和挪威科技工业研究院海洋系组织的紧急拖航研讨会将本次救援行动作为研究案例。

10.10　北极备灾展望摘要

国家和如北极理事会、国际海事组织和北极海岸警卫队论坛等国际组织高度重视确保与北极水域活动增加有关的人员和环境安全。北极海上安全合作项目（芬兰边境警卫队 2017 年）是一个为期 3 年的项目，旨在发展北极国家海岸警卫队之间与北极海上安全相关的实际合作水平。北极海岸警卫队论坛将于 2019 年 4 月初在波斯尼亚湾（Gulf of Bothnia）举行第二次演习。重点将是与海上事件相关的大规模救援行动。另一个例子是欧盟委员会资助的北极和北大西洋安全和备灾网络（ARCSAR）项目（Finne，2018）。SARex Svalbard 是挪威以 2019 年和 2020 年在斯瓦尔巴群岛水域进行全面测试为基础的一个项目，以开发新知识和改进救生成套设备。

在应急、预防、备灾和反应工作组 2017—2019 年的工作计划中，两个新的专家组将开始工作，一个是海洋环境反应工作组（与 MOSPA 相关），另一个是搜救工作组（与搜救协定相关）。

2020 年底前，俄罗斯的北极搜救中心将从 5 个增加到 9 个。4 个新的中心将位于蒂克西（Tiksi）、阿纳迪尔（Anadyr）、佩韦克（Pevek）和萨贝塔（Sabetta）。除了为使用北方海航道的交通提供服务外，这些中心还将改善当地居民的应急准备。

在挪威，诺德大学雄心勃勃地要成为北极备灾的国际能力中心。其商学院一直在开发新的基于经验的备灾和应急管理硕士学位课程。计划开展的活动包括：

（1）在危机管理、紧急情况预防、备灾和应对方面建立一个联合硕士培养方案。

（2）开发一个整合北极安全和安保的模拟网络。诺德大学还负责管理高纬度北极地区的海上备灾和国际伙伴关系（MARPART）计划和北极和北大西洋安全和备灾网络项目。MARPART 涵盖了几个主题，重点是应急响应管理和组织。

（3）不同海域的风险模式。

（4）四个北极国家（丹麦、冰岛、挪威、俄罗斯）的应急能力。

（5）应急响应系统的组织。

需要改进在结冰水域作业的溢油处理技术。最近,挪威购买了 3 套用于北极水域的系统。其中一套装备在冰加固的海岸警卫队船只"KV 斯瓦尔巴号"上。需要进行演习,以培训操作程序,观察效率,并提出设计变更建议,以提高在结冰水域处理溢油的效率。

最后,通信基础设施正在改善。挪威航天局目前正处在决定两颗新卫星合同的最后一轮,这将大大改善北极高维度地区的用户体验。卫星将被放置在一个以一种极好方式覆盖北极高纬度地区的轨道上,同时具有足够的带宽容量以满足用户需求。

为了总结我们对北极备灾展望的想法,我们想回到本章的导言部分。北极备灾必须包括人员、组织、工作流程和信息技术的整合,以便能够做出更明智的决策。未来在明天,但我们必须从今天开始,教育和培训人民在北极高纬度地区开展行动,了解和组织基于来自多个国家可用资源的备灾系统,并开发满足数字需求的技术基础设施。一个国家不能单独完成全部工作,必须通过该地区用户之间、不同救援协调中心之间以及私人和公共利益攸关方之间的协作方式来完成。备灾是了解彼此的能力,并通过对新技术和基础设施的投资来弥补系统中已确定的差距。例如,通信是北极环境可持续发展最重要的关键因素之一。幸运的是,许多提到的问题都在议程上,是展望计划的一部分,但我们不能停下来等待,我们应该继续优先考虑投资,并制定尽可能最佳的计划,以实现改善北极海洋备灾系统。这包括在北极条件下改善人类表现和生存能力的投资、与事故处理相关的操作理解和国际合作,以及技术方面的投资。我们必须在北极环境中建立备灾景观,从长期角度为用户和环境服务。

10.11 作者介绍

自 1984 年以来,托尔·埃纳尔·伯格一直在挪威海洋工程研究中心(MARINTEK)担任各种职务,直到 2012 年退休(MARINTEK 于 2017 年更名为挪威科技工业研究院海洋所(SINTEF Ocean))在同一时期,他在挪威工学院(Norwegian Institute of Technology)(自 1996 年起,更名为挪威科技大学(NTNU))担任海洋流体力学兼职主席。自 2012 年以来,伯格一直担任挪威科技工业研究院海洋所的兼职科学顾问。除了与船舶操纵性能/基于模拟器的船舶官员培训相关的项目活动外,他还参与了北极水域海上作业安全项目（特别是 SARiNOR 前期项目）和挪威应急拖船高级官员能力系统的开发。

自 1995 年以来，凯·费尔托夫特一直担任 MARINTEK 的研究员和研究经理。费尔托夫特参与了多个研究项目，主要涉及软件架构和开发、综合运营、海上安全运营、北极环境运营、货运、港口社区系统和通信（电信）。他负责管理 SARiNOR 项目中的一个工作包，并参与了其他几个项目。费尔托夫特出版了著作、论文和文章，重点关注软件架构和海上作业挑战、北极以及海上通信。其中许多主要关注北极环境。他还在商业应用程序项目中担任挪威驻欧洲航天局（ESA）大使。

参考文献

Allianz Global Corporate & Specialty. (2018). *Safety and shipping review*. Ambio. (2017). Oil spill response capabilities and technologies for ice – covered Arctic marine waters: A review of recent developments and established practices. *Kungliga Vetenskapsakademien*, *Ambio*, 46 (Suppl 3), S423–S441.

AMSA. (2009). *Arctic marine shipping assessment 2009 report*. Arctic Council. (2009). https://www.pame. is/images/03_Projects/AMSA/AMSA_2009_report/ AMSA_2009_Report_2nd_print. pdf.

Arctic Council. (2017, May) *Status on implementation of the AMSA 2009 report recommendations*. PAME.

Arctic Council. (2018). https://www. arcticcoastguardforum. com/.

Arctic Response Technology. (2017, May). *Arctic oil spill response technology – Joint industry programme summary report*.

Arctic Response Technology. (2018). *Oil spill preparedness*. http://www. arcticresponsetechnology. org/ research-projects/.

Basharat, S. (2012). *Proactive emergency preparedness in the Barents Sea*. MSc thesis, Nord University, Bodø, Norway.

Borch, O. J., et al., (2017). SARiNOR WP7, RAPPORT: «Behov for trening, øving og annen kompetanseutvikling innenfor søk og redning i nordområdene»–(in Norwegian).

Eger. (2010). *Effects of oil spills in Arctic waters*. Arctis Knowledge Hub.

Elgsaas, I., & Offerdal, K. (2018). *Maritime preparedness systems in the Arctic – Institutional arrangements and potential for collaboration*. MARPART project report 3. Nord University, Bodø.

EPPR. (2017). *Operational guidelines – Agreement on cooperation on marine oil pollution preparedness & response in the Arctic*.

Finne, A. (2018). *SAR network goes cruising with EU funding*. http://www. highnorthnews. com/ sarnetwork-goes-cruising-with-eu-funding/.

Fjørtoft, K. , & Tu, D. H. (2017) Arctic approach, the Northern area program. In *Communications and navigation challenges in the High North* (pp. 81-94). Fagbokforlaget. ISBN: 978-82-450-2112-7.

Fjørtoft, K. , Kvamstad, B. , Bekkadal, F. , et al. (2010). *SINTEF Ocean: Maritime safety management in the High North* (*MarSafe*): *Analysis of maritime safety management in the High North*. Trondheim: SINTEF.

Fjørtoft, K. , Kvamstad, B. , Bekkadal, F. , et al. (2012). *SINTEF Ocean: Maritime safety management in the High North* (*MarSafe*): *Future needs and visions for maritime safety management in the High North*. Trondheim: SINTEF.

Fjørtoft, K. , Bekkadal, F. , & Kabacik, P. (2013). *Maritime operations in Arctic waters*. MTS/IEEE OCEANS - Bergen.

International Convention for the Safety of Life at Sea (SOLAS). (1974). http://www. imo. org/en/ About/Conventions/ListOfConventions/Pages/International-Convention-for-the-Safety-ofLife-at-Sea (SOLAS), -1974. aspx.

Kvamstad, B. , Fjørtoft, K. , Bekkadal, F. , Marchenko, A. V. , & Ervik, J. L. (2009). A case study from an emergency operation in the Arctic seas. *TransNav International Journal on Marine Navigation and Safety of Sea Transportation*, 3, 455.

MARPART. (2018). www. MARPART. no.

McCormick, D. (2012). *Arctic-ocean shipping doubles as melting ice opens sea lanes*. IEEE Spectrum.

NORSOK. (2010). *Risk and emergency preparedness assessment*. NORSOK standard Z-013, Edition 3.

Norwegian Coastal Administration. (2018). Statistic data from http://Havbase. no.

Norwegian Government. (2018). *Prop. 55 S, Satellite communication in the High North*. https:// www. regjeringen. no/contentassets/f4eaa67003e749c7949a31b59daa7daa/no/pdfs/prp 201720180055000dddp dfs. pdf.

Norwegian Ministries. (2017). *Norway's Arctic strategy - Between geopolitics and social development*, *Oslo NOU*. https://www. regjeringen. no/contentassets/fad46f0404e14b2a9b - 551ca7359c1000/arctic - strategy. pdf.

Norwegian Technology Centre. (2001, September). *NORSOK Z - 013 risk and emergency preparedness analysis*. Oslo: Norwegian Technology Centre.

NOU. (1981). "Alexander L. Kielland" ulykken, Norges Offentlige Utredninger. NOU 1981:11. Statens Trykningssentral, 1981 (in Norwegian).

Ocean Conservancy. (2017). *Navigating the north - An assessment of the environmental risks of Arctic vessel traffic*. Anchorage. Retrieved from https://oceanconservancy. org/wp - content/ uploads/2017/06/ ArcticVessel-Traffic-Report-WEB-2. pdf.

Overland, J. E. , & Wang, M. (2013). When will the summer Arctic be nearly sea ice free? *Geophysical Research Letters*, 40(10), 2097-2101. https://doi. org/10. 1002/grl. 50316.

PAME. (2017, May). *Regional waste management strategies for Arctic shipping*, *regional reception facilities plan* (*RRFP*). PAME EPPR.

Petroleum Safety Authority Norway. (2017). *Guidelines regarding the activities regulations* (Last updated 18 december 2017). Petroleum Safety Authority Norway.

SARiNOR. (2018). https://www. sarinor. no.

SARiNOR2. (2017). *Salvage and preparedness for acute spills in Northern areas* (in Norwegian: Berging og beredskap mot akutt forurensning i nordområdene). Maritimt forum Nord (project leader K. E. Solberg) 10 Handling the Preparedness Challenges for Maritime and Offshore Operations.

Schmied, J. , Borch, O. J. , Roud, E. K. P. , Berg, T. E. , Fjørtoft, K. , Selvik, Ø. , & Parsons, J. T. (2016). Search andrescue operations contingencies in polar waters. In K. Latola & H. Savela (Eds.), *The interconnected Arctic — UArctic congress* 2016. Cham: Springer. https://doi. org/10. 1007/978-3-319-57532-2_25.

The Titanic. (2009). https://www. history. com/topics/early-20th-century-us/titanic.

Vigen, E. , & Ørpen, O. (2013). *Distribution of GNSS augmentation service at high latitudes using the Iridium communication system*. ENC 2013 (s. 5). Vienna, ENC.

第11章　北极海洋溢油响应方法
——环境挑战和技术限制

维克多·帕夫洛夫[①]

摘　要： 除了财政上的可行性之外，阻止石油和天然气工业在北冰洋全面运营的最重要的问题是恶劣的环境条件，在发生石油泄漏事故时，环境条件可能会破坏溢油响应。目前正在使用的方法和技术无法在结冰、暴风雨、低能见度和极冷条件下从海面高效快速地回收石油。2015 年，北极理事会应急、预防、准备和应对工作组（EPPR）（一个加强北极地区溢油响应（OSR）的国际机构）讨论了完善该领域的必要性。2018 年，在对北极水域进行全面研究后，EPPR 得出结论，自然气候条件对于许多地区目前的溢油响应水平来说太具有挑战性，仍然存在许多技术限制，且没有减少溢油的最优战略。因此，溢油响应问题未来将继续留在议程上。本章将重点介绍现有的主要溢油响应方法，并概述苛刻的北极环境带来的挑战和限制。它将分析现场燃烧、使用分散剂、机械和物理响应等不同的方法及其效率、适用性和多个环境、经济和技术参数。

关键词： 北极溢油响应

缩略语	含义
API	美国石油学会
BOPD	日产原油桶数
EPPR	应急、预防、准备和应对工作组
HFO	重油

---

①　芬兰奥卢大学、能源和环境工程学院。e-mail：Victor. pavlov@ ouluf.

ISB	就地燃烧
OSR	溢油响应
PAC	多环芳族化合物
SIMA	泄漏影响缓解评估
UV	紫外线
WOP	机会窗口

11.1　导言

北极漏油事故对应急人员来说可能是一项具有挑战性的任务，如下文中对"埃克森瓦尔迪兹号"（Exxon Valdez）事件的描述所示。为了应对石油泄漏，应急当局在其工具箱中有几种方法：就地燃烧、使用亲油撇油器和拦油栅进行机械回收、使用分散剂和吸附剂。根据其性质，可以将这些方法分为热、机械、化学和物理几大类。它们背后的核心机制分别是燃烧、黏附、分散和吸附（Liu et al.，2016）。由于其牵连越来越广，北极海洋溢油响应措施已得到了深入探讨。因此，北极地区不再是一个所有海域都具有类似的难以忍受环境条件的整体，其各次区域的普遍环境因素已经确定。这些因素限制了溢油响应，喀拉海以-45 ℃的极低温度，长达9个月的冬季，大风和快速冰川成为最有问题的次区域之一（Vorobiev et al.，2005）。由于恶劣无常的天气形势和极端的温度，这些海域的溢油响应仍然无效。北极溢油响应工具箱包含了在许多报告中均有描述的解决方案，例如，北极溢油响应技术-联合产业计划。然而，大多数文献来源并未提供关于方法的作业条件及其限制性度量参数的简明描述（Wilkinson et al.，2017）。

美国阿拉斯加州近北极漏油事件示例

到目前为止，近北极高纬度地区最大的漏油事件发生在1989年的美国阿拉斯加附近。"埃克森瓦尔迪兹号"油轮在威廉王子湾的布莱礁搁浅。11个油罐中有8个受损，4.1万 m³ 的石油泄漏到阿拉斯加湾。溢出的油变成了"巧克力慕斯"，并到达了海岸线。修复被污染的海滩花了3年时间。由于缺乏备灾的设备，减排行动被推迟。事故发生 35 h 后，油轮才被聚油栏包围。虽然天气条件有利，但选择的方法是就地燃烧，并且在非常有限的范围内使用分散剂。因此，约 100 t 原油燃烧，产生了 2 t 残渣，效率为 98%。很小的一部分为飞机驱散。第三天开始了一场持续了两天的大风暴。在"慕斯"形成后，唯一的选择是通过机械方法去除水中的油。共有约 11 000 人、85 个空军单位和 1 400 多艘各种船只参与了这次行动。在该地区很常见的涨潮将石油扩散到海岸线上的广大地区。这场生态灾难的统计记录显示，37 万只鸟类、200 只海豹和数不清的鱼类在泄漏中丧生。该地区的捕鱼产业已停止（Vorobiev et al.，2005）。

本章概述了可用于北极海洋环境的溢油响应方法。主要贡献是将相关数据整理成一份单一的结构化手稿：石油泄漏方法的描述、关键技术参数和环境限制。所有章节的讨论均基于该领域的最新出版物。所提供的数据旨在显示海上主要溢油响应解决方案的适用范围，而不是针对北冰洋的某些海洋条件推荐一种或另一种方法。鉴于工作范围不同，生物修复以及用于监测、遥感和应急规划的支持性溢油响应工具未包括在讨论中。

本章其余部分组织如下。前三节重点介绍了主要的溢油响应方法：11.2 节介绍了就地燃烧（ISB）；11.3 节检视机械溢油响应；11.4 节描述了分散剂的使用。每一节从方法概述开始。然后论证了环境挑战和技术限制。在 11.5 节，简要提及作为主要溢油响应后续清理措施的二次物理方法。

11.2 就地燃烧溢油响应

11.2.1 就地燃烧概述

1. 简述

自 20 世纪 70 年代以来，全世界已知的处理石油泄漏的主要热门方法是就地燃烧（ISB）（Gelderen et al.，2015；McLeod et al.，1972）。其基本概念是在专业控制和监督下，在意外泄漏的现场就地燃烧石油。几乎没有组织回收石油的进一步运输。例外情况仅限于控制燃烧后的残留物，如果可行，应收集这些残留物。就地燃烧主要考虑石油被冰包围的情况。然而，该方法仅适用于油有足够厚度可点燃的情况（Michel et al.，2005）。

2. 设备示例

为了控制过程并确保石油达到就地燃烧所需的厚度，浮油被控制在一个位置。这可以通过冰盖或（钢、陶瓷、纤维基、水冷或不锈钢半球）聚油栏来实现（Al-Majed et al.，2012）。通常，只有从远程海岸用空中交通工具传递才能组织响应。当石油自然地被包围在冰中时，情况就是这样（Fritt-Rasmussen et al.，2012）。使用点火器（如手持式或"直升机"式）和点火系统进行响应。当浮油需要人工遏制时，使用聚油栏或聚油剂。有时，促进剂，如柴油、凝固汽油、凝胶煤油立方体和活性化合物被用于改善浮油的点火和火焰传播。安装围油栏时，可使用两艘拖船；为了直观地发现泄漏物、点火和燃烧监测，也可以使用飞机。借助直升机、海船或其他合适的方式用火炬点燃来消除石油。火焰高度通常为溢出直径的 1.5 倍（Buist et al.，2013）。

3. 除油效率和所需时间

就地燃烧的效率是气候、油膜厚度、类型、乳化程度、油膜直径和其他因素等不同参数的函数。然而，其效率和消除率通常较高。每分钟燃烧约 $0.5 \sim 4.0$ mm 的浮油。根据 EPPR 的论述在 75% 的时间内不可能发生的理想条件下，1 h 内可燃烧 300 t（或 2 000 m³）石油，去除效率高达 98%。在实际条件下，这些数字是无法实现的（Allen，1988；Buist et al.，2013；Li et al.，2016；Watton et al.，1999）。大多数就地燃烧在几分钟到几小时内完成。油越轻，燃烧越好。就其燃烧能力而言，降序排列为汽油、柴油、喷气燃料、重油。

4. 方法的可持续性

（1）环境方面

就地燃烧方法将油从水中去除，并将对海洋生态系统的影响降至最低，因为在燃烧过程中消除了所有有毒的源自石油的可蒸发化学品。发射的热量大部分为 97%，直接散向天空。只有少量的热量被补给回光滑水面，以产生更多的碳氢化合物蒸汽并维持火焰。水上燃烧的油温度在 $900 \sim 1\ 200$ ℃之间变化，而其上层油层上的油膜温度为 $350 \sim 500$ ℃。其下方的油接近水和环境的温度：水-油界面处的水温不会超过 100 ℃，由于油层的绝缘特性，液体之间的热交换几乎不会发生（Walton et al.，1999）。

作业后留下的唯一物质是燃烧残渣。残留物不能燃烧或气化，但可通过海流和潮汐在海上运输。剩余量相当于浮油总体积的 2%~15%。对于较轻的油而言，其为 1 mm 厚的油膜并在水面扩散，对于较重的油而言，其最厚可达 5 mm。对于原油而言，只有一半的油会残留在表面上，另一半残留物则会下沉。它是就地燃烧的一种非常黏稠、致密且生物上不可用的副产品。它由半燃烧的油组成，不含挥发物，并有沉淀烟尘存在。在北极条件下，残渣回收是一项具有挑战性的工作。它通过物理化学污染影响底栖和沿海生态系统，对海洋生物造成不利影响。由于直接的物理接触，可能对沿海野生动物造成有害影响，可能导致被覆盖和摄入。残留物可能在环境中长期存在，最终搁浅在岸上。然而，所有毒性影响都是局部的、稀疏的，且表面损伤较小（Al-Majed et al.，2012）。可通过使用真空抽吸系统、海底泵、撇渣器、吸附剂或手动工具（铲子、桶、网）从水中收集燃烧残留物。

除此以外，残渣收集取决于结冰情况。如果石油自然地被围在冰中，产生的废物就会减少。如果油被聚油栏控制，则聚油栏会变脏，需要进一步处理。当就地燃烧在带聚油栏的无冰水域进行时，一两艘溢油响应船也与浮油直接接触。因此，建议进一步清洁船体。总体而言，与机械方法相比，废物管理方面的问题范围较小。在机械溢油响应中，由于要收集、储存和运输液体含油废物，所采用的物流和废物策略的范围可能是巨大的。

（2）社会方面

对环境和人类健康的影响被证明是轻微和局部的。此外，他们受到了仔细的监测。在所有就地燃烧操作中，必须考虑无常天气形势、野生动物和人口中心的邻近性。只有当人与烟直接接触时，才可能出现健康问题。只有当人们没有穿戴个人防护装备，并且在平静的天气条件下，烟位于海平面时，会发生这种情况。排放水平与被点燃的石油或石油产品类型有关。产生的烟雾主要由二氧化碳（73%）和水（12%）的简单分子组成。剩下的 15% 主要是烟尘颗粒，少量的一氧化碳、二氧化硫、氮氧化物、多环芳烃等（Buist et al.，2013）。

（3）经济方面

就地燃烧是一种廉价的溢油响应方法，因为它不需要复杂的设备。唯一需要的是专门的聚油栏和化学凝聚剂。人员参与度可能较低，就地燃烧的实施相当快（Fritt-Rasmussen et al.，2012）。这通常是最便宜的方法，其次是使用分散剂和机械回收（Doshi et al.，2018）。组织就地燃烧响应海上 1 t 石油的估计成本约为 2 700 欧元（Li et al.，2016）。

11.2.2　现场燃烧的环境挑战

1. 环境温度

国际油气生产商协会指出，就地燃烧适用的下限为水温度 0 ℃和空气温度 11 ℃。极低的温度增加了费用，因为可能需要调整工作轮班的持续时间，也可能需要加热系统。

2. 水中的冰

大多数现有的溢油响应方法在结冰条件下不是非常有效，因为它们最初是为开放水域开发的（Vorobiev et al.，2005）。在北极条件下，水面上的冰覆盖率从 0 到 100%不等，并且可以由季节冰到多年冰，还有其他不同类型的冰组成。对于就地燃烧，冰效应如图 11.1 所示。

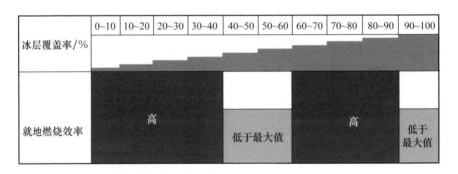

图 11.1　冰盖对就地燃烧的影响

在场景 1 中，覆盖率为 0 到 40%。这些条件有利于溢油响应工作，因为冰可以由响应者管理：例如，在作业中可以使用聚油栏和聚油剂。就地燃烧效率相当高，排油已完全启动。在场景 2 中，冰覆盖率为 40%~60%，以及 90%~100%。溢油响应变得更加困难，效率低于理论水平——低至60%。这是由冰物理障碍、可能的聚油栏故障和石油风化过程造成的。在方案 3 中，水面被覆盖 60%~90%，或自然封闭条件。在这种情况下，冰在溢油响应操作中起到帮助作用，将油包含在其圈中并抑制波浪影响，不需要聚油栏。冰中含有油，由于质量和热量传递，燃烧过程以其几何外观的独特变化做出响应（Farmahini et al.，2019），效率与开放水域一样高。

从以上讨论中可以看出，冰可以抑制和帮助溢油响应。自然封闭条件下，60%~90%的冰盖防止油污扩散或大大减缓其扩散速度。当浮油位于某个位置时，油膜厚度在充分条件下能更好地维持自身。石油保存良好，而其他风化过程也受到抑制，例如乳化、蒸发和生物降解。由于冬季低温和缺乏太阳辐射的影响，最后两种过程被推迟（Vergeynst et al.，2018）。油分解过程的速度较慢。潮流活动的影响可以忽略不计。这些外部条件适合作为就地燃烧的环境。机会窗口的开放时间比温暖的纬度地区长得多（Al-Majed et al.，2012；Fritt-Rasmussen et al.，2011）。就地燃烧适用于受冰影响的几乎所有情况的水域，其他溢油响应方法，如机械和化学方法却受到限制（Buist et al.，2013；Frittt-Rasmussen et al.，2012）。

石油与冰块顶部的雪混合，首先需要收集在锥形堆中。需要一个没有约束的油池。一旦以这种方式完成收集，它就可以被点燃和燃烧。如果溅到雪上的油量很小，约占雪量的 3%~4%，则应添加包括柴油或凝固汽油的点火器，以成功点燃浮油并支持燃烧，清除高达 90%的溢油。此类事件的机会窗口延长至 2 周。

3. 风的影响

平静的水是就地燃烧成功应用的重要条件。如果风力大于 10~12 m/s，则即使浮油厚度为 10 mm 且无波浪，也不可能点火（Buist et al.，2013）。这是因为缺乏合格的易燃蒸汽浓度，没有易燃蒸汽浓度不能支持燃烧。可承受蒸发损失的上限保持在约 30%的水平，但这取决于油的类型（Al-Majed et al.，2012）。点燃时，燃烧过程可在风速低于 18 m/s 的情况下持续。然而，考虑到火灾和烟雾沿浮油顺风传播的事实，这种强度的风可能会对就地燃烧作业人员的消防安全产生不利影响。风速对烟雾也很重要。它需要一定的大气湍流条件才能成功地在空中溶解，速度不能太高或太低。平静的风可能会在水面附近形成烟雾，从而危及相关人员。因此，从就地燃烧开始到结束，特别是在可能会有风暴的北极，预测风况对就地燃烧至关重要。

4. 波浪紊流

巨浪使该方法效率低下。在海流大于 0.5 m/s，风浪的波高大于 90~120 cm，涌浪的波高大于 300 cm 的情况下，不建议使用就地燃烧作为溢油响应的方法。所有这些参数都会影响聚油栏的保持能力。如果它不能将油容纳在一个地方，溢油响应操作将不会成功。

5. 光效应

在北极地区的极夜期间，就地燃烧作为溢油响应仍然可以适用。只有在船舶工具远离事故现场且未使用聚油栏的情况下，才能在夜间安全有效地实现就地燃烧溢油响应。至于太阳辐射，就就地燃烧而言，它会影响操作场所的排烟。太阳能使热空气团运动，从而使较暖的空气相对于较冷的空气上升，并带走部分烟雾。考虑到太阳辐射对油的影响，光氧化是一个过程，它取决于紫外线的量。紫外线在分解烃分子，特别是多环芳烃化合物（PAC）中起着重要作用。光氧化的另一个作用是生成乳液稳定成分，其可增强稳定乳液的形成。

6. 盐度

盐度不会降低或提高石油的燃烧能力，但只影响其浮力。咸度越高的海水密度更高，因此，它使石油更具浮力。在含微咸水的海洋中，由于两种物质的密度不同，油的漂浮能力可能会低得多。微咸海水的一个例子是喀拉海南部的一个咸水区——巴伦支海。如果盐分的含量小于 35×10^{-3}，则水被视为微咸水；而含盐量高于 35×10^{-3} 的水是盐水。需要注意的是，含盐量低于 0.5×10^{-3} 的水是淡水，但在北冰洋不满足这一条件。

7. 降水量和能见度

频繁的降水风暴和快速的天气变化在北极地区非常普遍。雪、雨、毛毛雨、雾以及它们的组合等各种各样的降水都是可能的。任何形式的雨都会降低就地燃烧的效率。最大的效果是抑制油燃烧过程中碳氢化合物蒸汽的形成。对于有效的溢油响应，至关重要的是观察溢油可以用聚油栏控制的位置，以及可以在其周围进行船舶作业，以便进一步进行就地燃烧。良好的能见度不仅对人们的健康和安全很重要，而且对帮助石油减排作业的船舶和飞机的操纵也很重要。对于飞行作业，水平能见度应至少为 4 km，对于现场作业，水平能见度至少为 300 m（Al-Majed et al.，2012）。

11.2.3 就地燃烧的技术限制

1. 油的类型及黏度

只有碳氢化合物蒸汽是易燃的。因此，更容易蒸发或蒸汽压力更高的油更容易点燃。它们大多是较轻的石油产品：根据美国石油学会（API）

规定，是指重力大于 32°或密度小于 860 kg/m³ 的低至中等粘胶（Michel et al.，2005）。然而太轻的油，如 API 超过 50°的汽油，燃烧是不安全的。这同样适用于过重类型的油，例如 API 小于 20°或密度大于 930 kg/m³ 的原油或重油，它们很难点燃（Federici et al.，2014；Michel et al.，2005）。表 11.1 包含重油、中油和轻油及其可燃性的几个示例。油越厚、密度越大、黏度越高，或者换句话说，油越重，它的可燃性就越低。油越轻，密度越低，粘胶越少，挥发性越大，越易燃。例如，柴油具有低密度和高可燃性，而重沥青几乎不可燃。

表 11.1　不同类型石油产品和原油的易燃性和就地燃烧效率

石油类型	石油产品	API 重力/（°）	易燃性
轻 （ρ<870 kg/m³）	汽油	65	非常高
	柴油	40	高
	轻质原油	30	高
中等 （ρ=870~920 kg/m³）	中等原油	25	中等
	重质原油	20	中等
重 （ρ>920 kg/m³）	重质燃油	19	中等
	稀释沥青	18	中等
	沥青	8	低
	沉油	7	非常低

2. 油膜厚度

作为另一个就地燃烧限制参数，浮油厚度对于点火和维持燃烧至关重要。建议厚度为 1~10 mm，取决于油的类型，最重要的是其黏度。与较厚、较重的油相比，较轻、粘胶纤维较少的油具有更强的蒸发和产生所需易燃碳氢化合物蒸汽的能力，并且可以用 1 mm 层点燃。重型，尤其是非新鲜乳化油膜，应以 4~10 mm 的厚度进行燃烧。最常见的最小推荐可燃厚度为 2~3 mm，优选 5 mm。聚油剂可以用来增加浮油厚度，但需要平静的条件，风速低于 1.5 m/s，波浪活动可以忽略不计（Vorobiev et al.，2005）。

3. 油的含水量

由于波浪、洋流和风的影响——风化过程，小水滴会被纳入石油中。一种进入另一种的百分比可能不同，形成油包水乳液。作为一个现实问题，乳液形式的油膜水含量应低于 20%～25%（Al-Majed et al.，2012；Buist et al.，2013）。较高的吸水量会使油过于泡沫和稳定。它可以创造所谓的"巧克力慕斯"，超级乳液。它很难被点燃，燃烧速度慢，火很容易被扑灭。另一个缺点是燃烧这些乳液会产生更多燃烧残留物。所有这些都使得就地燃烧工艺在水饱和度高的乳液中效率低下。可能在例如液状石蜡等某些原油中发生例外情况。它们可以在较高含水量的水中就地燃烧处理（Michel et al.，2005）。已知含水量为 60%～80% 的情况，也可以是 90%。这些乳液快速形成并保持稳定。为了点燃这些物质，需要破乳。这可以通过沸腾或使用特殊设计的化学品去除水来实现。这两种方法都有效，有助于形成一层覆盖乳化浮油的未乳化油。只有采取这些措施后，才有可能点火（Walton et al.，1999）。表 11.2 显示了油的水乳化对就地燃烧操作的负面影响。

表 11.2　浮油中含水量对就地燃烧的影响

石油中的含水量/%	就地燃烧效率
<12.5	低
12.5～25	中
大于 25	高

油的含水量越高，越难点燃。例如，当含水量高于 25% 时，可能需要助燃剂。助燃剂包括柴油或凝固汽油（Walton et al.，1999）。乳化油的物理转化对聚油栏也很重要。现场作业的经验表明，如果乳化液的黏度低于 1 000 mPa·s，则与黏度更高的乳化液或油相比，聚油栏泄漏风险更高。当适用低黏度油溢油响应时，尤其是确定拖曳速度时，必须考虑到这一点。其同样适用于机械溢油响应——聚油栏的应用。

4. 具体参数——消防安全要求

为了允许溢油响应在人口居住区附近的海上开展就地燃烧作业，需要获得国家的特殊批准。必须提供燃烧计划，包括现场的具体信息、天气预报、油类型、消防安全和物流、烟雾行为预测、空气监测、船舶和人员的下风安全距离、与烟雾相关的溢油响应船舶方位、通信实践等各种其他组织事项。此外，在溢油响应实际开始之前，应对操作员进行就地燃烧培训。需要注意与居民区、自然保护区和船舶交通工具的距离、烟雾的移动轨迹以及其他可能可燃物的接近度等因素。关于就地燃烧作业的顺风安全距离，取决于风向和强度。风越大，安全距离越大，而风越小，安全距离就越小。就地燃烧现场必须距离最近的定居点至少 1~2 km（Michel et al.，2005）。

5. 机会窗口

冰对油的封闭增加了机会窗口（WOP）。平均而言，机会窗口为 24~48 h，适用于所有溢油响应方法（Vorobiev et al.，2005）。由于冰阱条件，至少有 70% 的冰，并且北极蒸发量较低，因此机会窗口可延长至 72 h 或更长时间。对于重油，机会窗口较短，对于轻油和中油，它可以更长（Nordvik，1995；Fritt-Rasmussen et al.，2011；Singsaas et al.，2011）。记录表明，在非常平静的条件下，试验上限超过 30 天，没有发生乳化，膜厚较高，之后成功点火和燃烧。因此，在受冰影响的水域，成功应对溢油的限制比在公海条件下更宽泛。

有几个物理和化学过程与溢油有关，因此缩短了机会窗口：挥发性烃馏分的蒸发；油分散成液滴；光滑边缘氧化，形成焦油球；乳化；生物降解；以及蒸发。当所有挥发性成分蒸发超过 25%~30% 时，不可能点火。油越新鲜，燃烧过程就越成功和有效。在这种情况下，不需要点火器，也不需要用来集中油的聚油栏。

6. 与海岸的距离

与大陆的距离可能是对当地运送设备和响应人员的一个挑战。然而，开放水域条件和离海岸的安全距离是就地燃烧作业的必要条件。由于这种方法在后勤和基础设施方面比机械式溢油响应需要更少的安排，特别是当石油自然地被包围在冰中时，作业可以在次北极区域非常偏远的地区进行。与附近社区和敏感工业物体的安全距离是一个关键因素，因为烟雾中的空气污染物，包括颗粒物、一氧化碳、二氧化硫和多环芳烃化合物，可能对人体健康造成危害（Al-Majed et al.，2012）。最近的定居点距离就地燃烧现场不应小于 1~2 km，通常情况下距离限制为 8 km（Michel et al.，2005）。然而，这是一个取决于国家的决定。

11.3 机械溢油响应

11.3.1 机械响应概述

1. 简述

机械回收的主要任务是通过浮式结构（聚油栏）或自然遏制（如冰）定位和集中泄漏，并将回收的油从海面泵送到船上，在船上暂时储存以供进一步处置。第一个任务通过聚油栏适用程序执行，而另一个任务通过撇油器执行（Wilkinson et al.，2017）。机械溢油响应是一种被广泛接受的海上方法，已使用 50 多年（Al-Majed et al.，2012）。尽管事实上，石油开采通常需要对人员工作和使用多件设备进行深入的规划，并由特殊响应船和捕鱼船执行操作；根据 Ramboll Barents（2010）和 ART（2012），机械清理被认为是北极国家地方当局的第一个溢油响应选项。由于机械溢油响应过程中，油迅速扩散并破裂成单独的浮油，主要的操作策略是尽可能靠近溢油源。与就地燃烧不同，它不需要州、联邦和地方各级政府的批准。机械溢油响应的大多数策略旨在向撇油器供油。然而，撇油系统也有变化，例如，两艘带聚油栏的船，一艘带舷外托架的船，三艘有聚油栏的备用船，一艘单独在冰上的船。

2. 响应设备示例

（1）聚油栏

作为溢油响应辅助工具的聚油栏可通过空气充气或设计有嵌入式漂浮材料；紧密附着在船舶上，由其远距离拖曳或设置为被动和自足漂移。它们由经久耐用的织物制成，可以承受风、浪、酸、碱、油和石油产品，并不会对其进行吸附。通常每个部件设计为对称配置，这样牵引方向就无关紧要，它们可以通过锁链相互连接，形成一条长达 500~600 m，宽度100 m，最宽为 200 m 的条带。聚油栏安装所需的时间通常计算为准备工作 60 min，以及在水面上装载聚油栏实际工作 30 min（Ramazanov，2015）。目前市场上有 150 多种不同类型的聚油栏系统可在北冰洋气候条件下应用。然而，无论是哪种类型，聚油栏的主要任务都是遏制石油在海上扩散，防止石油到达岛屿或大陆海岸线，并设定浮油运动的特定方向。由于在外部环境条件下发生溢油，溢油迅速扩散到海洋表面，形成薄层，并失去其原始"新鲜"的溢油厚度，因此安装在浮油周围的聚油栏也可作为一个含油池，将油集中到溢油响应所需的厚度值。这在泄漏事件发生后的 72 h 内尤为重要。通常，水上收集油有三种装置：U 型、V 型和 J 型。除了常见的船舶组装装置外，聚油栏还可以通过直升机运送（Al-Majed et al.，2012；Parshentsev，2006；Vorobiev et al.，2005）。重要的是要考虑到，聚油栏只能以特定速度 1 kn（相当于约 1.85 km/ h）由船舶牵引（Singsaas et al.，2011）。这相当慢，几乎是人类平均行走速度的两倍。根据 ART 和沃罗比耶夫等（Vorobiev et al.，2005）的论述，最快的解决方案所允许的最高速度水平上限为 3 kn。否则，在较高的速度下，漏油将从聚油栏下方泄漏。泄漏不仅取决于拖曳速度，还取决于环境水动力条件（波浪形态、风速、水流）和聚油栏参数（浮力重力比、垂荡和横摇响应以及初始吃水深度）。聚油栏中最常见的五种泄漏原因为油夹带、排水、临界积聚、聚油栏浸没和飞溅（Li et al.，2016）。

（2）撇油机

撇油机是海上石油回收的主要机械设备，是一种液压驱动机构，配备有旋转平面材料结构，设计用于在其表面吸附粘胶油物质，无须添加化学试剂。工作的主要原理是油和水之间的物理性质差异，即密度和各种材料表面分子耦合存在差异（Vorobiev et al.，2005）。从历史上看，撇油器是为开放水面设计的。设计中的最新创新进展与寒冷和结冰环境条件有关，例如引入了防止结霜的加热系统，以及旋转集油器更好地吸收表面。否则，预计基本撇油技术不会有革命性的进步（Al-Majed et al.，2012；Federici et al.，2014）。关于撇油器的技术参数，有旋转速度和撇油器表面的吸附能力两个关键方面需要考虑。撇油器设计适用于大多数类型的油，但是有一个上限，在此之后，无论其亲油性能有多强，油没有足够的时间黏附在刷子纤维上（Al-Majed et al.，2012；Federici et al.，2014）。以下四种撇油器类型目前已生产并专门应用于操作：真空、堰式、机械式和亲油式。真空和堰式撇油器的缺点是吸入的水比油多，但仍在用于通过真空抽吸机构或重力收集轻质和中等黏度的油至回收罐。撇油机适用于非常黏稠的重油类型，因此配备了传送带，将其用专用桶运输至储罐。所有这些类型——真空式、堰式和机械式撇油器都会被冰颗粒堵塞，在极低的温度和冰冻条件下无法正常工作。在北冰洋最常用和最有效的撇油器类型是亲油型。它的结构有鼓、皮带、刷子、绳子拖把或圆盘，与水面上层接触旋转。该转子吸收水面上的油并将其运输以做进一步处理。通常，轻油和重油类型可使用该撇油器收集（Li et al., 2016；Wilkinson et al., 2017）。该撇油器的刷和鼓刷设计就其在结冰水域的应用方面而言具有最好的前景（Singsaas et al., 2011）。由于材料原因，它们具有最大的吸油能力，由数百万刷毛组成，以提供大量的接触面积；其能够收集任何黏度的油。它们可以自行推进、安装、便携和牵引。附在船舶上的撇油器具有更高的容量和对海冰的阻力（Lampela, 2011）。以下型号设计用于冰环境："北极熊号"（Polar Bear），60 m³/h，带有定制堰和刷鼓；"北极星号"（Polaris），70 m³/h，带刷鼓；"LRB 150 号"，90 m³/h，带亲油刷鼓。它们分别由代斯米（Desmi）、弗拉莫（Framo）和劳模（Lamor）制造商生产。冰管理和低温响应是可识别的，在撇油器设计中也包括了这些特征，并支持成功的机械除油操作。"北极熊号"和"北极星号"可以在冰盖70%的情况下运行；而"LRB 150 号"可在90%冰盖工作区工作（Federici et al., 2014；Rytkönen et al., 2015；Singsaas et al., 2008）。

（3）储罐

储罐是机械回收石油的另一个组成部分，用于临时储存回收油。储罐可分为两种类型：独立水上储存和船上储存。水上储存（驳船、气囊）仅适用于无冰的开放水域。船上储存通常安装在船舶甲板上或其下方。作为一项实际规则，其应为撇油器有效回收能力的两倍，尤其是在处理重油时，应具有强大的泵送系统以及储罐加热装置，因为低温可能会影响油的泵送性能。

如上节所述，堰式和真空撇油器的缺点是在收集油的同时带走过多的水——因此，与声称多余水含量为2%的亲油撇油器相比，储油罐的容量填充速度更快。为了解决大量回收海水的问题，通常采用一种具有水分离或注入程序的临时储存系统。该措施通过去除回收水，最大限度地提高储罐的储存容量。根据计算结果和水面浮油的状态，储油罐的尺寸可能不同。如果存在一个"巧克力慕斯"的案例，其中含有10%的油和90%的水，并且事故报告称漏油量为1 000 t，那么储罐的容量应至少为10 000 t。在北极条件下，这些水箱有时会被加热以使其内容物更容易流动。通常，储罐中的加热器保持在 90 ℃ （Vorobiev et al.，2005）。

（4）废弃物管理及处理

完成机械溢油响应需要处理废物和处置回收油。它们通常通过陆地上的或被送往炼油厂的燃烧设施进行。通常情况下，有基本焚烧设施安装在专门地方的船舶是首选。目前，根据容量，有三种主要类型的燃烧器，按升序排列为：旋转杯式燃烧器——每天数百桶油（BOPD）；增强型燃烧器——每天少于 10 000 桶油；气动火炬——每天 10 000 桶油或更多。旋转杯燃烧器相当轻，可在船上和内陆使用。该系统的主要部分是旋转风扇，它将杯中的空气吹出，并将油雾化，然后送至燃烧室。由于设计简单，增强型燃烧器是一个很好的选择，主要缺点是它只有小规模的应用能力。这种燃烧器类型是指烟囱式浮动焚烧炉，它由一个鼓风机来支持燃烧过程。最后一种燃烧器类型是油气工业中常用的试井原型，即气动火炬，需要额外的加压空气设备来雾化系统中的回收油，但也可以安装在船上。建议大规模漏油时使用此方式。

（5）响应平台

具有内置设备和运输训练有素人员能力的响应平台通常是机械溢油响应作业中最后但肯定不是最不重要的一个组成部分。根据海况和海洋环境的严酷程度，响应船舶的选择可能有所不同：对于开阔水域而言使用常规响应船舶，对于厚冰海域而言使用双壳冰加强类型的破冰船。此外，还应有空中支援进行监测和指导工作，以及小型多用途船舶以及吸附剂撒布器、分散剂喷洒器、泵、管道、吸附剂挤油装置、临时储罐或袋、焚化炉、链锯、个人防护设备和其他材料等各种溢油响应相关设备（Lampela，2011；Slaughter et al.，2017；Vorobiev et al.，2005）。

（6）除油效率和所需时间

在理想条件下，石油回收率高达 80%~95%（Li et al.，2016）。在实际作业中，根据环境条件，报告的设备效率范围为 10%~30%。反过来，30% 通常是一个乐观的预测；5%~15% 是真实的实际期望值（Vorbiev et al.，2005）。然而，在冰冷的海洋环境中，机械溢油响应是可行的（Li et al.，2016；Singsaas et al.，2011）。该方法耗时。其缺点是撇油器的宽度及其较小的油表面捕获量使得撇油能力低，收集油的效率低。可以通过将聚油栏连接在一起并增加其抓握宽度来解决此问题，但同时工作速度将降低至 1 ~ 3 kn，或 2 ~ 6 km/h（Federici et al.，2014；Slaughter et al.，2017）。可能需要几天到几个月作业才能完全完成石油回收。通常情况下，石油扩散速度比回收速度快（Wilkinson et al.，2017）。

3. 方法的可持续性

（1）环境方面

通过该溢油响应，可以从海洋表面机械地永久地去除石油。与就地燃烧相比，机械溢油响应不会明显增加现场空气污染，因为焚烧大多发生在陆上。在水污染上也一样（Al-Majed et al.，2012）。然而，由于使用响应船舶和设备，可能会产生轻微影响。噪声污染的增加可能是机械溢油响应影响的特性之一。未回收的石油也会造成严重的海洋污染。通常与海水和冰混合的回收油被送往下游分离和进一步处理。在北极条件下，大量混合物需要临时储存并在事后处理，这是一个挑战。在船上运输混合物，将其储存在提供加热的储罐中，然后进行处理，需要大量能源。它还要求陆上设施熔化、分离和利用石油，而这些又受到地理纬度限制（Al-Majed et al.，2012；Lampela，2011；Slaughter et al.，2017；Wenning et al.，2018；Wilkinson et al.，2017）。

（2）社会方面

人员健康和安全问题是机械采油的首要问题，因为溢油作业是在恶劣的北极环境条件下组织的，可能持续数周。在可能的危险中，物理危险包括寒冷压力、光导致的雪盲、黑暗和结冰导致的安全事故；化学危险是吸入或皮肤接触暴露的油；生物危险是与北极熊或海象接触；以及其他危险。

（3）经济方面

一般来说，机械方法作为一项整体技术，需要大量资金，尤其是运送人员和设备至遥远的地区。一般来说，从海面上机械回收石油通常是一个大事件，需要对人员的工作进行深入规划，并使用多组分设备，由特殊响应船操作执行。对于这种溢油响应方法，应充分考虑北极物流的可用性：船上或陆上的食品、燃料、住宿、储罐和用来最终利用回收石油的燃烧设施以及生产废物管理系统（Federici et al.，2014；Wenning et al.，2018）。除此之外，还应配备具有内置设备和可运输训练有素人员的响应船。根据海况和海洋环境的恶劣程度，可以选择不同的船舶：对于开放水域使用常规响应船舶，对于厚冰海域使用破冰型双壳冰强化船舶。此外，还应提供空中支持以监测和指导工程，小型多用途船舶以及吸附剂撒布器、分散剂洒水器、泵、管道、吸附剂挤油装置、临时储罐或袋、起爆器、链锯、个人防护设备和其他材料等各种溢油响应相关设备（Lampela，2011；Vorobiev et al.，2005）。从水中回收 1 t 石油的预估成本为 8 500 欧元（Li et al.，2016）。

11.3.2　机械响应的环境挑战

1. 环境温度

对于机械溢油响应方法，尤其是撇油和泵送，低温是一个抑制因素。与任何技术机制一样，撇油机的工作环境有一定的限制，特别是在冰冷的温度下。为避免海水喷射导致其运动部件冻结，为收集和运输黏性油提供允许的工作温度，并保持其表明的效率，通过热水管供热的循环加热系统应持续运行。处理重油也变得具有挑战性。由于黏度增加，石油在冰冷条件下固化，用撇油器收集并用泵运输变得困难，在大多数情况下不适用。取而代之的是，使用网和其他合适的装置进行石油回收，并找到适当的储存和转移方案。机械溢油响应的推荐工作温度为−18 ~ −5 ℃（Wilkinson et al.，2017）。

2. 水中的冰

对于机械回收石油，从 11% 冰覆盖率开始，聚油栏的功能和整体操作便会受到损害。一些冰被截获在与船舶拖曳方向相反的聚油栏位置。聚油栏可能被撕裂、拉紧、拉伸和影响对溢油的保留。尽管如此，聚油栏仍适用于结冰 30% 以下的情况（Wilkinson et al.，2017）。冰对于机械回收石油效果的影响如图 11.2 所示。

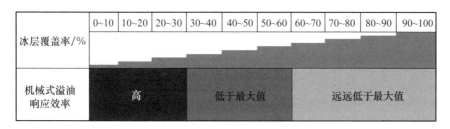

图 11.2　冰盖对机械回收的影响

浮冰覆盖面积占溢油现场总地表水面积的30%以上，通常是安装聚油栏的障碍。独立聚油栏失去了可用性（Singsaas et al.，2011）。在30% ~ 60%的冰覆盖水域中，聚油栏系统采用短连接与响应船连接。这种结构具有高机动性和强大的便于在冰水中进行溢油响应操作的安装臂。如果无冰水面小于40%，则完全排除使用聚油栏。不可能有人为的浮油围堵（Potter et al.，2012；Økland，2000）。在这种情况下，冰自然包围了石油，减少了来自波浪的湍流影响，限制了其扩散，形成了油池壁，并形成了收集浮油的单独的口袋。所有这些都能将石油保存更长时间，使得在石油泄漏发生后很长时间内采用机械回收成为可能（Wikinson et al.，2017）。由于明显的原因，与开放水面相比，装置在冰盖水域的有效性较低。作为一种溢油响应工具，撇油器在结冰水域也有其局限性。机械清理的最重要方面是提供撇油器和浮油之间的物理接触。因此，撇油器表面应无冰颗粒或冰块干扰，否则会降低接触率。从这个意义上讲，已经对撇油器装置特性进行了若干研发以解决这个问题。例如，改进的撇油器主体可用金属筛状结构挤压冰块，将冰浸没在海平面以下，使海平面与撇油器表面接触。另一种解决方案是关于冰处理的，当一些颗粒最终进入撇油器时，其中油与冰的分离是自动设置的。作为另一个限制，冰的存在可显著降低机械溢油响应设施的效率，并通常使其无效。与理想的开放水域条件相比，受冰雪影响的水域从根本上降低了该方法的适用性。从冰占自由水表面10%的比例开始，即代表若干浮冰的部分，撇油器失去了最大的石油回收能力（Dickins，2015）。高达30%冰覆盖率的常规开放水域，撇油器可以操作。结冰范围在30% ~ 70%内，应部署专门的撇油设备。此外，处理受石油污染的冰也是一个问题，这是一项能源性挑战任务。泵可能会被冰堵塞，导致故障。需要适配泵和加热系统用于运输和储存，例如加热盘管。当从冰中分离油并将其融化时，在经济上只有少量的冰是可以接受的（Lampela，2011；Vorobiev et al.，2005）。

3. 风的影响

由于海水通过空气泵随风飞溅后转移，撇油器和聚油栏会结冰，并在设备上积累冰块，这导致聚油栏无法保持浮力。风也可以移动聚油栏，使其走锚。这同样影响船舶和设备的稳定性。大风为溢油响应作业提供了不利条件：很难提供人员安全保障，保持船舶处于正确位置和拖航速度，并保证聚油栏的含油能力和撇油机效率。当开阔水域的风速超过 15 m/s 时，机械回收是不可能的。

4. 波浪紊流

机械溢油响应同就地燃烧一样，在巨浪活动中变得低效。水的能量越多，聚油栏的适用性就越低。在开阔水域流速超过 0.5 m/s 的水流中，波高超过 2~3 m 时，拦油栅开始浸没、破裂，并无法进行漏油控制。

5. 光效应

与就地燃烧不同，日光的可用性通常会限制机械溢油响应。光线会影响操作人员的工作班次，尤其是在一年中缺少光线的时段——极夜（Vorobiev et al.，2005）。然而，以挪威为例，应急计划包括在黑暗中进行溢油响应作业，如果可以使用航空遥感，系数则减少为 50%。

6. 盐度

与就地燃烧类似，盐度仅通过影响石油浮力来影响机械回收过程。与溢油类型无关，与微咸水相比，溢油在更咸的海水条件下更具浮力。

7. 降水和能见度

尽管夜视设备取得了一些进步，但约 1 800 m（约 1 n mile）的能见度仍然是行动的限制参数（Slaughter et al.，2017）。雾、低云、暴风雪和黑暗包括船员的安全极大地限制了溢油响应机械作业。

11.3.3　机械响应的技术限制

与所有其他溢油响应方法一样，该方法的功能严格取决于石油物理状态以及周围环境和海洋条件。获取有关浮油体积、黏度、油层厚度及其海况温度数据对溢油响应中操作撇油器在技术上具有相关性（Al-Majed et al.，2012；Federici et al.，2014）。

1. 油的类型及其黏度

撇油器技术适用于多种类型的油，包括强乳化油。唯一的限制与聚油栏保持能力有关，与防火栅类似。黏度低于 1 000 mPa·s 的乳液现场操作结果表明，与黏度更高的乳液或油相比，聚油栏泄漏程度更高。必须考虑到使用低黏度油时降低牵引速度这一点，以避免出现过多泄漏（Vadla et al.，2013）。

2. 油膜厚度

在机械油回收中，油膜厚度应至少从 1~2 mm 到 10 mm 不等，这通常是通过使用聚油栏达到的。如果自由漂移油的厚度小于 1 mm，则亲油撇油器将变得效率低下。

3. 石油含水量

随着乳化和风化的增加，石油变得非常黏稠。当该状态达到黏度超过15 000~20 000 mPa·s 的"巧克力慕斯"特性时，唯一的选择是通过机械方法去除水中的油。由于与海面上可回收油量相比，机械回收油的效率可能约为20%，这意味着仅能收集五分之一的油，剩下的五分之四留在海洋环境中自然生物降解，可能部分石油会搁浅在陆上（Vorobiev et al.，2005）。

4. 具体参数——储罐容量

大多数撇油器摄入的海水可分为游离海水和乳化海水，其多于油料。因此，需要有一定容量的储存设施。一旦储罐装满后，必须在岸上排空，除非使用燃烧设施（Slaughter et al.，2017）。卸载储罐并将其返回现场的往返行程可能需要数小时。在北极条件下，储罐还需要有加热系统。在储罐中分离并沉淀的自由水可以排放回聚油栏。

5. 机会窗口

根据冰情、环境条件和油的物理化学性质，机会窗口为 24~72 h，有时为数周（Federici et al.，2014；Singsaas et al.，2011）。

6. 离岸距离

机械溢油响应过程中最重要的考虑因素之一是其明显的物流。与大陆的距离不应太长。设备的交付和维修以及回收油的运输是一项挑战。北极地区的偏远地区也需要在事故区域附近提供人员和设备。这些作业需要大量人力，因此北极地区潜在溢油应急地点的偏远是一个限制因素。

11.4 用于溢油响应的分散剂

11.4.1 分散剂使用概述

1. 简述

使用分散剂作为主要的化学方法，有时被认为是除北极的就地燃烧和机械溢油响应选项之外的另一种溢油响应选项。芬兰和瑞典避免使用该方法，因为波罗的海环境状况恶劣，禁止使用；而丹麦、冰岛、挪威、美国和俄罗斯在获得当地管理当局的特别环境许可后，允许使用分散剂。这种方法在 20 世纪 90 年代最为流行。分散剂与设备一起储存，供全球五分之三的溢油响应中心使用——清洁加勒比合作社（Clean Caribbean Cooperative）、东亚响应有限公司（East Asia Response Limited）和溢油响应有限公司（Oil Spill Response Limited）。在过去 30 年中，70 多起石油泄漏事件通过分散剂得到了处理（Vorobiev et al.，2005；Potter et al.，2012；Prince，2015）。

分散剂是化学液体物质——油状浅棕色至深棕色，在烃溶剂中含有阴离子和中性表面活性剂及添加剂。其目的是帮助油分离成颗粒。在给定的条件下，油是胶质系统，以浮油的形式溅入水中。其中，油最初是分散相，水是分散介质。表面活性剂或表面活化剂用于降低油水界面的表面张力，并将系统的油部分溶解在 $20 \sim 70~\mu m$ 中性浮力液滴中。如果它们的尺寸超过 $100~\mu m$，它们会重新浮出水面，再次形成浮油（Potter et al.，2012；Wilkinson et al.，2017）。小液滴在表面混合层中通过水体扩散。这需要打破水面上的油膜，以便通过海流和波浪的湍流作用加速石油的生物降解和扩散。分散油滴的初始浓度可能高达 $(3 \sim 5) \times 10^{-5}$。然而，数小时后，油浓度降低至 10^{-6} 或更低。这可通过海洋生物机制，特别是北极本土海洋石油细菌进行溶解和利用（Dickins，2015）。这是数百万年来存在的一种有效的天然漏油清理方法（Boshi et al.，2018；Potter et al.，2012；Prince，2015；Slaughter et al.，2017；Vorobiev et al.，2005）。最近的研究证明，它也适用于北极环境。

通常，当环境优先区域受到威胁时，使用分散剂。特别优先考虑的是沿海地区、滨海鸟类和动物生存。例如，1996 年，威尔士主管当局决定立即使用分散剂，以避免 35 000 t 泄漏石油到达海岸线。即使在短期内，分散剂和相应的大量油微滴在水体中形成高度集中的油滴“云”，对海洋物种具有暂时毒性；从长远来看，由于广泛可用的石油原料，细菌的立即氧化作用可适当转化石油。此外，由于油和水之间的界面面积急剧增加，包括溶解的其他降解过程，有助于减少油的影响。通常，几天后，第一批北极细菌群落就栖息在水滴中并开始降解。如果在海面上留下浮油或浮油到达海岸线，执行同样的措施并使海洋野生动物免受长期不利影响所需的时间会有显著差异。例如，受石油污染的海岸可能会持续受影响 $10 \sim 15$ 年，而海上水体的恢复只需几周（Makhutov et al.，2016；Prince，2015）。一些评论文章提到物理分散的半衰期将在 4 h 到 24 h 的一天内发生（Li et al.，2016）。对威尔士案件中分散剂使用的环境影响评估表明，这是在该特定案件中使用的最佳溢油响应解决方案。

2. 响应设备示例

分散剂通常易于部署，并通过飞机、直升机和船只进行喷洒；极少数情况下被注入海底。不同分散剂应用平台的能力根据泄漏情况有不同的优缺点。例如，飞机具有较高的喷洒能力，但装载空间有限，导致分散剂装载站与事故地点之间的转运时间较长。分散剂 1 份体积可处理 20~30 份油。它可以方便地大规模使用，特别对于偏远地区而言是一种快速且经济可行的选择。当在海上从飞机上喷洒分散剂时，记录的消耗量约为每公顷50 L（Prince，2015）。建议空中使用的分散剂黏度大于 60 mPa·s。这种方法的优点之一是可以防止"巧克力慕斯"的形成，这是一种很难生物降解且具有高稳定性的油脂状态（Lampela，2011；Vorobiev et al.，2005）。在海底应用时，分散剂与油的比例为每 100 份中使用 1 份（Slaughter et al.，2017）。

3. 除油效率和所需时间

术语"清除"不适用于分散剂，因为石油在溢油响应作业后仍留在海洋环境中。随后的处理和最终溢油的消除与自然生物降解过程直接相关（Potter et al.，2012）。因此，讨论海面除油而不是溢油响应效率是有意义的。与就地燃烧和溢油机械处理相比，空中使用分散剂最快（Doshi et al.，2018）。油的机载化学处理是在水面以上 25 m 处进行的，效率是机械回收的 40 倍，速度是机械回收的几倍（Vorobiev et al.，2005）。对其速度有两种不同的观点：飞机速度为 275 km/h，船只速度为 13 km/h。响应船速度慢得多，因此，分散剂喷洒仅适用于近岸的小规模泄漏。一架化学品运输飞机可以在 4~8 h 内抵达事故地点。飞机的分散剂消耗量为每公顷 50 L，最大承载能力为 19 000 L。实验室记录的分散剂在试验设施中的表面效率等于 90%，适用于寒冷条件下的新鲜油和风化油（Belore et al.，2009；Wilkinson et al.，2017）。

4. 方法的可持续性

（1）环境方面

有三个问题需要关注：分散剂的毒性、分散油的毒性和生物不可用的油化合物。最近的研究表明，现代分散剂具有低毒、可生物降解和快速稀释的特点。因此，它们不会协同增加石油污染的不利影响。目前正在实验室进行试验，以研发基于生物表面活性剂的新材料（Li et al.，2018）。总而言之，由于分散剂对环境的长期益处，许多建议倾向于使用分散剂。最后一项声明是比较两种情况的结果：一种是石油泄漏自然风化，没有使用任何溢油响应方法，另一种是使用两种分散剂处理石油。从长远来看，分散剂使石油在生物上的可用性大大快于自然降解过程。分散剂增加了水中石油的表面积，使石油在数周内降解，而不是没有使用分散剂在几个月或更长时间内降解。此外，使用分散剂还可以消除污染沿海地区的风险。因为分散剂的毒性低于石油本身的毒性。在浮油扩散后的前 2 h 内，水体中的碳氢化合物浓度达到峰值。这可能产生最不利的影响和接触：例如，影响水层中的鱼卵和其他生物群（Wilkinson et al.，2017）。至于北极地区的情况，人们认为，北极地区生态系统的敏感性与任何温带气候区没有区别——生物有机体同样脆弱（Dickins，2015；Prince，2015；Wadhams，2017）。

（2）社会方面

由于严酷的北极环境可能会影响响应者的健康和安全，因此必须为潜在的物理、化学、生物和其他危害做好准备。由于可能吸入和接触皮肤，因此应使用个人防护设备。

（3）经济方面

在海上条件下，每吨石油使用分散剂的预估成本为 5 000 欧元（Li et al.，2016）。这高于就地燃烧，但低于机械回收。成本结构消除了两个昂贵且工作密集的参数：组织人员和相关设备参与清理作业，以及安排对收集的石油污染材料的废物管理（Prince，2015）。

11.4.2 分散剂使用的环境挑战

1. 环境温度

当降低环境温度和石油温度时，石油黏度会增加。温度越低，黏度越高，化学效率越低。在北冰洋严寒条件下，分散剂可以使用，生物降解可以有效进行（Vorobiev et al.，2005）。如果从船舶喷洒分散剂，阀门和其他溢油响应操作组件可能会被冻结。

2. 水中的冰

对于分散剂的使用，冰是一个具有阻尼作用的障碍物，它阻碍了成功启动分散所需混合过程中必备的波浪的作用（Lampela，2011）。化学溢油响应的冰覆盖有几种情况，如图 11.3 所示。

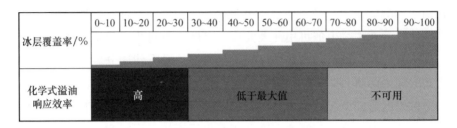

冰层覆盖率/%	0~10	10~20	20~30	30~40	40~50	50~60	60~70	70~80	80~90	90~100
化学式溢油响应效率	高			低于最大值				不可用		

图 11.3　冰盖对分散剂使用的影响

即使冰层覆盖率高达 30%，溢油响应作业也是可行的，可采用最快的分散剂喷洒方法——飞机上安装喷雾器。从 30% 到 70%，冰覆盖抑制了高效的空中喷洒，除非是由直升机进行，因为直升机比飞机具有更高的机动性。该方法仍然可以组织，但速度较慢。如果在该冰层范围内的船舶上应用，自然界以外的人工混合能量已证明是有效的，例如，来自船舶螺旋桨的能量（Daling et al.，2010）。海浪对冰盖的影响基本上较低，为 30% ~ 50%（Potter et al.，2012）。活水面低于 30% 的结冰情况可能使化学溢油响应溶液不再是合适的解决方案，除非有可操作的喷雾臂（Daling et al.，2010；Daling et al.，2012；Lewis et al.，2007）。

3. 风的影响

风是溢油响应作业的限制因素，有利值范围为 4 ~ 12 m/s（Potter et al.，2012）。不同于撇油机和聚油栏，风暴天气不限制分散剂的功能。相比之下，海洋风暴有利于将石油和化学品混合。然而，仍然存在 12 ~ 15 m/s 的上限，超过该上限，喷洒分散剂会变得困难或不安全。低于 4 m/s 时，环境条件也受到限制——太平静，可用的混合能量不足，无法支持有效的分散率（Vorobiev et al.，2005）。

4. 波浪紊流

分散需要足够的混合能量，以打破油滴中的油，并将其混合到水体中。因此，这一过程高度依赖于这类能量的自然来源，如海流或风流，或人工能源，其中最常见的例子是水下船舶推进器，有时与矿物颗粒一起应用以加强混合（Dickins，2015）。因此，具有强烈波浪的非平静海面是化学反应的良好先决条件：波高为 2~4 m，有时为 7 m，对于空中分散剂播撒是可以接受的，对于船舶而言，波高最高可达 3 m（Wegeberg et al.，2017）。船舶安装设备需要更平静的海况，但波高需要超过 0.5 m（Slaughter et al.，2017）。过高的波浪活动，尤其是超过 3~5 m 波高的限制，可能会对分散剂和油料之间的相互作用产生不利影响，并抑制瞄准浮油（Slaughter et al.，2017）。

5. 光效应

为了提高溢油响应作业期间的能见度和安全性，需要日光。船舶和飞机在使用分散剂之前和使用化学品时都需要确认浮油的位置（Slaughter et al.，2017）。尽管经验表明，在黑暗中也可以进行溢油响应作业，系数降低为 50%，但前提是可以使用航空遥感进行引导。

6. 盐度

由于分散剂的效率取决于盐度，因此每百万吨海水中的盐分含量非常重要。在微咸水中，分散剂的效率降低。在商业规模上，分散剂主要用于盐度为 0.025~0.04（Wegeberg et al.，2017）。然而，也有用于低盐度和淡水的分散剂。

7. 降水量和能见度

从实际角度来看，空中分散剂的使用类似空中就地燃烧，不需要降水和高能见度（Potter et al.，2012）。空中能见度应至少为 2~5 km，现场操作能见度为 200~900 m。

11.4.3 分散剂使用的技术限制

1. 油类型及其黏度

对于 20 000 mPa·s 以上的高黏度凝胶状油，存在限制——这会导致分散剂效率低下（Canevari et al.，2001；Potter et al.，2012）。从这个意义上说，在准备对浮油进行化学处理时，应考虑油的类型及其形态（Dickins，2015）。通常，对于黏度范围在 2 000~10 000 mPa·s 之间的任何类型的油该方法都适用，效率在 5%~70% 之间。小于 2 000 mPa·s 是可以接受的，油分散性好，效率最高，效率超过 70%（Federic et al.，

2014）。黏度过高使分散效率低下，因为表面活性剂在渗入油中之前会被海水冲走。表 11.3 显示了油的类型如何影响分散剂的使用效率。当 API 比重大于 45°，密度小于 800 kg/m³ 时，不建议使用化学溢油响应；而当 API 低于 10°时，分散剂效率低下。

表 11.3　不同类型石油产品和原油的分散性

油品类型	油品	API 比重/（°）	分散性
轻 （ρ<870 kg/m³）	汽油	65	高，但不建议使用溢油响应
	柴油/轻质原油	40	高
中等 （ρ=870~920 kg/m³）	中型原油	25	高
重 （ρ>920 kg/m³）	重油	19	中等至低
	沥青	8	缺失

2. 油膜厚度

化学分散良好，浮油厚度较低（0.1~1.0 mm），但厚度不超过 10 mm 的油膜可作业（Vorobiev et al.，2005）。

3. 油中的水分

乳化后，油对分散剂的可用性降低（Prince，2015；Størseth，2018）。含水率高于 25%的乳液太稳定，难以分散（Al-Majed et al.，2012；Buist et al.，2013）。

4. 表面混合层的深度

由于油滴在上层水中扩散，因此浮油现场的海洋深度受到限制。表面混合层越深，铺展越均匀（Prince，2015）。浅层区域不允许使用分散剂。可能认可的化学溢油响应最小层深为 10~20 m。大多数时候，它至少超过 60 m。此深度可确保分散剂在水体中更好地均匀铺展（Prince，2015）。

5. 机会窗口

与低纬度和温暖气候区相比，由于风化率降低，北极机会窗口的时间可能更长（Potter et al.，2012）。然而，在事故发生后 72 h 内，将分散剂喷洒在刚溢出的油上，可以观察到分散剂的最佳使用效果和最高效率。从这个角度来看，在确定发生事故后，应立即决定采用化学方法（Federici et al.，2014）。

6. 与海岸的距离

该方法适用于偏远地区，不需要对物流和基础设施进行特殊安排，这对于东北和西北航道沿岸的现有基础设施而言是有利的（Vorobiev et al.，2005）。然而，如果从船上使用分散剂，那么化学品的再补给可能成为一个后勤问题（Slaughter et al.，2017）。

11.5 物理溢油响应

11.5.1 物理溢油响应概述

物理溢油响应的主要工具是吸附剂。吸附剂是固体或液体材料，可以通过吸收或吸附两种物理化学机理从周围介质中吸收液体（Doshi et al.，2018；Federici et al.，2014）。液体或吸着物，根据其来源可以是水和油。在物理溢油响应中，吸附剂通常是固体材料，有粉末、卷、垫、绒球、水栅等多种几何形状。虽然形式不同，但都要求具有防水性和亲油性。有些材料可以重复使用，但很少有人会组织。原因是消耗时间和耗费人力。合成吸附剂可以循环使用多次。吸附剂经常用于回收海岸附近的少量石油。它们通常对油迹进行最终清洁组织作业；环境敏感区域的清洁水面，或在机械回收或其他主要溢油响应方法不适用的情况下，也可组织作业（Li et al.，2016；Wenning et al.，2018）。物理溢油响应被视为辅助溢油响应方法。主要的北极海洋溢油响应出版物中并不经常提到这一点。因此，其溢油响应影响因素的外延是基于之前回顾的其他溢油响应方法。它主要涉及环境挑战。

1. 响应设备示例

吸附剂分为合成吸附剂和天然吸附剂。天然吸附剂可以是有机的和无机的。合成吸附剂的例子有聚氨酯、聚乙烯和尼龙纤维。天然有机物包括泥炭藓、稻草、羽毛；天然无机物包括蛭石、羊毛、黏土。根据泄漏区域的给定条件，可使用响应船、渔网、储存设施、吸附剂水栅、吸附剂垫或其他几何形状的吸附剂。

2. 除油效率和所需时间

与天然类似物相比，合成吸附剂通常效率更高，在现场的浮力、疏水性、吸附能力、使用后吸附剂的收集能力的性能上更好（Doshi et al.，

2018；Federici et al.，2014）。天然吸附剂每克材料可吸收 20 g 油，而合成吸附剂最多可吸收 70 g 油。目前开发的气凝胶是吸附剂的一个亚类，它可以是合成的，也可以是天然的，适用于各种油，油的吸附率可以达到200 g/g（Doshi et al.，2018）。这些材料具有高表面积、高孔隙率和良好的浮力特性。综上所述，这使它们成为理想的溢油响应吸附剂。唯一的缺点是它们的生产成本高，在多次压缩并从材料中提取油后缺乏耐久性以及亲水性。它们既摄入水，也摄入油（Doshi et al.，2018）。操作所需的时间取决于油的类型和吸附剂的表面积。黏性较大的油与吸附剂的反应比黏性较小的油慢。较小尺寸的吸附剂可为被吸附的油提供更好的接触机会，而不是尺寸较大的材料，例如，松散的股线与聚油栏。另一方面，收集小尺寸的浸透的吸附剂可能耗时且需要大量劳动力，这都是物理溢油响应作业的一个缺点（Al-Majed et al.，2012）。

3. 方法的可持续性

（1）环境方面

吸附剂使用最明显的环境缺点之一是产生过多的废物。因此，应用这种溢油响应方法是一个废物管理问题：1 份吸附剂材料可以产生 70 份油污染废物（Al-Majed et al.，2012）。从水面收集饱和吸附剂后，需要临时储存和后续物流准备吸附剂和辅助工具，例如用于提升回收石油的渔网。处置方式有焚烧或填埋两种。两者都要求达到卫生标准：第一种情况是空气排放（二噁英和多环芳烃）要求，第二种情况是内陆卫生填埋区，通常远离海岸线和溢油事故发生地。为了成功焚烧，吸附剂中的含水量应尽量低。在吸附剂收集阶段和从水中提升饱和材料期间，由于材料对机械压缩的敏感性，混合油可能泄漏。压缩也可能由风和海况等环境条件造成。处理天然吸附剂材料时，材料和混合油都可能下沉和流失。虽然天然吸附剂可以生物降解，但海底污染和对当地生态系统的不利影响使其成为不适合的解决方案（Al-Majed et al.，2012；Federici et al.，2014）。合成吸附剂即使不能被生物降解，对环境也是惰性的。一些吸附剂富含营养物质，可提高生物降解率。

（2）社会方面

人员的实际健康和安全考虑与其他溢油响应选项相同。对于松散的吸附剂、粉末形式，需要保护眼睛和呼吸道。在处理浸透油的聚油栏时，由于石油泄漏，船舶甲板地板可能会变滑并导致事故。

（3）经济方面

就材料的经济费用而言，天然吸附剂因其可大量使用通常较便宜。在操作层面上，由于所需的人员、设备和物流数量，用于大规模石油泄漏的物理溢油响应可能相当昂贵。这是一个耗时且需要大量劳动力的过程，需要在船上储存大量产生的危险废物（Al-Majed et al.，2012）。因此，物理溢油响应通常适用于处理小型石油泄漏和在近岸地区使用。

11.5.2　物理响应的环境挑战

1. 环境温度和水中的冰

关于吸附剂在北极冰区和低温条件下的适用性，北极溢油响应文献中没有足够的证据并存在空白。洛根等人（Logan et al.，1975）仅在1975年对此有所提及。

2. 风的影响

风可以通过多种方式影响作业。一些质量轻、体积小的吸附剂可能被吹走并被带出作业区域。一些大型吸附剂结构，特别是聚油栏，可以被提升到水面以上，被撕裂和挤压，从而使一些进油口回流，导致二次污染。

3. 波浪紊流

波浪作用不会影响吸附剂的使用，除非它以聚油栏结构形式出现。对于聚油栏，其保持能力同样取决于波高，就像在就地燃烧和机械回收中应用聚油栏一样（Al-Majed et al.，2012；Federici et al.，2014）。吸附聚油栏通常很轻，不耐用。巨浪可以在几小时内将它们拆开，但也会造成聚油栏的机械压缩，从而将收集的部分石油释放回海洋环境。用船只拖曳此类聚油栏也是不可取的，因为结构物太不可靠，并且由于拉力产生张力使其很容易被撕裂。

4. 光效应

如果将合成吸附剂放在露天临时储存场所，直接的紫外线辐射可能会降解合成吸附剂。虽然这种影响在北极地区可能并不明显（Øksenvåg et al.，2018）。

5. 盐度

石油和吸附剂都取决于海水的盐度水平，取决于它们在水面上停的留能力——它们的浮力。如果吸附剂浮力太大，它们可能会降低进油的效率。需要外部力量迫使它们与浮油直接接触，以便回收溢出物。另一方面，一旦浸透油和一定量的水，吸附剂应保持漂浮，以便可见和可回收。

6. 降水量和能见度

合成吸附剂通常制造为白色，以便在溢油响应作业中提供更好的可见性。暴风雪或其他类型的天气事件不适合使用吸附剂，因为它们具有两亲性。

11.5.3 物理响应的技术限制

1. 油类型及其黏度

黏度较低的轻质油在吸附剂材料中的处理和结合效果比重质和风化黏性油更好（Al-Majed et al. ，2012）。

2. 油膜厚度

吸附剂适用于就地燃烧或机械回收后留下的油膜，通常小于 1 mm。一旦油膜变得太薄，就不能再发生吸附。

3. 油中的含水量

乳化油是高吸附率的限制因素。恶劣天气的石油周围，或处于"巧克力慕斯"状态的石油无法组织物理溢油响应。该参数要求与化学溢油响应相同。

4. 与分散剂的不相容性

经过分散剂处理后，油和水之间界面的张力降低，油失去了最初的性质，这直接影响吸附剂的应用。油往往不会粘在材料表面，因为它通常在与分散剂接触之前就粘在了材料表面。其与化学溢油响应方法不相容。如果是机械溢油响应，只有在所有机械回收操作完成后才能使用吸附剂。同时使用这两种响应方法时，撇油器和泵送系统可能会吸入吸附剂并被材料堵塞。不相容性也是使用分散剂和机械回收相结合的特点，这取决于撇油器表面材料。例如，在与化学品接触后，撇油器的亲油性表面无法从水中回收油。然而，盘式撇油器却不这样，它在处理化学处理过的油时保持功效不变（Strøm-Kristiansen et al. ，1996）。

5. 机会窗口

首选新鲜漏油，浮油仍未风化和乳化时为窗口期。机会窗口与其他溢油响应方法的情况相同。

6. 与离海岸距离

吸附剂应用的最佳区域是海岸沿线或近岸区域，泄漏事故与大陆之间的距离最小（Wenning et al.，2018）。物流通常是吸附剂的限制因素。因此，它通常用于小规模事故。对于大型泄漏，需要收集材料和船上回收的油，并回收吸附剂，以供下一个应用周期使用。收集是在网和皮带撇油器的帮助下完成的。取回由绞合设备执行。这些工作需要大量劳动力，但也会产生大量的固体废物，特别是在吸附剂不被回收，而是被扔掉的情况下。由于与使用新鲜吸附剂材料相比，回收使用过的吸附剂的成本更高，因此通常不首选回收利用。因此，存在大量额外固体废物需要进一步处理（Li et al.，2016）。

11.6 总结

根据本章回顾的北极溢油响应主要方法（就地燃烧、分散剂使用和机械响应）的各种参数，可以得出以下结论：

1. 从环境角度来看

存在许多包括极低的温度、过度的冰盖、大风和大浪活动、日光不足、微咸海水、暴雨和低能见度等自然限制，这可能会对溢油响应作业造成不利影响。传统上，温度、结冰和黑暗被放在首位。然而，所有这些参数都会严重阻止溢油响应的成功。这是一个上限，超出这个上限，就无法组织溢油响应作业：空气温度（−18 ℃）、风（15 m/s）、波高（4 m）、光可用性（黑暗）和能见度（空气：4.0 km，水：0.3 km）。在海上覆冰和其他参数条件下，可能会出现一系列不同的不利情况。

2. 从技术角度来看

石油类型及其物理化学性质决定了基于海洋环境中石油活动的溢油响应程序的难度。石油 API 比重、石油/乳化液黏度和固化特性、油膜厚度和含水量等参数可迫使人们选择一种溢油响应方法，包括无溢油响应——自然衰减。例如，重质燃油（API 比重低于 10°）或高度风化和乳化（含水量 50%）的油只能通过低效机械溢油响应回收。与离海岸的距离也是一个技术限制——由于事故距离遥远，附近地区缺乏溢油响应资源，远海泄漏可以自然衰减。

3. 从执行角度来看

在理想条件下，这三种方法都表现良好，就地燃烧、机械溢油响应和化学溶液的被使用率超过 90%。然而，对于整个北极海域来说，环境和石油参数的理想条件至少不太可能达到 50%。作为作业条件下机械回收率下降的一个实际例子，漏油事故中 95% 的浮油停留在海洋环境中，只有 5% 的浮油得到回收。其他溢油响应方法可能会出现类似的趋势，但其效率高于机械溢油响应。没有一种经过回顾的主要方法能够完全去除环境中的石油，并使受石油污染的水体变得清澈透明。

4. 从经济角度来看

从机械到化学再到就地燃烧的溢油响应，从组织和后勤角度来看，应用撇油器的经济成本最高，为 8 500 欧元/t；第二位是化学溢油响应，每处理 1 t 油的操作成本为 5 000 欧元；第三位为就地燃烧，为 2 700 欧元/t。

5. 从可持续性角度来看

溢油应急人员应谨慎使用所有溢油响应方法，包括处理可能的物理、化学、生物和其他危害。对环境的副作用包括就地燃烧溢油响应的空气排放、化学溢油响应的水体中毒、机械溢油响应的噪声污染和石油地表水污染。所有效果都有一个暂时但过于明显的特征。尽管存在不利影响，但主要溢油响应方法消除了漏油可能造成的更大后果，如果石油留在海洋环境中没有任何响应，这可能会在生态系统层面上对生物群和生物体内积累产生长期影响（Kingston，2002）。

在北极海洋环境中，在现有的 OSR 解决方案中，就地燃烧溢油响应方法最适用于覆盖大范围冰的受影响水域和远距离漏油事故。分散剂可适用于以下情况：天气有风、海面无冰、水文状态为高浪（2 m）和大湍流。在这些情况下，不可能进行就地燃烧或机械回收（Li et al.，2016；Slaughter et al.，2017）。机械和物理溢油响应在靠近大陆、相对平静的海洋和天气条件（包括冰雪肆虐的水域）的地方效果最好。

在所有溢油响应方法的比较研究中，对每种方法进行对比分析——关于北极海洋环境的一般结论是，一年中最佳的作业时间是夏季，最佳的溢油响应解决方案也不是单一的方法，而是一套所有主要溢油响应方法，在后期清洁中可能采用的二次方法（例如使用吸附剂）。根据季节和地理条件的变化以及溢油的物理化学状态，每种组合都是合理的。实际上，在发生泄漏事故之前，已经制定了应急计划。这些计划基于对相关泄漏情景的不同缓解技术的响应分析，包括石油类型、释放条件、环境条件、一年中的时间、生物资源和其他参数。通常，决策是在选择工具的帮助下进行的，例如泄漏影响缓解评估（SIMA）。考虑到社会经济和环境条件，它用于证明针对每个特定泄漏情况选择一种溢油响应方法的合理性（Doshi et al.，2018；Wilkinson et al.，2017）。所有这些都是为了确保漏油事件对海洋环境、人民健康和安全的总体损害最小。

参考文献

Allen, A. A. (1988). *In-situ burning: A new technique for oil spill response*. Woodinville: Spiltec.

Al-Majed, A. A., Adebayo, A. R., & Hossain, M. E. (2012, December 30) A sustainable approach to controlling oil spills. *Journal of Environmental Management*, 113213-227. ISSN 0301-4797, https://doi.org/10.1016/j.jenvman.2012.07.034.

American Petroleum Institute (API). (2015). *Field operations guide for in-situ burning of onwater oil spills*. Available: http://www.oilspillprevention.org/~/media/Oil-Spill-Prevention/spillprevention/r-and-d/in-situ-burning/guide-for-isb-of-on-water-spills.pdf. Last accessed 19 Oct 2018.

American Petroleum Institute (API). (2016). *In situ burning: A decision's maker's guide*. Available: http://www.oilspillprevention.org/~/media/Oil-Spill-Prevention/spillprevention/rand-d/in-situ-burning/api technical-report-1256-in-situ-burnin.pdf. Last accessed 19 Oct 2018. 11 Arctic Marine Oil Spill Response Methods: Environmental Challenges···.

American Petroleum Institute (API). (2017). *Factsheets about in-situ burning*. Available: http://www.oilspillprevention.org/oil-spill-research-and-development-cente. Last accessed 19 Oct 2018.

Arctic Oil Spill Response Technology-Joint Industry Programme (JIP). (2014). *Environmental impacts of Arctic oil spills and Arctic spill response technologies*. Available: http://neba.arcticresponsetechnology.org/report/chapter-4/. Last accessed 29 Jan 2019.

Arctic Response Technology (ART). (2012). *Summary of report: Spill response in the Arctic offshore*. Available: http://www.arcticresponsetechnology.org/wp-content/uploads/2012/11/FINAL-printed-brochure-for-ATC.pdf. Last accessed 16 Dec 2016.

Arctic Response Technology (ART). (2015). *Mechanical recovery in ice-Summary report*. Available: http://www.arcticresponsetechnology.org/wp-content/uploads/2015/08/ACSMechanical-Recovery-of-Oil-in-Ice-Feasiblity-Report-Final-1208.pdf. Last accessed 16 Dec 2016.

Belore, R. C., Trudel, K., Mullin, J. V., & Guarino, A. (2009). Large-scale cold water dispersant effectiveness experiments with Alaskan crude oils and Corexit 9500 and 9527 dispersants. *Marine*

Pollution Bulletin, 58, 118-128.

BP Canada Energy Group ULC (BP). (2018). *Oil spill response plan*. Available: https://www. bp. com/ content/dam/bp-country/en_ca/canada/documents/NS_Drilling_Pgm/Oil_Spill%20_ Response_Plan_ Annexes_A_to_G. PDF. Last accessed 19 Feb 2019.

Buist, I. A., Potter, S. G., Trudel, B. K., Ross, S. L., Shelnutt, S. R., Walker, A. H., & Scholz, D. K. (2013). *In situ burning in ice-affected waters: State of knowledge. Report 7. 1. 1. Joint industry programme*. Available: http://www. arcticresponsetechnology. org/wp - content/ uploads/2013/10/ Report-7. 1. 1-OGP_State_of_Knowledge_ISB_Ice_Oct_14_2013. pdf. Last accessed 6 Oct 2016.

Canevari, G. P., Calcavecchio, P., Becker, K. W., Lessard, R. R., & Fiocco, R. J. (2001). Key parameters affecting the dispersion of viscous oil. *International Oil Spill Conference Proceedings: March 2001*, 2001(1), 479-483.

Daling, P. S., Holumsnes, A., Rasmussen, C., Brandvik, P. J., & Leirvik, F. (2010). Development and field testing of a flexible system for application of dispersants on oil spills in ice. In *Proceedings of the thirty-third AMOP technical seminar on environmental contamination and response* (pp. 787-814). Ottawa: Environment Canada.

Daling, P. S., Brandvik, P. J., Singsaas, I., & Lewis, A. (2012) *Dispersant effectiveness testing of crude oils weathered under various ice condition*. In Proceedings at Interspill Spill Conference, London 2012, 13-15 March.

Det Norske Veritas (DNV). (2015). *Oil spill response in the Barents Sea South East*. Available: https:// www. norskoljeoggass. no/globalassets/dokumenter/miljo/barents - sea - explorationcollaboration/basec - rapport-7c%2D%2D%2Dstatusrapport-om-oljevern-i-barentshavetsorost. pdf. Last accessed 19 Feb 2019.

Dickins, D. (2015). *Overview and background of oil spill response issues covered*. Available: http://www. npcarcticpotentialreport. org/pdf/tp/8-1_Overview_and_Background_of_Oil_ Spill_Response_Issues_ Covered. pdf. Last accessed 27 Apr 2016.

Doshi, B., Sillanpää, M., & Kalliola, S. (2018). A review of bio-based materials for oil spill treatment, *Water Research*, 135, 262-277. ISSN 0043-1354, https://doi. org/10. 1016/j. watres. 2018. 02. 034.

Emergency Prevention, Preparedness and Response (EPPR) Working Group of the Arctic Council. (1998). *Field guide for oil spill response in Arctic waters*. Environment Canada, Yellowknife, NT Canada, 348 pp (Contributing authors E. H. Owens, L. B. Solsberg, M. R. West, & M. McGrath).

Emergency Prevention, Preparedness and Response (EPPR) Working Group of the Arctic Council. (2015). *Guide to oil spill response in snow and ice conditions*. Available: https://oaarchive. arctic - council. org/handle/11374/403. Last accessed 2 Jan 2016.

Emergency Prevention, Preparedness and Response (EPPR) Working Group of the Arctic Council. (2017a). *Circumpolar oil spill response viability analysis*. Available: https://oaarchive. arcticcouncil. org/bitstream/handle/11374/1928/2017-05-09-EPPR-COSRVA-guts-and-cover-lettersize-digitalcomplete. pdf？sequence＝1&isAllowed＝y. Last accessed 19 Oct 2018.

Emergency Prevention, Preparedness and Response (EPPR) Working Group of the Arctic Council. (2017b). *Field guide for oil spill response in Arctic waters*. Available：http：//www. pws-osri. org/wp-content/uploads/2018/08/EPPR_Field_Guide_2nd_Edition_20171. pdf. Last accessed 22 Feb 2019.

Emergency Prevention, Preparedness and Response (EPPR) Working Group of the Arctic Council. (2017c). *Overview of measures specifically designed to prevent oil pollution in the Arctic marine environment from offshore petroleum activities*. Available：https：//oaarchive. arctic-council. org/bitstream/handle/11374/1962/2017-05-05-EPPR-overview-ofmeasures-to-prevent-oil-pollution-offshore-petroleum-report-complete-A4-size-DIGITAL. pdf？sequence＝1&isAllow. Last accessed 19 Feb 2019.

Environmental Protection Agency (EPA). (1999). *Understanding oil spills and oil spill response*. Available：https：//www7. nau. edu/itep/main/HazSubMap/docs/Oil Spill/ EPA Under standing Oil Spills And Oil SpillResponse1999. pdf. Last accessed 19 Oct 2018.

ExxonMobil Research and Engineering Company (ExxonMobil). (2014). *Oil spill response-field manual*. Available：https：//cdn. exxonmobil. com/~/media/global/files/energy-and-environment/ oil-spill-response-field-manual_2014_e. pdf. Last accessed 19 Feb 2019.

Farmahini Farahani, H. , Torero, J. L. , Jomaas, G. , & Rangwala, A. S. (2019). Scaling analysis of ice melting during burning of oil in ice-infested waters. *International Journal of Heat and Mass Transfer*, 130, 386-392. ISSN 0017-9310, https：//doi. org/10. 1016/j. ijheatmasstransfer. 2018. 10. 110.

Federici, C. , & Mintz, J. (2014). *Oil properties and their impact on spill response options*. Available：https：//www. bsee. gov/sites/bsee. gov/files/osrr-oil-spill-response-research/1017aa. pdf. Last accessed 6 Oct 2016.

Fritt-Rasmussen, J. , & Brandvik, P. J. (2011). Measuring ignitability for in situ burning of oil spills weathered under Arctic conditions：From laboratory studies to large scale field experiments. *Marine Pollution Bulletin*, 62(8), 1780e1785.

Fritt-Rasmussen, J. , Brandvik, P. J. , Villumsen, A. , & Stenby, E. H. (2012, March). Comparing ignitability for in situ burning of oil spills for an asphaltenic, a waxy and a light crude oil as a function of weathering conditions under arctic conditions. *Cold Regions Science and Technology*, 72, 1-6. ISSN 0 165-232X, https：//doi. org/10. 1016/j. coldregions. 2011. 12. 001.

Gelderen, L. , Brogaard, N. L. , Sørensen, M. X. , Fritt-Rasmussen, J. , Rangwala, A. S. , & Jomaas, G. (2015, November). Importance of the slick thickness for effective in-situ burning of crude oil. *Fire Safety Journal*, 78, 1-9. ISSN 0379-7112, https：//doi. org/10. 1016/j. firesaf. 2015. 07. 005.

International Association of Oil & Gas Producers (IPIECA). (2014). *Oil spill waste minimization and management. Good practice guidelines for incident management and emergency response personnel*. Available：http：//www. ipieca. org/resources/good-practice/oil-spill-waste-minimization-and-management/. Last accessed 19 Oct 2018.

International Association of Oil & Gas Producers (IPIECA). (2015). *Dispersants: Surface application.* Available: http://www. ipieca. org/resources/good – practice/dispersants – surface – application/. Last accessed 2 Mar 2019.

International Association of Oil & Gas Producers (IPIECA). (2016). *Controlled in–situ burning of spilled oil.* Available: http://www. ipieca. org/resources/good–practice/controlled–in–situ–burning–of–spilled–oil/. Last accessed 19 Oct 2018.

International Tanker Owners Pollution Federation Limited (ITOPF). (2011). *Use of dispersants to treat oil spills.* Available: https://www. itopf. org/knowledge–resources/documents–guides/document/tip–04–use–of–dispersants–to–treat–oil–spills/. Last accessed 2 Mar 2019.

International Tanker Owners Pollution Federation Limited (ITOPF). (2012). *Use of sorbent materials in oil spill response.* Available: https://www. itopf. org/knowledge–resources/documentsguides/document/tip–08–use–of–sorbent–materials–in–oil–spill–response/. Last accessed 29 Jan 2019.

Kingston, P. F. (2002) Long–term environmental impact of oil spills. *Spill Science & Technology Bulletin,* 7(1–2), 53–61. ISSN 1353–2561, https://doi. org/10. 1016/S1353–2561(02)00051–8.

LAMOR. (2015). *Arctic solutions.* Available: http://www. lamor. com/wp–content/uploads/2015/10/lamor_arctic_solutions. pdf. Last accessed 30th Oct 2019. 11 Arctic Marine Oil Spill Response Methods: Environmental Challenges….

Lampela, K. (2011). *Report on the state of the art oil spill response in ice.* Available: http://www. environment. fi/download/noname/% 7BA7D0124E – 7054 – 4F52 – AFF5 – 6BA1B51ACAA3% 7D/59270. Last accessed 18 Jan 2017.

Lewis, A., & Daling, P. S. (2007). *Evaluation of dispersant spray systems and platforms for use on spilled oil in seas with ice present* (JIP Project 4, Act. 4. 21). SINTEF Materials and Chemistry, Marine Environmental Technology, SINTEF report A 16088, 21 p.

Li, P., Cai, Q., Lin, W., Chen, B., & Zhang, B. (2016, September 15). Offshore oil spill response practices and emerging challenges. *Marine Pollution Bulletin,* 110(1), 6–27. ISSN 0025–326X, https://doi. org/10. 1016/j. marpolbul. 2016. 06. 020.

Liu, H., Geng, D., Chen, Y., & Wang, H. (2016). Review on the aerogel–type oil sorbents derived from nanocellulose. *ACS Sustainable Chemistry & Engineering,* 5(1), 49–66. https://doi. org/10. 1021/acssuschemeng. 6b02301.

Logan, J. W., Thornton, D., & Ross, L. S. (1975). *Oil spill countermeasures for the southern Beaufort Sea: Appendix.* Available: https://www. researchgate. net/publication/280925729 _ Oil _ Spill _ Countermeasures_for_the_Southern_Beaufort_Sea_Appendix. Last accessed 1 Mar 2019.

Mahfoudhi, N., & Boufi, S. (2017). Cellulose. 24, 1171. https://doi. org/10. 1007/s10570 – 017 – 1194–0.

Makhutov, N. A., Lebedev, M. P., Bolshakov, A. M., Zakharova, M. I., Glyaznetsova, Yu. S., Zueva, I. N., Chalaya, O. N., Lifshits, S. H. (2016). *Forecast of emergencies at oil and gas facilities and elimination of consequences of emergency oil spills in arctic climate.* Available：http：// arcticaac. ru/docs/4%2824%29_2016_Arctic/090_099_ARCTICA%204%2824%29_2016. pdf. Last accessed 17th Feb 2017.

McLeod, W. , & McLeod, D. (1972). *Measures to combat offshore Artie oil spills.* Offshore Technology Conference.

Michel, J. , Scholz, D. , Warren, S. R. Jr. , & Walker, A. H. (2005). *In situ burning：A decision's maker's guide.* Available：https：//www. api. org/oil－and－natural－gas/environment/clean－water/ oil－ spill－prevention－and－response/~/media/4BDBD6AABD534BF1B88EB203C6D8B8F4. ashx. Last accessed 19 Oct 2018.

New World Encyclopedia (NWE). (2017). *Freshwater.* Available：http：//www. newworldencyclopedia. org/entry/Freshwater. Last accessed 6 Nov 2018.

Nordvik, A. B. (1995, March). The technology windows－of－opportunity for marine oil spill response as related to oil weathering and operations. *Spill Science & Technology Bulletin*, 2(1), 17－46. https：// doi. org/10. 1016/1353－2561(95)00013－T.

Øksenvåg, J. H. C. , McFarlin, K. , Netzer, R. , Brakstad, O. G. , Hansen, B. H. , & Størseth, T. (2018). *Biodegradation of spilled fuel oil in Norwegian marine environments.* Available：https：//www. kystverket. no/globalassets/beredskap/akutt－forurensning/biodegradation－of－spilled－fuel－oilsin－ norwegian－marine-environments_final. pdf. Last accessed 7 Feb 2019.

Parshentsev, S. A. (2006). *Analysis of tight force of rope of helicopter external sling while deployment mobile slick bar system on water surface.* Available：http：//cyberleninka. ru/article/n/ metod－rascheta－ sily－natyazheniya－trosa－vneshney－podveski－vertoleta－pri－ustanovke－mobilnoy－sistemy－bonovyh－ zagrazhdeniy－na－vodnoy. Last accessed 8 Feb 2017.

POLARIS Applied Sciences, Inc. (2013). *A comparison of the properties of diluted bitumen crudes with other oils.* Available：https：//crrc. unh. edu/sites/default/files/media/docs/comparison_bitumen_other_ oils_polaris_2014. pdf. Last accessed 23 Oct 2018.

Potter, S. , Buist, I. , Trudel, K. , Dickins, D. , & Owens, E. (2012). *Spill response in the Arctic offshore. Prepared for the American petroleum institute and the joint industry Programme on oil spill recovery in ice.* Available：http：//www. dfdickins. com/pdf/Spill－Response－in－the－ArcticOffshore. pdf. Last accessed 17 Feb 2017.

Prince, R. C. (2015). *Oil spill dispersants：Boon or bane?* Available：http：//pubs. acs. org/doi/ abs/10. 1021/acs. est. 5b00961. Last accessed 16 Feb 2017.

Ramazanov, D. C. (2015). *Оценка эффективности боновых заграждений для ликвидации аварийных разливов нефти при пересечении магистральным трубопроводом водных преград* (Evaluation of boom effectiveness for oil spill response in water－crossing sections of oil pipelines). Available：http：// www. lib. tpu. ru/fulltext/c/2015/C11/V2/327. pdf. Last accessed 9 Feb 2017.

Ramboll Barents. (2010). Improvement of the emergency oil spill response system under the Arctic conditions for protection of sensitive coastal areas (case study: The Barents and the white seas). Pilot project (Vol. I). Murmansk, Russia. Rytkönen, J. , & Sassi, J. (2015). *Novel materials for sustainable oil spill response.* Available: https://tapahtumat. tekes. fi/uploads/f29c2613/Jukka_Sassi – 8624. pdf. Last accessed 16th Dec 2016.

Singsaas, I. , & Lewis, A. (2011). *Behavior of oil and other hazardous and noxious substances (HNS) spilled in Arctic waters (BoHaSA).* Available: http://www. arctic – council. org/eppr/wpcontent/ uploads/2012/07/Final–Report–BoHaSA_23–02–20111. pdf. Last accessed 2 Jan 2016.

Singsaas, I. , Leirvik, F. , Johansen, B. (2008). *Oil in Ice – JIP.* Available: https://www. sintef. no/ globalassets/project/jip_oil_in_ice/dokumenter/publications/jip–rep–no–8–report–lamor–task– 3. 1– final_2010. pdf. Last accessed 18th Jan 2017.

Singsaas, I. , Sörheim K. R. , Daae R. L. , Johansen, B. , Solsberg, L. (2010). *Oil in Ice – JIP.* Available: https://www. sintef. no/globalassets/project/jip_oil_in_ice/dokumenter/publications/jip– rep–no– 21–field–report–2009–mechanical–final_2010. pdf. Last accessed 18th Jan 2017.

SL Ross Environmental Research (SL Ross). (2010). *Literature review of chemical oil spill dispersants and herders in fresh and brackish waters.* Prepared for the US Dept. of the Interior, Minerals Management Service, Herndon, VA, USA. 60 pp.

Slaughter, A. G. , Coelho, G. M. , & Staves, J. (2017). *Spill impact mitigation assessment in support of BP Canada Energy Group ULC.* Available: https://www. bp. com/content/dam/bpcountry/en _ ca/ canada/documents/NS_Drilling_Pgm/Scotian%20Basin%20Exploration%20 Project%20SIMA–NEBA% 20–%20Final%20(17NOV17). pdf. Last accessed 19 Feb 2019.

Spill Tactics for Alaska Responders (STAR). (2014a). *Mechanical recovery–Containment and recovery.* Marine recovery Available: http://dec. alaska. gov/spar/ppr/star/final/20_B_III_B_ MarineRecovery. pdf. Last accessed 16 Dec 2016.

Spill Tactics for Alaska Responders (STAR). (2014b). *Mechanical recovery–Containment and recovery. Basic booming tactics.* Available: http://dec. alaska. gov/spar/ppr/star/final/12 _ SectionB _ III _ B _ BasicBoomTactics. pdf. Last accessed 16 Dec 2016.

Strøm–Kristiansen, T. , Daling, P. S. , Brandvik, P. J. , & Jensen, H. (1996). *Mechanical recovery of chemically treated oil slicks.* In Proceedings of 19th Arctic and Marine Oilspill Program Technical Seminar, AMOP, Environment Canada, June 12–14. 96, Calgary, 15p.

Vadla, R. , Sörheim, K. R. (2013). *Oseberg Öst crude oil–properties and behavior at sea.* SINTEF report. Available: https://www. sintef. no/en/publications/publication/? pubid = CRIS tin + 1268744. Last accessed 21 Oct 2019.

Vergeynst, L. , Wegeberg, S. , Aamand, J. , Lassen, P. , Gosewinkel, U. , Fritt – Rasmussen, J. , Gustavson, K. , & Mosbech, A. (2018). Biodegradation of marine oil spills in the Arctic with a Greenland perspective. *Science of the Total Environment*, 626, 1243–1258. ISSN 0048–9697,https:// doi. org/10. 1016/j. scitotenv. 2018. 01. 173.

Vorobiev, U. L. , Akimov, V. A. , Sokolov, U. I. (2005). *Предупреждение и ликвидация аварийных разливов нефти и нефтепродуктов* (Oil and oil products spill prevention and response) (p. 368). Moscow: In-oktavo.

Walton, W. D. , & Jason, N. H. (1999). *In-situ burning of oil spills: Workshop proceedings.* Available: https://www. gpo. gov/fdsys/pkg/GOVPUB - C13 - 7eec9bd700f4bfccb27367ce806094e0/pdf/GOVPUB-C13-7eec9bd700f4bfccb27367ce806094e0. pdf. Last accessed 19 Oct 2018.

Wegeberg, S. , Fritt-Rasmussen, J. , & Boertmann, D. (2017). *Oil spill response in Greenland: Net Environmental Benefit Analysis, NEBA, and Environmental monitoring.* Available: https://dce2. au. dk/pub/SR221. pdf. Last accessed 19 Feb 2019.

Wenning, R. J. , Robinson, H. , Bock, M. , Rempel-Hester, M. A. , & Gardiner, W. (2018). Current practices and knowledge supporting oil spill risk assessment in the Arctic. *Marine Environmental Research*, 141, 289-304. ISSN 0141-1136, https://doi. org/10. 1016/j. marenvres. 2018. 09. 006. 11 Arctic Marine Oil Spill Response Methods: Environmental Challenges….

Wilkinson, J. , Beegle - Krause, C. J. , Evers, K. - U. , Hughes, N. , Lewis, A. , Reed, M. , & Wadhams, P. (2017). *Oil spill response capabilities and technologies for ice - covered Arctic marine waters: A review of recent developments and established practices.* Available: http://nora. nerc. ac. uk/id/eprint/518179/1/Wilkinson. pdf. Last accessed 19 Feb 2019.

World Wildlife Fund (WWF). (2011). *Lessons not learned. 20 years after the Exxon Valdez disaster.* Available: https://wwf. fi/mediabank/983. pdf. Last accessed 23 Mar 2019.

第 12 章 供应船在北极水域海上油田项目开发中的作用

安东尼娜·茨维特科娃①

摘 要: 这项深入的定性比较案例研究旨在探讨供应船如何参与海上物流作业,并根据环境影响促进海上油气田项目的开发。本章介绍了位于北极地区的两个海上油田项目的开发情况:西南巴伦支海(挪威)和东南巴伦支海(俄罗斯佩科拉海)。对两个实证案例的分析表明,供应船在监测海上作业和周边条件、改进物流流程协调、对当前形势形成共识、确保对任何紧急情况的响应行动、支持培训演习等活动中发挥着关键作用。因此,供应船有助于预测可能发生的紧急情况以及运输资源分配的变化。此外,研究结果表明,预测既是一个强大的动因,也是一个巨大的挑战,为在北极水域不确定性和复杂性中开发海上油田提供快速弹性。该研究为解决供应船的多功能性如何帮助海上物流和弹性建设过程实现价值创造。进一步表明,弹性建设可以在物流规划和运输资源分配方面得到权衡。

关键词: 海上服务;供应船;北极航运;冰水;油气;海上物流

12.1 简介

海上物流业务对于海上勘探、开发和生产油气活动的规模和实施至关重要。为了确保海上活动的持续性,需要定期提供装置。海上运输发挥着桥梁作用,涉及供应商、仓库、港口码头、平台和客户。高水平功能的获得需要适当的资源和独特的能力,以使海上作业在经济和技术上具有可持

---

① 挪威莫尔德大学物流学院。e-mail: antonina. tsvetkova@ himolde. no.

续性。海上供应船（OSV）是需求量最大、功能最全的资源之一。海上供应船是海上油田开发项目的"主力军"，它们运载各种货物，并像"海上卡车"一样运作，确保海上设施和海上油田活动之间的紧密联系（Kaiser，2010）。

关于海上作业的文献主要集中在船舶货物交付中的路线问题，以及海上供应船在海上设施和陆上设施之间连贯计划的制定（Fagerholt et al.，2000；Halvorsen-Weare et al.，2012；Sopot et al.，2014）。然而，海上供应作业和船舶航线程序通常从实际应用中分离出来通过开发模型和场景进行研究，以找到最佳路线策略和船队组成。如果不考虑环境因素对海上供应作业部署和管理方式的影响，其可行性和弹性可能会出现问题，尤其是在供应船的使用方面（Borch et al.，2015）。因此，由于油气田活动和环境之间的相互作用，似乎缺乏对海上物流作业如何在实践中实施和随时间发展的理解。

此外，海上供应船通常是由石油和天然气公司租赁而非所有。传统上，石油和天然气公司物流规划人员的形式能力较低。原因可能是物流不是这些公司的核心业务（Aas et al.，2009；kaiser，2010）。与此同时，阿斯等人（Aas et al.，2009）认为，通过几个物流供应商外包船舶路线和协调日常供应流可能会削弱运营效率。尽管之前的研究在路线方面做出了贡献，但仍然缺乏对海上供应船在开发海上油田项目中的作用的理解。这还包括海上供应船的设计及其完成货物交付的能力如何影响物流运营并解决与海上油田项目开发的相关问题（Aas et al.，2009）。

由于上述文献的不足，本章旨在探讨供应船如何参与海上物流作业，并促进海上油气田项目开发，以应对环境影响。

为此，本章提出了两个在不同北极水域开发近海石油设施的经验案例——在西南巴伦支海（挪威）和东南巴伦支海上（俄罗斯佩科拉海）。最近，石油和天然气公司将其海上业务进一步向北转移，进入偏远的北极地区。其动机是北极蕴藏着世界上约13%的未发现石油资源和约30%的未发现天然气资源。大约87%的北极石油和天然气资源（3 600亿桶石油当量）位于海上（Budzik，2009）。然而，石油和天然气公司在管理其海上作业时必须面对北冰洋的许多挑战性条件，包括恶劣的自然条件（低温、结冰、极地低压、极夜）、远离港口和陆地基础设施以及生态系统的脆弱性（Milakovi et al.，2015）。在这种情况下，高风险项目的部署大大加剧了不确定性和复杂性；增加了运输成本、供应中断和紧急情况的风险。这主要与石油泄漏、有许多人在船上和平台有关。这两个案例都说明了供应船在应对两家石油公司在北冰洋开发海上油田项目时所面临的环境挑战方面的作用。此外，本章反映了这两种情况下的物流系统，并特别关注海上供应船的功能需求，其为搜救（SAR）行动和溢油响应提供物流、安全和应急准备。

本章组织如下：下一节将更详细地概述海上物流领域。其次是研究方法。然后介绍了背景和两个实证案例。接下来将讨论这些发现。本章最后提出了对实践和未来研究机会的启示。

12.2 石油/天然气行业海上作业管理：现有文献

海上石油和天然气行业提供了一个物流系统，其目的是按计划以成本效益的方式（Fagerholt et al.，2000）定期向海上作业提供所有必要的货物和服务（Milakovi et al.，2015）。这些作业包括各种供应商的交付（例如设备、燃料、水和食品）；海上设施之间的人员往返运输；钻机牵引；钻机锚的放置和回收；以及将垃圾、空载运输车从平台运送到陆地等。参与海上石油和天然气活动的运输方式有多种，包括直升机、船员船和海上供应船。在石油和天然气行业，这些类型的作业构成了所谓的"上游"物流，其中海上供应船的最终客户是海上钻井和生产装置。与将石油和天然气输送给陆上客户时的"下游"物流不同，海上供应作业的主要挑战是设计一条反应迅速且灵活的上游链，以避免供应商短缺或回城货物堆积（Aas et al.，2009）。

图 12.1 显示了陆上供应基地和海上油田之间供应船舶的桥梁作用。

总体而言，海上物流系统的价值被视为货物和服务的海上运输，在涉及供应商、仓库、港口码头和客户的连接中起到桥梁作用，重点是优化和效率（Borch et al.，2015）。

优化重点特别针对货物交付的船舶路径问题和以寻找最优路径策略为目标的资源配置以及为海上设施提供服务的供应船的连贯计划（Fagerholt et al.，2000；Aas et al.，2007；Halvorsen-Weare et al.，2012；Sopot et al.，2014）。效率重点主要体现在精益、准时制和物流系统设计等概念上，这些概念旨在实现货物交付的低成本，并使海上活动和陆上设施之间的关系更加高效和一体化（Medda et al.，2010；Borch et al.，2015）。然而，对这些研究所提供的对语境的共同理解仅限于供应商、海上设施需求、石油/天然气公司运营商和/或客户。外部环境和制度环境无关紧要。

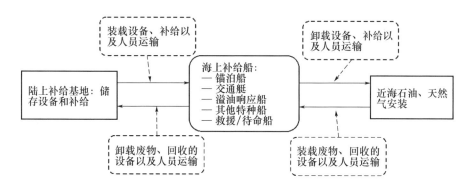

图 12.1　海上上游物流供应系统

同时，了解海洋地理和运营环境条件对公司战略制定和实施至关重要（Panayides，2006）。如果不考虑环境因素的影响，海上油田项目开发的可行性可能会受到挑战。特别是，环境条件的可能波动性增加了风险，使绘制决策因果关系变得困难。在海洋背景下，环境描述应包括广泛的海洋特定因素，特别是为了决策绘制因果关系（Kristiansen，2005；Borch et al.，2015）。

根据国际规则和条例，在海上安全、环境考虑和安保标准方面提供额外支持，这也是海上物流的另一个价值所在（Kristiansen，2005）。大多数海上紧急情况和事故是由人为活动和组织因素造成的（Antonsen，2009；Skogdalen et al.，2011；Bergh et al.，2013；Mendes et al.，2014）。此外，涉及海上作业船舶的大多数事故源于某种形式的控制失效和恶劣天气条件下发生的船舶损坏（Sii et al.，2013）。供应船通常具有承担额外职责的多任务功能。实际上，石油和天然气公司自行决定如何使用海上供应船，以及船舶根据天气条件、所需设备数量及与岸上和陆上设施的距离等相关问题应具备哪些特性。由于海上作业问题的复杂性，应通过发现和部署特定的价值创造活动来构建海上物流系统（Borch et al.，2015）。

最近的研究指出，供应船执行货物交付的能力及其在不增加物流资源情况下承担额外功能并因此在成本上是可能的潜在能力，允许应对不可预见的挑战，减少事故的可能性，提高作业效率（Borch et al.，2018）。海上供应船的这一能力决定了海上作业弹性发展的前景。麦克马努斯等人（McManus et al.，2008）认为，弹性是一个组织在复杂、动态和相互关联的环境中的态势感知、管理薄弱基础和具有适应能力的功能。本章将弹性视为整个组织内响应、监控和预测正常作业风险的能力（Hollnagel et al.，2006）。这种能力使我们能够预见可能发生的任何变化，以最佳方式规划物流资源，并在海上作业期间产生预期的结果。根据这一观点，对海上物流系统内资源分配的可变性做好准备被视为一种优势，然后通过控制可变性而不是限制可变性来实现弹性（Hollnagel et al.，2006）。

然而，现有文献中关于海上供应船如何为海上油田项目的弹性开发做出贡献并促进价值创造活动的认知仍然非常有限（Aas et al.，2009）。此外，博奇和基尔斯塔德认为，以往的研究往往忽视了供应船的专业化及其多功能性的能力，这些能力能够创造更多的海上物流价值，如需要冗余资源和增加海上作业的灵活性，以满足不可预见的情况，应对环境因素并提供安全。

12.3 在北极环境中作业：背景描述

本章解决了供应船在促进北极海上油田项目开发中的角色问题。北极严酷的自然条件使海上供应作业具有挑战性，对物流资源和海上供应船特殊设计需求造成了限制。表12.1显示了北极地区特有的挑战，被认为是本章中确保定期海上物流作业的最重要挑战。

表 12.1 近海作业的北极挑战，包括对海上供应船能力的
可能影响和可能的效果

挑战	可能的影响因素	对海上供应船容量的影响
远程性和基础设施限制	从供应基地到钻井现场的远距离； 缺乏自给自足；	装载能力（甲板、储罐、载客量）； 速度； 高级的导航工具，包括测冰雷达； 通过卫星进行额外通信；

表 12.1（续）

挑战	可能的影响因素	对海上供应船容量的影响
远程性和基础设施限制	缺乏沟通是商业运营和应急响应方面的一个挑战	直升机平台和加油安排； 车辆段存储容量； 医院设施； 搜救和溢油响应能力
寒冷的气候和天气条件： 低温、极地低压、高密度雾（尤其是夏天）、雪、冰	海上供应船的低速； 更高的安全风险； 极地低压的可预测性低； 结冰——甲板机械、设备、作业面临的挑战； 雪堆； 能见度降低	冰级船体； 船舶防冻； 上部结构的保护层； 装备和材料的低温设计特性； 除冰设备； 窗户、甲板、阀门等的电加热
冬季黑暗	导航和作业的挑战； 缺乏日光； 黑暗与寒冷结合； 噪声和振动会增加疲劳并降低睡眠质量	夜间导航工具； 强光探照灯； 船舶照明； 降低船舶噪声和振动； 在船舱和社交区的舒适度； 福利设施； 增加船员以缩短值班时间
生态系统的脆弱性	污染的高风险； 钻井装置和服务船向海洋和空气的排放； 以污染结束的事故； 隔间内的噪声； 螺旋桨噪声	船体完整性； 通过废物处理设施向海洋零排放； 使用燃料的发动机对空气的排放尽可能低； 垃圾存储容量； 船上溢油响应能力； 通过改进螺旋桨系统和以电力作为燃料降低噪声

表 12.1（续）

挑战	可能的影响和因素	对海上供应船容量的影响
利益相关者的复杂性	股东等许多利益集团的参与； 保险公司； 渔业和其他有利益冲突的行业； 环境组织； 内生性人群； 在当地与国家政府之间的争端； 决策过程中可能出现的延误	安全导航工具； 对空气的排放尽可能低； 向海洋零排放； 环保燃料； 船体完整性，防止油品泄漏和下沉； 溢油回收能力； 防止破坏性行为的安全措施； 甚至有服务当地社区的功能

关于北极水域海上物流作业的现有文献强调，不同北极区域的油田位置具有各种挑战，决定了物流系统的不同特征和对海上供应船的需要和特定要求（Borch et al.，2012；2015；2018；Milakovi et al.，2015；Tsvetkova et al.，2019）。通过强调北极地区对海上作业的具体挑战，本章对海上供应船的具体能力提出了更深入的见解，以创造北冰洋海上物流的更多价值。

12.4 方法

12.4.1 研究设计

选择了深入的定性案例研究方法，以探索海上供应船在开发海上油气田项目中的作用，以应对北极环境影响。在不同的环境条件下，选择了挪威和俄罗斯海上油田项目的两个案例：①西南巴伦支海（挪威）；②东南巴伦支海上（俄罗斯佩科拉海）。

案例研究方法最适合深入研究不同北极环境中的环境挑战，并突出北极水域海上作业的复杂性。它还提供了海上供应船如何参与海上油田项目开发的详细而丰富的描述（Halinen et al.，2005），以及如何促进搜救应急准备和可能的石油泄漏。这种方法有助于揭示环境设置对海上供应船服务和功能的潜在影响。此外，案例研究的好处已经在先前的研究中得到了说明，主要来源于它们的信息丰富性以及回答如何和为什么问题的能力（Eisenhardt，1989；Yin，2009）。

12.4.2　数据收集

定性数据是按照先前 SCM 研究的建议从多个来源收集的（Voss et al.，2002）。对案例公司内的高级管理人员进行了半结构化和深入的面对面访谈，他们在执行海上供应业务和外包决策过程中发挥了重要作用。访谈分别于 2017 年 6 月和 2017 年 9 月在卑尔根、克里斯蒂安桑、奥斯陆和特罗姆瑟进行。使用半结构化面试指南，可以通过澄清某些问题或帮助面试重点保持在预期主题上，特别是当受访者难以表达自己的意见和观点时，提出更多问题。大多数访谈回答都是在受访者同意的情况下记录下来的，同时手写笔记，转录，与受访者一起验证，然后进行分析。此外，访谈数据得到了个案公司内部和船上个人观察的支持。

此外，还从内部档案材料、案例公司的年度报告、船岸通信、新闻稿和官方网站收集了二手数据。文献资料有助于为采访做准备，随后分析实证数据以补充调查结果。使用几种不同类型的数据源可以通过数据三角测量来提高数据的内部一致性和有效性（Voss et al.，2002）。

12.4.3　数据分析

在确定位于不同环境背景中的两个海上项目开发的关键差异和相似性的基础上，对这些案例进行了分析，以揭示和比较海上供应船的作用。然后，进行了跨案例分析，以便从这两个具体案例转移到确定海上供应船在开发北极水域海上油田项目中的作用的普遍看法。

此外，实证分析是通过阅读、编码和解释两个案例研究转录的个人访谈和观察笔记（Hall et al.，2008）的迭代过程进行的。这种迭代方法有助于识别两个案例研究中的模式，并确保一致性和提高评分者间的信度（Pagell et al.，2005）。

12.5　案例介绍

12.5.1　案例 1：西南巴伦支海（挪威）

1. 位置

海上作业发生在巴伦支海挪威西南部，距离哈默费斯特（Hammerfest）

镇西北 85 km（53 n mile），水深 341 m。2000 年开发了第一口探井。2016 年 3 月开始海上装油。2017 年，该油田每天生产约 10 万桶石油。

2. 自然条件

该地区的天气条件对海上作业带来了挑战，主要是在冬季。平均温度在 0 ℃和 2.7 ℃之间变化。极端最低气温可能介于-30~-34 ℃。1 月/2 月的最低平均温度约为-15 ℃。平均波高约为 2 m。

该地区出现海冰和冰山的可能性很低。在巴伦支海西南部，极地低压较为常见，并以某种方式影响海上作业。

3. 资源配置和基础设施

（1）海上作业

运营商使用了一个浮动、生产、储存和卸载平台来开发油田。该平台的设计既能抵御结冰，又能确保雨水和雪从墙壁和屋顶自然排出。其对地静止能力允许油轮相对于平台移动，以响应当时的天气条件。软管比通常使用的软管长，将近 400 m。平台被安置在一个外壳内，以防结冰。

海上作业由两艘补给船、一艘备用船和三艘穿梭油轮组成的船队负责（表 12.2）。

表 12.2　海上供应船及其在西南巴伦支海海上作业开发中的作用

船舶	冰级	船舶特征	额外装备
"Esvagt Aurora"	+1A1，ICE-1C	应急船舶：拖航、抛锚、溢油响应、货物运输	石油探测雷达和红外摄像机，通过油栏系统和撇油器（Fire Fighter Ⅰ）过冬；能救援 320 名幸存者
"Stril Barents"	+1A1	供应/备用船舶：拖航、抛锚、溢油响应、货物供应	石油探测雷达和红外摄像机，石油回收；能救援 240 名幸存者，拥有船上医院
"Skandi Iceman"	+1A1，ICE-1B	锚处理拖船供应船：锚处理	油探测雷达和红外摄像机，聚油栏系统和撇油机、Fire Fighter Ⅰ 和 Ⅱ 进行防冻；ROV 机库配有发射和回收系统，外部照明采用 LED 设计；能救援 300 名幸存者

（2）陆上基础设施

主要的陆上供应设施是位于哈默费斯特镇的一个供应基地，负责将所有供应商入境交货，并使用卡车从基地运输废物。另外两个应急设备供应基地位于其他城市更远的地方：哈斯维克（Hasvik）和莫瑟伊（Måsøy）。正如运营商高级经理所指出的：

> 我们在确保海上作业有效性方面面临一些挑战，例如缺乏可提供支持的基础设施，以及港口和陆上设施之间的距离过长。必须在哈默费斯特建立自己的地区办事处和直升机基地，以便更接近海上活动。

直升机和医院等陆上资源的可用性极为有限：距哈默费斯特 88 km，距特罗姆瑟 219 km，并且它们在朗伊尔城。这增加了潜在的风险因素。

4. 作业流程管理

（1）物流流程

与主要供应基地的距离为 88 km（53 n mile），正常运输时间为 4 h，在恶劣天气的情况下可能会增加。供应船在主要供应基地和海上平台之间不断往返。在平台海上运营经理、物流主管和仓库主管之间的会议上协调物流流程，并与地区办事处和直升机基地连接。正如运营商高级经理强调的那样：

> 由于天气条件和不可预见的情况，货物运输计划频繁变更和延迟，导致订单频繁变更，许多人数小时等待物流协调员的新订单。

与此同时，尽管长途运输对确保海上作业的弹性增加了风险，但是物流过程是可预测的。

（2）应急准备资源

此外，搜救和溢油准备面临着许多挑战，例如，由于油田位置到海岸的漂流时间较短，位置靠近海岸；远距离和有限的基础设施；挪威海和北海资源响应时间长；冬季光照条件有限，结冰。为了应对这些挑战，运营商使用了一套集成系统来探测和监测来自油田平台的即时排放，如卫星、飞机和直升机（配备合成孔径雷达、侧视机载雷达、红外探测器）、装置（配备雷达和红外探测）、水下模板上的传感器，陆基设施（配备高频雷达系统）。正如运营商高级经理强调的那样：

> 海上作业的开发是一个高风险项目。为了确保海上作业的弹性，物流系统不仅包括货物运输，还包括应急准备。我们的物流部门必须监控、预测并充分应对任何可能的紧急情况，并了解后果。预测是物流规划中最具挑战性的领域。任务是以最佳方式分配运输资源，如船只和直升机，以便尽可能在紧急情况下预测可能的变化。但是，很难概述所有风险并减少计划外临时解决方案的数量。因此，物流系统必须时刻警惕紧急情况的发生。

所有供应船均配备红外探测摄像机和石油探测雷达。两艘供应船具有扩展能力。正如运营商高级经理所指出的：

> 没有什么事情是如此紧急或重要，以至于我们找不到时间安全地做到这些。

为了提高一致性并测试油田应急设备，运营商于 2012 年 9 月进行了搜救和溢油响应演习。正如运营商高级经理所说：

> 2012 年在巴伦支海海上作业附近的演习使我们得以验证应急计划的有效性和功能。我们可以将 30~40 艘渔船纳入沿海应急计划，该计划需要拖曳设备来收集、记录和储存石油。这使得增加沿海地区的应急响应行动成为可能。

租用了一艘应急响应和救援船"艾斯瓦格极光号"（Esvagt Aurora），在油田平台附近执行待命任务，并配备了溢油保护装置，对寒冷条件和冬季作业进行了优化。船上先进的监测设备使人们能够在任何光线条件下发现并跟踪任何漏油事件。

另外两艘供应船配备了额外的溢油保护系统,以便能够在油田平台上探测和监测即时溢油。

12.5.2 案例2:巴伦支海东南部(俄罗斯佩科拉海)

1. 位置

海上作业发生在巴伦支海东南部(佩科拉海),距离海岸 60 km(32 nm)。该区域的水深为 19~20 m。该油田于 1989 年发现。自 2013 年春季起,海上装货采油开始。2014—2015 年,从该油田运输的石油总量超过 110 万 t。

2. 自然条件

该海域年平均气温为-4 ℃,最低温度为-50 ℃。风力强度高达 40 m/s。平均浪高约 2 m,但极端浪高可达 12~14 m,一些单独的海浪可以达到约 26 m,而极端波峰估计在平静水面以上 15.5 m。在巴伦支海东南部,极地低压相对罕见,以某种方式影响海上作业。

该地区的特点是温度极低,冰负荷大。每年无冰 110 天,寒冷期为 230 天,从 10 月底/11 月中旬到次年的 7 月底/8 月初。全年结冰是佩科拉海的特征之一。冰厚高达 1.7 m。最广泛的冰盖期出现在 3 月至 4 月,当时整个海面都被冰覆盖(表 12.3)。表 12.4 列出了快速冰和漂移冰的一些特征(Bauch et al.,2005)。

表 12.3 佩科拉海的冰参数

结冰参数	早期日期	平均日期	迟到的日期
开始结冰	25. 10	18. 11	23. 12
快速冻结	23. 12	22. 02	11. 04
开始快速破冰	05. 04	23. 05	07. 07
冰盖完全消失	10. 04	19. 05	30. 08
覆冰季节持续时间	131	213	272

表 12.4　佩科拉海快速冰和漂移冰参数

快速结冰	
范围/km	3~15
平均厚度/cm	110
浮冰厚度/cm	
平均	80
最大	145
冰原大小/km	
平均	1.4
最大	17.5
连续性	10
冰丘占比/%	60~90

3. 资源配置和基础设施

（1）海上作业

运营商使用了一个防冰平台，该平台特别适合在恶劣的自然条件下作业，并能承受最大冰负载。该平台的装备涵盖了所有技术操作，包括钻井、生产、加工、储存、向油轮卸油以及加热和发电。该平台的居住模块全年可容纳 200 人。由于水深（19.2 m），该设施占地 126 m²，约为两个足球场大小，重 50 万 t，直接安装在海床上，并用一个 45 000 m³ 的石质护堤（重 12 万 t）进行加固，以确保井丛与海水无直接接触。

正如运营商高级经理强调的那样：

据估计，为了开发一口井，平均需要向海上装置交付 4 200 t 材料和设备。这相当于一列大型铁路列车，装载着油井所需的管道、化学品、散装材料等。为了估计该油田海上作业的规模，需要考虑预计到 2023 年将钻 32 口井。截至 2018 年，有 22 口井在运营。2015 年，货物总量约为 10 万 t。这一数额包括从供应基地运送的大约 3 万 t 饮用水和大约 2.5 万 t 柴油。此外，由于平台操作原则设想为零排放，2015 年约有 1.2 万 t 岩屑从平台运输至海岸。

该平台由两艘供应船、自有救援（备用）船和两艘穿梭油轮组成的船队提供服务。所有船舶都能在结冰条件下运行（表12.5）。

表 12.5 海上供应船及其在巴伦支海东南部海上作业开发中的作用

船舶	冰级	船舶特性	附加设备
"Yury Topchev"	Icebreaker 6, +1A1, ICE-15	平台服务船、供应作业	溢油回收，Fire Fighter Ⅰ，最多能救援85名幸存者
"Vladislav Strizhov"	Icebreaker 6, +1A1, ICE-15	平台服务船、供应作业	溢油回收，Fire Fighter Ⅰ，最多能搜救85名幸存者
"Aleut"	Icebreaker 6, +1A1, ICE-10	海上备用船舶、锚处理、拖船	动态定位系统；溢油回收系统，Fire Fighter Ⅰ，冬季低温-30 ℃，破冰1 m厚，甲板防冰蚀，最多能救援34名幸存者
"Balder Viking"	+1A1, ICE-10	供应船、锚处理、拖船	无溢油响应系统
"Murman"	Icebreaker 6	搜救船	溢油响应设备，溢油回收额外装备

"Balder Viking"号船在几个冬季期间参与了该项目。

正如运营商高级经理所指出的：

为了估计供应船的需求，物流规划主要关注货物运输量。与此同时，我们正在根据可用的实时、统计和历史数据监控当前情况，以改变船队的组成。

所有提到的海上供应船都是专门设计的，在没有破冰船护航的情况下在1.7 m厚的浮冰中，在温度低至-35 ℃时作业。此外，它们还结合了高机动性、强大的推进系统、环境友好性和大载客量（在疏散期间，该船最多可容纳150人）。所有海上供应船都是多功能的，不仅可以运载各种类型的货物，并提供一些专业服务作为补充，如抛锚、钻机移动、拖曳、ROV 和其他，还可以作为备用船只支持搜救和溢油回收作业。

在几个冬季，条件更加恶劣，"Balder Viking"号暂时参与了该项目，为经常值班的供应船提供支持。

值班人员在 2.5 h 内通过 AN-24 涡轮螺旋桨飞机从阿尔汉格尔斯克镇的项目空中支援基地运往瓦兰迪（Varandey）定居点。然后，使用 4 架 MI-8 AMT 直升机将人员从瓦兰迪营地（60 km 外）转移到平台，飞行时间为 35 min。该运营商外包了另一家石油公司拥有的瓦兰迪机场。人员流量约为 10 000 人。

（2）陆上基础设施

最近的供应基地位于摩尔曼斯克镇，距离海上平台 980 km。供应基地由运营商从第三方租赁的几个较小基地组成。运营商在供应基地设立了一家专门的子公司，负责将材料、设备和食品运至平台的仓储。正如运营商高级经理所指出的：

> 尽管有自己的物流运营商，但与几个第三方的合同关系和互动，以及从几个遥远的基地开展工作，使得平台的供应支持非常复杂。这对我们的子公司来说是一个挑战，我们决定在摩尔曼斯克建立自己的陆上供应基地。

另一个基地可能位于瓦兰迪定居点，距离平台 60 km。然而，另一家石油公司拥有那里的所有设施。

4. 运营流程管理

（1）物流流程

供应船不断在平台和补给基地之间往返。与摩尔曼斯克供应基地的距离为 980 km，供应船的往返时间至少为 4~6 天。远距离是确保平台定期支持的主要挑战之一。正如运营商高级经理所指出的：

> 由于缺乏基础设施以及海上平台和陆上供应基地之间的距离较长，供应船的容量是我们的一个重要因素。与直升机相比，补给船是唯一可用和可靠的资源，直升机可以用于多种不同的目

的，例如运送必要的补给和携带额外的设备，如灭火、溢油响应和医院设施。确保野外项目开发在严酷北极条件下的弹性至关重要。

（2）冰处理管理

由于每年有 230 多天结冰，开展海上作业时物流过程主要面临两个问题：

①装卸作业

由于冰块漂移或大浪，特别是在冬季，海上供应船和油轮进入海上平台的通道通常具有挑战性。平台后沿水流方向形成了一个宽阔的无冰区。船舶在装卸作业时使用此通道以避免较大的冰负载。正如运营商高级经理强调的那样：

　　　该平台在对角只有两个卸货中心。它们沿着水流方向前进，以确保装卸作业安全。然而，风力可能会改变冰沿平台后方尾流方向的漂移。这常常造成一些困难，有时甚至可能导致紧急情况。我们不得不等待所谓的天气窗口来装卸货物和泵油。这些窗口最多能开 6 h；然后，水流方向可能再次改变，冰对船只的挤压使船只无法保持装卸位置，直到条件再次有利。

因此，只有当尾流位于装载/卸载中心一侧时，才能进行装载/卸载作业。

②冰瓦砾

冰通常堆积在海上平台船体的一侧，形成冰瓦砾，阻碍供应船和油轮靠近平台。正如运营商高级经理所指出的：

　　　冰块很难清除，因为它一次又一次地形成。海上供应船无法靠近平台。货物起重机的长度约为 50 m，这有时是不够的，因为冰瓦砾的宽度可能是相同的。从船只上吊运货物往往是困难和危险的。

此外，冰瓦砾增加了平台结构的荷载，并可能降低平台的水平稳定性。破冰船"Murman"号一直在海上平台附近待命和救援。该船还被雇用负责冰管理，如破冰、冰监测以及提供有关冰况和浮冰运动的数据。这使我们能够预见可能发生的船只和其他物流资源利用方面可能发生的变化。正如运营商高级经理强调的那样：

> 平台离岸经理和物流协调员之间合作的主要任务集中在作业风险评估和监控当前情况。确保实时数据和预测可能导致海上作业事故或延误的挑战对于优化物流资源的利用至关重要。我们知道任何给定的时间资源在哪里，以使其能够快速响应。它还使我们能够为资源分配的可能变化做好准备，例如，由于天气和结冰条件导致的船舶日程安排的变化。

（3）应急准备资源

据官方计算，海上平台可能漏油的最大规模为油井 1 500 t，油轮 10 000 t。受影响面积可达 14 万 km^2，海岸线超过 3 000 km。

有"Aleut"号和"Murman"号两艘船作为待命警卫船和应急准备船。这两艘船都配备了额外的设备，以便在结冰条件下回收溢油。此外，项目开发中涉及的所有海上供应船在执行供应功能和/或备用职责时都可以互换。

根据溢油响应计划，将涉及以下资源：两艘平台服务船"Yury Topchev"号和"Vladislav Strizhov"号，配备一流石油回收设施和海上油栏固定装置；破冰船"Murman"号，用于修复海上聚油栏；多艘聚油栏铺设船，一艘油轮驳船用于收集石油；撒油船、护岸聚油栏、60 km 外瓦兰迪定居点的仓库以及其他一些小船。正如运营商高级经理强调的那样：

> 我们的物流部门必须不断了解海上活动——监控、预测、学习物流需求，并定期针对不同情况进行培训——以便准备在任何可能的紧急情况下以最快速和最佳的方式进行战略响应。

海上供应船在船上配备了一个特殊的导航系统。这些系统使项目中的每个人——平台上的人员、石油公司的员工、船上的船员、供应商、船舶运营商和物流协调员——都能了解实时数据、天气和冰况、船舶位置等当前的情况。必须为任何可能的紧急情况做好更好的准备。正如运营商高级经理所指出的：

> 我们在供应船上使用了综合导航系统和地理信息系统。这两种系统的结合为我们提供了一种寻找更有效的物流解决方案的能力。当所有海上作业都可以在极短的操作窗口内进行时，在浮冰方向再次改变之前，这一点至关重要。当所有关键人员监控同一画面时，例如冰是如何移动的，海上作业的决策效率要高得多。我们可以预见事故发生时可能带来的后果和变化，以便重新分配运输资源，重新安排船只路线，并确保平台做好应急准备。

所有服务和供应船在海上平台紧急疏散时，能够容纳多达90人。正如运营商的一名高级经理所强调的那样：

> 在如此高的海浪和浮冰中执行撤离行动，就像我们在海上作业现场所做的那样，将是一个真正的挑战。通过预测运营风险、沟通和共享实时数据，我们的物流协调员提高了理解、互动和预测的态势感知。

对于搜救行动，瓦朗迪定居点的直升机可用。他们还为当地的紧急服务部门如消防部门提供援助。此外，他们还协助救援任务和搜寻失踪人员。正如运营商高级经理所指出的那样：

> 我们在使用直升机方面遇到了一些问题，例如由于浓雾。有时我们不得不使用供应船运送人员。直升机的这些问题增加了作业风险，并对我们供应船的货运能力产生了负面影响。我们在北极水域作业的经验表明，供应船是唯一具备确保远离北极水域陆上设施的应急准备特殊能力的资源。

12.5.3 总结

这两个案例说明了供应船如何参与两个海上油田项目的开发，以及如何在不同的北极环境中创造海上物流业务的价值。

表12.6简要介绍了这两个案例，并比较了自然条件、货物运输面临的挑战、搜救行动和溢油响应、海上供应船的相关作用以及物流流程和任务。

表 12.6　两个实证案例概述

项目	案例1：巴伦支海西南部（挪威）	案例2：巴伦支海东南部（俄罗斯）
开始运营	2000 年	2013 年
开始生产	2016 年	2014 年
水深	341 m	19~20 m
冰况	冬天没有冰，冰山； 结冰； 强降雪	11月至次年7月间230天冰期； 平均冰厚1.7 m；浮冰厚0.8 m（最大1.45 m）； 冰丘；结冰
气象条件	年平均气温0 ℃/2.7 ℃； 1月平均气温-15 ℃（极端最小值-34 ℃）； 极地低压； 平均风速27 m/s； 平均浪高2 m	年平均温度4 ℃； 2月平均温度-17.4 ℃； 最低气温-50 ℃； 7月平均温度6.5 ℃（最高26 ℃）； 浪高：3.2~4.7 m（最高15.5 m）； 风速高达40 m/s
与海岸的距离	88 km	60 km
与供应基地的距离	距哈默费斯特镇88 km（往返时间约4 h）	距摩尔曼斯克镇980 km（往返时间4~6天）
海上供应船和其他船舶数量	2艘低冰级海上供应船； 1艘救援船	3艘具有高冰级的海上供应船； 1艘备用船； 1艘破冰船

表 12.6 （续 1）

项目	案例 1：巴伦支海西南部（挪威）	案例 2：巴伦支海东南部（俄罗斯）
使用的直升机数量	1 艘搜救船+1 架运输直升机	4 架直升机
运输挑战	长途； 缺乏基础设施； 风、风暴；结冰；极夜	长途； 缺乏基础设施； 浮冰、冰砾、巨浪、极夜
搜救和溢油响应的挑战	由于该区域漂流时间很短，靠近海岸； 挪威海和北海资源响应时间长； 光照条件（极夜）； 结冰	靠近国家公园； 摩尔曼斯克资源响应时间长； 快速变化的冰和天气条件：冰漂移，巨浪； 形成冰砾； 极夜
海上供应船的特点	狭隘的专业性，侧重于具体功能，如牵引、锚处理； 船上配有特殊设施，可在恶劣条件下工作	多功能、可互换； 专为在严寒条件下作业而设计； 在 1.7 m 厚的冰层中，无须破冰船协助即可实现高机动性和作业能力； 由于缺乏基础设施和远距离，海上供应船的容量增加
物流流程	海上供应船一直在移动； 作业单位之间的协调与协作； 由于恶劣的天气条件和不可预见的情况，频繁更改计划和延迟货物交付	海上供应船一直在移动； 由于恶劣天气条件、冰砾导致的船舶时间表变化； 需要等待天气窗口进行装卸作业； 作业单位之间的协作； 对作业单位之间的现状达成共识
海上供应船的作用	货物交付； 促进物流过程的协调； 溢油应急准备和搜救行动； 确保油田项目开发的弹性	货物交付； 促进物流过程的协调； 冰处理管理； 溢油应急准备和搜救行动； 确保油田项目开发的弹性

表 12.6（续 2）

项目	案例 1：巴伦支海西南部（挪威）	案例 2：巴伦支海东南部（俄罗斯）
物流任务	监测、预测并充分应对任何可能的紧急情况； 重新分配运输资源的准备情况； 对紧急情况保持警惕	关注由于海上活动不断增长而导致的货物量需求变化； 作业风险评估和现状监测； 提供实时数据并预测可能导致海上作业事故或延误的挑战； 在可能发生事故的情况下，以最佳方式重新分配运输资源和重新安排船舶路线的准备情况

12.6　讨论

海上供应船的主要功能是确保供应基地和设施之间的定期连接。同时，对这两个案例的分析表明，供应船的作用包括更多至关重要的方面：解决在北极水域作业的问题；促进物流过程的协调；管理冰处理；支持溢油应急准备和搜救行动；确保海上油田项目开发的弹性。

12.6.1　海上供应船在解决北极水域运营问题方面的服务

这两个案例说明了与北极水域不同环境背景相关的物流挑战。虽然案例 1 显示的是在更有利的北极地区进行海上作业，但案例 2 的油田项目开发面临着极端恶劣的气候条件的挑战，每年约有 230 天的冰期。同时，这两个案例都揭示了物流过程以及油田项目开发必须主要应对的如距离陆上基础设施很远、缺乏基础设施和结冰等挑战。这增加了海上设施供应可能延迟的风险，从而增加了海上作业整体的弹性。

调查结果表明，与运输资源（如直升机）相比，供应船是海上油田项目开发中最可用、最可靠的资源。此外，研究结果表明，随着北极气候条件变得更加复杂，可能发生事故的风险增加，对海上供应船特性和能力的需求也在增加。在案例 2 中，海上供应船是专门为具体油田项目设计的，可在极端环境条件下运行，具有较高的破冰能力，并可实现多种用途。相比之下，在案例 1 中，供应船的特殊性很小，侧重于具体功能，运营商可以根据海上活动的需要，用其他船舶代替供应船履行其他特定功能。

此外，案例分析表明，在装载/卸载操作等静态作业期间，补给船的操纵能力处于高度优先地位，这些操作对恶劣天气和不断变化的浮冰方向非常敏感。因此，具有如多功能性、高机动性、抗冰强化、防冻和相当高破冰能力的特殊船舶能力的可用性确保并扩大了石油和天然气公司在更复杂和更不确定的北极环境中的参与。

12.6.2　物流过程管理

海上供应船有助于协调所有相关作业单位（供应基地、海上设施、供应船、不同分包商、直升机和其他部门）之间的物流流程。他们有能力在船上安装综合导航系统和地理信息系统，从而能够对当前状况形成共识，进而改善所有作业单位之间的协作。因此，调查结果表明，所有关键人员对同一画面的监控使海上作业决策更加有效。因此，供应船可在预测因恶劣天气条件导致事故或延误时可能发生的后果和变化方面提供支持。

12.6.3　冰处理管理

供应船可以执行许多与冰管理相关的任务，如破冰、冰监测、冰山拖曳、海冰和浮冰偏转、监测、操作冰图和冰咨询。此外，他们还通过提供有关冰况和冰运动的真实数据来描述当前情况。因此，供应船协助进行作业风险评估，并预测可能导致海上作业事故或延误的挑战。

12.6.4　溢油应急准备和搜救行动

调查结果表明，应急准备和溢油响应能力面临的挑战主要与远距离和额外资源的长响应时间有关，与之相关的因素还包括快速变化的冰、天气条件，因温度极低和日光条件较差而形成的冰瓦砾和运输问题。供应船的能力是应对这些挑战的一个重要因素。除了运输所需数量的货物外，供应船还配备了额外的设施，用于灭火、溢油响应和医院功能等活动。这些额外设施可能会对供应船的承载能力产生不利影响。

在案例 2 中，我们可以看到，由于浮冰和巨浪的存在，对安全和环境预防措施的要求更高。冰管理可以在确保应急准备方面发挥积极有益的作用。通过租用具有高破冰能力和牵引设备的海上供应船，运营商可以将冰从海上平台拖走，然后拖到可能收集油的区域。此外，海上供应船在改变冰山漂移轨迹时执行的冰山拖曳任务使传统海上设施免受碰撞威胁成为可能。

通过共享实时数据并在所有作业单位之间提供通信，供应船有助于预测运营风险和可能发生的事故。他们的服务和能力提高了人们对正在发生的事情的认识，并促进了决策过程，使决策过程更快、更有效。因此，供应船有助于物流系统对紧急情况保持警惕。

12.6.5 确保油田项目开发的弹性

两个案例表明，供应船由于其多功能性，有助于在北极水域创造许多海上物流价值。它们的参与对于监测海上作业和环境条件、促进物流流程的协调和对当前形势的共同理解、确保对任何紧急情况的响应操作、支持训练演习以改进对不同情况的准备等活动至关重要。所有这些活动都是预测可能发生的后果和变化的重要基础。

调查结果表明，预测是物流部门最具挑战性的任务之一，因为这意味着概述所有风险，以便在海上作业期间快速应对各种可能的紧急情况和事故。这在实践中是不现实的。因此，物流部门必须时刻保持警惕。同时，预测包括监控交通资源在任何给定时间的位置，使其能够在需要时快速响应。因此，预测有助于在发生事故时以最佳方式重新分配和重新改变运输资源路线的决策过程，而不会增加对冗余资源的需求。这些活动主要通过确保应急准备和应急处理，使北冰洋海上油田项目的开发具有弹性。这一发现与最近研究的理论假设一致（Hollnagel et al.，2006；Hollnagel，2011），说明了海上实践中的这种影响。此外，这两个案例都强调了环境和作业过程的相互关联性，以便更好地理解供应船参与促进价值创造活动是如何受到不同北极环境背景影响的。这与博奇和基尔斯塔德等人（Borch et al.，2018）以及米拉科维奇等人（Milaković et al.，2015）的假设一致。

12.7 结论的理论与实践意义

本章调查了供应船如何参与海上物流作业，并促进海上油气田项目的开发，以应对不同北极环境的挑战。对两个实证案例的分析表明，供应船在监测海上作业和周边条件、改进对物流流程的协调、对当前情况形成共识、确保对任何紧急情况的响应行动、支持训练演习等活动中发挥着关键作用。因此，供应船有助于预测可能发生的紧急情况以及运输资源分配的变化。此外，研究结果表明，在北极水域的不确定性和复杂性中，预测对于提供海上油田项目开发的弹性而言，既是一个强大的动因，也是一个巨大的挑战。

　　本章响应了在海上物流领域开展更多基于实证研究和案例研究的呼吁（Borch et al.，2015；Milaković et al.，2015），并深入了解了供应船在特定实证环境下开发海上油田项目中的作用。两个案例说明了北极的自然条件如何限制物流资源和海上作业，以及对海上供应船特定服务的需求，例如冰管理、破冰能力、满足寒冷气候作业需求的特殊设计、应急准备；同时，由于长距离和缺乏基础设施还需保持货运能力。此外，对这两个案例的分析表明，环境影响要求通过提高应对不确定性和可能风险的能力来更好地进行物流规划，以便在发生事故时以最佳方式重新分配运输资源和重新安排供应船的路线。

　　与以往侧重于船舶路线问题和供应商交付的成本水平问题的研究相比（Fagerholt et al.，2000；Aas et al.，2007；Sopot et al.，2014；Borch et al.，2015），本章强调了供应船的特殊作用及其在海上物流价值创造活动和弹性建设过程中的多功能性。研究结果表明，建设弹性可以在物流规划和运输资源分配两方面进行权衡。

　　反思海上作业中的环境挑战和供应船的作用，对于物流规划和战略行动的决策至关重要，包括运输资源的最佳分配和对可能发生的所有风险和变化的预测。通过考虑所有海事特定因素和海上供应船的专业化和能力，管理人员将更好地了解如何在特定环境下管理海上作业。当在充满不确定性和复杂性的环境中开发海上油田项目，以便能够快速应对任何可能的紧急情况时，这一点尤其重要。相关作业单位之间的良好合作对于做出有效决策和对当前情况形成共识至关重要。这就要求后勤人员具有高度的能力以最佳方式使用和分配所有运输资源，并在综合规划和作业环境中协调不同作业单位之间的活动和资源。

12.8　局限性和未来研究

　　这项研究表明，在北冰洋的两种环境条件下，海上供应船都需要具备许多能力。未来的研究应扩大北冰洋的地理范围，并包括更多关于供应船如何在其他北极环境中促进海上油气田项目开发的案例研究，以进一步了解海上物流流程。

　　还需要对海上供应船专业化和多功能性所需的船舶技术和设备进行更

多的实证研究。因此，未来的研究可能会扩展关于海上供应船的这些能力如何有助于海上项目的价值创造活动的知识，如需要冗余能力，并确保海上作业应对环境挑战的弹性，并减少不可预见的情况和紧急情况的可能性。

参考文献

Aas，B.，Buvik，A.，& Cakic，D. J.（2008）. Outsourcing of logistics activities in a complex supply chain：A case study from the Norwegian oil and gas industry. *International journal of procurement management*，1(3)，280–296.

Aas，B.，Gribkovskaia，I.，& Halskau，Ø.（2007）. Routing of supply vessels to petroleum installations. *International Journal of Physical Distribution and Logistics Management*，37(2)，164–179.

Aas，B.，Halskau，Ø.，Sr.，& Wallace，S. W.（2009）. The role of supply vessels in offshore logistics. *Maritime Economics and Logistics*，11(3)，302–325.

Antonsen，S.（2009）. The relationship between culture and safety on offshore supply vessels. *Safety Science*，47，1118–1128.

Bauch，H. A.，Pavlidis，Y. A.，Polyakova，Y. I.，Matishov，G. G.，& Koc，N.（Eds.）.（2005）. *Pechora Sea environments：Past，present，and future*. Meeresforsch：Ber. Polarforsch.

Bergh，L. I. V.，Ringstad，A. J.，Leka，S.，& Zwetsloot，G. I. J. M.（2013）. Psychosocial risks and hydrocarbons leaks：An exploration of their relationship in the Norwegian oil and gas industry. *Journal of Cleaner Production*，84，824–830.

Borch，O. J.（2018）. *Offshore service vessels in high Arctic oil and gas field logistics operations – Fleet configuration and the functional demands of cargo supply and emergency response vessels*. R&D–Report，vol. 22. Nord University，Bodø.

Borch，O. J.，& Batalden，B. – M.（2015）. Business – process management in high – turbulence environments：The case of the offshore service vessel industry. *Maritime Policy & Management*，42(5)，481–498.

Borch，O. J.，& Kjerstad，N.（2018）. The offshore oil and gas operations in ice infested water：Resource configuration and operational process management. In L. P. Hildebrand & L. W. Brigham（Eds.），*Sustainable shipping in a changing Arctic*（pp. 401–425）. Springer.

Borch，O. J.，Westvik，M. H.，Ehlers，S.，& Berg，T. E.（2012，December 3–5）. Sustainable Arctic field and maritime operation. In *Proceedings of the offshore technology conference*，Houston Budzik，P.（2009）. Arctic oil and natural gas potential. In *U. S. Energy Information Administration，Office of integrated analysis and forecasting，oil and gas division*.

Eisenhardt，K. M.（1989）. Building theories from case study research. *The Academy of Management*

Review, 14(4), 532-550.

Fagerholt, K., & Lindstad, H. (2000). Optimal policies for maintaining a supply service in the Norwegian Sea. *Omega*, 28(3), 269-275.

Hall, A., & Nordqvist, M. (2008). Professional management in family businesses: Toward an extended understanding. *Family Business Review*, 21(1), 51-65.

Halvorsen-Weare, E. E., Fagerholt, K., Nonås, L. M., & Asbjørnslett, B. E. (2012). Optimal fleet composition and periodic routing of offshore supply vessels. *European Journal of Operational Research*, 223, 508-517.

Halinen, A., & Törnroos, J. -Å. (2005). Using case methods in the supply of contemporary business networks. *Journal of Business Research*, 58(9), 1285-1297.

Hollnagel, E. (2011). Epilogue: RAG - The resilience analysis grid. In E. Hollnagel, J. Pariès, D. Woods, & J. Wreathall (Eds.), *Resilience engineering in practice - A guidebook*. Farnham: Ashgate Publishing Limited.

Hollnagel, E., Woods, D., & Leveson, N. (2006). *Resilience engineering. Concepts and precepts*. Farnham: Ashgate Publishing Limited.

Kaiser, M. J. (2010). An integrated systems framework for service vessel forecasting in the Gulf of Mexico. *Energy*, 35, 2777-2795.

Kristiansen, S. (2005). *Maritime transport, safety management and risk analysis*. Burlington: Elsevier Butterworth-Heinemann.

McManus, S., Seville, E., Vargo, J., & Brunsdon, D. (2008). Facilitated process for improving organizational resilience. *Natural Hazards Review*, 9(2), 81-90.

Medda, F., & Trujillo, L. (2010). Short-sea shipping: An analysis of its determinants. *Maritime Policy & Management*, 37(3), 285-303.

Mendes, P. A. S., Hall, J., Matos, S., & Silvestre, B. (2014). Reforming Brazil's offshore oil and gas safety regulatory framework: Lessons from Norway, the United Kingdom and the United States. *Energy Policy*, 74, 443-453.

Milaković, A. -S., Ehlers, S., Westvik, M. H., & Schütz, P. (2015). Chp 20: Offshore upstream logistics for operations in Arctic environment. In S. Ehlers, B. E. Asbjornslett, O. J. Rodseth, & T. E. Berg (Eds.), *Maritime-port technology and development* (Vol. 2014, pp. 163-170). Leiden: CRC Press.

NORSOK (2007) NORSOK N-003: Actions and action effects. http://www. standard. no/PageFiles/1149/N-003e2. pdf.

Pagell, M., & Krause, D. R. (2005). Determining when multiple respondents are needed in supply chain management research: The case of purchasing and operations. In K. A. Weaver (Ed.), *A new vision of management in the 21st century. Proceedings of the Academy of Management Conference* (pp. 5-10).

Panayides, P. M. (2006). Maritime policy, management and research: Role and potential. *Maritime*

Policy & Management, 33(2), 95-105.

Sii, H. S., Wang, J., & Ruxton, T. (2003). A statistical review of the risk associated with offshore support vessel/platform encounters in UK waters. *Journal of Risk Research*, 6(2), 163-177.

Skogdalen, J. E., Utne, I. B., & Vinnem, J. E. (2011). Developing safety indicators for preventing offshore oil and gas Deepwater drilling blowouts. *Safety Sciences*, 49, 1187-1199.

Sopot, E., & Gribkovskaya, I. (2014). Routing of supply vessels to with deliveries and pickups of multiple commodities. *Procedia Computer Science*, 31, 910-917.

Tsvetkova, A., & Borch, O. J. (2019). *Arctic oil and gas field logistics and offshore service vessel capacities: The case of the Norwegian and Russian High Arctic* (R&D-Report) (Vol. 35). Bodø: Nord University.

Tsvetkova, A., & Gammelgaard, B. (2018). The idea of transport independence in the Russian Arctic: A Scandinavian institutional approach to understanding supply chain strategy. *International Journal of Physical Distribution and Logistics Management*, 48(9), 913-930.

Voss, C., Tsikriktsis, N., & Frohlich, M. (2002). Case research in operations management. *International Journal of Operations & Production Management*, 22(2), 195-219.

USGS. (2008). Circum-Arctic resource appraisal: Estimates of undiscovered oil and gas North of the Arctic Circle. In *United States Geological Survey* (Fact Sheet, 2008-3049).

Yin, R. K. (2009). *Case study research: Design and methods*. Thousand Oaks: S.

第13章 北极特别规则？
北冰洋国家海上石油开发的
北极特定安全与环境法规分析

达里亚·沙波瓦洛娃①

摘　要：在宣布北极水域拥有大量石油资源之后，政治家和评论员呼吁通过一项北极条约，确立在脆弱和恶劣的环极环境中开发石油资源的协调方法。五个北冰洋沿岸国（加拿大、格陵兰/丹麦、挪威、俄罗斯联邦和美国）都表示有兴趣开发或已经在开采北冰洋海洋资源。虽然其中一些国家已有海上石油开发的历史，但北极水域的开发提出了一系列独特的挑战，仍需要额外的监管。除了格陵兰外，其余四个国家都制定了一些针对北极地区的规定，以建立比传统地区更严格的安全和环境规则。本章确定了此类北极特定规则，并对专门针对北极制定的安全和环境规则进行了比较分析。

关键词：北极油气；北极治理；油气法；环境法

13.1　简介

在宣布北极水域拥有大量石油资源后，政治家和评论员呼吁通过一项北极条约，确立在脆弱和恶劣的环极环境中开发石油资源的协调方法（Verhaag，2002；Koivurova et al.，2010）。北冰洋国家很快通过 2008 年《伊卢利萨特宣言》宣布接受《联合国海洋法公约》作为管理北极海洋的

---

① 英国阿伯丁大学。e-mail：dshapovalova@ abdn. ac. uk.

框架条约。虽然没有关于北极石油和天然气开发的全面条约，但沿海国家的国内法确立了详细的法律框架。该地区目前的生产水平仍然相对较低，因此应审查国内法，以确定应对北极挑战的最佳做法和协调空间是最为合适的（Baker，2012；2017）。

五个北冰洋沿岸国（加拿大、格陵兰/丹麦、挪威、俄罗斯联邦和美国）都表示有兴趣开发或已经在开发北冰洋海洋资源。虽然其中一些国家已经有了海上石油开发的历史，但在北极水域作业提出了一系列独特的挑战，需要额外的监管。在格陵兰，所有近海地区都位于北极，其余四个国家都在北极圈以南地区从事海洋生产。除了一般石油法律制度外，这四个国家中的每一个都制定了一些针对北极地区的规则，以建立比其他地区更严格的安全和环境规则。

已从国内（Pelaudeix et al.，2017；Henderson et al.，2014；Mikkelsen et al.，2008）和国际（Shapovalova，2019；Johnstone，2015；Baker，2013）角度审查了北极海上石油开发的法律制度。贝克（Baker）进一步研究了以美国和加拿大（2012 年）为焦点的统一北极石油监管的可能性，以及北极理事会汇编的防止北极石油泄漏和使用标准的最佳实践。本章考察了国家立法，并以现有文献为基础，重点介绍了北极国家针对北极石油开发制定的安全和环境法规。

为此，本章首先考察了北极作为未来资源基地的情况及其易受海上钻井污染的脆弱性。然后，确定并分析了针对北极地区的石油法规，以防止整个北冰洋国家的常规和意外污染。

13.2　作为未来石油领域的北极

尽管在北极水域发现了潜在的巨大石油资源，并有报道称存在"资源争夺"，但该地区目前的产量水平仍然相对较低（Shapovalova et al.，2019）。然而，该区域的经济发展主要侧重于石油和天然气，在所有北冰洋国家的政策文件中都有所体现。为了阐明北极作为未来潜在石油领域的重要性，本节检视了五个北冰洋国家过去和目前根据其北极政策在该区域开发海上石油资源的努力。格陵兰岛完全位于北极（Shapovalova et al.，2019），可以理解它没有北极政策，因此我们研究的是石油和矿产战略。

据估计，俄罗斯拥有北极资源的最大份额，约占 58%，美国约占

18%，格陵兰岛和挪威各占 12%（Henderson et al.，2014）。所有北冰洋国家都优先重视北极地区的经济发展，特别是通过海上石油开发发展经济。

目前正在制定新的加拿大《北极政策框架》，以取代过时的《北方战略》和加拿大《北极外交政策声明》。《北方战略》承认"对近海的重新关注，包括在波弗特海深水区进行石油和天然气勘探的新时代"。20 世纪 70 年代和 80 年代，加拿大政府通过泛北极石油公司（Panarctic Oils）（政府和私营公司之间的合伙）大力投资开发海上石油资源（Masterson，2013）。虽然 20 世纪 80 年代有许多发现，但开发石油并将其推向市场的成本使大规模生产不可行。2014—2016 年，许多公司退出了勘探，并放弃了在加拿大北极水域的许可证。截至 2018 年 11 月，加拿大北极地区没有海上石油生产。加拿大北极地区大规模海上油气生产面临的主要物理挑战是恶劣的天气条件、缺乏基础设施以及与市场的距离。此外，由于 2016 年宣布暂停发放许可证，至少在 2021 之前不太可能发放任何新的许可证。

在邻近的美国北极地区，目前的海上生产仅限于人工岛上的设施，但目前的两项勘探开发可能会带来更多进展。阿拉斯加外大陆架（OCS）的勘探钻探始于 1976 年，在 1984 年至 1985 年达到顶峰，此后一直处于停滞状态。由于油价暴跌、美国北极地区的高运营成本和基础设施稀缺，因此没有大量生产（LeVine et al.，2014）。2008 年，内政部出售了近 500 份阿拉斯加海上租约，其中包括壳牌收购的声名狼藉的楚科奇海 193 号租约。租约上的勘探钻井被推迟了几年，原因是多起法庭诉讼，溢油控制设备测试失败，以及"库鲁克号"（Kulluk）钻机在风暴中搁浅事故。就在 2015 年壳牌公司最终开始钻探一个多月后，它发布了一份声明，表示在可预见的未来停止任何"阿拉斯加近海的进一步勘探活动"，理由是发现的资源不足，成本高，以及"具有挑战性和不可预测的联邦监管环境"。壳牌决定后，更多公司纷纷离开该区域。2017—2022 年租赁计划包括靠近阿拉斯加现有基础设施的库克湾，但不包括楚科奇海和波弗特海，因为"现有租赁的勘探和开发机会"缺乏行业利益、"当前市场条件以及已供应或即将供应的现有国内能源充足"。相比之下，2019—2024 年提案计划草案包括阿拉斯加外大陆架的广大地区。

在欧洲北极地区，挪威是海上石油开发的领导者。从 1980 年左右开始，挪威大陆架上的石油活动"逐渐向北"（Nordtveit，2015），进入挪威海和巴伦支海。1979 年，挪威议会开放巴伦支海进行石油和天然气活动。两年后，发现了第一个气田，随后形成了挪威的斯诺维特（Snøhvit）天然气开发区，这是挪威开发的第一个北极气田。据报道，由 Equinor 公司（前身为 Statoil 公司）运营的斯诺维特含有足够的天然气，可维持"到 2050 年及以后"的生产。Equinor 公司还计划从斯诺维特以北 100 km 的约翰·卡斯特伯格（Johan Castberg）开发区开采石油，该开发区预计将成为挪威最大的油田之一。挪威北极地区目前的石油产量仅限于埃尼集团（Eni）运营的巴伦支海戈里亚特（Gøliat）平台。该公司于 2016 年 3 月开始生产石油，使用一个专门为巴伦支海设计的浮动、生产、储存和卸载装置。由于技术问题和挪威石油安全局发现的故障，戈里亚特油田的生产不得不数次停止（Nilsen，2016）。人们对挪威寄予厚望，希望它为"北极负责任的石油和天然气开发提供一个模板"（Emmerson，2011）。2014 年《挪威北极政策》强调需要以知识为基础的方法来进一步开发石油，并设定了改进溢油预防准备和响应的目标。挪威石油部门是国家收入的主要来源，随着南方油田的成熟，预计未来几十年北方的石油活动将增加。开发巴伦支海的储量无疑需要与邻国俄罗斯进行有效合作。

尽管俄罗斯是第一个开始在北极近海生产石油的国家，但事实证明，开发成本和时间都高于预期。北极对于俄罗斯的资源、航运、国家身份以及作为北方发展领头羊的主张都很重要。陆上资源的枯竭推动俄罗斯工业向北和海上发展，以保持其作为石油出口国的领先地位。然而，俄罗斯公司的技术和基础设施有限。尽管推迟了俄罗斯北极地区的几个大型石油项目，但其对海上石油生产的长期前景依旧雄心勃勃（Sidortsov，2017）。在北极海域生产石油的第一个平台是位于佩科拉海的俄罗斯普里拉兹罗姆诺耶（Prirazlomnaya）平台。2014 年 4 月首次向欧洲市场发货，其 2016 年的产量总计为 220 万 t。"由于缺乏环境批准和钻井设备的缺陷"，生产已被多次推迟（Lunden et al.，2014）。此外，据报道，普里拉兹罗姆诺耶平台的经济可行性取决于国家税收减免和补贴。尽管有这些挫折，普里拉兹罗姆诺耶平台仍然是俄罗斯国有工业的骄傲榜样，并可能成为佩科拉海进一步发展的中心。尽管尚未开发海上气田，但俄罗斯正在确立自己在液化天然气（LNG）市场主要参与者的地位，亚马尔液化天然气项目通过北方海航道将天然气输送至亚洲市场。目前，只有在俄罗斯大陆架上运营 5 年以上的国有公司才能持有俄罗斯北极大陆架上的许可证。欧盟和美国的制裁进一步限制了西方公司的参与。因此，正如埃克森美孚所证实的，由于制裁，它正在退出与俄罗斯石油公司在喀拉海的北极合作（Staalesen，2018）。挪威国家石油公司（Statoil）与俄罗斯石油公司（Rosneft）在鄂霍次克海和巴伦支海进行的海上开发合作也被搁置，直到解除制裁。制裁使俄罗斯当局寻求在东部地区建立伙伴关系——据报道，俄罗斯石油公司与中国的中石化（CNPS）、日本的日本国际石油开发株式会社（INPEX）和越南国家石油公司（Petro Vietnam）签署了北极开发初步协议。总体来说，俄罗斯北极政策承认有必要将油气开发业务扩展到北部和海上。早期文件优先考虑地质勘探，以最终确定北冰洋俄罗斯大陆架的外部界限（Medvedev，2008）。此后，政策方向转向开发海上资源，重点是液化天然气（Putin，2013）。同时，该政策承认基础设施老化以及俄罗斯开发此类资源的技术局限性。

2009 年《格陵兰自治法》通过后，管理格陵兰海上石油资源权利的权力从哥本哈根移交给努克。珀洛代（Pelaudeix）指出，开发海上石油资源对于建立自给自足的经济和从丹麦获得财政独立至关重要（2017 年）。事实上，格陵兰的石油和矿产战略表明，该国许可证战略的目标是"培养和维持石油勘探活动的行业利益"。为了吸引公司，格陵兰为许可证和环境保护设计了一个相当宽松的法律框架（Pelaudeix，2017；Shapovalova et al.，2019）。然而，在 2017 年 12 月举行的最新一轮招标谈判中，没有收到任何公司的投标。政府评论说："由于勘探行业的全球衰退，预计将不会有兴趣。"其他障碍是该地区的地理位置和稀缺的基础设施，以及过去在格陵兰海域发现石油的失败尝试。凯恩能源公司（Cairn Energy）是唯一一家在格陵兰海域钻探的公司，在 2010—2011 年勘探了 8 口井后，没有任何有商业价值的发现。

迄今为止，北极海上石油产量有限。然而，至少在北极的一些地区，随着俄罗斯和挪威的带头，活动正在加速。每个北极国家都有一套不同的优先事项，这不可避免地决定了海上石油活动的监管方式。虽然开发大量资源是一项理想的事业，但与此类开发相关的风险非常高。下面介绍北极钻探的特殊安全和环境规则。

13.3　规范石油开发：北极水域的挑战和环境危害

根据国际法律义务，为了平衡发展与环境保护，开采石油资源的每个国家都制定了一套确保人员和作业安全以及环境保护的规则。基于政治和经济优先事项、法律制度的成熟度和外部义务等众多因素，这种规则的水平和严格程度因国家而异（例如欧盟成员国）。各国采用不同的模式授予公司开采其自然资源的权利：从限定为国家石油公司的权利到通过投标和拍卖提供许可证（Shapovalova et al.，2019）。在公司获得开采资源的许可证（或其他合法权利）后，在开始勘探工作之前，需要进行环境影响评估（EIA）并获得进一步的许可。一般来说，海上石油开发的安全和环境法规可分为规范性法规和基于绩效的法规。规范性法规"设定了具体的技术或程序要求"，而基于绩效（或目标导向）的法规"确定了受监管实体的功能或结果，但允许它们有相当大的灵活性来确定它们将如何承担功能和实现结果"（Dagg et al.，2011）。在北极地区，俄罗斯的法律框架具有高度规范性（Sidortsov，2019），挪威和格陵兰——以基于绩效的规则为法律框架特征，美国和加拿大——作为混合体制，两种要素兼备（Dagg et al.，2011）。专家们一致认为，基于性能的体制更适合北极地区，因为它们更灵活，允许新的（和更有效的）技术和实践在出现时被采用。

无论采用何种体制，安全和环境监管的主要目标都是预防和响应事故，并尽量减少石油开发作业的常规排放和释放。为了实现这些目标，各国可以对公司提出各种要求，包括制定勘探和生产计划，供监管机构批准；限制向空气和水中排放；能够有意使用某些设备，例如，在井喷后阻止漏油，或在事故发生后从钻井平台上营救人员。国家通常会通过一个专门机构对公司提交的所有文件进行评估，然后再签发开始勘探或生产钻井的许可证。作业开始后，此类国家机构会建立一个系统，以监控合规情况，并在出现任何不合规情况时执行规则。

参与海上石油开发的国家通常有一个全国性的安全和环境保护法律制度，而不是为每个开发区域制定单独的法律。然而，随着北极石油资源越来越引起专家和环境组织的关注，出现了制定北极特殊规则的呼吁。专家认为，尽管北极在地质、气候条件和基础设施方面并非同质区域，但适用通常的安全和环境保护规则可能不足以保护脆弱的北方生态系统。区域组织，如北极理事会，发布了一系列建议此类特殊规则的文件，例如《北极海上石油和天然气指南》。行业协会开始制定北极特定标准，例如国际标准化组织的《北极海上结构物标准》和美国石油学会《北极结构物和管道设计标准》。最终，所有北极沿岸国要么在不同程度上采纳了这些法规和标准，要么制定了自己针对北极的环境和安全石油法规。由于北方生态系统对污染的恢复能力以及在该地区进行清理和救援行动的困难，在北极进行钻探需要额外的监管。北极生态系统通常被描述为独特而脆弱的。其独特之处在于，许多景观和海景都是原始的，动植物非常独特，并且高度适应寒冷和干燥。此外，北极是许多特有物种的家园，在全球范围内，北极是"地球生物多样性的重要组成部分"。许多北极土著社区依靠清洁的土地和水域生存。石油开采活动在各个阶段都会对北极生态系统产生影响。

　　然而，对海洋环境的最大风险是北冰洋可能发生的大规模石油泄漏。美国海洋能源管理局估计，在楚科奇海的计划生产过程中，一次或多次漏油超过1 000桶的可能性为75%。由于缺乏自然光照、低温和强风，以及缺乏基础设施，北极地区潜在的溢油回收带来了额外的挑战（Kokorin et al.，2008）。钻井季节结束时，泄漏的石油可能被困在寒冷的北极水域冰层中或冰层下，因此无法清理，甚至无法探测（Payne et al.，1990）。有效的北极溢油回收行动需要先进的规划、国际合作、训练有素的人员和充足的基础设施。此外，任何清理作业都必须取决于天气和空中观测的可用性。此外，高维度北极地区缺乏基础设施意味着任何响应行动都必须推迟到所需资产和人员收集完毕的时间。

　　由于石油在低温下的生物降解速率较低，石油泄漏对北极环境的破坏将比在温带气候下的影响更严重，持续时间更长。如果泄漏，石油将"在北极环境中持续数十年"（Steinev，2010）。北极环境和野生动物物种的某些特征"加剧了石油泄漏对北极水域的潜在负面影响"。海鸟和一些海洋哺乳动物的脆弱性受到了强调，因为油污会污染这些物种赖以保温的羽毛或毛皮。1989年阿拉斯加"埃克森－瓦尔迪兹号"漏油事件中，这是导致25万只海鸟和数千只海洋哺乳动物死亡的主要原因，也因此导致海鸟筑巢失败造成数千只额外的鸟类损失（Steinev，2010）。一般来说，由于北极的许多物种寿命更长，世代更替较慢，因此事件发生后物种数量的恢复可能会放慢。

实验研究和泄漏案例记录无疑表明，"石油对水生生物有毒"。浮游植物、浮游动物及其消费者在接触石油后会立即遭到破坏，在长时间接触石油时尤其脆弱（Peterson et al.，2003）。北极海洋食物链相当紧凑和简单，"初级物种生产力的长期中断……可能严重影响这些北方系统的生态系统功能和可持续性"（Nelleman et al.，2001）。

勘探活动涉及钻机安放和钻探，与燃料排放和井喷风险相关。开发和生产阶段进一步扩大了井喷风险，并对海床、鱼类繁殖、气候和酸化造成短期和长期负面影响。北极海洋生态系统抵御石油和天然气开发相关风险的能力被描述为"弱"（Lloyds，2011）。由于对北极海洋区域"现有知识的碎片化"，北极生态系统将如何应对这些干扰尚不清楚。面对这些挑战，必须防止事故发生，并考虑到北极地区的情况，例如存在冰、钻井季节更短以及一些地区缺乏基础设施。以下章节概述了北极国家的石油监管体制，并确定和分析了北极特定的监管要求（Lloyds，2011）。

13.4　北极石油开发特别规则

如13.2节所述，所有五个北冰洋国家要么表示有兴趣开发，要么已经在开发北冰洋海上资源。美国、加拿大和挪威等具有海上石油开发历史的国家已经建立了石油开发法律制度。除了一般石油法律制度外，这些国家中的每一个都制定了一些针对北极地区的法规，以建立比传统地区更严格的安全和环境规则。俄罗斯也拥有完善的石油监管法律制度，但大规模海上生产是一个相对较新的发展。最后，格陵兰岛直到最近才根据2009年的《自治法》制定了海上石油开发立法。

13.4.1　加拿大

加拿大北极海上石油和天然气资源的管理主要根据联邦法律和法规进行。《加拿大石油资源法》规定了资源权利的分配和特许权使用费的收取，《加拿大石油和天然气经营法》规定了安全和环境保护。《加拿大环境保护法》特别规定了可能违反国际条约的污染，包括空气和水污染。根据《石油和天然气经营法》通过了一些法规，以进一步管理开发的各个方面。尽管在授予地方和原住民政府更大权力方面取得了一些进展（Campbell et al.，2016），但海上资源管理在很大程度上仍受联邦政府的监管。

国家能源委员会（NEB）对加拿大大部分水域（包括加拿大北极）石

油活动的安全和环境方面拥有联邦管辖权。委员会的职责包括监督从地震勘测开始，签发勘探和生产工程的授权，以及中止的整个周期的活动。公司获得勘探许可证后，在开始任何钻井活动之前，必须向国家能源委员会申请经营许可证和工作授权（COGOA 第 10 条）。在批准之前，国家能源委员会会进行技术审查。《加拿大石油和天然气钻井和生产法规》（2009年）列出了所有申请必须附带的文件。

2010 年 4 月，在"深水地平线号"（Deepwater Horizon）井喷几天后，国家能源委员会开始审查加拿大北极地区海上石油活动的安全和环境法规。在信息收集过程中，委员会举行了多次会议，200 多名当地居民、政府人员和行业代表与会。审查涵盖了事故的预防、准备、响应以及从与海上石油活动有关的一些重大事故中吸取的教训。

审查后，国家能源委员会通过了北极钻探的备案要求，该要求与一般法律框架相一致，但包括了解决独特北极环境的附加文件。因此，溢油应急计划必须考虑到北极地区的特殊情况，并考虑冰层覆盖下的内部溢油轨迹；独特的北极条件（如海浪、冰、能见度）造成的操作限制；北极条件下的人员培训；北极社区响应作业中的潜在作用。防井喷和油井控制系统必须在与北极地区类似的条件下进行测试。北极钻探的一个重要附加要求是国家能源委员会的同季节减压井（SSRW）政策。尽管这一要求是非法定的，但国家能源委员会要求申请人证明"有能力在同一钻井季节钻减压井以压灭失控井"。其于 1976 年采用，被视为加拿大北极海上钻井的重大监管障碍（Henderson et al.，2014）。这在很大程度上遭到了石油行业的反对，他们在审查期间提出了自己的立场。这增加了成本，并减少了本已很短的无冰钻井窗口，因为运营商必须在季节结束时安排足够的时间，以便在发生井喷时安全钻取减压井。

天然气燃烧和排放包含在《加拿大石油和天然气经营法》下的"废物"定义中，该条款通常禁止在石油和天然气作业期间处置废物（第 18节）。除非国家能源委员会明确允许或因情况紧急而有必要，否则禁止燃烧和排放，在这种情况下，必须通知委员会（《加拿大石油天然气钻井和生产法》第 67 条）。对于北极地区的空气污染，没有额外的规定。

虽不直接适用于上游作业，但《北极水域污染防治法》仍与其相关。该法案适用于加拿大北极水域的航运，建立了安全控制区并允许进一步规定了船舶在北极水域进入这些区域的要求（第 11~18 条）。

2016 年，特鲁多总理和时任美国总统奥巴马宣布暂停在北极水域发放新许可证（《美加北极联合领导人声明》）。经过协商，政府决定与"北方伙伴"合作，制定一个新的治理框架，"每五年进行一次基于科学的生命周期影响评估，其中考虑到海洋和气候变化科学。"还决定与西北地区和育空地区政府以及因纽特地方公司（Inuvialuit Regional Corporation）谈判达成波弗特海石油和天然气的共同管理和收入分享协议。政府还对波弗特海地区、巴芬湾和戴维斯海峡进行了战略环境评估，以利用科学和传统知识评估任何潜在石油活动的累积影响。

正如所示的那样，由于国家能源委员会和《北极水域污染防治法》采用了额外的法规，加拿大北极地区海上石油活动的监管比加拿大水域的其他地区更加严格。这些额外要求主要是指公司在规划作业时要考虑到北极的独特条件。他们进一步加强了一项艰巨的同季节减压井要求，许多公司认为在当前的石油市场上，这在经济上是高昂得令人难以承受的。在不久的将来，在咨询过程之后，预计将出现针对加拿大北极钻探的额外监管要求，以实现基于科学监管的承诺。

13.4.2　美国

就"北极"法规而言，美国立法区域包括北极圈以北的所有领土以及白令海和阿留申群岛以南的所有领土。根据联邦和阿拉斯加州当局之间的权力划分，任何离岸 3 mile[①] 以上的开发项目都属于联邦管辖范围。本章重点介绍联邦法律，因为据报道，阿拉斯加外大陆架上有大量未发现的石油和天然气储量，超过了 3 mile 的州限制。

美国的海上石油和天然气制度包括一系列法规，包括涉及资源所有权、勘探和开发、受保护物种、环境标准和许可证的法规。2010 年墨西哥湾"深水地平线号"平台井喷后，联邦勘探和开发制度发生了重大变化。特别调查的结论是，石油和天然气行业的监管"需要改革"，许多学者和利益相关者支持这一观点（Peterson et al.，2012；Houck，2010）。因此，过去的矿产管理局已改组为海洋能源管理局（BOEM）、安全与环境执法局（BSEE）和自然资源收入办公室，以将创收和独立的安全与环境监督

---

① 　1 mile = 1.609 3 km。

分开。

管理海上石油开发的主要联邦法律是《美国外大陆架土地法》（1953年）。它概述了从内政部长制定《全国五年租赁计划》开始的主要决策阶段。

该计划的制定是一项联邦活动，需要根据《美国国家环境政策法案》（1969年）制定环境影响声明。2017—2022年计划不包括楚科奇海和波弗特海，同时承认"北极的独特性"，需要对降低风险继并确定需要额外保护的区域续进行科学研究。对进一步研究的需要，以及"现有租约的勘探和开发机会"、缺乏行业兴趣、"当前市场条件以及充足的既有国内能源供应或即将获得的国内能源"被确定为2017—2022年延迟提供北极外大陆架租约出售的主要原因。

在开始任何勘探活动之前，承租人必须提交一份勘探计划供内政部长批准（《美国法典》第43卷第1340（c）（1）节）。与勘探相关的任何钻探可能需要单独的许可证（《美国法典》第43卷第1344（a）（1）节）。在这些阶段，公司必须获得一些与空气、水、噪声和活动可能造成的其他污染相关的许可证。

美国海上石油和天然气监管的特点是广泛纳入了私营部门制定的标准。安全与环境执法局（30 CFR 250.198）通过引用纳入了100多个美国石油学会（API）和其他行业的标准。美国石油学会代表石油行业，制定了非约束性标准和建议性做法。一旦被纳入联邦法规，它们就成为法律要求（30 CFR 250.198（a）（3））。

前深水地平线平台事件时代，海上石油和天然气安全监管框架的主要特点是规范性法规（Dagg et al.，2011）。自2010年4月以来，已转向基于绩效的体制。2016年7月，内政部通过了一项新的北极海上石油和天然气开发规则。它被描述为"朝着基于绩效的体制迈出的最大一步"（Gentile，2016）。本章重点介绍2016年《北极钻探规则》，该规则在之前的文献中并未得到全面广泛的考量。适用于美国北极水域石油开发的总体监管框架得到了卡努尔（Canuel，2017）和莱文等人（LeVine et al.，2014）更为详细的检视。

2016年《北极钻探规则》是美国针对海上石油作业通过的第一部针对北极地区的国家立法。它规定了额外的要求，并确认美国北极外大陆架的独特气候和物流条件。该规则仅适用于波弗特海和楚科奇海规划区内外大陆架移动式海上钻井装置（MODU）的勘探钻井，据报道，大部分未发现的石油和天然气资源都位于该区域。这意味着目前在人工岛上进行的大多数石油开发都不受该规则的约束。新法规旨在帮助"确保北极外大陆架石油和天然气资源的安全、有效和负责任的勘探，同时保护海洋、沿海和人类环境，以及阿拉斯加原住民的文化传统和获得生存资源的途径"。该规则是在所有利益相关者，特别是阿拉斯加当地社区的积极参与下起草的。

现有一般海上法律框架内的主要附加要求如下：

1. 制定《综合作业计划》（30 CFR 550.204）。该计划必须解释拟议的勘探钻探是如何"以一种考虑到北极外大陆架条件的方式从开始到结束进行充分整合"的。这包括有关船舶设备和设计的信息；总体作业计划；天气和冰预报与管理；作业安全原则；承包商管理和监督；溢油响应资产的准备和分期；以及对当地社区的影响。该计划必须在提交勘探计划前90天提交，无须批准。相反，它旨在作为一份"概念性、信息性文件"，以确保运营商在早期阶段计划解决风险。

2. "有权并有能力及时部署源头控制和遏制设备"（30 CFR 250.471）。该规则解释说，虽然"由于该地区的活动水平"，墨西哥湾可以随时获得此类设备，但北极地区的情况并非如此。此类设备包括但不限于"防堵罩阀、安全帽和流动系统以及穹顶型装置"。为了避免潜在的阻碍创新技术的发展，该要求基于性能，如果运营商能够证明其"响应能力能够阻止或捕获失控井的溢油"，则运营商可以提出"替代技术"。

3. "有权使用单独的减压装置"（30 CFR 250.472）。钻机的位置必须以某种方式能够"到达现场，钻减压井，压井并弃用原有油井，并在钻井现场预计的季节性冰侵之前以及井控失效后45天内放弃减压井"。该要求基于性能，因此如果运营商能够证明其"将达到或超过减压装置提供的安全和环境保护水平"，则可以使用替代技术。

4. 具备"预测、跟踪、报告和应对冰情和不利天气事件"的能力。这包括通知安全与环境执法局任何可能影响作业的海冰移动（30 CFR 250.188（c））。

5. "有效管理和监督承包商"。该要求通过将相关信息纳入计划中来实现"（30 CFR 550.204（b）（f）（g））。

该规则并不旨在阻止运营商探索北极地区的资源。相反,内政部表示,"额外的明确性和特异性……应该有助于石油和天然气行业更好地规划,更有效地在北极大陆架上以更低的风险进行勘探钻井"。然而,新规定受到了行业的批评。美国石油学会负责人称这是一个"不幸的转折",将"继续扼杀海上石油和天然气的生产"(McGwin,2016)。不出所料,业内最大的反对意见是在发生事故时使用备用钻机钻减压井,据报道,这每天会增加 100 万美元的运营成本(McGwin,2016)。非政府环保组织更加热情地接受了该规则。海洋环境保护组织(Oceana)对新规定表示欢迎,尽管它暗示这些规定"不能确保北极地区的安全和负责任的作业"(LeVine,2016)。皮尤慈善信托基金会(Pew Charitable Trusts)对规则草案发表了评论,尽管他们的建议没有被全部采纳,但对最终规则发表了积极评论。

尽管美国和加拿大在 2016 年宣布暂停发放新许可证,但特朗普总统后来推翻了这一决定。现任政府也没有表示有兴趣对海上石油行业采用新的法规。相反,有些法规可能会被撤销。2016 年《北极钻探规则》对该行业提出了更高的规划要求、减压装置的使用以及冰层存在的考虑,这给该行业带来了重大挑战。它符合北极理事会的《北极海上石油和天然气指南》(PAME,2009),是北极地区管辖范围内的最高标准之一。

13.4.3 挪威

挪威是世界第三大石油和天然气出口国,其所有石油生产均位于海上。挪威石油部门活跃于北海、挪威海和巴伦支海。石油开发是挪威的经济支柱,约占该国出口的 40%。此外,挪威还向全球石油行业出口专业服务,这一行业"凭借自身优势"成为一个重要行业(Alvik,2013)。

挪威石油监管体制随着该国大陆架石油和天然气发展制定的《石油十戒》为基础。这些原则包括环境问题:考虑"保护自然和环境",以及普遍禁止天然气燃烧。与北极相关的第 9 条戒律要求"必须为北纬 62°以北的地区制定活动计划,以满足与该地区相关的独特社会政治因素"。这些戒律现在被认为已经基本实现了。

石油和能源部(MPE)负责整个石油部门。挪威石油理事会隶属于该部,向该部提供内部建议;授权开发石油;发布相关规定;向石油行业收取费用;并管理国家在 Equinor(前 Statoil)国有公司和 Petoro 国有公司中的所有权权益。

挪威石油和天然气开发的主要法律依据是《石油法》。它概述了授予许可证的条件、石油生产、污染损害责任和安全要求。根据该法案的授权，通过了石油法规。它们在很大程度上遵循了《石油法》的结构，提供了有关程序和具体内容或要求的详细信息。劳动和社会事务部负责挪威石油工业的工作环境、安全和应急准备。隶属于该部的石油安全局（PSA）管理：钻井和油井技术；工艺和结构完整性；后勤和应急准备；职业健康和安全；健康、安全和环境管理。《石油法》要求"所有活动的开展方式应确保能够根据技术发展保持和进一步发展高水平的安全"（第9~1节）。石油安全局框架下通过了许多法规。大多数标准都附有促进标准使用的非约束性指南。标准设定了绩效水平，只要表现出相同的绩效水平，就可以使用替代解决方案。因此，挪威政府主要以绩效为基础或以目标为导向（Nordtveit，2015；Hanson，2010）。

除了勘探或生产许可证外，在油田投产前后还需要获得政府的一些额外批准。最重要的是《开发和运营计划》。该计划必须得到石油和能源部的批准，并且必须包含"经济方面、资源方面、技术、安全相关、商业和环境方面的说明，以及关于设施在生产结束时如何报废和处置的信息"。《石油条例》（第19~21节）概述了该计划的详细内容。在提交计划之前，被许可人必须向石油和能源部提交其环境影响评估计划（包括跨界影响）。

许多人认为所谓的"挪威体制"是环境可持续性和安全的领导者（Hanson，2010）。挪威环境署隶属于气候与环境部，根据《污染控制法》（1981年）行使检查和执法权力。该法案禁止所有污染，但获得环境局许可证明确允许的污染除外（第7、11节）。

挪威海上石油立法一般不区分北极和非北极水域，但巴伦支海的天气条件比加拿大、美国和俄罗斯其他北极水域温和。然而，除了挪威的一般法律框架外，挪威北极地区的一些地区也要遵守《综合管理计划》（IMP）。这个方法允许对海洋使用的各个方面如石油开发、渔业和航运进行综合、整体管理。北海和斯卡格拉克（2008年）、挪威海（2005年）以及巴伦支海和罗弗敦群岛（2014年）都采用了此类计划。

巴伦支海和罗弗敦群岛的《综合管理计划》于2014年更新。该计划是挪威北极地区石油监管的组成部分。首先，它确定了"特别有价值和脆弱的地区"，这些地区已被确定为"对整个巴伦支海-罗弗敦群岛地区的生物多样性和生物生产具有重要意义，并且不利影响可能持续多年"（Hoel，2010）。

因此，包括罗弗敦群岛和巴伦支海北部在内的广大地区仍然对石油活动关闭（Hansen et al.，2008）。《综合管理计划》对钻井位置进行了限制，禁止在"海冰边缘区"进行作业。这是一个动态区，其边界是根据"冰持续性"标准定义的，其中冰覆盖了"超过15%的海面"。有人指出，该计划不涵盖整个巴伦支海生态系统，因为它受到挪威-俄罗斯海上边界的限制（Olsen et al.，2007）。

挪威工业正在根据"零排放政策"开展工作，以尽量减少排放。该政策于20世纪90年代制定，由政府和工业界参与，"允许排放一些化学品，同时禁止排放其他更有害的化学品"（Harlaug et al.，2011）。对于巴伦支海和罗弗敦群岛地区而言，规则比NCS其他地区更严格（Knol，2011）。2006年《综合管理计划》规定，"在正常作业期间，石油设施不得排放任何对环境有负面影响的物质"。2014年更新的《综合管理计划》进一步阐述了这一立场。

虽然《综合管理计划》主要关注环境法规，但石油法规中定义的安全标准主要由行业制定。为了确保俄罗斯和挪威水域的北极石油生产达到最高标准，《巴伦支海2020》项目成立。它就巴伦支海石油开发的各个方面提供了不具约束力的标准、指导和建议。《巴伦支海2020》项目本身并没有创建新的标准，但已经肯定了该地区使用的现有标准的适当性。

因此，虽然挪威的石油立法一般适用于挪威大陆架上的所有地区，但根据相关《综合管理计划》，罗弗敦群岛和巴伦支海北部周围的一些地区需要遵守额外的法规。此类额外法规包括因冰的存在而禁止石油行业进入某些区域，以及对常规污染的更严格限制。也就是说，挪威石油法规已经制定了严格的标准，类似于2016年《美国北极钻井规则》，包括强制使用减压装置（活动法规第86节）。挪威通过《巴伦支海2020》项目等与工业界和俄罗斯合作，进一步促进在更广泛的巴伦支海地区使用适当的安全标准。

13.4.4 格陵兰

由于格陵兰岛的大部分海域都位于北极，因此期望其为北极石油开发制定单独的规则是不合理的。石油监管是基于绩效，而非规范性规则，《格陵兰矿产资源法》规定了总体法律框架。格陵兰岛矿产管理局负责海上钻井的所有方面，包括许可证发放、许可、安全和环境监管及执法。

公司获得许可证后，在开始任何地震测试或钻探之前，需要获得进一步的政府批准。公司必须首先准备一份特定地点的环境影响评估报告和关于拟议活动的社会经济影响的报告。《环境保护计划》详细说明了活动期间如何管理包括污水、化学品和轻微漏油等废物。格陵兰指南要求此类文件符合"良好国际惯例"，并进一步参考国际文件，如 AOOGG、安全管理指南、OSPAR 环境影响监测指南。最后，需要制定《应急响应计划》，以概述处理重大溢油事件的程序。在授予相关许可证后，任何钻探都要遵守规定了一般法律框架的《矿产资源法》。该通用框架通过《石油钻井指南》中更具体的规定进行补充，这些规定被视为最低要求（Dagg et al.，2011）。指南中的大部分内容反映了挪威石油工业技术法规（NORSOK）关于风险评估、油井完整性和钻井设施的法规和标准。该指南考虑了北极地区的情况，要求在提交环境影响评估的同时提交冰研究和冰管理计划。风险评估需要包括冰山和结冰的危害。该指南制定了《双钻井平台政策》，基本上反映了加拿大、挪威和美国的同季节减压井要求。

总体来说，格陵兰的环境和石油安全监管与挪威类似，因为它是基于绩效的，并且要求因具体情况而异。然而，这类监管要求监管机构在风险评估（PAME，2014）方面具有知情、培训和经验，而在格陵兰情况可能不像挪威的那样。

13.4.5 俄罗斯

虽然俄罗斯立法对公司在北极水域获得石油许可证方面制定了严格的要求，但在石油作业的环境或安全监管方面并没有提出实质性的额外要求（Shapovalova et al.，2019；Sidortsov，2017）。

海上石油开发的法律框架不断发展，包括联邦法律、法典、总统和政府法令以及相关机构发布的其他规范性文件。北极监测和评估方案估计，俄罗斯有 800 多份规范环境保护和自然资源使用的文件。海上油气开发的主要立法依据是《底土法》《大陆架法》《专属经济区法》和《环境保护法》。《底土法》要求大陆架区块的许可证持有人是具有至少五年在俄罗斯大陆架运营经验的法人实体，并且俄罗斯国家持有不低于 50% 的股份。俄罗斯的石油监管体制具有高度的规范性和以国家为中心。国家通过能源部和自然资源与环境部管理海上石油生产。虽然资源开发通常由联邦和地方当局共同负责，但北极海上油田受联邦专属监管。

俄罗斯海上石油活动的环境监管主要基于《环境保护法》以及《底土法》和《大陆架法》的相关规定。《环境保护法》没有对北部开发做出任何具体规定（Ignatyeva，2013）。它主要基于污染者付费原则，并包括对公司限制污染的经济激励（第16条）。

《底土法》（第38条）规定了国家对作业的监督，以防止违反安全和环境规定。联邦自然资源使用领域监督服务局监测环境法规和许可证的遵守情况。其发布海上石油开发设备和工艺的安全规则。西多尔佐夫（Sidortsov，2017）强调，俄罗斯石油监管除在冰天雪地和寒冷天气条件下作业的一些规定外，缺乏北极特定规范。实际上，其规则规定，在浮冰或风暴存在的情况下，必须停止钻探；在决定建造和开发防冰平台时，必须考虑其在低温和结冰情况下的性能。救援行动必须考虑冰条件下的疏散设备和程序。这符合《大陆架法》（第8条）对许可证的要求，许可证中应包括冰条件下溢油反应方法的信息（如果钻探是在这种条件下进行的）。

有报告称，针对海上石油勘探和生产所用材料制定了北极特定标准（Kichanov，2016），但迄今为止尚未采用。

原则上，俄罗斯北极的石油开发监管与其他北极国家的石油开发管理不同，因为其具有高度的规范性。这种方法的困难在于，立法可能无法跟上海上产业技术的快速发展（Sutton，2014）。这意味着，规范性标准可能不足以解决当前问题。然而，随着人们对开发北极海洋资源的兴趣与日俱增，法律框架也在不断发展，因此有采用更高标准和更专业规则的空间。

13.5　分析与结论

北极水域的石油活动虽然具有潜在的经济吸引力，但对环境构成重大风险。非常规地点、气候条件、缺乏基础设施以及北极生态系统的独特特征加剧了这些风险。此外，关于北极生态系统的现有知识支离破碎，大规模工业发展的全面影响尚不清楚。目前，俄罗斯和挪威正在北极水域进行海上石油生产。在格陵兰岛和美国北极地区，产量目前处于停滞状态，但根据各国的政策，长期前景将有所改善。珀洛代（Pelaudeix，2017）对加拿大、挪威和格陵兰岛进行了比较，发现能源战略与海上石油法律框架之间存在强烈的相关性。在分析了俄罗斯和美国之后，本章证实了珀洛代的发现。所有北极沿岸国都通过了专门针对北极作业特点的法律，但这些法律的范围和优先次序各不相同。

沿海国家北极特定监管要求的共同问题是同季节减压井、防止和应对石油泄漏。除俄罗斯外，所有北极沿海立法都规定了同季节减压井，即使用额外钻机，以便在同一钻井季节（或 12 天，挪威）内重新控制井喷。《北极海上石油和天然气指南》将减压井安排作为石油泄漏规划的一个必要要素，因为一旦发生井喷，必须为冰的到来而一定要在钻井季节结束之前尽快停止不受控制的石油流动。

有关钻井和溢油预防的法定要求和专业行业标准的使用也是北极特定法规中的一个主题。所有北极司法管辖区都在不同程度上采用了标准，可能存在协调的空间（Baker，2012）。俄罗斯仍然以其独特的高度规范性监管体制是一个例外。虽然俄罗斯法律对北极大陆架许可证的获取施加了严格限制，但在立法中似乎没有关注相应的安全和环境风险问题。

关于溢油响应，挪威和格陵兰的绩效体制可能允许监管机构根据具体情况提出额外要求。与一般石油法律框架相比，美国《北极钻井规则》提高了对北极溢油响应设备的要求。在双边基础上或通过北极理事会，在响应作业、技术和基础设施方面存在知识交流和进一步国际合作的空间。

最后，正如挪威的情况，北极水域的一些地区可能需要继续对石油活动进行关闭，或者有更严格的常规污染要求。需要使用以科学为基础的方法和综合管理来确定特别脆弱的领域，并证明有必要进行额外监管。

对海上原油的监管包括俄罗斯高度规范性体制、美国和加拿大的混合体制，以及挪威和格陵兰的主要基于性能的体制。虽然完全统一北极国家的石油法规是不可行或不可取的，但重要的是要确定并承认最佳做法，以促进其能够被更广泛的采用（Baker，2012）。虽然基于绩效的体制被确定为北极作业的首选体制，但必须适当承认监管机构知识、能力和经验的局限性。

重要的是要承认，由于各种监管制度和地理条件，所有沿海国家都不需要针对北极立法。因此，在挪威，整个大陆架的情况比加拿大或美国更具同质性。然而，必须应对如存在冰、钻井季节更短以及某些地区缺乏基础设施等在北极地区作业的挑战。所有五个国家都实施了在北极水域作业的特殊要求。

参考文献

AEPS (Arctic Environmental Protection Strategy). (1991). http://library. arcticportal. org/1542/1/artic_ environment. pdf. Accessed 8 Dec 2018.

Alvik, I. (2013). Norway. In K. Talus & E. G. Pereira (Eds.), *Upstream law and regulation: A global guide* (pp. 367–381). London: Globe Business Publishing.

AMAP (Arctic Monitoring and Assessment Programme). (1998). *AMAP assessment report: Arctic pollution issues.* https://www. amap. no/about/the−amap−programme/amap−assessment−reports. Accessed 8 Dec 2018.

AMAP (Arctic Monitoring and Assessment Programme). (2010). *Assessment* 2007: *Oil and gas activities in the Arctic: Effects and potential effects* (Vol. 1). https://www. amap. no/about/theamap− programme/amap−assessment−reports. Accessed 8 Dec 2018.

API (American Petroleum Institute). (1995). *RP 2N planning, designing and constructing structures and pipelines for Arctic conditions.* http://www. techstreet. com/api/standards/api−rp−2n? product_id = 1894499#document. Accessed 8 Dec 2018.

Baker, B. (2012). Offshore oil and gas regulation in the Arctic: Room for harmonization? *The Yearbook of Polar Law*, *IV*, 475–504.

Baker, B. (2013). Offshore oil and gas development in the Arctic: What the Arctic council and international law can—And cannot—Do. *ASIL*, 107, 275–279.

Baker, B. (2017). The Arctic offshore hydrocarbon hiatus of 2015: An opportunity to revisit regulation around the pole. In C. Pelaudeix & E. M. Basse (Eds.), *Governance of Arctic offshore oil and gas* (pp. 148–166). Abingdon: Routledge.

Bloomberg. (2015). *Statoil seeks broader Rosneft ties despite Russia sanctions.* https://www. bloomberg. com/news/articles/2015−08−04/statoil−seeks−broader−rosneft−ties−in−russia−as−sanctions−stifle. Accessed 8 Dec 2018.

BOEM. (2015). *Oil spill risk in the Chukchi Sea outer continental shelf the 75−percent figure: What does it mean?* https://www. boem. gov/BOEM−Newsroom/Risk−and−Benefits−in−theChukchi−Sea. aspx. Accessed 8 Dec 2018.

BOEM. (2016a). 2017−2022 *outer continental shelf oil and gas leasing proposed final program.* https:// www. boem. gov/2017−2022−OCS−Oil−and−Gas−Leasing−PFP/. Accessed 8 Dec 2018.

BOEM. (2016b). *Assessment of undiscovered oil and gas resources of the nation's outer continental shelf.* https://www. boem. gov/2016−National−Assessment−Fact−Sheet. Accessed 8 Dec 2018.

BOEM. (2018a). *Alaska OCS region*. https://www.boem.gov/Alaska-Region/. Accessed 8 Dec 2018.

BOEM. (2018b). *Alaska historical data*. http://www.boem.gov/AKOCS_Wells_Drilled_per_Year/. Accessed 8 Dec 2018.

BOEM. (2018c). *2019-2024 OCS oil and gas leasing draft proposed program and potential exclusion areas: Arctic*. https://www.boem.gov/NP-DPP-Map-Alaska/. Accessed 8 Dec 2018.

BSEE (US Bureau of Safety and Environmental Enforcement). (2018). *Oil and gas and sulfur operations in the outer continental shelf – blowout preventer systems and well control revisions*. https://www.federalregister.gov/documents/2018/05/11/2018-09305/oil-and-gas-and-sulfuroperations-in-the-outer-continental-shelf-blowout-preventer-systems-and-well. Accessed 8 Dec 2018.

CAFF (Conservation of Arctic Flora and Fauna). (2001). *Arctic Flora and Fauna: Status and conservation*. https://www.caff.is/assessment-series. Accessed 8 Dec 2018.

CAFF (Conservation of Arctic Flora and Fauna). (2013). *Arctic biodiversity assessment: Status and trends in Arctic biodiversity*. https://www.caff.is/assessment-series. Accessed 8 Dec 2018.

Campbell, A., & Cameron, K. (2016). Constitutional development and natural resources in the north. In D. A. Berry, N. Bowles, & H. Jones (Eds.), *Governing the North American Arctic: Sovereignty, security, and institutions*. Basingstoke/New York: Palgrave Macmillan.

Canuel, E. T. (2017). Alaska and offshore hydrocarbon extraction. In C. Pelaudeix & E. M. Basse (Eds.), *Governance of Arctic offshore oil and gas*. Abingdon: Routledge.

CAWPPA (Canada Arctic Waters Pollution Prevention Act). RSC 1985 c A-12.

CBC News. (2014). *Chevron puts Arctic drilling plans on hold indefinitely*. http://www.cbc.ca/news/canada/north/chevron-puts-arctic-drilling-plans-on-hold-indefinitely-1.2877713. Accessed 8 Dec 2018.

CBC News. (2015). *Imperial oil, BP delay Arctic oil drilling plans indefinitely*. http://www.cbc.ca/news/canada/north/imperial-oil-bp-delay-beaufort-sea-drilling-plans-indefinitely-1.3129505. Accessed 8 Dec 2018.

CDIAND (Canada Department of Indian Affairs and Northern Development). (2009). *Canada's northern strategy: Our north, our heritage, our future*. http://www.northernstrategy.gc.ca/cns/cns-eng.asp. Accessed 8 Dec 2018.

CEPA (Canada Environmental Protection Act). SC 1999 c 33.

COGOA (Canada Oil and Gas Operations Act). RSC 1985 c O-7.

Continental Shelf Law Russia – Federal Law no 187-FZ 'On the continental shelf of Russian federation' (30 November 1995).

CPRA (Canada Petroleum Resources Act). RSC 1985 c 36 2nd Supp.

Dagg, J., et al. (2011). *Comparing the offshore drilling regulatory regimes of the Canadian Arctic, the US, the UK, Greenland and Norway*. www.pembina.org/reports/comparing-offshore-oiland-gas-regulations.pdf. Accessed 8 Dec 2018.

DNV. (2010a). *Key aspects of an effective US offshore safety regime.* https://www. scribd. com/ document/ 246972281/DNV−Position−Paper−on−Key−Aspects−of−an−Effective−U−S−OffshoreSafety−Regime− 22−July−2010. Accessed 8 Dec 2018.

DNV. (2010b). *OLF/NOFO−Summary of differences between offshore drilling regulations in Norway and US Gulf of Mexico.* https://www. norskoljeoggass. no/contentassets/4ed0dc5bf14 3402ea7ef4c6fb9953eb2/ report−no−2010−1220−summary−of−differences−rev−02−2010−08−27− signed. pdf. Accessed 8 Dec 2018.

DNV GL. (2014). *Challenges and best practice of oil spill response in the Arctic.* 13 Special Rules for the Arctic? The Analysis of Arctic−Specific Safety⋯.

DNV GL. (n. d.). *Barents* 2020 *project.* https://www. dnvgl. com/oilgas/arctic/barents−2020−reports. html. Accessed 8 Dec 2018.

Emmerson, C. (2011). *The future history of the Arctic.* London: Vintage.

Eni Norge. (2018). *Gøliat.* http://www. eninorge. com/en/Field−development/Goliat/Developmentsolution/ The−platform%2D%2D−FPSO/. Accessed 8 Dec 2018.

Environmental Protection Law Russia − Federal law no 7−FZ 'On environmental protection' (10 January 2002).

EPPR (Emergency Prevention, Preparedness, and Response). (2017a). *Overview of measures specifically designed to prevent oil pollution in the Arctic marine environment from offshore petroleum activities.* https://oaarchive. arctic−council. org/handle/11374/1962. Accessed 8 Dec 2018.

EPPR (Emergency Prevention, Preparedness, and Response). (2017b). *Standardization as a tool for prevention of oil spills in the Arctic.* https://oaarchive. arctic − council. org/handle/11374/1951. Accessed 8 Dec 2018.

EPPR (Emergency Prevention, Preparedness, and Response). (2017c). *Field guide for oil spill response in Arctic waters* (2nd ed.). https://oaarchive. arctic council. org/bitstream/handle/11374/2100/ EPPR_Field_Guide_2nd_Edition_2017. pdf? sequence=12&isAllowed=y. Accessed 8 Dec 2018.

Equinor. (2018). *Johan Castberg.* https://www. equinor. com/en/what − we − do/new − field − developments/johan−castberg. html. Accessed 8 Dec 2018.

EU Commission. (2008) Communication: The European Union and the Arctic region COM (2008) 763 final 7.

Exclusive Economic Zone Law Russia − Federal law no 191−FZ 'On the exclusive economic zone of the Russian federation' (17 December 1998).

Gazprom. (2018). *Prirazlomnoe.* http://www. gazprom. com/projects/prirazlomnoye/. Accessed 8 Dec 2018.

Gentile, G. (2016). Performance versus prescription in new US Arctic rules: Fuel for thought. *The Barell Blog.* http://blogs. platts. com/2016/08/15/arctic − oil − gas − new−rules − performanceprescription/. Accessed 8 Dec 2018.

Government of Canada. (2010). *Statement on Canada's Arctic foreign policy.* http://international. gc. ca/

world-monde/assets/pdfs/canada_arctic_foreign_policy-eng. pdf. Accessed 8 Dec 2018.

Government of Canada. (2018a). *Arctic offshore oil and gas*. https://www. rcaanc-cirnac. gc. ca/eng / 1535571547022/1538586415269. Accessed 8 Dec 2018.

Government of Canada. (2018b). *Northern oil and gas report* 2017. https://www. aadnc-aandc. gc. ca/ DAM/DAM-INTER-HQ-NOG/STAGING/texte-text/oil_gas_2017_1528132190313_eng. pdf. Accessed 8 Dec 2018.

Government of Greenland. (2009). *Exploration and exploitation of hydrocarbons in Greenland strategy for licence policy*. https://web. law. columbia. edu/sites/default/files/microsites/climatechange/files/ Arctic-Resources/Oil-and-Gas/greenland%20strategy%20for%20license%20 policy. pdf. Accessed 8 Dec 2018.

Government of Greenland. (2014). *Greenland's oil and mineral strategy* 2014 – 2018. https:// naalakkersuisut. gl/~/media/Nanoq/Files/Publications/Raastof/ENG/Greenland% 20oil% 20 and% 20mineral%20strategy%202014-2018_ENG. pdf. Accessed 8 Dec 2018.

Government of Greenland. (2017). *The Baffin Bay oil and gas licensing round* 2017. http:// naalakkersuisut. gl/en/Naalakkersuisut/News/2017/12/1512_baffinbugten. Accessed 8 Dec 2018.

Government of Greenland. (2018). *International reference documents*. https://www. govmin. gl/ environment/international-reference-documents. Accessed 8 Dec 2018.

Greenland BMP (Bureau of Minerals and Petroleum). (2011). *Drilling guidelines* https://govmin. gl/ images/stories/petroleum/110502_Drilling_Guidelines. pdf. Accessed 8 Dec 2018.

Greenland Mineral Resources Act. (2009).

Hansen, H. O. , & Midtgard, R. M. (2008). Going North: The new petroleum province of Norway. In A. Mikkelsen & O. Langhelle (Eds.), *Arctic oil and gas: Sustainability at risk?* (pp. 200–239). New York/London: Routledge.

Hanson, A. L. (2010). Offshore drilling in the United States and Norway: A comparison of prescriptive and performance approaches to safety and environmental regulation. *The Georgetown Environmental Law Review*, 23, 555–575.

Harlaug Olsen, G. , et al. (2011). Challenges performing risk assessment in the Arctic. In K. Kenneth Lee & J. Neff (Eds.), *Produced water: Environmental risks and advances in mitigation technologies* (pp. 521–536). New York: Springer.

Henderson, J. , & Loe, J. (2014). *The prospects and challenges for Arctic oil development*. The Oxford Institute for Energy Studies. https://www. oxfordenergy. org/wpcms/wp-content/uploads/2014/11/ WPM-56. pdf. Accessed 8 Dec 2018.

Hoel, A. H. (2010). Integrated oceans management in the Arctic: Norway and beyond. *Arctic Review of Law and Politics*, 1(2), 186–206.

Houck, O. A. (2010). Worst case and the deepwater horizon blowout: There ought to be a law. *The Environmental Law Reporter*, 40, 11034–11040.

IEA (International Energy Agency). (2012). *Energy policies of IEA countries: Norway 2011 review.*

International Energy Agency, 'Russia 2014: Energy Policies beyond IEA Countries' (2014).

Ignatyeva, I. A. (2013). Environmental assessment in Russian law: Can it promote sustainable development in the Russian Arctic? *The Yearbook of Polar Law*, 5(1), 321–336. https://doi. org/ 10. 1163/22116427–91000128.

ISO (International Organization for Standardization). (2010). *ISO 19906: 2010 petroleum and natural gas industries–Arctic offshore structures.* https://www. iso. org/standard/33690. html. Accessed 8 Dec 2018.

Johnstone, R. L. (2015). *Offshore oil and gas development in the Arctic under international law: Risk and responsibility.* Leiden: Brill Nijhoff.

Kichanov, M. (2016). Siberian innovations will be tested in the Arctic. *Kommersant.* https://www. kommersant. ru/private/pdoc? docsid = 3023750. Accessed 8 Dec 2018.

Knol, M. (2011). The uncertainties of precaution: Zero discharges in the Barents Sea. *Marine Policy*, 35 (3), 399–404. https://doi. org/10. 1016/j. marpol. 2010. 10. 018.

Koivurova, T. & Molenaar, E. J. (2010). *International governance and regulation of the Marine Arctic (WWF).* https://www. worldwildlife. org/publications/international–governance–and–regulation–of– the–marine–arctic–three–reports–prepared–for–the–wwf–international–arctic–program. Accessed 8 Dec 2018.

Kokorin, A. O., Karelin, D. V., & Stetsenko, A. V. (eds.). (2008). The impact of climate change on the Russian Arctic and paths to solving the problem (WWF). http://assets. panda. org/downloads/ wwf_arctica_eng_1. pdf; Accessed 8 Dec 2018.

LeVine, M. (2016). *Government finalizes safety and prevention rules for Arctic ocean exploration drilling* (Oceana USA). http://usa. oceana. org/press–releases/government–finalizes–safety–andprevention– rules–arctic–ocean–exploration–drilling. Accessed 8 Dec 2018.

LeVine, M., Van Tuyn, P., & Hughes, L. (2014). Oil and gas in America's Arctic Ocean: Past problems counsel precaution. *The Seattle University Law Review*, 37(4), 1271–1370.

Lloyds. (2011). *Drilling in extreme environments: Challenges and implications for the energy insurance industry.* https://www. lloyds. com/ ~ /media/lloyds/reports/emerging–risk–reports/lloyds–drilling–in– extreme environments–final3. pdf. Accessed 8 Dec 2018.

Lunden, L. P., & Fjaertoft, D. (2014). *Government support to Upstream oil & gas in Russia: How subsidies influence the Yamal LNG and Prirazlomnoe projects.* Geneva/Oslo/Moscow: The International Institute for Sustainable Development/WWF.

Masterson, D. M. (2013). The Arctic Islands Adventure and Panarctic Oils Ltd. *Cold Regions Science and Technology*, 85, 1–14. https://doi. org/10. 1016/j. coldregions. 2012. 06. 008.

McGwin, K. (2016). *Obama's offshore rules a rig too far for oil industry.* The Arctic Journal. http:// arcticjournal. com/oil–minerals/2438/obamas–offshore–rules–rig–too–far–oil–industry. Accessed 8 Dec 2018.

Medvedev, D. (2008). Fundamentals of the state Arctic policy until 2020 and further no PR‐1969. 13 Special Rules for the Arctic? The Analysis of Arctic‐Specific Safety….

Mikkelsen, A., & Langhelle, O. (Eds.). (2008). *Arctic oil and gas: Sustainability at risk?* New York/London: Routledge.

Model JOA. (n. d.). *Norwegian Model JOA agreement concerning petroleum activities.* https://www. regjeringen. no/globalassets/upload/OED/Vedlegg/Konsesjonsverk/k‐verk‐vedlegg‐1‐2‐eng. pdf. Accessed 8 Dec 2018.

Mosbech, A., Boertmann, D., Wegeberg, S., et al. (2017). The interplay between environmental research and environmental regulation of offshore oil activities in Greenland. In C. Pelaudeix & E. M. Basse (Eds.), *Governance of Arctic offshore oil and gas.* Abingdon: Routledge.

National Commission on the BP Deepwater Horizon Oil Spill and Offshore Drilling. (2011). *Deep water: The Gulf oil disaster and the future of offshore drilling: Report to the president.* Washington, DC.

Natural Resources Canada. (2007). *Arctic oil and gas* [factsheet]. http://www. gac. ca/PopularGeoscience/factsheets/ArcticOilandGas_e. pdf. Accessed 8 Dec 2018.

NEB (National Energy Board Canada). (2011). *Spill response gap study for the Canadian Beaufort Sea and the Canadian Davis Strait.* https://apps. neb‐one. gc. ca/REGDOCS/Item/Filing/A30372. Accessed 8 Dec 2018.

NEB (National Energy Board Canada). (2014). *Filing requirements for offshore drilling in the Canadian Arctic.* https://www. neb‐one. gc. ca/bts/ctrg/gnthr/rctcrvwflngrqrmnt/cncrdnc/2015‐01cncrdnc‐eng. html. Accessed 8 Dec 2018.

NEB (National Energy Board Canada). (2015). NEB's role in Arctic offshore seismic exploration. https://www. neb‐one. gc. ca/nrth/pblctn/nbrlrctcssmcxprtnfs‐eng. html. Accessed 8 Dec 2018.

NEB (National Energy Board Canada). (2016). *The NEB's lifecycle approach to protecting the environment.* https://www. neb‐one. gc. ca/sftnvrnmnt/nvrnmnt/lfcclpprch/index‐eng. html. Accessed 8 Dec 2018.

NEB (National Energy Board Canada). (2018). *COGOA map.* https://www. neb‐one. gc. ca/nrth/dvltn/mg/mp01xl‐eng. jpg. Accessed 8 Dec 2018.

Nelleman, C., Kullerud, L., & Vistnes, I., et al. (2001). *GLOBIO: Global methodology for mapping human impacts on the biosphere.* https://www. globio. info/downloads/218/globioreportlowres. pdf. Accessed 8 Dec 2018.

Nilsen, T. (2016). Groundbreaking lawsuit filed against Norway over Arctic oil drilling. *The Independent Barents Observer.* http://thebarentsobserver. com/en/ecology/2016/10/groundbreaking‐lawsuit‐field‐against‐norway‐over‐arctic‐oil‐drilling. Accessed 8 Dec 2018.

Nilsen, T. (2017). Goliat Oil: On‐off‐on‐off‐on‐off. *The Independent Barents Observer.* https://thebarentsobserver. com/en/industry‐and‐energy/2017/02/goliat‐oil. Accessed 8 Dec 2018.

NMFA (Norwegian Ministry of Foreign Affairs). (2014). *Norway's Arctic policy: Creating value, managing* resources, *confronting climate change and fostering knowledge. Developments in the Arctic concern us all.* https://www. regjeringen. no/globalassets/departementene/ud/vedlegg/nord/nordkloden _ en. pdf. Accessed 8 Dec 2018.

Nordtveit, E. (2015). Regulation of the Norwegian upstream petroleum sector. In T. Hunter (Ed.), *Regulation of the upstream petroleum sector: A comparative study of licensing and concession systems* (pp. 132-158). Cheltenham/Northampton: Edward Elgar.

Norwegian Government. (2006). *Barents 2020: A tool for a forward-looking high north policy.*

Norwegian Ministry of Environment. (1996). *Environmental policy for a sustainable development - Joint efforts for the future* [Storting White Paper 58].

Norwegian Ministry of Environment. (2003). *On the petroleum industry* [Storting White Paper 38].

Norwegian Ministry of Environment. (2005). *Integrated management of the marine environment of the Barents Sea and the sea areas off the Lofoten Islands* [Storting Report 8].

Norwegian Ministry of Environment. (2008). *Integrated management of the marine environment of the Norwegian Sea* [Report 37 to the Storting].

Norwegian Ministry of Environment. (2010). *An industry for the future: Norway's petroleum activities* [Storting White Paper 28].

Norwegian Ministry of Environment. (2012). *Integrated management of the marine environment of the North Sea and Skagerrak* [Storting White Paper 37].

Norwegian Ministry of Environment. (2014). *Update of the integrated management plan for the Barents Sea- Lofoten area including an update of the delimitation of the marginal ice zone* [Storting White Paper 20].

NVPH (Native Village of Point Hope) v Jewell. (2014). 44 ELR 20016 9th Circ.

NVPH (Native Village of Point Hope) v Salazar. (2010). WL 2943120 D Alaska. Offshore Energy Today. (2018). *Statoil takes next step in Barents Sea project with Investment of over MYM 642M.* https:// www. offshoreenergytoday. com/statoil-takes-next-step-in-barents-seaproject-with-investment-of- over-642m/. Accessed 8 Dec 2018.

Olsen, E., Gjøsæter, H., Røttingen, I., et al. (2007). The Norwegian ecosystem-based management plan for the Barents Sea. *ICES Journal of Marine Science*, 64, 599-602.

PAME (Protection of the Arctic Marine Environment). (2009). *Arctic offshore oil and gas guidelines.* https://oaarchive. arctic-council. org/handle/11374/62. Accessed 8 Dec 2018.

PAME (Protection of the Arctic Marine Environment). (2014). Systems safety management and safety culture: Avoiding major disasters in Arctic offshore oil and gas operations. https://oaarchive. arctic- council. org/handle/11374/418. Accessed 8 Dec 2018.

Payne, J. R., McNabb, G. D., Jr., & Clayton, J. R., Jr. (1990). Oil weathering behavior in Arctic environments. In E. Sakshaug, C. C. E. Hopkins, & N. A. Øritsland (Eds.), *Proceedings of the pro Mare symposium on polar marine ecology, Trondheim*, 12-16 *May* 1990.

Pelaudeix, C. (2017). Governance of offshore hydrocarbon activities in the Arctic and energy policies: A comparative approach between Norway, Canada and Greenland/Denmark. In C. Pelaudeix & E. M. Basse (Eds.), *Governance of Arctic offshore oil and gas*. Abingdon: Routledge.

Pelaudeix, C., & Basse, E. M. (Eds.). (2017). *Governance of Arctic offshore oil and gas*. Abingdon: Routledge. Peterson, C. H., Rice, S. D., Short, J. W., et al. (2003). Long-term ecosystem response to the Exxon Valdez oil spill. *Science*, 302(5653), 2082–2086.

Peterson, C. H., Anderson, S. S., Cherr, G. N., et al. (2012). A tale of two spills: Novel Science and policy implications of an emerging new oil spill model. *Bioscience*, 62(5), 461–469. https://doi.org/10.1525/bio.2012.62.5.7.

Petroleum Act Norway. (1996). Act no 72 relating to petroleum activities.

Petroleum Regulations Norway. (1997). Regulations to act relating to petroleum activities.

Pew Charitable Trusts. (2013). *Arctic standards: Recommendations on oil spill prevention, response, and safety*. https://www.pewtrusts.org/en/research-and-analysis/reports/2013/09/23/arctic-standards-recommendations-on-oil-spill-prevention-response-and-safety. Accessed 8 Dec 2018.

Pew Charitable Trusts. (2015). *A letter to Janice Schneider*. https://www.pewtrusts.org/-/media/assets/2015/05/pew _ comments _ doi _ arcticstandards _ 27may2015. pdf? la = en&hash = 94E16769B86AACA442967BFE8F67CCA40DA8136D. Accessed 8 Dec 2018.

Pew Charitable Trusts. (2016). *Pew: New offshore drilling standards help protect U. S. Arctic Ocean*. https://www.pewtrusts.org/en/about/news-room/press-releases-and-statements/2016/07/07/pew-new-offshore-drilling-standards-help-protect-us-arctic-ocean. Accessed 8 Dec 2018.

Pew Environmental Group. (2011). *Becoming arctic ready: Policy recommendations for reforming Canada's approach to licensing and regulating offshore oil and gas in the Arctic*. https://www.pewtrusts.org/en/projects/protecting-life-in-the-arctic/arctic-science/arctic-science-initiatives/becoming-arctic-ready. Accessed 8 Dec 2018.

Pollution Control Act Norway. Act no 6 concerning protection against pollution and concerning waste.

POTUS (President of the United States). (2013). *National strategy for the Arctic region*. https://obamawhitehouse.archives.gov/sites/default/files/docs/nat _ arctic _ strategy. pdf. Accessed 8 Dec 2018.

PSA (Petroleum Safety Authority Norway). (2017). *Audit of Gøliat*. http://www.ptil.no/auditreports/audit-of-goliat-article12764-889.html. Accessed 8 Dec 2018.

Putin, V. (2013). Strategy for the Russian Arctic zone development and ensuring state security until 2020.

Rosprirodnadzor. (2013). *No 34077 safety rules in oil and gas industry*.

Rosprirodnadzor. (2014). *No 101 safety rules for offshore oil and gas facilities*.

Russian Government. (2009). Order No 1715-r 'On the Russian energy strategy for the period up to 2020'.

Russian Government. (2014). Decree No 366 'On the approval of the state programme "On the socio-economic development of the Russian arctic zone until 2020"'.

Secretary of Interior. (2013). *Review of Shell's 2012 Alaska offshore oil and gas exploration program.* https://www. doi. gov/news/pressreleases/department−of−the−interior−releases−assessmentof−shells− 2012−arctic−operations. Accessed 8 Dec 2018.

Shapovalova, D. (2019). International governance of oil spills from upstream petroleum activities in the Arctic: Response over prevention? *International Journal of Marine and Coastal Law*, 34(2), 1−30.

Shapovalova, D. , & Stephen, K. (2019). No race for the Arctic? Examination of interconnections between legal regimes for offshore petroleum licensing and level of industry activity. *Energy Policy*, 129, 907−917.

Shell. (2015). Shell updates on Alaska exploration. http://www. shell. com/media/news − and − mediareleases/2015/shell−updates−on−alaska−exploration. html. Accessed 8 Dec 2018.

Shell. (2016). *Shell contributes offshore rights near Lancaster Sound to the nature conservancy of Canada.* https://www. shell. ca/en _ ca/media/news − and − media − releases/news − releases − 2016/nature − conservancy−of canada. html. Accessed 8 Dec 2018.

Sidortsov, R. (2017). The Russian offshore oil and gas regime: When tight control means less order. In C. Pelaudeix & E. M. Basse (Eds.), *Governance of Arctic offshore oil and gas.* Abingdon: Routledge.

Staalesen, A. (2018). They found one of Russia's biggest Arctic oil fields, but now abandon it. *The Independent Barents Observer.* https://thebarentsobserver. com/en/industry−andenergy/2018/03/they− found−one−russias−biggest−offshore−arctic−oil−field−now−abandon−it. Accessed 8 Dec 2018.

Statistics Norway. (2016). *This is Norway* 2016: *What the figures say.* https://www. ssb. no/en/ befolkning/artikler−og−publikasjoner/this−is−norway−2016. Accessed 8 Dec 2018.

Steiner, R. (2010). Risks to Arctic ecosystems. *The Circle*, 3, 13−16.

Subsoil Law Russia − Federal Law 'On Subsoil' No 2395−1 (21 February 1992).

Sutton, I. (2014). *Offshore safety management* (2nd ed.). Oxford: Elsevier.

The Constitution of the Russian Federation (12 December 1993).

The Local Norway. (2015). *Norway's Statoil pulls out of Alaskan Arctic.* https://www. thelocal. no/ 20151117/norways−statoil−pulls−out−of−alaskan−arctic. Accessed 8 Dec 2018.

The New York Times. (2014). The Wreck of the Kulluk. http://www. nytimes. com/2015/01/04/ magazine/the−wreck−of−the−kulluk. html. Accessed 8 Dec 2018.

The Telegraph. (2013). *Cairn prepares to resume oil search off Greenland.* https://www. telegraph. co. uk/ finance/newsbysector/energy/oilandgas/10255743/Cairn − prepares − to − resume − oil − searchoff − Greenland. html. Accessed 8 Dec 2018.

The White House. (2017). *Remarks by president trump at signing of executive order on an America−first offshore energy strategy.* https://www. whitehouse. gov/briefings−statements/remarks−president−trump− signing−executive−order−america−first−offshore−energy−strategy/. Accessed 8 Dec 2018.

US Arctic OCS Final Rule. (2016). *Oil and gas and sulfur operations on the outer continental shelf—* Requirements for exploratory drilling on the Arctic outer continental shelf 81 FR 46478.

US Arctic Research and Policy Act. (1984). Pub L 98−373, title I, § 112, 31 1984, 98 Stat 1248.

US Arctic Research and Policy Act 1984. 15 USC 67 § 4101—11.

US DOI. (2015). *Interior department cancels Arctic offshore lease sales*. https://www. doi. gov/ pressreleases/interior-department-cancels-arctic-offshore-lease-sales. Accessed 8 Dec 2018.

US National Environmental Policy Act 42. USC § 4332(2)(c).

US Outer Continental Shelf Lands Act 43. USC § 1331-56.

US Secretarial Order 3299 (19 May 2010).

US Submerged Lands Act (1993) 43 USC § 1301.

US – Canada Joint Arctic Leaders' Statement. (2016). http://pm. gc. ca/eng/news/2016/12/20/ unitedstates-canada-joint-arctic-leaders-statement. Accessed 8 Dec 2018.

USGS (United States Geological Survey). (2009). *Circum – Arctic resource appraisal: Estimates of undiscovered oil and gas north of the Arctic circle*. http://library. arcticportal. org/1554/. Accessed 8 Dec 2018.

Verhaag, M. A. (2002). It is not too late: The need for a comprehensive international treaty to protect the Arctic environment. *The Georgetown Environmental Law Review*, 15, 555-579.

WWF. (2007). *Oil spill response challenges in Arctic waters*. http://assets. panda. org/downloads/nuka_oil_ spill_response_report_final_jan_08. pdf. Accessed 8 Dec 2018.

WWF. (2009). *Not so fast: Some progress in spill response, but US still ill – prepared for Arctic offshore development*. https://c402277. ssl. cf1. rackcdn. com/publications/401/files/original/Not_So_Fast_ Some_Progress_in_Spill_Response__but_US_Still_Unprepared_for_Arctic_Offshore_Development. pdf? 1345754373. Accessed 8 Dec 2018.

WWF. (2014). *Modeling oil spills in the Beaufort Sea exploring the risk: What would happen if oil spills in the Beaufort Sea?* http://awsassets. wwf. ca/downloads/wwf_beaufort_sea_oil_spill_modelling_summary_ report. pdf. Accessed 8 Dec 2018.

第四部分

当地社区

第14章 增加北极航运和当地社区的参与

——以斯瓦尔巴群岛朗伊尔城为例

朱莉娅·奥尔森、格雷特·K. 霍维尔斯路德、
比约恩·P. 卡尔滕伯恩[①]

摘　要：北极地区不断增加的船舶交通量对沿海社区的福祉和自然环境有着广泛的影响。尽管目前国家和国际上为减轻风险和确保这一发展的利益做出了一些努力，但对地方倡议和安排的作用仍缺乏研究。本章以斯瓦尔巴群岛上的朗伊尔城为重点，研究了包括海洋旅游、货物（供应）、渔业、研究和搜救船只在内的航运活动大幅增长的影响和响应措施。自1906年该定居点成立以来，朗伊尔城已看到航运作为群岛与大陆之间的重要运输纽带在社区发展中发挥着重要作用。最近船舶交通增长的影响，加上环境变化以及从以煤炭为主的经济向旅游、研究和教育的持续过渡，都对当地适应这种增长的能力提出了挑战。对实证数据的分析表明，地方自下而上的参与是机构响应战略的支持机制，并激活地方适应能力。与此同时，社区参与对行动范围和效率影响的人口趋势很敏感。

关键词：航运；北极；朗伊尔城；当地社区；地方参与；适应能力

14.1　简介

巴伦支地区及其邻近陆地地区（包括斯瓦尔巴群岛和弗朗兹·约瑟夫

---

①　挪威诺德大学，挪威自然研究所。e-mail：bjorn. kaltenborn@ nina. no.

岛）正在经历包括船舶交通量大幅增长在内的多重变化。几个世纪以来，欧洲人和波莫尔人①一直在巴伦支海航行（Arlov，2003）。最近，海冰范围减小，海冰覆盖天数减少（Overland et al.，2017；Borch et al.，2016），再加上人们对北极海洋资源和旅游景点越来越感兴趣，导致航运活动增加。目前，挪威海和巴伦支海是北极航运活动最集中的海域（Eguíluz et al.，2016），包括了在北极水域运营的所有类型的船只。事实上，大约80%的北极航运经过挪威水域。

随着海冰的减少，巴伦支海北部的新地区已经可以进行海洋旅游、捕鱼和研究活动。最近对北极未来发展的评估表明，随着先前冰封地区的开放，北极这些地区的活动水平将继续增加（Borch et al.，2016）。根据史密斯等人（Smith et al.，2013）的说法，随着穿越极点的跨北极航线出现，航运活动可能会有进一步的增长，该航线可能会在21世纪中叶实现。

同时，由于缺乏支持性基础设施、长途旅行和恶劣的天气条件，这些水域对海上安全工作提出了挑战（Marchenko et al.，2016）。不断增加的航运活动要求制定新的安全和环境准则，加强搜救和应急准备服务，这对于降低航运作业风险和避免生命损失、健康和环境损害是必要的。为解决这些问题，已经采取了若干重要步骤，包括在北极理事会内就搜救问题达成部门协议。《北极搜救协议》划定了所有环极国家之间的北极地区。因此，巴伦支地区（包括斯瓦尔巴群岛）的搜救系统得到了重大改进，该系统在北极西部地区的搜救行动中发挥着关键作用（Marchenko et al.，2016）。

此外，航运发展的影响将在北极港口城镇和当地沿海社区感受到，这些城镇和社区提供了支持性基础设施，接待了越来越多的游客（Davydov et al.，2011；Olsen et al.，2018；Stewart et al.，2015）。然而，尽管北极地区船舶交通量普遍增长（Dawson et al.，2018；Borch et al.，2016），而且人们对此类活动给予了关注，但对这种增长的当地影响和响应措施的了解仍然很少。巴伦支地区是历史上可通航的地区，北极社区能否从这些变化中受益，同时限制对其福祉、当地环境和自然资源的威胁，目前尚不清楚。

---

① 居住在白海边的俄罗斯殖民者。

为了增加关于这一主题的现有认知，本章调查了航运活动是否以及如何影响北极社区朗伊尔城的适应能力，朗伊尔城也是斯瓦尔巴的行政中心。根据对从事航运发展，并在适应能力框架内生存的当地居民的 36 次定性访谈，我们确定了①包括海洋旅游在内的不同类型航运的影响；②社区响应此类影响展现的适应能力各方面。

14.2　背景和环境

14.2.1　斯瓦尔巴群岛的航运前景

斯瓦尔巴群岛是挪威最北端的标志，位于北纬 74°至 81°之间的北冰洋上。然而，与同一纬度的其他地区相比，斯瓦尔巴群岛的气候出人意料地温和，这是因为存在墨西哥湾流，一种温暖的大西洋洋流。此外，气候变化增加了巴伦支海和邻近地区的海洋和空气温度，影响了水文状况。巴伦支海的海冰发生了巨大变化，自 1979 年以来，其厚度和范围都显著下降（Vikhamar-Schuler et al.，2016）。这一减少可能会影响巴伦支海地区的船舶交通分布。

斯瓦尔巴群岛附近的船舶交通密度远低于挪威海和巴伦支海南部。交通有季节性变化，以捕鱼、海洋旅游、研究和货运活动为主（Borch et al.，2016）。尽管斯瓦尔巴群岛附近有密集的捕鱼活动，加上北方鱼类物种的生物量不断增加（Misund et al.，2016），但斯瓦尔巴群岛上没有鱼类或海鲜的加工设施。这是因为斯瓦尔巴群岛与挪威大陆不同，缺乏具体的规定（例如《海洋资源法》《食品法》）。因此，海鲜产品主要来自大陆。鉴于人们越来越有可能对捕捞海产品感兴趣，挪威政府考虑促进斯瓦尔巴群岛海产品的发展，以满足当地食品需求和旅游需求。

海洋旅游业的增长在船只数量和乘客数量上都很明显。尽管斯瓦尔巴群岛有着 150 多年的海洋旅游历史（Nyseth et al.，2015），但发展趋势表明，斯瓦尔巴群岛（以及朗伊尔城港）的邮轮规模越来越大，可容纳 5 000 多名乘客（图 14.1），游艇行业也在快速发展（表 14.1）。此外，航行季节的延长影响了船只在空间和时间上的分布，包括渔船和向北驶向冰层边缘的邮轮数量的增加。

图 14.1　MSC　Preziosa 号搭载 5 000 多名乘客，抵达朗伊尔城公牛（Bykaia）港（镇码头）（2017 年 8 月）（图片来源：朱莉娅·奥尔森（Julia Olsen)）

表 14.1　朗伊尔城的人口和航运趋势

年份	2000	2002	2004	2006	2008	2010	2012	2014	2016
朗伊尔城和新奥尔松人口/人	N/A[①]	1 570	1 581	1 721	1 821	2 052	2 115	2 100	2 152
乘客数量/人	15 899	18 757	21 837	37 085	38 569	40 123	55 091	54 808	75 201
船舶停靠次数	166	505	490	799	771	814	812	1 178	1 542
旅游（客运）船舶[②]/艘	78	345	374	550	550	566	558	806	1 099
渔船/艘	50	43	20	27	21	8	15	30	32
货船（包括社区供应）/艘	5	29	20	78	54	60	52	67	51
研究船/艘	28	47	23	64	41	92	108	70	84
海岸警卫队和公务船/艘	5	41	45	68	89	74	72	74	110
引航船[③]/艘	N/A	N/A	N/A	N/A	N/A	N/A	N/A	96	142

注：①数据不可用；②包括海外邮轮、探险邮轮、日游邮轮和游艇，最后两组数据代表船舶停靠次数的主要部分（占 50%~80%）；③引航船于 2014 年开始运营。

最近对斯瓦尔巴群岛周围航运发展的预测表明，到 2025 年及以后，航运活动水平将继续增加（Borch et al.，2016）。由于其地理位置，斯瓦尔巴群岛没有东北航道（NEP）航运业务的物流功能。根据史密斯等人（Smith et al.，2013）的研究，预测到 21 世纪中叶北冰洋将不会结冰，这将使该群岛位于横贯极地航线上，这是一条连接东西方的新的北极航线（Farré et al.，2014）。该地区的特点是缺乏支持性基础设施和服务，旅行距离长，天气条件恶劣且不可预测（Marchenko et al.，2016），冬季极夜漫长。发生事故时，响应时间可能从几小时到几天不等。

挪威政府采取了几项当地措施，以降低意外事件的风险，避免生命损失和环境破坏。这些措施包括加强应急准备，发展群岛周围的海事服务（例如，海事自动识别系统（AIS）站）以及颁布法律。例如，自 2012 年以来，航运受到当地船只类型和燃料使用限制（特别是针对在东斯瓦尔巴群岛航行的船只）以及某些类型船只的强制性引航服务（Borch et al.，2016）。

鉴于目前的航运趋势和未来前景，朗伊尔城是航运基础设施和搜救基地的潜在关键港口。因此，在本章中，我们考察了当前当地航运增长的观点和影响，以了解社区是否以及如何应对和适应这些观点和影响。

14.2.2 案例：斯瓦尔巴群岛，朗伊尔城

朗伊尔城位于北纬 78°，是世界上最北的城镇，也是斯瓦尔巴群岛的行政、交通和商业中心。它由总督办公室、斯瓦尔巴大学中心（UNIS）、多种服务和产业（Viken，2008）组成，如上所述，有一个主要的深海港口，拥有配套的基础设施和搜救设施。朗伊尔城通常被描述为一个轮换社区，有来自 46 个国家的约 2 200 名居民（表 14.1），平均居住时间为 7 年。这对当地人口统计和朗伊尔城社区的生存能力有重大影响。

该定居点建于 1906 年，是一个"公司城"，挪威煤矿公司"Store Norske Spitsbergen Kulkompani"历史上控制着社区生活的大部分方面。随着 20 世纪 80 年代末对煤炭生产未来的不确定性开始出现（Arlov，2003），朗伊尔城开始向旅游、教育和研究过渡。由于阿维斯（Svea）矿山关闭，2017 年煤炭开采活动大幅减少（Pedersen，2017）。这一政治导向的转变在朗伊尔城港很明显，因为采矿相关的航运正在稳步减少，而与研究和旅游相关的航运活动不断增加（表 14.1）。

朗伊尔城的地理位置、偏远和物流复杂，加大了其社会经济发展对船舶交通的依赖。自定居点建立到 1975 年机场开放（图 14.2），海上船只一直是其与大陆的主要运输联系，也是该地区的主要供应和交流途径。今天，尽管全年定期和稳定的航空运输已经取代了其中一些服务，航运服务仍然是当地活动和发展的关键。直到前十年，朗伊尔城社区还习惯于在"最后一艘船和第一艘船"之间标记一段时间，在这段时间里，一旦海冰对航运造成了自然障碍，整个冬季社区都处于孤立状态。

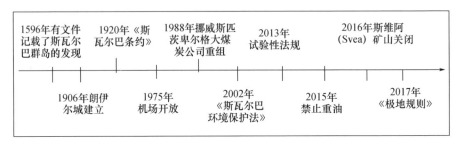

图 14.2　与社区和航运发展相关的历史事件时间表

尽管每年都有变化，但朗伊尔城外冰峡湾（Isfjorden）的海冰逐渐减少（Muckenhuber et al.，2016；Teigen et al.，2011），导致最近全年供应船只都能到达城镇。在朗伊尔城港，航行季节的延长也变得更加明显，尽管大多数交通仍然发生在夏季，一些探险和一日巡游在春季开始的时间越来越早（2017 年，这些船只的航行季节早在 3 月开始）。与旅游业相关的航运业的增长也明显体现在游客和船员的数量上，自 21 世纪初以来，这一数字增加了 5 倍（表 14.1）。除了旅游船只外，朗伊尔城港还用于社区供应、捕鱼和接待研究船。航运分布的这些新趋势给搜救带来了潜在挑战，除了海岸警卫队的持续驻留外，总督搜救船的驻留时间已从 6 个月延长至 9 个月（"圣梅尔德 32 号"（St. Meld. 32），2015—2016 年）。随着 2012 年新的引航条例的出台，引航船停靠次数的增加与朗伊尔城港的航运量增加有关。

朗伊尔城有 4 个主要码头设施：旧码头（加姆莱卡）（Gamlekaia）、煤炭码头（金鱼）（Kullkaia）、城镇码头（公牛）（Bykaia）和旅游码头（游客）（Turistkaia），最后一个码头是小型客船的浮式码头。公牛码头目前用于海洋旅游、捕鱼、研究船、货船和海岸警卫队船舶的停靠。尽管有多种泊位选择，但越来越多的船只对港口容量构成了挑战，因为在夏季较短的时间内，船只到达量相对较大。进一步发展基础设施和设备是挪威政府在群岛上的一项主要任务。

14.3 理论和概念框架

14.3.1 当地社区概念化

"当地社区"的概念在文献中以多种方式描述、识别、探讨和定义。在本章中，我们与豪根等人（Haugen et al.，2016）以及阿尔斯特尔（Aarsæther，2014）对社区的定义相一致，即物理上的接近有助于互动的地理上的界限。"社区"包括对挑战和责任、经验和任务的共同看法，这些都有助于塑造地方机构（行政或志愿组织），以及对某个地方或地区感兴趣的人们之间的互动（Haugen et al.，2016）。

人们发现，场所依恋是解决社区问题的一种驱动力，而社区依恋反过来又可能促使人们做出适应性反应（Akama et al.，2014；Hovelsrud et al.，2018）。场所依恋也可能是生活在如雪崩和其他与天气相关的基础设施中断风险中的强大动力（Hovelsrud et al.，2018）。早期的研究表明，斯瓦尔巴群岛的地方依恋程度是朗伊尔城居民认为环境影响有多严重的一个预测因素（Kaltenborn，1998）。

此外，地方社会关系将受到政治、经济、文化和其他制度中若干多层次进程和变化的影响（Haugen et al.，2016）。这些变化在更加依赖国际市场和外部劳动力的"公司城"社区尤为明显（Hovelsrud et al.，2010；Smit et al.，2006）。在本节的讨论之后，我们将讨论社区环境，以及它们是否是影响当地适应能力的决定因素以及对不断增加的船舶交通量的响应。

14.3.2 适应和适应能力

为了了解朗伊尔城如何响应当前航运增加的影响，我们赞同有关北极变化的人类层面的文献，并采用适应和适应能力的概念来描述用于应对当前变化和/或计划变化的战略及活动（Smit et al.，2006；Hovelsrud et al.，2010；Keskitalo et al.，2011）。通常采用自下而上的方法来研究社区的适应能力，以获取社区视角，并从经验上确定特定社区如何经历不断变化的条件（Leichenko et al.，2008）。本章以地方层面为重点，调查社区特征，以了解在朗伊尔城航运活动不断增加的背景下，适应能力的哪些维度有所体现。适应是在多重压力源或承认气候变化不是社区适应的唯一因素的背景下考虑的（Hovelsrud et al.，2010）。

气候适应文献越来越认识到，适应是一个多维度过程，旨在解决社区环境、政治和社会经济条件不断变化的累积和相互影响的后果。这些过程包括跨规模和涉及多个部门（如市政、旅游、能源）和行动者（如企业、个人和决策者）出现的障碍、限制及选择（Smit et al.，2006；2010）。这些复杂的适应过程取决于具体情况，在社区内部和社区之间各不相同。冲突的可能性是显而易见的；一个人、企业或部门的适应可能会给其他人带来挑战。在我们的案例中，这体现在对增加航运的不同利益和响应上；当地企业主可能会庆祝更高的活动率，而当地个人可能会发现苦于应付镇上成群结队的邮轮游客。他们各自的适应响应和策略也会有所不同。因此，必须了解适应过程发生的地方环境，包括当地居民的看法和响应。

适应，作为一种行为、响应或战略，与适应能力的概念密切相关，适应能力是一种动态的、具体情况的属性，它表征了一个社区适应多种变化的能力。布朗等人（Brown et al.，2011）强调了适应能力与适应的联系，将这一概念描述为"使适应发生的必要先决条件。它是一种必须被激活才能影响适应的潜在特征。"（Bay-Larsen et al.，2017；Wolf et al.，2013）。适应能力包括几个决定因素，通常分为主观因素（如价值观、风险感知、地点依恋）和客观维度（资源、治理、收入）（Wesche et al.，2010），或内生因素（地方、个人）和外生因素（治理、个人控制之外的决策）（Hovelsrud et al.，2010）。

决定因素取决于文化和地点（Brown et al.，2011）以及规模（Wesche et al.，2010）。适应能力决定因素是由不同规模和维度的过程和相互作用形成的（Smit et al.，2016），并且在社区之间会有所不同（Olsen et al.，2018）。每个独立的决定因素及其相互联系形成了当地适应能力（Bay-Larsen et al.，2017）。当被组合和激活时，这些维度将启用自适应能力（Yin，2014）。

14.4 方法

本章以深入调查当代社会现象的案例研究设计为指导（Van Bets et al.，2017）。主要数据来源于访谈。我们通过审查斯瓦尔巴群岛地区航运趋势的二手资料来源开始收集数据，以便全面了解此类活动的范围。然后，这些信息被用作研究方案和访谈指南的基础，并用于确定朗伊尔城的潜在受访者。

二手数据来自科学文献审查、文件分析（如白皮书、斯瓦尔巴群岛统计数据）、媒体审查（当地新闻报纸、有关组织的网页）和相关地图审查。对相关地图的审查提供了一个有用的数据来源，以了解航运路线、海冰扩展历史趋势以及群岛的地理位置和地点（例如，查阅 TopoSvalbard、Marinetrafic、Polarview）。最后，为了了解居民对航运交通增长，特别是在海洋旅游方面的看法和态度，社会媒体也被纳入其中。

主要数据是在实地调查期间，通过与当地居民的访谈获得的（表14.2）。总体来说，第一作者通过19次个人半结构化访谈和17次非结构化访谈采访了36名居民。正如冯·贝茨等人（Van Bets et al.，2017）建议的那样，一个海洋社区模式指导了我们对受访者的选择。根据这一模式，海洋社区由用户社区（工业利益攸关方、研究人员、港口当局和当地居民）和政策社区（跨规模机构利益攸关方）组成。我们采访了各种各样的利益相关者，但方法与冯·贝茨等人不同（Blaikie，2010）。因此，我们的研究旨在采访当地利益相关者，即参与并从事斯瓦尔巴群岛航运及其相关业务的朗伊尔城居民。

表 14.2 朗伊尔城访谈类型和参与者（受访者）描述

访谈类型	居民参与研究
19 次个人半结构化访谈，预设主题和问题	6 名参与海上邮轮开发的居民
	5 名参与港口设施开发和其他类型航运相关活动的居民
	4 名参与决策制定的居民
	2 名参与非政府组织的居民
	1 名季节性工人

表 **14. 2**（续 1）

访谈类型	居民参与研究
17 次人非结构化访谈，仅限预定主题	2 名部分受雇于夏季旅游业的居民
	6 名参与当地服务、满足旅游需求（商店、博物馆和咖啡馆）的居民
	5 名受雇于航运业的居民
	4 名对航运发展具有实际和/或历史知识的居民

大多数受访者是在二次数据收集过程中（媒体和社交媒体审查期间）选定的。实地调查前几周联系了受访者，以便安排个人访谈并提供项目背景信息。此外，在实地调查中采用了滚雪球技术（Bazeley et al.，2013），即我们要求受访者确定可以参与研究的其他潜在利益相关者。

为了确保接触到广泛的居民，实地调查分两次进行：夏季航行季节之前（2017 年 4 月）和夏季航行季节期间（2017 年 7 月至 8 月），当时港口周转量最高。春季期间，与夏季最常缺席或忙碌但直接参与航运作业的包括海洋旅游业、货运服务、引航服务、搜救、地方决策组织、非政府组织、工会和社区内其他相关代表的居民讨论了研究主题。2017 年 4 月，朗伊尔城港在为 5 月至 9 月的夏季航运季节做准备时，吞吐量较低。然而，为一日游邮轮和几艘探险船的航行季节已于 3 月、4 月开始。在夏季，季节性工人、当地导游和港口员工接受了采访。

田野调查期间使用了两份采访指南。第一份是半结构化的，有一组开放式问题。本采访指南在 4 月的田野调查期间和之后进行了修订，以包含更多具体案例的问题，而这些问题又是在夏季提出的。访谈指南包含以下类别的开放式问题：社会和生态系统的变化，航运模式的变化（季节、船型、游客数量、配套基础设施），航运活动的主要影响，决策系统的组织，未来发展的机会。在每次采访结束时，我们都邀请受访者就项目提供更多的意见或反馈。第二份指南用于涵盖航运发展的相关的方面，并包含了对斯瓦尔巴群岛地区日益增多的船只的看法和态度以及北极水域的航行特点等主题。

几乎所有的访谈都被记录下来，并且在没有记录选项的非结构化采访中做了详细的记录。数据是用挪威语、英语和俄语收集的。访谈数据在

NVivo 软件程序中进行了主题分析（Udofia et al.，2015；Moser et al.，2015；Leonard et al.，2010）。数据分析使用了一组与访谈指南、收集的数据和理论基础相对应的预定义的和新兴的主题（代码）。为了遵守匿名约定，我们在本章引用受访者时采用了编码系统（L1~L36）。

14.5 调查结果：社区参与和适应能力

14.5.1 增长的航运：多样性、影响和响应

我们的经验数据表明，当地发现航运活动影响因活动类型及其季节性而异。越来越多的港口停靠对港口基础设施、搜救和应急准备、城镇设施、当地服务和社区生计都具有挑战性。当地价值创造是评估此类增长的积极影响的关键组成部分。对于那些参与当地基础设施和港口发展的人来说，"重要的是要满足我们今天的航运业的需求；主要是旅游业，但也包括搜索和救援，例如海岸警卫队和总督的船只以及挪威的新科考船'Kronprins Haakon'号。大型船只需要大量空间和容量"，（L22、L25）。同时，当地决策者更关注对环境和航行安全的影响："我们得到的冰减少了，这意味着旅游、渔业和运输航运将增加。对我们来说，担忧是双重的：环境和安全。"（L12、L4）。

朗伊尔城和斯瓦尔巴群岛水域海洋旅游增加的主要影响是过度拥挤、污染和游客在现场的不当行为。尽管海洋旅游活动的航行季节延长，但这种增长对当地的影响主要体现在夏季航行期间，当时社区同时接待来自海外探险、一日游邮轮和游艇的游客和船员（L10）。一些居民对越来越多的海洋旅游游客进行了如下描述："朗伊尔城社区容量小，乘客设施少。它们不适合如此大量的游客。"（L33、L19）。另一位受访者建议，在为旅游业发展分配资源时，应考虑当地的基础设施需求，例如标志、人行道和其他港口设施："……旅游业的基础设施不多……但我们是否应该用钱来建设旅游业或当地需求的基础设施，例如学校？"（L18）。

虽然在斯瓦尔巴群岛水域作业的大多数海洋旅游船都会访问朗伊尔城港，但只有少数渔船会靠近该镇（表14.1）。这是因为群岛上没有水产平台设施。使用港口的人通常试图避免公海的恶劣天气和/或他们的船只需要医疗援助和服务（L22）。然而，尽管船只数量很少，但在斯瓦尔巴群岛水域捕鱼的一些潜在影响在当地可以感受到并得到确定。与海洋旅游不

同，捕鱼活动常年发生在与朗伊尔城社区几乎没有联系的地区。这些活动引起当地居民的关注，因为它们在社区本身几乎没有价值创造，同时又用海洋垃圾污染环境（L7、L11、L34）（表14.3）。

供应船的停靠次数与当地经济发展直接相关（包括建筑工程和/或特定行业的供应），每年都有所不同。从当地发展的角度来看，将通航季节延长至全年无障碍是一个积极的变化，因为它涵盖了社区对食品和货物交付以及沥青、建筑材料和燃料的需求。除不断增加的拜访量外，当地还未发现与科考船只和搜救船只相关的影响，这对港口的容量构成了挑战。海岸警卫队船只的存在通常被描述为对斯瓦尔巴群岛水域日益增加的航运活动的响应，但通常与任何具体影响无关。由于这些原因，表14.3中未列出这两种类型的船舶（科考船和海岸警卫队船）。

表14.3说明了受访者（L1~L36）确定的朗伊尔城港和斯瓦尔巴特群岛水域船舶交通的广泛效果和影响。该表的结构旨在捕捉一般航运和特定类型航运活动特有的效果和影响。

表14.3　当地确定的运输类型对增加航运的影响（L1~L36）

运输类型	效果	积极影响	消极影响
一般航运	发展港口基础设施和城镇设施的需要	共同满足当地需求；扩展了容纳多艘船舶的能力	与文化和自然遗产的冲突；挑战当前的基础设施容量
	不断改进当地的应急准备和搜救工作	当地居民与志愿组织之间的合作；实施积极的体制措施；发展导航服务以避免事故	昂贵；高度依赖搜救设施，并非所有这些设施都充分了解搜救行动的响应时间和困难；大型船只缺乏搜救设施
	海洋污染和海洋物种的排放/干扰	新法规减少了负面影响，但也限制了到访机会；转向新型燃料；新型船舶：不断改进以减少环境影响	海洋垃圾、排放物和水污染威胁着脆弱的北极自然和野生动物；压载水可能促成新物种的引入

表 14.3（续 1）

运输类型	效果	积极影响	消极影响
一般航运	社区游客（船员和游客）数量增加	增加对季节性工人的需求，特别是在旅游业； 新的经济和就业机会； 注重可持续发展； 当地价值创造：对"斯瓦尔巴环境保护基金"（环境税）的贡献	过度拥挤； 威胁当地环境； 影响社区生活方式； 工程师们担心该地区将成为大众旅游目的地； 一些社区访客的不当行为
海洋旅游			
海外邮轮	社区游客（船员和游客）数量增加； 在城镇的时间与当地价值创造之间的直接联系（在港口的时间越多，当地价值创造越高，人民污染越少）	当地人使用的商店中与旅游相关的设施、活动、产品种类越来越多； 在季节之前（清洁城镇）和季节期间（导游、公共汽车司机、帮助商店），当地参与主办活动； 在为邮轮提供服务的当地参与者之间建立网络	挑战现有基础设施、城镇设施和可用人力资源； 担心失去当地的荒野感，成为"大众旅游"的新目的地； 一些游客的不当行为（例如进入私人住宅、给居民拍照、堵塞车道）； 与其他类型的旅游相比，创造价值低； 对于一些商店来说，海外邮轮游客无利可图，他们在当地的消费比其他类型的游客少
探险船	社区游客（船员和游客）数量增加； 增加对北极地区搜救的关注； 增加对环境影响的关注	为当地价值创造做出更大贡献（游客入住酒店、在服装上花费更多）； 积极限制对自然环境的影响（提高对北极自然的认识，游客了解参观地点并参与海滩清洁）； 积极涉及并参与搜救、准备工作	较长航行模式导致的排放和污染； 可能干扰峡湾的野生动物； 社交磨损（社会文学），即体验野生自然和与世隔绝的海洋游客可能会遇到其他船只和旅游团

表 14.3（续 2）

运输类型	效果	积极影响	消极影响
一日游邮轮	成为冰峡湾当地流动性的主要来源之一；在旅游旺季（早春晚秋）之外提供旅游并满足旅游需求	提高对北极自然的认识；为当地人和学生提供更便宜的旅行；增加当地的流动性，尤其是当无法驾驶滑板车时	可能会干扰峡湾的野生动物，尤其是在海冰仍然存在的季节早期
游乐船（不包括12名以下乘客的一日游船）	快速增长的行业缺乏法规	提高对北极自然的认识；参与海滩清洁活动和研究项目	并非所有船只装备都适应严酷的北极条件；由于缺乏跟踪，难以监控船舶活动（并非所有船舶都有AIS）；海洋物种干扰案例
其他类型的运输			
社区供应	全年供应服务补充旅游业；高度依赖天气条件	提高粮食安全；与航空运输相比，送货服务更便宜；海洋旅游业的主要供应商（一日游邮轮）；用于从群岛向大陆运送垃圾	垄断服务导致价格上涨；货物可能损坏或丢失；关键货物的交付可能会延迟
捕鱼	可能的经济机会（平台、生产、分销和旅游捕鱼）；当地食品供应可能增加；朗伊尔城成为北极鱼类、其他物种分布中心的可能性；事故和污染	增加社区获得海洋资源的机会，可能改善当地粮食安全；建立当地经济和就业方案的可能性（包括渔场设施和物流组织）；改进当地准备和搜救工作	本地创造的价值有限；增加海洋垃圾；增加全年防备和搜救服务需求；各国之间可能就海洋资源发生冲突；移民问题

14.5.2 朗伊尔城当地居民参与适应性反应

鉴于这些可识别的影响，朗伊尔城在平衡航运增长与保护自然环境以及改善港口和城镇基础设施和设备方面面临两难境地。所有这些任务都必须完成，同时还要提供运作良好的准备和搜救服务。此外，居民们也有一些担忧，他们希望看到航运业的增长（例如当地价值的创造），特别是海洋旅游业带来的好处。这些人认为，抵达朗伊尔城的邮轮价值高于仅仅经过的邮轮（L10、L7）。他们承认，"这是我们在这里生活的来源。有许多经验丰富的人参与其中"（L35），指的是参与开发的朗伊尔城的关键利益相关者和代表。

进一步分析确定了一些本地开发的适应性响应（自下而上响应），以减轻负面影响，同时确保朗伊尔城港船舶交通增长带来的利益。这些响应措施主要包括直接应对船只和社区游客数量增加的预期措施。这些措施分为以下几类：防止环境损害、加强准备和搜救、改进游客管理系统、改进基础设施、绘制和评估捕鱼活动的社会经济机会。

1. 防止环境损害

为了防止环境损害，参与航运和旅游业的几位居民以及决策者进行了合作，并绘制了在斯瓦尔巴群岛水域作业的船只可能带来的威胁以及游客数量增加对当地自然环境场所的影响图（L8、L10、L12）。尽管如此，偏远地区的重大事故和/或溢油仍然构成重大环境威胁。正如一位受访者所强调的那样，"如果我们在斯瓦尔巴群岛发生更大的溢油……这将是非常具有挑战性的。因此，法规和实践都在努力防止这种情况发生"（L12）。此外，快速发展的海洋旅游业给游客体验斯瓦尔巴群岛带来了新的两难境地，"很难在体验和保护之间找到平衡"（L22）。

海洋垃圾部分由于不断增加的海洋活动，特别是巴伦支海和斯瓦尔巴群岛附近的捕鱼活动而恶化，但它也被其他地方的洋流携带。社区成员和游客都观察到了许多垃圾遍布的海滩。为了解决这一环境问题，公共机构、当地居民和旅游业都参与了海滩清洁活动。当地人高度意识到这一挑战，并渴望为解决这一挑战做出贡献。一些探险邮轮和游艇的邮轮游客也很积极主动，利用有关环境破坏的信息策划参与海滩清洁活动，作为邮轮行程的一部分（L36）。

2. 加强准备和搜救

偏远地区（即发生事故时难以进入的地方）船舶分布模式的变化（L4），以及陆上邮轮游客的流动模式（有时在登陆点存在北极熊危险）的变化，都需要更好的准备系统和搜救（L6）。改善海上安全是一个持续的过程，涉及许多国际和国家利益攸关方，也涉及当地居民。在当地，超过60 名社区成员参与了红十字会，因此红十字会在搜救中发挥着重要作用（L4、L6）。志愿者接受了不同类型救援行动的培训，在需要援助时可以在现场提供援助。该组织前负责人设计了"空投套件（dropkit）：北极生存工具包"，其中包括必要的设备、水和毯子，可以在救援服务到达之前使用。然而，由于一些成员通常在夏季休假，因此红十字会在夏季航行期间的能力受到限制。

3. 改进游客管理系统

尽管游客管理系统在不断改进，但它便利了并欢迎容量超过 5 000 名乘客的各种邮轮。正如一位受访者所提到的，从事旅游业的居民通常关心"邮轮在港口停留的时间、在城镇使用的设施以及短途旅行的内容"（L7）。这一管理系统得到了 70 多家当地公司的良好合作网络的支持，这些公司旨在将朗伊尔城和冰峡湾开发为旅游目的地。大部分工作的目标是改善游客信息和服务，以及发展支持性基础设施。

向船东、社区游客和当地居民分发信息是该系统的另一个重要组成部分。最近为朗伊尔城制定的"社区指南"以当地居民的参与为特点。除了社区指导方针外，当地居民还积极参加一些有组织的讲习班、倡议、公众听证会和会议。正如当地旅游办公室的代表所指出的那样，"大多数（社区成员）应该关注游客管理系统的开发。我们需要就旅游业增长进行共同讨论"（L7）。社交媒体是当地信息传播的另一个来源，它向居民和关键利益相关者提供信息并接收反馈和问题。在海外邮轮抵达之前和离开之后，会向居民，特别是参与邮轮网络的居民（通过电子邮件和 Facebook）发送有关内部的、邮轮大小、在城镇停留时间以及游客分布情况的信息，以避免"过度拥挤"（L8、L10、L30、L35）。

当地的接待服务已经发展起来，以限制过度拥挤的影响（即在特定时间特定地点有大量的人）。主要目的是在提供社区服务的同时，支持人们在时间和空间上的均匀分布。这类响应的例子包括港区的欢迎设施，游客可以在这里获得有关地点、观光选择以及博物馆和商店开放时间的信息；市中心的旅游信息，游客可以在这里访问互联网、预订短途旅行和了解城市；城镇服务设施，其开放时间与邮轮行程相对应。此外，一位受访者提到，"当我们进行'大规模访问'时，我们没有足够的导游来满足需求。然后招募当地人"（L10）。对于公共汽车司机（L2）和商店来说这类额外协助也是常见的（L35）。

4. 改善基础设施

随着船只和社区游客数量的增加，港口和城镇地区的基础设施也得到了改善。几位受访者强调，尽管使用港口的船舶数量迅速增加，但基础设施几乎没有发展。"1996年，已经有必要扩建港口。2006年，港口容量达到极限。自那时起，活动增加了165%"（L22、L25）。在国家承认港口基础设施和能力亟须改善后，一些参与当地航运和基础设施开发的居民开始起草朗伊尔城港的战略计划。此外，这些计划还解决了改善从港口到城镇指定路线沿线基础设施和设备的需要，包括人行道、标牌和信息板（L7、L10、L22）。缺乏设施和信息使游客和当地人烦恼。正如本章的几位参与者所指出的，为更好地欢迎社区来访者绘制需求图和制定解决方案正在进行中。同时，基础设施开发是土地管理的一项复杂任务；"……（在基础设施项目中）有许多程序在进行，因为城市发生了许多变化"（L10、L22）。

5. 绘制和评估渔业活动的社会经济机会

鱼类和其他海洋物种北移可能给当地带来的利益问题对一些当地利益攸关方至关重要。针对斯瓦尔巴群岛地区日益增多的捕鱼活动，当地利益攸关方正在就渔场设施和向全球市场出口海洋产品的物流方案的设想进行讨论，这是一种新的响应措施（L7、L9）。"我认为，假设立法到位，渔业可能是唯一有能力在这里建立新产业的成熟部门。如果我们成功，我们必须围绕我们将在这里建立什么样的海洋产业制定战略"（L11）。尽管这最终是一项国家政府决定，但朗伊尔城鱼类平台设施便利化的可能性已经引发了许多利益相关者的商业想法。这些可能性包括在当地使用海洋资源、开发运营周期、"品牌化和开发市场定位产品"（L11）以及向全球市场分销。

14.5.3 社区参与的激励因素

上述朗伊尔城适应性响应的特点是社区居民和当地利益相关者的参与。一位受访者这样描述了这一现象："众所周知，朗伊尔城有很多人参与度高、意义重大，他们对应该如何做有着清晰的认识"（L12）。

我们对实证数据的进一步分析确定了居民在这个不寻常的边远、国际化和高度波动的社区中积极参与的背后机制。这些机制可分为四个主要的激励因素，以促进社区参与地方响应：①共享的地方联系；②对不断变化的自然环境的看法；③在广泛的当地利益相关者和当地人中建立的合作实践（网络、自愿倡议）；④影响决策的能力。在这一部分，我们总结了这些社区因素如何体现为响应参与的动机。

1. 与当地的联系

居民参与适应性响应的动机之一是他们与地方的联系。受访者表示，许多住在斯瓦尔巴群岛的人在那里的停留时间往往比他们计划的要长。"我原计划只在这里待一年，然后返回大陆。但没有实现"（L8、L11）。而其他人则将这种情感联系解释为"斯瓦尔巴鲱鱼症"，或"斯瓦尔巴病毒"。这是一种描述访问斯瓦尔巴群岛并倾向于回来的人的表达方式。"我每年夏天都来这里，我得了斯瓦尔巴鲱鱼症"（L36）。此外，鉴于定居点的特殊结构，居住在朗伊尔城 30 天以上的人获得当地身份（L7、L15）。一位在社区生活了几十年的居民用以下方式开玩笑说："早在 1997 年，一位采矿工人问我是否是游客。我告诉他们，我在朗伊尔城已经住了 5 年了。他回答说，我仍然是游客"（L15）。

2. 对不断变化的自然环境的认识

环境意识的提高被认为是响应日益增长的船舶交通的另一个激励因素。当地人经历了当地环境的快速变化（例如海冰减少和消失、峡湾中的新型鱼类），并目睹了海洋垃圾。其中一位受访者告诉我们："在我们能够驾驶摩托雪橇前往阿蓬特峡湾的另一边之前……我们已经很多年没有在这里看到海冰了"（L8）。另一位则惊讶于这样一个事实，"［他们］正在捕捞 6 年前不在这里的新鱼种"（L2）。在当地环境中经历这些变化的居民担心，受需求驱动的某些类型的邮轮将在新开放、偏远和脆弱地区运营。另一位受访者告诉我们，"游客们清理垃圾很重要。我们这里对大自然有另一种态度"（L22）。

3. 合作实践

合作实践是指社区的环境。作为一个偏远、与世隔绝的社区，人们更加需要互相帮助。正如一位受访者所提到的："生活在北方的人习惯于粗野的天性；人们知道自己很脆弱，知道他们需要互相帮助，我认为这发展了一种特殊的文化"（L4）。这一调查结果还反映了已建立的地方社会和机构网络以及自愿倡议："我相信，我们的环境中有一种文化，因此无论出现什么情况，我们都会变得强大。即使在一家大企业中有一位新经理，这个人也无法'动摇'基础"（L7）。

4. 影响决策

受访者将最后一个因素描述为影响决策的能力（L12、L2）。一些居民表示，地方和国家决策系统的影响是由于斯瓦尔巴群岛的社区规模和缺乏区域政治层面："小城镇的地方政治很有趣。你有发言权，你会被倾听，得到更多关注……我们通往国家层面的路更短"（L2）。

14.6 讨论

研究结果表明，在针对朗伊尔城的当地适应性响应中，当地动机因素与社区参与之间存在联系。为了详细阐述这些发现，以下讨论说明了经验性确定的"社区参与"决定因素在航运活动不断增加的背景下塑造当地适应能力的方式。

当应用于人类响应时，参与的概念可以发生在从个人到集体的多个维度上，并且在激活方式上可能有所不同（自下而上与自上而下）（Moser et al.，2015）。一方面，自上而下参与适应框架（Moser et al.，2015）被描述为一个涉及公众关注事项的总体过程。莫瑟和伯恩斯基提出了应对气候变化的参与类型，认为有不同类型的参与，从个人意识和支持（认知）到更具体的公共行动（公民和政治）。该过程还涉及社区通过协商和公开会议参与决策等过程（Leonard et al.，2016）。

另一方面，社区层面的参与概念化是指社区参与的自下而上过程，在环境变化文献中被描述为社区机构（Brown et al.，2011）。根据布朗和韦斯特韦的说法，该机构指的是社区在解决特定问题时集体行动的能力，也称为集体行动（Leonard et al.，2016）。这种参与的特点是"战略思维和行动、谈判社会前景和集体效能"（Karlsson et al.，2015）。

本章中的讨论涉及自下而上的社区参与，涉及当地行动者和社区成员为有效响应而采取的策略（Brown et al.，2011）。我们的分析表明，除了先前建立的机构响应措施外，利益相关者和社区成员还采取了当地适应性响应措施，以应对朗伊尔城港和斯瓦尔巴群岛水域航运量增加带来的各种影响（表14.3）。我们已经说明，这些地方适应性响应的特点是社区成员的参与（无论他们在社区的居住时间和/或他们的国籍和专业背景如何），并为机构（自上而下）响应提供了支持机制。

早期研究认为，社区参与（社区机构）与当地适应能力之间存在联系，因为参与集体战略的能力决定并塑造了当地适应能力（Brown et al.，2011）。布朗和韦斯特韦认为机构（在我们的研究中这是社区参与）、资源获取和结构方面（背景属性）是适应能力的三个主要维度。

我们的实证分析表明，社区参与适应性响应是由四个源于社区环境的激励因素激活的：地点联系、对不断变化的自然环境的感知、广泛的利益相关者群体之间建立的合作实践以及影响决策的能力。在适应文献中，这种具体案例的激励因素通常被称为社会资本，它包括社会过程和关系，并使社区有能力参与。由于来自社会资本的强大参与，尽管朗伊尔城有着不寻常的流动劳动力和国际形象，但它仍展现出社区特征。除了明确的动机因素外，这种一致性还可以部分解释为该地区的地理位置和偏远程度；朗伊尔城的人们都有着与世隔绝的观念，他们发现自己"在同一条船上"。虽然朗伊尔城社区由来自40多个不同国家的人组成，但公民对北极自然和荒野的热爱以及斯瓦尔巴群岛提供的无须挪威政府工作签证的诱人的工作机会，促进了社区联系（Escobar，2001；Amundsen，2015）。

朗伊尔城还包括长期居住的人，即所谓的"斯瓦尔巴第纳尔"（Svalbardianere），他们被称为"社区黏合剂"，是当地传统经验和知识的维护者。这种"胶水"是通过地方依恋来表达的，这一概念得到了其他研究的支持，认为尽管存在全球化、高度流动性和互联性，但地方的独特性依然存在（Kaltenborn，1998）。

场所依恋通常被描述为一种与某个特定场所的心理联系，这种联系可以从弱到强排列（Hovelsrud et al.，2018；Anmundsen，2015）。它主要是情绪化的，但也可能包含功能维度，如资源依赖。场所依恋并不是人们如何感知和响应变化本身的一种表达，但场所依恋可以影响人们如何体验变化。几位学者讨论了位置连接在形成适应性响应中的作用（Low et al.，1992），这也适用于朗伊尔城社区，在那里，尽管居住时间短，社区成员仍会发展适应性响应。地方依恋通过共享的斯瓦尔巴群岛身份和归属朗伊尔城的自豪感来表达（Aolger et al.，2013），这有助于提高生活质量和幸福感（Haugen et al.，2016）。与此同时，在当今全球化的世界中，人们流动性更强，往往是几个社区的一部分，"多重归属"现象（Kaltenborn，1998）影响着人与地方之间的互动。

地点联系影响人们对自然环境的看法（Kaltenborn，1998），并为参与适应性响应提供了另一个动机。观察到的自然环境变化和航运活动增加带来的负面影响影响了这种看法。虽然早期的一项研究表明，航运增加比其他类型的人类活动引起的关注更少，但这种增长已导致通过支持严格的环境立法、行业指南和最近社区参与制定"社区指南"，将重点放在尽可能减少的航运痕迹上（Kaltenborn，1998）。同样值得注意的是，社区参与海滩清洁活动并不是一种新现象（Hovelsrud et al.，2018），但在过去一年中，这种实践上的进展是海洋邮轮业对环境保护的贡献以及社区访问者和游客环境意识的产物。

在一系列利益相关者之间建立的合作实践与影响决策的能力密切相关。这两个激励因素合作和决策影响代表了社会资本的重要方面（Haugen et al.，2016），能够对不断增加的船舶交通做出适应性响应。在这方面，既定的合作方法既适用于产业网络（例如，邮轮网络，它联合了30多个当地利益攸关方，成为有能力参与和影响决策过程的行动者），也适用于自愿倡议（例如红十字会）。

最后，尽管我们将朗伊尔城因劳动力流动和独特的政治形势描述为一个独特的北极社区，但我们仍然能够确定当地社区的特征，即也将社会群体定义为当地社区的激励因素（Brown et al.，2011）。此外，实证结果表明，这些动机激发了社区参与适应性响应，进而增强了当地的适应能力。因此，鉴于众多组成部分的整合，我们认为朗伊尔城的社区参与是社区适应能力的一个维度。根据布朗和韦斯特韦的说法，这个维度（被描述为一个人的代理），是"一个人按照自己意愿行事的独立能力"。我们的研究表明，这种能力是由社会资本等背景变量形成的。

14.7 结论

根据最近的预测（Borwn et al.，2016），由于许多变化，包括海冰减少，巴伦支海地区的航运发展将在空间和时间上继续增加和扩大。同样的发展也被证实对沿海社区的福祉和当地自然环境产生了广泛的影响。对于朗伊尔城社区既有积极影响，也有消极影响（表14.3）。

采用基于社区的方法，使我们能够通过评估地方一级的适应能力来评估北极航运发展的前景。因为，航运增加的影响首先是在地方一级感受到的，也正是在这一级出现了适应性响应，以减轻变化最显著的负面影响，同时增强积极影响。

我们从分析中得出了三个主要结论：

（1）鉴于目前北极地区航运发展的情况，积极制定计划尤为重要。朗伊尔城作为北极跨极地航线计划活动以及巴伦支海搜救和应急准备的枢纽，其战略作用重大。巴伦支海地区海洋旅游活动的扩大最有可能在斯瓦尔巴群岛感受到。

（2）越来越需要了解航运增加可能产生的影响的复杂性及其当地适应性响应。尽管朗伊尔城当地居民目前参与适应性响应为当地建立的机构和行业响应提供了支持机制，但我们认为，这种参与对社区波动和其他动态社区环境（如人口趋势）敏感。

（3）利用适应和适应能力框架对经验数据的分析表明，地方参与地方适应响应可以加强适应能力。这种社区暂时的高度参与是由许多激励因素激活的：地点依恋、对不断变化的自然环境的感知、在广泛的利益相关者群体中建立的合作实践以及影响决策的能力。

本章的结果可用于目前和未来管理朗伊尔城港和斯瓦尔巴群岛领海船舶交通的建议。这项研究还可以作为评估其他北极地区航运发展当地前景的方法和理论方法的指南。

致谢：作者衷心感谢参与本章的参与者与我们分享他们的见解和经验。我们特别感谢挪威领航服务公司（挪威海岸管理局）、朗伊尔城港务局和斯瓦尔巴邮轮网络提供获取和分享实用知识的机会。我们感谢赫瓦德·伯格（Håvard Berg）为案例区域绘制了地图，蒂娜·M. B. 莫赫斯（Thina M. B. Mohus）负责检查参考文献，马琳达·拉布里奥拉（Malinda

Labriola）负责审阅本章的早期版本。我们特别感谢一位匿名评论员的评论，这些评论极大地改进了这篇论文。

这项工作得到了挪威研究委员会"斯瓦尔巴科学论坛北极地区拨款"（269947）的支持以及"大规模气候研究计划"（255783）——"可持续海岸：公众和科学对影响海岸带管理和生态系统服务的驱动因素的看法"的资助。

参考文献

Aarsæther, N. (2014). *Viable communities in the North*? Gargia conferences 2004-2014. https://doi. org/10.7557/5.3201. Accessed 25 Apr 2018.

Adger, W. N., Barnett, J., Brown, K., et al. (2013). Cultural dimensions of climate change impacts and adaptation. *Nature Climate Change*, 3(2), 112-117.

AECO. (2018). *Guidelines*. https://www.aeco.no/guidelines/. Accessed 15 June 2018.

Akama, Y., Chaplin, S., & Fairbrother, P. (2014). Role of social networks in community preparedness for bushfire. *International Journal of Disaster Resilience in the Built Environment*, 5(3), 277-291.

AMAP. (2017). *Adaptation actions for a changing Arctic: Perspectives from the Barents Area*. Arctic Monitoring and Assessment Programme (AMAP), Oslo, Norway, pp. xiv + 267.

Amundsen, H. (2015). Place attachment as a driver of adaptation in coastal communities in Northern Norway. *Local Environment*, 20(3), 257-276.

Arctic Council. (2011). *Agreement on cooperation on aeronautical and maritime search and rescue in the Arctic*. https://oaarchive.arctic-council.org/handle/11374/531. Accessed 25 Apr 2018.

Arlov, T. (2003). *Svalbards historie*. Trondheim: Tapir Akademisk Forlag.

Bay-Larsen, I., & Hovelsrud, G. (2017). Activating adaptive capacities: Fishing communities in northern Norway. In G. Fondahl & G. Wilson (Eds.), *Northern sustainabilities: Understanding and addressing change in the circumpolar world* (pp. 123-134). Cham: Springer.

Bazeley, P., & Jackson, K. (2013). In J. Seaman (Ed.), *Qualitative data analysis with NVIVO* (2nd ed.). London: SAGE.

Blaikie, N. (2010). *Designing social research*. Cambridge: Polity Press.

Borch, O. J., Andreassen, N., Marchenko, N., et al. (2016). *Maritime activity in the high north - Current and estimated level up to 2025*. Utredning nr. 7. Bodø: Nord University.

Bring. (2016). *Seilingsplan Tromsø - Svalbard* 2016. http://www.msupply.no/Userfiles/Upload/files/KK-828-10_2015_Seilingsplan_Troms?%20-%20Svalbard%202016_PRINTres.pdf Accessed 30 Nov 2018.

Brown, K., & Westaway, E. (2011). Agency, capacity, and resilience to environmental change: Lessons from human development, Well – being, and disasters. The. *Annual Review of Environment and Resources*, 36, 321–342.

Davydov, A. , & Mikhailova, G. V. (2011). Climate change and consequences in the Arctic: Perception of climate change by the Nenets people of Vaigach Island. *Global Health Action*, 4(10). https://doi. org/10. 3402/gha. v4i0. 8436.

Dawson, J. , Pizzolato, L. , Howell, S. E. L. , et al. (2018). Temporal and spatial patterns of ship traffic in the Canadian Arctic from 1990 to 2015. *Arctic*, 71(1), 15–26.

DNV–GL. (2014). *Prognoser for skipstrafikken mot 2040.* Report number: 2014 – 1271. DNV Gl Maritime. http://www. kystverket. no/globalassets/nyheter/2015/november/prognoser_2040 – rev. e – 2018–02–14–002. pdf. Accessed 17 Oct 2016.

Eguíluz, V. M. , Fernández – Graciaet, J. , Irigoien, X. , et al. (2016). A quantitative assessment of Arctic shipping in 2010–2014. *Scientific Reports*, 6, 30682. https://doi. org/10. 1038/srep30682.

Escobar, A. (2001). Culture sits in places: Reflections on globalism and subaltern strategies of localization. *Political Geography*, 20(2), 139–174.

Farré Buixadé, A. , Stephenson, S. , Chen, L. , et al. (2014). Commercial Arctic shipping through the northeast passage: Routes, resources, governance, technology, and infrastructure. *Polar Geography*, 37(4), 298–324.

Haugen, M. S. , & Villa, M. (2016). Lokalsamfunn I Perspektiv. In M. Villa & M. S. Haugen (Eds.), *Lokalsamfunn*. Oslo: Cappelen Damm.

Hovelsrud, G. , & Smit, B. (2010). *Community adaptation and vulnerability in the Arctic regions.* Dordrecht: Springer.

Hovelsrud, G. K. , Karlsson, M. , & Olsen, J. (2018). Prepared and flexible: Local adaptation strategies for avalanche risk. *Cogent Social Sciences*, 4, 1460899. https://doi. org/10. 1080/23311886. 2018. 1460899.

Kaltenborn, B. P. (1998). Effects of sense of place on responses to environmental impacts: A study among residents in Svalbard in the Norwegian high Arctic. *Applied Geography*, 18(2), 169–189.

Karlsson, M. , & Hovelsrud, G. K. (2015). Local collective action: Adaptation to coastal erosion in the Monkey River village, Belize. *Global Environmental Change*, 32, 96–107. https://doi. org/10. 1016/j. gloenvcha. 2015. 03. 002.

Keskitalo, C. , Dannevig, H. , Hovelsrud, G. , et al. (2011). Adaptive capacity determinants in developed states: Examples from the Nordic countries and Russia. *Regional Environmental Change*, 11, 579–592.

Leichenko, R. , & O'Brien, K. (2008). *Environmental change and globalization: Double exposures.* Oxford: Oxford University Press.

Leonard, R. , McCrea, R. , & Walton, A. (2016). Perceptions of community responses to the unconventional gas industry: The importance of community agency. *Journal of Rural Studies*, 48, 11–21.

Low, S. M. , & Altman, I. (1992). Place attachment. In I. Altman & S. M. Low (Eds.), *Place attachment* (Human behavior and environment (Advances in theory and research)) (Vol. 12, pp. 1–12). Boston: Springer.

Marchenko, N. A. , Borch, O. J. , & Markov, S. V. , et al. (2016). *Maritime safety in the high north – Risk and preparedness*. Paper presented at the ISOPE–2016. The twenty–sixth (2016) international offshore and polar engineering conference, Rhodes (Rodos), Greece. 26 June–2 July 2016.

Misund, O. A. , Heggland, K. , Skogseth, R. , et al. (2016). Norwegian fisheries in the Svalbard zone since 1980. Regulations, profitability and warming waters affect landings. *Polar Science*, 10(3), 312–322.

Moser, S. C. , & Berzonsky, C. (2015). There must be more: Communication to close the cultural divide. In K. L. O'Brien & E. Silboe (Eds.), *The adaptive challenge of climate change*. New York: Cambridge University Press.

Moser, S. C. , & Pike, C. (2015). Community engagement on adaptation: Meeting a growing capacity need. *Urban Climate*, 14(1), 111–115.

MOSJ. (2018). *Sea ice extent in the Barents Sea and Fram Strait Environmental monitoring of Svalbard and Jan Mayen*. Retrieved from http://www. mosj. no/en/climate/ocean/sea-ice-extentbarents-sea-fram-strait. html.

Muckenhuber, S. , Nilsen, F. , Korosov, A. , et al. (2016). Sea ice cover in Isfjorden and Hornsund, Svalbard (2000–2014) from remote sensing data. *The Cryosphere*, 10(1), 149–158.

Multiconsult. (2014). *Strategisk havneplan for Longyearbyen*. Vedtatt i Longyearbyen lokalstyre sak 3/14 11. 02. 14. http://portlongyear. no/wp–content/uploads/2017/02/Strategisk–Havneplan. pdf. Accessed 1 Oct 2016.

Nyseth, T. , & Viken, A. (2015). Communities of practice in the management of an Arctic environment: Monitoring knowledge as complementary to scientific knowledge and the precautionary principle? *Polar Record*, 52(1), 66–75.

Olsen, J. , & Nenasheva, M. (2018). Adaptive capacity in the context of increasing shipping activities: A case from Solovetsky, northern Russia. *Polar Geography*, 41(4), 241–261.

Overland, J. , Walsh, J. , & Kattsov, V. (2017). Trends and feedbacks. In *Snow, Water, Ice and Permafrost in the Arctic* (SWIPA) 2017 (pp. 9–24). Oslo: Arctic Monitoring and Assessment Programme (AMAP).

PAME. (2009). *Arctic Marine Shipping Assessment* 2009 *Report* (AMSA). https://oaarchive. arcticcouncil. org/handle/11374/54. Accessed 25 May 2013.

Pedersen, T. (2017). The politics of presence: The Longyearbyen dilemma. *Arctic Review on Law and Politics*, 8, 95–108.

Port of Longyearbyen. (2018). *Statistics of Port Longyear*. http://portlongyear. no/statistics–portlongyear/. Accessed 25 Mar 2018.

Smit, B. , & Wandel, J. (2006). Adaptation, adaptive capacity and vulnerability. *Global Environmental Change*, 16(3), 282-292.

Smit, B. , Hovelsrud, G. , Wandel, J. , et al. (2010). Introduction to the CAVIAR project and framework. In G. Hovelsrud & B. Smit (Eds.), *Community adaptation and vulnerability in the Arctic regions* (pp. 1-22). Cham: Springer.

Smith, L. C. , & Stephenson, S. R. (2013). New trans-Arctic shipping routes navigable by midcentury. *Proceedings of the National Academy of Sciences*, 110(13), 1191-1195.

SSB. (2016). *Dette er Svalbard. Hva tallene forteller. Statistisk sentralbyrå*. https://www. ssb. no/ befolkning/artikler-og-publikasjoner/dette-er-svalbard-2016. Accessed 20 Feb 2017.

St. Meld. 32. (2015-2016). *Svalbard. Det kongelige Justis- og beredskapsdepartementet*. https://www. regjeringen. no/no/dokumenter/meld. -st. -32-20152016/id2499962/. Accessed 25 Nov 2017.

Stewart, E. , Dawson, J. , & Johnston, M. (2015). Risk and opportunities associated with change in the cruise tourism sector: Community perspectives from Arctic Canada. *The Polar Journal*, 5(2), 403-427.

Teigen, S. H. , Nilsen, F. , & Skogseth, R. (2011). *Heat exchange in the sea west of Svalbard. Manuscript, paper IV in Water mass exchange in the sea west of Svalbard*. Ph. D. thesis, Department of Geophysics, University of Bergen, Bergen, 172 pp.

The Governor of Svalbard. (2016). *Svalbard. Ros-analyse*. https://www. sysselmannen. no/globalassets/ sysselmannen-dokument/skjemaer/ros-analyse-svalbard-2016. pdf. Accessed 19 Apr 2018.

Udofia, A. , Noble, B. , & Poelzer, G. (2015). Community engagement in environmental assessment for resource development: Benefits, emerging concerns, opportunities for improvement. *Northern Review*, 39, 98-110.

Valestrand, H. (2016). Gruvebyen Bjørnevatn: Industrisamfunn, omstilling og lokalsamfunn. In M. Villa & M. S. Haugen (Eds.), *Lokalsamfunn* (pp. 322-343). Oslo: Cappelen Damm.

Van Bets, L. K. J. , Lamers, M. A. J. , & van Tatenhove, J. P. M. (2017). Collective self-governance in a marine community: Expedition cruise tourism at Svalbard. *Journal of Sustainable Tourism*, 25(11), 1583-1599.

Viken, A. (2008). The Svalbard transit scene. In J. O. Barenholdt & G. Granas (Eds.), *Mobility and place: Enacting northern European peripheries* (p. 139). London: Ashgate Publishing.

Vikhamar-Schuler, D. , Førland, E. , & Hisdal, H. (2016). *Kort oversikt over klimaendringer og konsekvenser på Svalbard*. https://cms. met. no/site/2/klimaservicesenteret/rapporter – og – publikasjoner/_attachment/9559? _ts=1559b5c5534S. Accessed 16 Apr 2018.

Wesche, S. , & Armitage, D. R. (2010). As long as the sun shines, the rivers flow and the grass grows: Vulnerability, adaptation and environmental change in Deninu Kue traditional territory, Northwest Territories. In G. K. Hovelsrud & B. Smit (Eds.), *CAVIAR—Community adaptation and vulnerability in the Arctic regions* (pp. 163-189). Dordrecht: Springer.

Wolf, J. , Allice, I. , & Bell, T. (2013). Values, climate change, and implications for adaptation:

Evidence from two communities in Labrador, Canada. *Global Environmental Change*, 23(2),548-562.

Yin, R. K. (2014). *Case study research. Design and methods* (5th ed.). Thousand Oaks：SAGE Publications.

第15章 北极搜救

——一项旨在了解北方工作中与训练和人为因素相关问题的案例研究

德里克·D. 罗杰斯、迈克尔·金、希瑟·卡纳汉①

摘 要：随着北极地区（如石油和天然气、旅游、渔业、航运）的发展，在紧急情况下需要减轻该地区人民面临的风险。北极地区的搜索和救援是北极地区安全发展的一个关键但往往被忽视的方面。然而，与其他地区相比，北极搜救的后勤和培训非常具有独特性。在本章中，我们将回顾北极地区恶劣的工作环境如何影响搜救技术人员执行搜索和救援所需专业技术的能力。本章将围绕 2013 年一份关于加拿大军队搜索救援技术人员在努纳武特（Nunavut）附近执行任务时死亡的调查报告展开。我们将回顾调查报告的要点，并推断与北极地区工作相关的、适用于该地区所有人类活动的人为因素问题；还将解决为北极作业设计紧急程序的需要。总之，本章将回顾文献，并在此基础上提出培训、设备和作业程序建议。

关键词：搜救；人为因素；应急响应；危害识别；风险评估

15.1 第一部分：引言和案例研究

北极地区的商业和娱乐发展水平日益提高。北极被定义为北纬 66°33′纬度线以上的区域，面积约为 1 450 万 km²。北极安全发展的一个关键但往往较少被认识的方面是北极搜救（SAR）。北极地区人民面临的风险

---

① 加拿大新斯科舍省；纽芬兰纪念大学海洋学院。e-mail：hcarnahan@ mun. ca.

（如石油和天然气、旅游、渔业、航运）需要减轻，对这些人的应急响应尤其不发达。北极有着明显的特点，例如面积和与世隔绝，这对搜救工作构成了挑战。北极地区只有一条公路（道尔顿公路，世称阿拉斯加 11 号公路），飞机通常不以北极或极北地区为基地。因此，直升机或固定翼飞机的搜救需要数千千米的行程，这给搜救带来了可能危及生命的独特的挑战。

在本章中，我们将回顾北极地区恶劣的工作环境如何影响救援技术人员执行搜救所需技能的能力。本章所讨论的问题也将对北极地区的发展产生影响，包括人类在这种恶劣环境中工作或旅行。在第一部分中，我们将首先描述一个北极搜索救援任务的案例研究，该任务以一名救援技术人员的惨死而告终。在本节中，我们将建议修改在北极地区进行搜救的方式。然后在第二部分中，我们将讨论搜救人员和其他前往北极的人员应考虑的一些人为因素。本章将清楚地表明，北极搜救需要更新应急响应计划、设备及其使用方法。如果要想成功开发北极，就必须找到解决这些问题的办法。

15.1.1　案例研究

本案例研究基于加拿大国防部部长的军队飞行安全调查报告（2013年）。2011 年 10 月的一个平静的早晨，一对来自奥格洛尔（Ogloolik）（加拿大努纳武特）的父子开始了他们在赫克拉海峡的季节性海象狩猎之旅。作为经验丰富的猎人，他们按惯例准备装备，并装载 4 m 长的铝制舷外艇。他们的设备新旧混合，包括传统的海豹皮服装、先进的卫星信标和现代步枪。他们的设备和准备工作将很好地帮助他们应对即将到来的挑战。狩猎被证明是成功的，他们收获了一头海象，并在野外将它们的猎物就地打包，准备回家，这只不过是 90 分钟的路程。在昏暗的光线下，天气开始转变，气温下降，海况恶化，海浪越来越大。单是这些因素就已经足够具有挑战性了，但极端寒冷导致了一个简单但却让人无能为力的船只机械故障。一台结冰的舷外发动机把他们困在厚厚的冰盆中，冰盆中的冰随着波浪起伏，威胁着他们的船。他们很快意识到他们的处境危及生命。他们别无选择，只能求助，并启动了卫星信标。虽然距离家乡相对较近，但该地区的与世隔绝意味着救援需要数千千米和几个小时的路程。

区域联合救援协调中心通过卫星接收到了他们的求救信号，并启动了大规模救援行动来拯救他们。这包括调集本地搜索资源和特伦顿（Trenton）（距安大略省 2 800 km 以上）和温尼伯（Winnipeg）（距马尼托巴省 2 300 km 以上）救援中队的固定翼飞机，以及甘德（Gander）（距纽芬兰省 4 500 km 以上的）的旋转翼资源。最初的计划是救援队空中跳伞为猎人提供即时支援，同时直升机沿着加拿大东北海岸（即定期加油站）跳背式向救援队和猎人所在的伊戈尔里克（Igoolik）飞跃。

第一架到达现场的飞机是来自温尼伯的 435 中队救援呼叫信号 340 的 CC-130 大力神。与猎人沟通后决定立即援助。温尼伯机组人员正在换班结束时间，他们的 CC-130 燃料有限。鉴于天气不断恶化，救援工作移交给了特伦顿 424 中队 CC-130 大力神 323 救援队。特伦顿队由萨金特·贾尼克·吉尔伯特率领，得到了下士拉哈耶·莱曼尼和熟练技术人员的支持。在此期间，甘德 103 中队的一架救援直升机已经沿东海岸进发，但仍需几个小时才能到达。找到被困父子的唯一方法是跳伞，救援计划很快就制定好了。该小组计划用降落伞携带求生和医疗设备降落到这艘失去动力的船只上，以维持这对父子和救生员自己的生命，直到救援直升机抵达。然而，随着救援队在昏暗的光线下完成部署，没有人准备好或装备好应对搜救技术人员面临的严酷条件和挑战。大风、低光线伞降跳入北冰洋是高风险、低频率事件的典型。这次跳伞没有按计划进行。

只有下士拉哈耶·莱曼尼和熟练技术人员前往受困的猎人处，而萨金特·吉尔伯特被吹离了航道，没有与队伍一起着陆。搜救技术人员和猎人们在一个露天的远低于冰点温度的开放式木筏上呆了 5 h。此时，他们不知道萨金特·吉尔伯特的命运。甘德 103 中队直升机下水 5 个多小时后到达现场。在 10 m 海浪和大风中，直升机救援同样具有挑战性，但 103 中队成功救出了 2 名搜救技术人员和猎人。这时，他们开始寻找萨金特·吉尔伯特，发现他就在附近的水里，穿着一件被水淹没的救生衣，反应迟钝。他在飞机上被宣布死亡。虽然猎人获救，但这对救援队来说是一个致命的打击。这次任务暴露了加拿大国家搜救系统北极响应中的许多缺陷。

尽管动员了大量资源，搜救人员积累了多年的经验，但救援行动以悲剧告终。调查委员会对搜救响应进行了全面调查，提出了几个问题，包括：①危险识别和风险评估规划；②作业程序和应急方案；③培训和设备。不当的搜救响应是北方商业运营和区域发展所面临的误解挑战的缩影。下一节将以这起悲剧为案例研究，详细阐述这些问题的纠正措施，以改善北极条件下的搜救响应。此外，这一讨论将为如何在北极条件下提高商业运营和区域发展的安全提供信息。

15.1.2 发现和纠正措施

无法感知和识别北极海上作业的独特风险，使组员处于严重不利地位，是导致任务中死亡出现的主要因素。北极本身就是地球上最极端的环境之一，承认环境的独特性是理解危害识别和风险评估的关键的第一步。从这个角度出发，可以为最坏的情况（如本案例中发生的情况）做好准备。

15.1.3 危害识别和风险评估

此次任务中的救援人员受过良好的培训，经验丰富，但他们没有针对行动的自定义危险识别和风险评估。成功的风险识别需要经验、培养、对该地区的深入了解以及对作业任务的详细了解。本案采用的通用方法是军方使用的全威胁方法。全威胁方法根据缓解特定紧急情况所需的特定培训计划处理紧急情况。虽然这看起来很有效，但不能针对每一种可能的紧急情况进行培训，而且这种方法不利于技能转移（即将学到的技能应用于新的紧急情况）。全威胁方法无法准确评估相关机组人员的风险水平，也无法识别具体的危险，例如飞行持续时间（导致搜救技术过热）和在北极的混合水域/冰盆地形上着陆。

安全行业所采用的另一种可能更有效的方法是特定危险识别和安全案例开发方法。这为人员和组织提供了一个结构化的分析和准备过程，其中使用了多种技能和设备来为搜救期间的危机做好准备。虽然这一过程有许多不同的形式，但其关键要素包括三个主要步骤：①识别危害；②根据频率和可能的影响确定分配值；③通过应用一系列广泛适用的减轻危害的技能来设计定制应急响应计划。使用这种方法本来可以缓解响应计划，将过热作为对生存的潜在威胁，并做好偏离航道降落到水中而不是冰上的准备。事实上，北极与南极不同，因为其大部分地表覆盖着冰/水混合物，而不是陆地。

总体来说，这种方法有能力制定一项应急方案，其中包括搜救期间具体危机反应的程序和资源。在目前的案例研究中，搜救人员没有充分了解降落伞在北极地形（即混合水域和冰盆）上部署的风险，因此他们没有完全做好准备。有效的危险识别和评估将使搜救人员能够制定更有效、更安全的应急方案，并制定危机反应计划。

15.1.4　应急响应计划、操作程序和应急协议

有效的北极作业应急响应计划（ERP）必须建立标准化的作业程序和详细的通信计划，以确保在紧急情况下安全协调和最有效地利用资源。应急响应计划有许多设计和安排，但主要组成部分包括规划、设备和技术、协调和通信、培训、演习和练习等。大多数商业和政府组织都有通用的应急响应计划，这些应急响应计划不考虑区域挑战，例如与世隔绝、北极地区特有的额外搜救设备和北极地形。在北极，这些挑战可能是致命的，需要对应急响应计划进行特殊考虑和处理。下面我们讨论在编制北极应急响应计划时应考虑的规划、设备和技术。

15.1.5　用于孤立救援的北极搜救规划

在规划期间，北极作业的应急响应计划应具有独特的考虑因素。影响北极搜救的主要因素是行程持续时间延长、额外设备和降落伞在北极地形上的部署。空中支援通常不设在遥远的北方，救援需要大量的行程才能到达北方地区。例如，救援时间可能长达 9 天（Power et al.，2016），其中很大一部分用于前往应急现场。连续行程数小时对正确使用救生衣造成困难。如果救生衣没有通风散热功能，则穿着者大量出汗，导致搜救时可能脱水，并且没有适当的热防护。如果救生衣是通风的，那么在部署之前就有穿错衣服的风险。虽然确认和修改潜在的入水点是一项方案，但由于其他设备阻碍了入水点的可见性，这一过程可能会变得复杂。使这一问题更加复杂的是，机载飞行工程师或载荷管理员没有接受过识别装备齐全的搜救技术中所有密封点的培训。这对于最后一个离开飞机的搜救技术人员来说尤为重要。在上述案例研究中，萨金特·吉尔伯特是最后一个离开飞机的人，他没有意识到自己的救生衣没有密封。因此，应更新北极搜救应急响应计划，以修改现有方案，包括救生服的正确通风和密封，并特别关注装备在北极的搜救技术。

15.1.6　北极搜救设备和技术

在北极寒冷条件下，设备的可靠性较差，在极端天气寒冷条件下（如

北极），设备的耐用性和功能性定制设计有限。任何设备在投入使用之前，必须在北极的实际条件下测试（Rahimi et al.，2011）。北极地区是混合水域和冰盆地形，因此北极搜救还需要许多其他设备。例如，北极搜救技术人员不仅必须携带标准跳伞套件，还必须携带16件附加物品，以满足水上和北极跳伞套件的要求。这些附加物品降低了救生员的灵活性，增加了阻力和携带质量。物品增加导致救生衣笨重，难以评估入水点。此外，这些因素对搜救技术人员正确命中着陆目标的能力构成了挑战，着陆目标通常位于移动的冰盆上。虽然我们无法确定这些因素是否直接导致搜救技术人员错过着陆目标，但这些因素肯定会影响跳伞性能。增加质量和阻力的额外跳跃训练可能有助于北极搜救跳伞或其他需要额外装备的任务。此外，使用者可能会因为手冷（Ray et al.，2017）或因为重手套而失去灵活性。需要灵巧徒手的设计在生存情况下不会有效，可能会导致救生效果不佳。虽然温度寒冷的生理影响并不是北极特有的，但在考虑北极搜救时，它们是相关的考虑因素。物品的增加使得救生衣变得笨重，很难评估进水点。可能的解决方案是，更好地培训飞行工程师和装载员，使其在这种情况下识别正确的进水点。

15.1.7 训练、演习和练习以及培训

由于模拟北极环境的危险性，训练人员在该地区工作构成了挑战。也就是说，如果没有在北极环境中进行训练并使人们暴露在相关风险中，人们很难真正了解该地区的寒冷、风、高海况和地形将如何影响他们安全工作的能力。例如，在大风中在移动的冰盆上着陆是北极特有的，不能通过练习在静止的冰上着陆来做好准备。基于学习的特殊性原则（Proteau，1992）和模拟逼真度概念（Norman，2014；Grierson，2014），我们知道，训练越接近实际应用，效果越明显。

对此需要注意的是，具体的训练并不容易实施，可能需要使用昂贵的模拟器，模拟移动冰盆上的高空设备跳跃。然而，有几个问题使训练变得复杂。例如，搜救人员经常轮换（特别是军事人员），必须对每个新的部队进行训练，这可能会很昂贵。此外，搜救技能容易过时（San et al.，2018），这意味着常规再训练是必要的，并且由于缺乏集中的训练设施、集中的指挥和普遍缺乏资源，这一点变得更加复杂。如果要安全开发北极，商业和娱乐活动需要对安全做出承诺，并为搜救队的安全和生存训练

做出贡献。

15.1.8 协调与沟通

此外，无线电和卫星通信也面临着挑战，整个地区都没有得到服务；在地球上空运行的同步通信卫星没有覆盖北极的某些地区，因此搜救人员之间的通信中断，这可能使得救援萨金特·吉尔伯特的行动无法进行。此外，由于天气干扰，如天线结冰或海况恶劣，在提供服务的地区，通信可能不可靠（Ho et al.，2017）。为了最佳协调搜救任务，这些问题应随着技术的进步以及卫星覆盖范围的增加而缓解。

15.2 第二部分：北极环境和人为因素

与在北极工作相关的人为因素是一个经常较少讨论但对安全至关重要的因素。恶劣环境对人的表现等因素的影响是北极成功开发的主要限制。虽然很少有关于北极如何影响人类现场表现的研究，但有三个成熟的研究领域可以说明北极对人类表现的潜在影响：①冷暴露对人体表现和生理的影响（Stocks et al.，2004；Vincent et al.，1988；Ray et al.，2017）；②压力对人类表现的影响；③黑暗对人类表现和健康的影响。

15.2.1 寒冷对生理和表现的影响

在寒冷海洋环境中工作的人员经常需要用暴露在寒冷中的手来执行手动技能。例如，渔业、水产养殖、海上石油平台、潜水以及搜救人员在冷水中执行一些职业技能。在生存的情况下，暴露在冷水中的个体可能必须固定防护装备、使用水下呼吸器、抓住救生圈或用冰冷的手操纵绳索或工具。

冷水对人体生理有剧烈影响。仅手接触冷水（如2 ℃）就会导致认知功能障碍（Værnes et al.，1988）、强烈的疼痛感（Mitchell et al.，2004）、热不适（Geurts et al.，2006）和心血管反应增加（如血压和心率增加（LeBlanc et al.，1979））。此外，冷暴露会增加关节僵硬（Hunter et al.，1952），减缓神经系统和肌肉功能（Rutkove，2001）。因此，冷暴露会导致握力（Chi et al.，2012；Giesbrecht et al.，1995）、手指灵活性（Hunter et al.，1952）、触觉敏感性（Cheung et al.，2008）和灵活性降低（Daanen，2009；Muller et al.，2011）。触觉敏感度的丧失将进一步损害手动功能，

因为触觉敏感度对抓握维护至关重要（Westling et al.，1984）。目前尚不清楚这些因素是否会影响搜救技术人员的死亡，但很可能在他因救生衣泄漏暴露于冷水后，所有这些因素都缩短了原本就很短的在极端低温暴露的生存时间。

冷暴露持续时间和手部皮肤温度的后续变化是决定寒冷对手动性能影响的关键变量。如果一个人的手暴露在冷水中足够长的时间，并且达到临界温度阈值，那么由于手功能受损，手动技能将很难执行。有研究表明，将手浸泡在 10 ℃ 水中，在 120~300 s 之间，将开始出现损伤迹象（Cheung et al.，2003）。鲍尔等人（Power et al.，2018）研究表明，暴露于 2 ℃ 下可在短短 60 s 内导致损伤。冷暴露会严重影响手动技能的表现，并可能导致事故甚至死亡。事实上，在寒冷环境中工作的受伤电工和电信工作者中，94%将寒冷条件视为其受伤的主要原因（Päivinen，2006）。然而，目前尚不清楚训练和其他解决方案如何改善接触冷水后出现的性能下降。

对改善与寒冷相关的表现下降的方法的研究表明，有可能改善一个人对寒冷的响应并提高其表现，从而在紧急情况下提高安全性。反复接触寒冷会使心血管因素习惯化，如血压（Glaser et al.，1959）、心率（Tipton et al.，2000）和呼吸频率（Barwood et al.，2007）。同样，焦虑（Barwood et al.，2014）、疼痛（Cheung et al.，2012）、热不适（Geurts et al.，2006）在反复接触寒冷后会形成习惯。重要的是，反复接触冷水可有效提高冷水中的屏气性能（Barwood et al.，2007）。如果我们要改进在北极工作和生活的人员的训练实践，那么对冷暴露和人类表现的额外研究至关重要。目前，关于安全暴露于寒冷环境的建议涉及使用外套，但该建议有局限性。

15.2.2 有效使用外套

使用有效的外套是保持热舒适的重要方式。然而，很难设计出既防水又能让水蒸气从衣服内部逸出的外套。衣服内的水蒸气冷凝会降低防护服的热效率，导致身体冷却（Meinander et al.，2004）。有趣的是，这也会导致救生衣使用不当，拉链有时会松开，如果在紧急情况下或突然浸入水中时没有固定，可能会影响设备的效能。事实上，这是导致前文中讨论的搜救技术人员死亡的主要因素。最后，防护外套的功能性在很大程度上取决于合适的尺寸和准确的穿着程序，在压力下这可能并不总是有效的。尽管这并不直接适用于前文的案例研究，但它对于其他紧急情况仍然很重要。

15.2.3　在黑暗中工作的影响

除了暴露在寒冷的温度下，另一个人为因素问题是北极持续数月的黑暗。从 9 月下旬开始，北极连续 6 个月处于黑暗状态。职业黑暗对健康和安全有直接和长期的影响。黑暗的一个直接影响是减少或抑制视觉交流。在有风的环境中或直升机旋翼旁边人们可能会减少口头交流，这种情况可以通过增加非语言交流来改善。事实上，手势可以加强言语交流（Driskell et al.，2016），在压力下交流的人比在非压力状态下使用更多手势（Kelly et al.，2011）。然而，在夜间和恶劣天气下的直升机救援过程中，会出现言语和听觉交流都受到损害的情况。此外，运动表现会受视觉反馈消除的影响（Keele et al.，1968），在弱光条件下对物体和空间的感知降低（Boyce，2014）。如果低光条件持续存在，例如在冬季，昼夜节律模式会被打破（Arendt，2012），减少光照会增加人们抑郁的风险，进而影响其工作表现（Lerner et al.，2010）。工作站的纬度与季节性情感障碍的症状相关（Palinkas et al.，1996），据估计，在北极从事军事工作的 6.5% 的男性和 13.1% 的女性受到季节性情感疾病的影响（Rosen et al.，2002）。鉴于类似职业（如军队）的心理健康报告通常不足（Hoge et al.，2004），因此北极工作人员对心理健康的关注尤为重要。显然，急性和慢性低光条件将给北极地区搜救任务的成功和职业健康带来挑战。

15.3　总结

由于需要定制北极搜救响应的挑战非常特殊，因此必须解决并规划上述考虑因素。任何扩展到该地区的商业运营都需要考虑这些因素，同时考虑到商业运营会增加搜救响应的发生率。目前北极作业缺乏有效的应急响应计划、救援方案和设备，因此很难提供有效的应急响应。为响应机构开发北极应急响应计划不仅将更好地装备响应团队，而且将有助于推动训练计划和设备需求的开发。

在本章的案例研究中，唯一没有被挑出来进行改进的是搜救技术团队的勇敢和奉献精神。萨金特·吉尔伯特的死亡并不是北极地区的第一例，不幸的是，这可能也不是最后一例。北极是最后一个伟大的边疆，随着开发向这一新领域的扩展，必须对这一增长给予适当的支持和监督，以确保北方人民新事业的安全和成功。

参考文献

Arendt, J. (2012). Biological rhythms during residence in polar regions. *Chronobiology International*, 29, 379–394.

Barwood, M. J., Datta, A. K., Thelwell, R. C., & Tipton, M. J. (2007). Breath-hold time during cold water immersion: Effects of habituation with psychological training. *Aviation*, *Space*, *and Environmental Medicine*, 78, 1029–1034.

Barwood, M. J., Corbett, J., Green, R., Smith, T., Tomlin, P., Weir-Blankenstein, L., & Tipton, M. J. (2013). Acute anxiety increases the magnitude of the cold shock response before and after habituation. *European Journal of Applied Physiology*, 113, 681–689.

Barwood, M. J., Corbett, J., & Wagstaff, C. R. D. (2014). Habituation of the cold shock response may include a significant perceptual component. *Aviation*, *Space*, *and Environmental Medicine*, 85, 167–171.

Boyce, P. R. (2014). *Human factors in lighting* (3rd ed.). Boca Raton: CRC Press.

Cheung, S. S., & Daanen, H. A. M. (2012). Dynamic adaptation of the peripheral circulation to cold exposure. *Microcirculation*, 19, 65–77.

Cheung, S. S., Montie, D. L., White, M. D., & Behm, D. (2003). Changes in manual dexterity following short-term hand and forearm immersion in 10 ℃ water. *Aviation*, *Space*, *and Environmental Medicine*, 74, 990–993.

Cheung, S. S., Reynolds, L. F., Macdonald, M. A. B., Tweedie, C. L., Urquhart, R. L., & Westwood, D. A. (2008). Effects of local and core body temperature on grip force modulation during movement-induced load force fluctuations. *European Journal of Applied Physiology*, 103, 59–69.

Chi, C. F., Shih, Y. C., & Ergonomics, W. C. I. J. O. I. (2012). Effect of cold immersion on grip force, EMG, and thermal discomfort. *International Journal of Industrial Ergonomics*, 42, 113–121.

Daanen, H. A. M. (2009). Manual performance deterioration in the cold estimated using the wind chill equivalent temperature. *Industrial Health*, 47, 262–270.

Driskell, J. E., & Radtke, P. H. (2016). The effect of gesture on speech production and comprehension. *Human Factors*, 45, 445–454.

Geurts, C. L. M., Sleivert, G. G., & Cheung, S. S. (2006). Central and peripheral factors in thermal, neuromuscular, and perceptual adaptation of the hand to repeated cold exposures. *Applied Physiology*, *Nutrition*, *and Metabolism*, 31, 110–117.

Giesbrecht, G. G., Wu, M. P., White, M. D., Johnston, C. E., & Bristow, G. K. (1995). Isolated effects of peripheral arm and central body cooling on arm performance. *Aviation*, *Space*, *and Environmental Medicine*, 66, 968–975.

Glaser, E. M., HALL, M. S., & Whittow, G. C. (1959). Habituation to heating and cooling of the same hand. *The Journal of Physiology*, 146, 152–164.

Grierson, L. E. M. (2014). Information processing, specificity of practice, and the transfer of learning:

Considerations for reconsidering fidelity. *Advances in Health Sciences Education*, 19, 281-289.

Ho, T. D., & Fjørtoft, K. (2017). *Communications challenges in the Arctic: Oil and gas operations perspective* (pp. V008T07A001-V008T07A001). ASME.

Hoge, C. W., Castro, C. A., Messer, S. C., McGurk, D., Cotting, D. I., & Koffman, R. L. (2004). Combat duty in Iraq and Afghanistan, mental health problems, and barriers to care. *The New England Journal of Medicine*, 351, 13-22.

Hunter, J., Kerr, E. H., & Whillans, M. G. (1952). The relation between joint stiffness upon exposure to cold and the characteristics of synovial fluid. *Canadian Journal of Medical Sciences*, 30, 367-377.

International Organization for Standardization. (2013). *ISO 3100 risk management*. Geneva: Vernier.

Keele, S. W., & Posner, M. I. (1968). Processing of visual feedback in rapid movements. *Journal of Experimental Psychology*, 77, 155-158.

Kelly, S., Byrne, K., & Holler, J. (2011). Raising the ante of communication: Evidence for enhanced gesture use in high stakes situations. *Information*, 2, 579-593.

LeBlanc, J., Côté, J., Jobin, M., & Labrie, A. (1979). Plasma catecholamines and cardiovascular responses to cold and mental activity. *Journal of Applied Physiology: Respiratory, Environmental and Exercise Physiology*, 47, 1207-1211.

Lerner, D., Adler, D. A., Rogers, W. H., Chang, H., Lapitsky, L., McLaughlin, T., & Reed, J. (2010). Work performance of employees with depression: The impact of work stressors. *American Journal of Health Promotion*, 24, 205-213.

Meinander, H., & Hellsten, M. (2004). The influence of sweating on the heat transmission properties of cold protective clothing studied with a sweating thermal manikin. *International Journal of Occupational Safety and Ergonomics*, 10, 263-269.

Mitchell, L. A., MacDonald, R. A. R., & Brodie, E. E. (2004). Temperature and the cold pressor test. *The Journal of Pain*, 5, 233-237.

Muller, M. D., Ryan, E. J., Kim, C. -H., Muller, S. M., & Glickman, E. L. (2011). Test-retest reliability of Purdue Pegboard performance in thermoneutral and cold ambient conditions. *Ergonomics*, 54, 1081-1087.

Norman, G. (2014). Simulation comes of age. *Advances in Health Sciences Education*, 19, 143-146.

Päivinen, M. (2006). Electricians' perception of work-related risks in cold climate when working on high places. *International Journal of Industrial Ergonomics*, 36, 661-670.

Palinkas, L. A., Houseal, M., & Rosenthal, N. E. (1996). Subsyndromal seasonal affective disorder in Antarctica. *The Journal of Nervous and Mental Disease*, 184, 530-534.

Power, J. T, Kennedy, A. M., Monk, J. F.. (2016). *Survival in the Canadian Arctic recommended clothing and equipment to survive exposure* (pp. 1-15). Offshore Technology Conference, Arctic Technology Conference, St. John's.

Power, C., Ray, M., Luscombe, T., Jones, A., & Carnahan, H. (2018). *A timeline for hand function following exposure to 2 degree Celsius water.* Halifax.

Proteau, L. (1992). On the specificity of learning and the role of visual information for movement control. *Advances in Psychology*, 85, 67–103.

Rahimi, M., Rausand, M., & Wu, S. (2011). *Reliability prediction of offshore oil and gas equipment for use in an arctic environment* (pp. 81–86). IEEE.

Ray, M., Sanli, E., Brown, R., Ennis, K. A., & Carnahan, H. (2017). The influence of hand immersion duration on manual performance. *Human Factors*, 59, 811–820.

Rosen, L., Knudson, K. H., & Fancher, P. (2002). Prevalence of seasonal affective disorder among U. S. Army soldiers in Alaska. *Military Medicine*, 167, 581–584.

Rutkove, S. B. (2001). Effects of temperature on neuromuscular electrophysiology. *Muscle & Nerve*, 24, 867–882.

Sanli, E. A., Carnahan, H., 2018. Long-term retention of skills in multi-day training contexts: A review of the literature. *International Journal of Industrial Ergonomics* 66, 10–17. https://doi. org/10. 1016/ j. ergon. 2018. 02. 001.

Stocks, J. M., Taylor, N. A. S., Tipton, M. J., & Greenleaf, J. E. (2004). Human physiological responses to cold exposure. *Aviation, Space, and Environmental Medicine*, 75, 444–457.

Tipton, M. J., Mekjavic, I. B., & Eglin, C. M. (2000). Permanence of the habituation of the initial responses to cold-water immersion in humans. *European Journal of Applied Physiology*, 83,17–21.

Værnes, R. J., Knudsen, G., Påsche, A., Eide, I., & Aakvaag, A. (1988). Performance under simulated offshore climate conditions. *Scandinavian Journal of Psychology*, 29, 111–122.

Vincent, M. J., & Tipton, M. J. (1988). The effects of cold immersion and hand protection on grip strength. *Aviation, Space, and Environmental Medicine*, 59, 738–741.

Westling, G., & Johansson, R. S. (1984). Factors influencing the force control during precision grip.

第16章 格陵兰岛旅游业发展的可能性和局限性对沿海社区的自我效能及社会经济福祉的影响

维沙哈·泰①

摘　要：几乎格陵兰岛所有人口都生活在沿海地区。格陵兰岛的沿海旅游业有使当地经济多样化的潜力，从渔业和鱼类加工业到以旅游业为基础的企业家身份，这可能会减少格陵兰地区的性别和收入上的不平等，以及年轻一代为了在大城市和国外寻找从小定居点向外移民以及复兴传统文化的机会。格陵兰岛沿海旅游业向来自外部世界的游客揭示了气候变化的现实，冰原融化对人、自然和传统生活方式的影响，并可以通过公民科学的旅行，诚恳对话和收集数据以促进当地人和游客之间的联盟。旅游业还为地方基础设施的改善和现代化创造了机会，使当地居民的生活水平得以提高。

旅游业的负面影响在很大程度上取决于格陵兰土著人民缺乏对预先设立的旅游经营者（来自丹麦）和其他非格陵兰承运人的谈判能力，除非强有力的政府政策保护当地利益和资源，否则后者将获得最大的经济利益。负责任的旅游业和游客是发展可持续旅游业的基石。旅游季节短暂的局限性和旺季的瓶颈状况造成了高风险和高成本的投资。因此，深入和持续的社会经济环境影响评估将是协调游客期望和当地对格陵兰北极沿海旅游业可持续性理解的强制性步骤。

关键词：北极旅游；北极邮轮旅游；技能匹配就业创造；社会可持续

---

① 法国巴黎萨克利大学。

性；沿海旅游；自然文化旅游；负责任旅游

16.1 简介

16.1.1 旅游，不仅仅是一个产业

根据世界旅游组织（UNWTO）2017 年公布的数据，十分之一的工作岗位与旅游业有关，这创造了 1.6 万亿美元的出口，"直接和间接活动加在一起"占全球 GDP 的 10%。旅游业不仅是一个创收行业，也是文化保护、环境保护的支柱之一，也是和平与安全的媒介。1985 年《旅游权利法案》和《旅游法》加强了"旅游业的人的方面"的责任，重申了旅游业对各国社会的社会、经济、文化和教育部门做出贡献并改善了国际社会的主张。当全球化成为文化同质化的一股力量时，旅游业为文化保护做出了积极贡献（Cohen et al.，2000）。

尽管有这些好处，但经济学家、经济开发商和政府要么没有认真对待旅游业，因为人们普遍认为旅游业只是"娱乐、游戏、消遣、休闲、非生产性"（Davidson，1994），要么只是将其作为一种经济活动，当政府专注于"增长崇拜"时，它是消费主义的工具（《增长崇拜》，克莱夫·汉密尔顿（Clive Hamilton），2004 年，第 ix 页）。WTO 的防范措施：旅游业是国际交流发展和动态增长中不可替代的团结因素，旅游业的跨国企业不应利用其有时占据的主导地位；他们应避免成为人为强加给东道社区的文化和社会模式的载体；作为应得到充分承认的投资和贸易自由的交换条件，它们应参与地方发展，避免通过过度汇回利润或进口来减少其对所在经济体的贡献。在产生国和接受国企业之间建立的伙伴关系以及平衡关系有助于旅游业的可持续发展和旅游业增长利益的公平分配。

16.1.2 格陵兰岛旅游业

在格陵兰岛，2006 年至 2015 年，预计旅游收入的平均增长率为 5%。在冰岛旅游业繁荣期间，格陵兰岛的游客数量也有了显著增长：2015 年和 2016 年，通过与冰岛航空公司（Icelandair）合作，从冰岛安排的短途旅行/一日游，游客数量分别增长了 23.8% 和 9.9%。即使保守预测，预计旅游收入的年增长率为 5%，到 2030 年，仍将如图 16.1 所示。

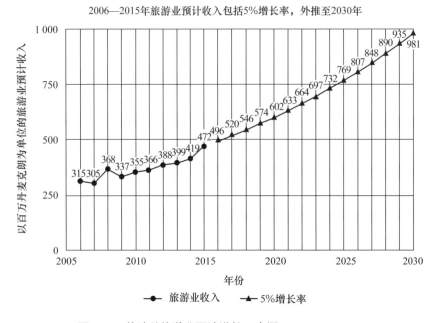

图 16.1　格陵兰旅游业预计增长（来源：**www. stat. gl**）

　　每年增长 5%需要对国家基础设施进行持续投资（一年中的床位和机票数量），以便能够接待越来越多的游客。该场景基于当前机场基础设施。联合国世界旅游组织预测，2010 年至 2030 年，全球旅游业的年增长率为 3.3%。

　　从实际情况来看，基础设施的缺乏阻碍了格陵兰岛为欢迎更多游客而做出的努力。然而，努克、伊卢利萨特（Illulissat）和卡科尔托克（Qaqortoq）三个机场以及努克港口的扩建，需要呼吁在全岛范围内进行大规模基础设施建设。这些步骤对于确保供应线能够应对持续发展是必要的。跟随冰岛旅游局的脚步，旅游业的强劲发展可以加强格陵兰岛的经济，从而使社区在长期内更具社会经济发展上的可行性。格陵兰岛位于欧洲和北美洲之间，其地缘战略位置可能在未来几年成为新的"旅游中心"，其重要性与日俱增。随着人们对北极地区兴趣的日益增长，努克处于有利地位，可以利用西北航道成为政治家、企业和游客展望北方的首选。作为努克城市发展项目的一部分，瑟莫苏克（Kommoneqarfik Sermersooq）市长阿西·纳鲁普（Asii Narup）宣布，将在 10 年内建造 4 200 套新住房，以欢迎来自世界各地的新游客（北极圈会议，2018 年）。

随着努克不断发展壮大，其居民容量也在不断扩大，旅游业的可能性也在不断增加。随着冰岛成功的市场营销战略以及全球对作为最后一个边疆地区的北极日益增长的兴趣，格陵兰岛对旅游业的政治、科学和社会兴趣与日俱增。如今，旅游业被认为是格陵兰岛仅次于渔业和采矿业的第三大经济支柱，也是这个北极地区未来经济发展的一个有希望的杠杆（资料来源：格陵兰统计局）。它的成功开发可能有助于为格陵兰岛从摆脱对丹麦联邦的金融依赖，为成为一个独立的北极国家铺平道路。

格陵兰政府参与了由研究人员跨城镇和居民点进行的与旅游业相关的定期研究，以了解当地关于旅游业的想法，根据当地需求和可用资源或缺乏资源绘制真实的蓝图（《北极研究杂志》2011 年第 2 期）。凭借研究数据和当地知识，格陵兰界和商界希望并计划旅游业大幅增长，以通过可持续发展实现经济多样化。随着国家航空公司格陵兰航空公司（Air Greenland）三个跨大西洋机场的建设，以及由当地和国际专家构建的充满活力的国家旅游活动（访问格陵兰），以及行政中心努克日益增强的承载能力，关于旅游业应该发展多少、以何种方式发展以及由谁发展的更广泛的社会讨论成为迫切需要。格陵兰岛潜在的旅游从业人员面临着旅游业带来的挑战和巨大潜力。它的发展可以与社会、文化和环境层面的其他领域相联系，将旅游业从一个产业变成社会变革的潜在催化剂。在格陵兰岛，旅游业可以通过吸引游客和培养新技能来增加当地居民的社会资本（George，1999）。然而，政府可以通过向外国投资者授予发展权来损害旅游业的社区所有权以希望通过划定区域内活动的专有权来创造旅游活动、设施和基础设施，从而创造外国竞争。北极邮轮旅游对格陵兰岛沿海旅游发展有着特殊的促进作用，如果没有对大型邮轮在原始海洋环境中运营实施健全的规章制度，在偏远的沿海定居点，旅游业可能会对格陵岛的环境、经济和文化造成破坏。

16.1.3 与冰岛的比较

旅游业是冰岛第一大经济活动。冰岛人力资本的实力一直是旅游业发展的关键组成部分。当地和全球非正式获得的技能之间的相互作用源自旅游业（Nordal et al.，1996）。冰岛社会中非正式获得的国际交流技能是通过与来访游客和支持旅游相关活动的客籍工人的互动而获得的。自 20 世纪

50 年代初以来，冰岛利用美国位于凯弗拉维克（Keflavík）的旧机场，成功转型为跨大西洋航空旅行中心。作为枢纽的角色是通过连接美国（以及后来的加拿大）和欧洲的网络建立的，作为基于冰岛航空（Loftleieir）业务的低成本飞行选项，1953 年，美国和欧洲之间的航班经由凯弗拉维克起飞。这种将凯弗拉维克作为北美和欧洲城市之间枢纽的商业模式，帮助冰岛建立了一个远远超出了冰岛市场本身承受能力的国际空中交通网络。随着格陵兰岛准备修建三个新的国际机场，这个故事可能会成为格陵兰岛近期与北美和欧洲的直接航班连接；为了发展，教育、政府、企业和社会都可能产生变革效应。人们只能想象，效仿冰岛雷克雅未克模式将其作为欧洲旅游的中转枢纽，格陵兰社会及其经济会变得多么国际化，有多少国际游客会在从格陵兰岛前往欧洲途中，中途停留在努克、伊卢利萨特和卡科尔托克。

为了创造"合理的旅游增长"，研究、合作和规划是关键因素。在北大西洋旅游协会（NATA）和格陵兰航空公司的帮助下，《访问格陵兰》在研究机构 NIT Kiel 的帮助下于 2016 年至 2017 年在德国、英国、法国和美国的四个核心市场进行了市场调查。每个国家的 4 000 名受访者填写了在线问卷，从潜在的格陵兰游客角度对市场潜力给出了宝贵的见解。这些调查包括关于火山、温泉、间歇泉和特定自然和文化旅游的问题，以了解谁更愿意选择如冰岛等其他目的地，而不是格陵兰岛，或者表明游客完全确定格陵兰岛能提供什么（来源：2018 年格陵兰旅游报告）。

16.2　旅游业的可能性

16.2.1　通过偏远地区（现在和未来）旅游能力建设，重新关注人力资本

格陵兰岛居民的性别和收入不平等现象普遍存在。根据所谓的基尼系数衡量的收入不平等约为 33.9（2015 年估计值），而北欧国家指数约为 25，撒哈拉以南国家指数为 50。约 15% 的人口生活在相对贫困的家庭，10% 生活在贫困家庭，5% 生活在非常贫困的家庭（格陵兰统计局，2014年）。在定居点和城镇中成长的年轻人在教育成就方面存在显著差异。尽管格陵兰的教育水平在不断提高，但仍然是北欧国家中最低的。在所有25~64 岁的成年人中，超过一半的人没有接受过初中以上的教育，而在其

他北欧国家，这一比例约为 25%；大约四分之一的人接受职业教育，只有 16% 的人（大多数是女性）接受高等教育。在格陵兰岛，大约 84% 的男性除了小学外没有受过教育。劳动力中失业的部分有很高比例的非熟练工人。对于高等教育而言，失业率很低。格陵兰劳动力市场的另一个显著特点是，由于气候和地理分散，就业的季节性变化很大，这限制了流动性（来源：格陵兰统计局）。

在格陵兰岛和许多其他北极国家，有相当多的人没有受过正规教育，因此就业机会较少。但他们仍然有技能：一些是狩猎或捕鱼方面的专家，一些是熟练的手工艺人，还有一些是艺术家，没有正式的教育文凭证明这一点。与西方化的成功标准相反，这些人中的一些人可能完全满足于自己的处境，以自给自足的经济为生，在非正规经济中航行，同时过着传统的猎人和渔夫生活。然而，由于缺乏技能证明文件，他们在劳动力市场上受到限制（Kleist et al.，2016）。他们可能会受到进一步的挑战，因为他们不希望，或者能够在正规教育体系中继续学习。因此，使用非正式获得的技能以及传统活动（狩猎、钓鱼、狗拉雪橇、乡村烹饪）的技能映射是一个关键因素，以便更全面地了解这些技能如何有助于在格陵兰岛利用其潜在劳动力建设一个经济健康的社会（Kundsen，2016）。

北极自然文化旅游虽然不明确，但以传统知识为基础，在当前的格陵兰岛背景下，传统知识是否以及如何使用并不一定符合西方社会模式，而是在现代因纽特人社会中是切实可行的，在这种社会中，各种活动可以结合在一起，而不会继续损害格陵兰岛社会传统活动的机会。几个世纪以来，格陵兰人一直设法在严酷的北极条件下生存和发展，并通过日常生活实践获得了代代相传的宝贵技能。然而，在当今以正规教育为基础的就业机会中，他们的技能是看不见的，也得不到就业市场的认可。缺乏对这一群体资格的认可，以及未能将非正式获得的技能与潜在的就业机会对应起来，这对社会和个人都是巨大的价值损失。它也是格陵兰家庭暴力的根源，在格陵兰岛，女性最适合接受高等教育，因此更具流动性，而男性则被传统的男性主导文化所束缚。根据对格陵兰人的观察，特别是作为导游和作业者的猎人和渔民的技能和生活经验将自然和文化旅游联系起来，从而提升自我价值。这种观点认为，地方知识具有不同的价值，并与主导中央集权政策的西方化经济推理背道而驰。可持续发展应被视为"第三条道路"，因为它改变了传统社会的经验和关系，以及与全球工业发展相关的理解，其中包括对人与自然之间相互作用的新理解（Holm et al.，2000）。它还强调，民众需要通过参与性进程参与明确表达和发展关于机构和基础设施的可持续政策（Hersoug，1999）。"文化层面"在教育转型中很重要：从家到学校（可能在另一个城市），再到继续教育（可能在其他城市），最后到就业市场（可能在另外一个城市）。旅游业在弥合这些差距方面具有巨大潜力。

16.2.2　与教育、正规培训和语言发展相联系

在格陵兰岛，导游和旅游教育可能不仅仅代表着提高旅游业和旅游业发展的服务水平，更重要的是，可以成为一个有趣的起点，让年轻人，特别是在较小的定居点和偏远地区的年轻人重新回到教育和就业市场的视角（Ren et al.，2017）。库雅雷哥大学（Campus Kujalleq）的探险指南教育以冰岛模式为基础，通过与不同的格陵兰岛旅游利益相关者对话创建。2013年启动的新课程是"北极指南课程"或之前政府资助的"舾装工"课程的替代品。它是为那些想帮助游客进行 8 h 以上自然旅行的人设计的。提供学术研究资格的目的是在与外语和其他一般学科相结合的商业经济学和社会经济学领域内实现的。教育计划的目标是在应用学生们的文化和传统知识的同时，培养他们深入学习能力和对理论知识的理解，将其作为分析现实问题的工具（安全方案知识、现代设备操作知识、专业精神、认证和许可程序）。库雅雷哥大学旅游教育课程在旅游教育中提供三个课程：一个为期两年半的学院专业课程和两个为期一学期的指导课程。北极指南课程侧重于在北极社区工作向导所必需的指导技术和背景知识。通过旅游业，在北极条件下非正式获得的技能越来越受到全球化的影响，在全球化中，外国游客和当地人相互交流世界观。因此，旅游业使北极居民能够参与全球网络和交易。

16.2.3　通过平衡现代和传统技能实现两性平等与和谐

城市化进程导致越来越多的格陵兰人居住在城市中，从首都甚至国外的小定居点向外移民的比例很高。格陵兰岛农村地区的妇女一般比男子受教育程度高，在社会和地理上适应能力更强，能够在超出传统社会性别期望之外的服务部门就业。然而，男性一直坚持着通过狩猎和捕鱼技能来养

家糊口的传统。过去，这些技能被视为社会的关键活动。随着格陵兰岛向现代社会转型，以及对狩猎动物实行配额和限制，家庭的生存现在变得过时。格陵兰的家庭动态发生了变化。格陵兰男性现在依赖受过教育的女性的稳定收入，才能继续在社会中扮演传统的男性角色。由于男性比女性适应能力差，缺乏机械化（矿山）工作，格陵兰男性的选择余地较小。

格陵兰偏远沿海的旅游业可以成为鼓励妇女参与地区发展的催化剂。通过向妇女提供商业赠款和创业培训（床铺和早餐、餐馆/咖啡馆、纪念品店），政府不仅可以使偏远定居点的经济多样化，而且将妇女纳入其中也有助于将基于性别平等的政策和措施成为主流教育论。在格陵兰岛南部，更多的妇女参与市政，因为她们在经济上更加独立，通过旅游业与全球联系更加紧密。在经营养羊场的同时，南方的当地人没有对商业风险进行大量投资就通过在他们的农舍接待游客而获得了额外收入。此外，由于热情好客的传统习俗，牧羊人通过与外部世界游客的联系，表达了一种个人幸福感。因此，这种类型的旅游业仍然是格陵兰岛南部牧羊人个人社会经济出路的有利媒介。

然而，在格陵兰岛北部，由于缺乏资金机会和全球曝光度，妇女没有参与这一级别的治理。由于格陵兰男性更倾向于参与传统的狩猎和捕鱼，男性和女性都可以将其传统知识、技能与现代教育、正规教育（英语、交流、服务培训）结合起来，作为旅游业相关创业的混合形式，并作为创造就业机会、传统生活方式和融合当地声音，特别是妇女在政治和地区发展中的发言的交汇点。

16.2.4 北极与气候变化有关的"知识"的概念和地位

> 如果人们来到格陵兰岛，看到有多少冰川在消退，并且认识到这是真的，并且改变他们使用能源的方式，那么也许净收益将是全球的。（马利克·米尔费尔特（Malik Milfeldt），格陵兰旅游和商业委员会（smithsonian.com，2011 年 10 月））

作为猎人、渔民、农民等有着以陆地和海洋为生的共同历史的人们，高度依赖于通过对自然界动植物的实地日常观察来解释周围环境的迹象。为了确保这种生活方式的延续，这些人以及他们居住的社区必须学习和传承他们的经验，因为这些经验与他们的共同居住环境有关（Ingold，2000）。众所周知，这些人拥有深厚的生态知识，了解并欣赏环境变化和季节变化，以及这些变化如何影响当地仍继续赖以生存的海洋哺乳动物的捕捞（Bekes，2000；Huntington，1998）。传统知识还通过当代和代际传播的直接环境体验，借鉴了反映时间流逝的北极季节变化的经验（Duerden，2004）。其他人担心对传统生活方式的影响。在努克教格陵兰语和丹麦语的汉内·尼尔森（Hanne Nielsen）说，由于夏季冰盖减少，使用狗拉雪橇的猎人受到限制："气候变化对人们的生活产生了非常有害的影响，不仅是职业猎人和渔民，因为普通人也在捕鱼和打猎。"气候变化是游览斯特龙贝里（Stromberg）周边地区的动机之一（Stromberg，2011）。大多数人旅行不是为了了解全球变暖对他们目的地的影响，而是出于好奇"在它们消失之前看到它们"。以自然文化为基础的旅游业在充满挑战的时期将社区视为"人的面孔"，从而通过诚实的对话和描绘人与地方之间通过气候变化相互联系的情景，唤起游客的情感和责任感。

2018 年 8 月，格陵兰岛北部的一座冰山融化，成为北极最古老、最厚的冰层崩解的世界新闻，从而开辟了历史上第一条无法通行的海上航线（《卫报》，8 月 21 日）。尽管数据可靠性不符合科学家的要求，但作为美国北极环境变化研究项目的一部分，学者们认为北极旅游是人类活动的一个重要领域，应作为 AON 的社会组成部分加以监测（Fay et al.，2011；Kruse et al.，2011）。以公民科学为基础的极地探险是一种以旅游业为力量应对格陵兰岛沿海气候变化挑战的方法，游客可以积极参与数据收集。重要的是，全球旅游部门已经在从事公民科学研究；它还通过"保护旅游"和"参与式环境研究"积极参与类似的活动（Scheepens，2014）。"体验"是旅游业的核心，因此极地地区的游客希望包含公民科学，这是目的地和其他旅游利益相关者都希望看到的一个方面，对于依赖观测监测的策略制定者来说，这应该很重要。如果参与公民科学的一个关键障碍是社区和研究优先事项之间缺乏一致性（Pandya，2012），那么旅游业可能会提供一个特殊的参与机会，因为旅游业有可能协调游客、社区和研究人员的环境优先事项（Mason et al.，2000）。

女性在内化气候变化影响方面比男性更为敏锐。他们参与环境变化的具体方式有捕鱼、剥动物皮（评估海豹或海洋动物的脂肪含量）、采摘浆果、晾鱼、收集鸡蛋，由于女性更关注社会关系和社会结构，解释气候变化的影响，她们在个人层面上更具吸引力。然而，妇女并没有在正式层面上讨论她们广泛的知识，而旅游业可能会带来一种非正式但强有力的个人叙述，让妇女了解格陵兰气候变化的影响。把重点放在男性主导的狩猎活动和物质资源上，只会使人们对气候变化的影响认识不全面，而且妇女的许多专门知识也会流失。通过女性主导的狩猎、捕鱼、采集旅游，甚至在卡夫米克舞（Kaffemik）（咖啡和糖果社交聚会，格陵兰岛舒适时光的食谱）上创建社交聚会，聆听女性故事，外界得到了气候变化的全面影响。格陵兰岛的妇女适应自然，善于社交，更注重非物质关系，她们预测气候变化的间接影响，例如有限的冰导致定居点之间的连通性降低，从而削弱社区意识、粮食安全、教育、语言活力和良好的住房。

16.3 格陵兰岛旅游业的局限性

丹麦罗斯基勒大学（Roskilde University）北大西洋区域研究所（NORS）研究员丹妮拉·托马西尼（Daniela Tommasini）被格陵兰政府教育和研究部任命，负责格陵兰旅游业近十年的研究项目（1995—2004 年）。她走遍了格陵兰岛，采访了游客、旅游业企业家和当地居民，并评估了现代旅游业的社会经济影响、过去的发展和未来的潜力。本章基于她与当地人的第一手资料，讲述他们在格陵兰岛旅游的梦想和现实。她的案例研究为"造访格陵兰（VG）"营销公司提供了一份关于当地人对以自然文化为基础的旅游观点的真实概述，并将其作为振兴边缘社区的可能工具。

她在具有旅游潜力的各个城镇和住区进行了实地调查，分析了旅游业的局限性：旅游瓶颈季节极短，基础设施差，缺乏训练有素的人员，缺乏英语语言技能，与外国旅游经营者竞争，当地居民对旅游的认识不足。报告建议以廉价的投资和基础设施为目标："如果旅游业不想制造问题——关键是控制、指导和限制"。尽管如此，由于上述所有因素，在格陵兰旅游仍然是一项昂贵的活动，旅游业仍然没有给格陵兰带来任何盈余，并且仍然受到政府的大量补贴。

16.3.1 外国竞争和历史偏见

在旅游旺季，当地格陵兰导游和国际导游之间的竞争非常激烈，他们基本上为大型邮轮公司免费工作，只是为了获得在格陵兰工作的独特体验。丹麦奥尔堡大学（Aalborg University）硕士生安娜·布尔登斯基（Anna Burdenski）硕士论文的一部分，对卡科尔托克的库雅雷哥大学学生进行了采访。卡科尔托克的库雅雷哥大学 9 号学生既有希望，也有现实的绝望，"我们有很多导游，他们周游世界，在国际范围内工作，但他们对格陵兰岛的特殊性一无所知。正如你所说，我们看到了；经验对他们自己来说已经足够了，所以他们不需要获得报酬，你怎么能与实际的免费劳动力竞争？这是一个巨大的问题。我们尤其在邮轮业务中看到了这一点。邮轮公司是非常特殊的业务类型，因为他们嗅到了金钱的味道，让我们这样说吧，与其说是体验，不如说是金钱的核心。一旦他们船上有当地的导游，他们想以格陵兰的工资为基础得到报酬，他们就会说'哦，不，亲爱的，不'，同时他们也在向我们哭诉'为什么没有格陵兰导游？为什么我们不能有格陵兰导游？'当我们问他们愿意支付多少时，他们对此问题感到非常惊讶。他们正在考虑这一点，因为这应该是那些能够与邮轮公司合作的导游的特权。所以我认为国际公司很难适应这种情况。"（Burdenski，2018）

"尽管格陵兰社会是一个异质性很强的群体，但代际负面属性在很长一段时间内仍然存在。虽然这使他们在国际认可、国际公司的工作机会和声誉方面倒退，但要克服这堵消极的墙，这是一个巨大的障碍。与之抗争需要更多的努力、参与和勇气。这是国际社会给格陵兰社会带来的不必要的挫折。当意识到这一点并试图找到克服负担的方法时，旅游作为了解其他文化的工具，可以抵消许多人、社区和社会面临的偏见，这可能还不确定，但却是人们渴望的。"（Bjørst，2008）。

目前，格陵兰岛的所有大型旅游业务均为外资所有。其中一家主要的外国旅游公司是"冰岛山地向导格陵兰探险"公司。在其网站上声明："对于格陵兰探险队的许多成员来说，我们从小就对这个国家有着强烈的爱。事实上，大多数队员都是移民到冰岛的格陵兰土著。"与缺乏专业认证、广告和语言技能的本土企业相比，许多外国导游公司在格陵兰拥有英语知识和已建立的导游业务指导记录，是成功的企业。

16.3.2 语言障碍

全球旅游业的通用语言是英语，这对格陵兰人树立成为旅游经营者的信心造成了另一个严重的限制。这种基本需求与提高服务水平的明确需求相结合，因此需要改善格陵兰相对较低的教育水平。事实上，格陵兰人在用英语交流时感到不自在，政府需要制定强有力的倡议和培训课程（Finne，2018）。《北高新闻报》（*High North News*）的一名记者报道说，格陵兰政府了解到它在全球范围内的无能，宣布将努力让英语取代丹麦语成为格陵兰的主要外语。前政府召集的一个专家委员会发现，格陵兰语、丹麦语和英语在格陵兰履行各自的职能，并可能在未来一段时间内继续这样做。格陵兰教育、文化、研究和教会部部长维维安·莫茨费尔德（Vivian Motzfeldt）在莫茨费尔德部门的一份新闻稿中表示，该组织一直在努力与美国和加拿大等英语国家就向格陵兰交换英语教师达成协议。"他们将帮助培养年轻人的能力，使他们从长远的角度对英语充满信心，从而使更多未来的师范生选择英语作为他们的专业之一。

格陵兰岛的未来进程取决于"我们是谁"以及如何实现理想的政治谈判。当前关于语言政策的辩论，其核心是关于"我们应该是谁"。格陵兰旅游业的发展为语言能力、全球连通性和作为独立国家的自我实现铺平了道路。

16.3.3 北极邮轮旅游

在气候变化时代，邮轮在北极水域的存在，造成了环境和经济问题之间的斗争。虽然邮轮旅游不会给小型沿海定居点带来住宿需求的负担，但它们的存在可能会让当地社区感到难以接受，尤其是在社区和邮轮之间缺乏关于游客到达、方案和态度的沟通的情况下。格陵兰沿海社区不太喜欢邮轮旅游，因为它虽然在短时间内接收了大量的人口，但并没有产生任何实质性的收入。邮轮通常会在未经通知的情况下出现，也可能是在村民前往不同地点打猎或捕鱼的季节。通常，游客除了一些明信片不会从当地社区购买任何东西。另一方面，他们购买当地社区成员等待数月的进口新鲜农产品。由于缺乏基础设施（休息室、餐厅、公共厕所等），没有机会参加卡夫米克舞、传统舞蹈表演等（当地文化旅游理念）。尽管当地人努力穿上传统节日服装，展示他们的手工艺品，但游客们并不购买。调查显示，游客们要么对动物骨骼雕刻的重要性一无所知，要么由于缺乏文化理解，在他们的国家禁止动物皮毛和骨骼销售，或者他们觉得它们不美观（Tommasini，2011）。缺乏对当地风俗的尊重，将因纽特人视为"好奇的对象"，未经允许就拍摄他们和他们的家，并询问私人问题，使得当地人和游客之间的接触不那么受欢迎。此外，当地人还担心他们的酗酒和在整个定居点散落的垃圾等社区问题会暴露于外国游客。最重要的是，大型邮轮进入峡湾繁殖地时，对海洋动物，尤其是独角鲸来说是危险的。

这就是为什么北极理事会工作组之一，"北极海洋环境保护工作组"（PAME）创建了"北极海洋旅游项目"（AMTP）。他们于 2015 年制定了《最佳实践指南》，以分析和鼓励极地水域的可持续旅游业。除其他目标外，与格陵兰邮轮旅游相关的两个主题是：

（1）考虑到区域差异、船只类型和旅游业务以及多方利益相关者的观点；

（2）考虑最佳实践指南的目标受众。

由于文化理解之间的挑战和脱节，邮轮旅游在偏远地区并不成功，小型定居点和格陵兰邮轮旅游相关数据反映了这一现象，如图 16.2 所示。

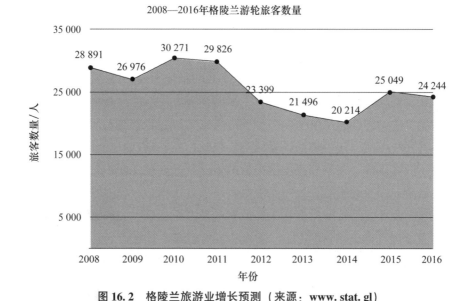

图 16.2 格陵兰旅游业增长预测（来源：www.stat.gl）

一些在北极有着悠久历史的运营商，尤其是北极探险邮轮运营商协会（AECO）的成员，往往熟悉北极海洋旅游的风险、问题和考虑因素。总体来说，这些运营商为包括那些缺乏北极海洋旅游挑战经验的人，比如游艇，树立了一个积极的榜样。事实上，这些经验丰富的运营商中有许多与当地社区和沿海管理部门保持良好的关系和沟通，并以负责任、安全、文化和环境可持续的方式开展业务。北极探险邮轮运营商协会在其网站上宣布："北极探险邮轮运营商协会是一个国际邮轮运营机构组织。我们组织的主要目标是确保在北极进行探险巡航和旅游时，最大限度地考虑到脆弱的自然环境、当地文化和文化遗产，同时确保海上和陆上的安全旅游业务。"为了让游客了解当地的环境、社会和经济状况，北极探险邮轮运营商协会制定了几项内容丰富的指南：《游客指南》《野生动物指南》《社区指南》《生物安全指南》等。此外，在他们的网站上，有一个专门讨论"文化和社会互动"的特别部分，内容如下：

对于北极地区的一个有时与世隔绝的小城镇或居民点来说，邮轮之旅往往是一件受欢迎和愉快的事情。当地人可能会发现船只和乘客都很有趣。但北极地区的旅游业正在迅速增长。任何相关人员都需要认识到旅游业的发展可能对当地社区产生的经济、社会和文化影响。尊重互动的责任和地方利益取决于旅游经营者和来访客人尊重和理解当地文化。

尊重当地文化：

- 反对偏见态度
- 尊重隐私——远离私人住宅，不要透过私人窗户看或拍照
- 与你遇到的人交谈，而不是谈论他们
- 未经许可，不得参观墓地或其他具有宗教或文化意义的区域
- 拍照前询问——犹豫意味着"不"
- 石碓可能是路标，请勿更改
- 切勿向社区交换或进口违禁物品
- 鼓励您购买当地纪念品和产品，但请注意将购买的物品进口/运输到其他国家的合法性，例如《濒危物种贸易公约》（CITES）——1973 年 3 月 3 日《濒危野生动植物种国际贸易公约》/《华盛顿公约》。

文化理解：

旅游业是一种了解、促进和创造不同背景和文化的人之间宽容的伟大方式。在访问外国和外国文化时，客人可能会发现与国内的情况大不相同。重要的是不要根据自己的现实感、规范和价值观来评判其他文化，而是要努力理解文化在性质上是不同的。

相反，探险船（乘客人数高达250人）一直在稳步增加，如果格陵兰的邮轮旅游是为了实现经济和环境可持续性的总体战略，那么探险游客也符合这一战略（图16.3）。这类旅游符合目标游客标准——自然爱好者、文化爱好者、开拓精神，以匹配格陵兰等探险目的地。在这种探险旅行中，通常当地渔民和猎人会驾驶小船带着游客去峡湾内部地区欣赏鲸和独角鲸，而不会对野生动物造成任何干扰，还可以参加定居点的传统鼓舞——卡夫米克舞。

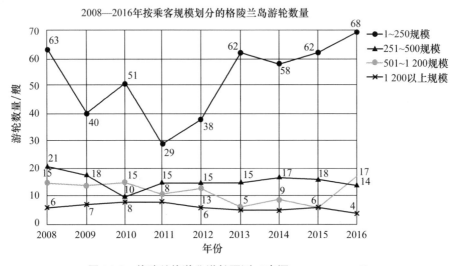

图 16.3　格陵兰旅游业增长预测（来源：www.stat.gl）

16.4　结论

"我们正处于和解时期，旅游是让人们面对面和相互了解的最佳方式之一。对于我们西北部地区来说，我们有 33 个社区，11 种官方语言，每个社区都有自己充满活力、丰富的文化和独特的故事，有助于对他们进行定义，每个人都可以从这一旅游领域受益，因为这是一个只要他们想，任何人都可以参与的。旅游业不仅创造和维持就业机会，而且有助于保护语言和文化。"加拿大土著旅游协会主席兼首席执行官基思·亨利（Keith Henry）（加拿大国际广播电台《关注北极》环极新闻项目记者埃利斯·奎因（Ellis Quinn）采访）说道。

土著文化旅游：加拿大西北部的成功案例

埃利斯·奎因于 2018 年 10 月 5 日报道称，西北地区政府的工业、旅游和投资部门、加拿大土著旅游协会（ITAC）和西北地区旅游局（NWTT）签署了一份发展该地区土著文化旅游的谅解备忘录，其中包括每年高达 257 000 美元的新投资（Quinn，2018）。2018—2019 年的大部分资金将用于研讨会和营销，以帮助不断增长的当地企业更好地接待来自加拿大南部的游客和国际游客，并提高对西北地区旅游所能提供的服务认识。在一些小定居点，失业率在 5% 到 10% 之间，这是由于生态旅游的可持续形式，从土地使用到监测一些社区拥有的旅游开发对游客的影响都进行了周密的规划。政府协议的基础是社区中持续的辅导和强大的支持系统。认识到采矿业不可靠的现实，为了创造一个平衡、可持续的经济，政府已经开始认真对待旅游业。

这一成功案例为格陵兰偏远沿海城镇和定居点的旅游业发展带来了希望。"旅游业是一种社会/经济现象，既是经济进步的引擎，也是社会力量。旅游不仅仅是一个产业。旅游业更像是一个影响广泛行业的'部门'。旅游业不仅仅是企业或政府，更是人。支持合理的旅游增长和发展需要在更广泛的背景下来看待。"（Davidson，1994）

已经整合融入全球网络的北极地区的社会和经济历来并将继续以自然资源为基础。旅游业越来越依赖自然和文化因素。该部门将传递给格陵兰公民正式和非正式获得的技能，以参与全球网络和交易。

根据弗雷亚·希金斯·德斯比奥利斯（Freya Higgins-Desbiolles）的研究，重要的是要通过强调旅游业的其他积极影响来限定对旅游业经济贡献的强调（McLaren，1998；Wearing，2001；2002；Scheyvens，2002；Reid，2003），其中包括改善个人福祉、促进跨文化理解、促进学习、促进文化保护、补充发展、促进环境保护、促进和平和激发全球意识，从而促进全球社会的形成。20 世纪 90 年代，许多分析家承认旅游业作为一种社会力量的力量。巴纳德（Barnard）和斯宾塞（Spencer）认为："在我们对 20 世纪文化接触的描述中，忽视旅游业可能与忽视 18 世纪的奴隶制或 19 世纪的殖民主义一样是一个巨大的疏忽。"

当速度和规模在当前和未来都与社区的能力相适应时（通过仔细的社会环境评估），旅游业确实是积极变化的推动者。与其将重点放在格陵兰的大众旅游业上，不如对大量游客可能对社区产生的负面影响进行全面评估。"有助于周边地区旅游业发展取得成功的因素包括领导者的存在、有效的私营和/或公共部门伙伴关系、专业景点的确定和开发、政府控制和支持、良好的市场研究以及社区参与"（Blackman et al.，2004）。旅游业发展通常被视为周边地区可行的替代方案。旅游业的现实并不总是被清楚地理解。旅游业的长期成功取决于主办社区的接受和支持（Murphy，1985）。对于周边地区来说，旅游业的成功发展似乎是可能的，但不是一个快速或简单的解决方案：它需要大量的长期政府支持以及广泛的培训、研究和规划过程。然而，潜力是存在的，越来越多的游客正在寻求周边地区可以获得的专业体验（Blackman et al.，2004）。如何建设和提高社区旅游能力？只有当大型行业（航空公司、品牌酒店）与当地组织（即导游公司）合作，提供实际实践的工具，包括建设当地发展能力的建议步骤（努克住房开发），通过不断分享参与者的成功故事，以及集体性建立对社区和行业的信心，为真实旅游发展情景中的参与者提供模型、框架和经验教训，才有可能。

早在北极旅游商业化时代之前，格陵兰岛就一直吸引着来到这片土地以到达北极的著名探险家。他们传奇般的探险活动仍然是诱惑现代旅行者追随他们的道路，或者体验与众不同的道路，成为"先驱者"（目前的营销口号是"造访格陵兰"）的灵感。由于地处偏远，北极条件恶劣，几十年来，有组织的旅游一直是切实可行的解决方案。目前的"造访格陵兰"活动是基于调查研究，以了解当地居民对旅游业的看法和期望，以及他们认为开发和提供高质量的能够吸引游客前往偏远美丽地区的旅游产品的最佳方式。为游客提供独特的体验，很可能会在非常特殊的地方为非常特殊的游客开发"市场定位旅游"，同时帮助格陵兰建立强大的地方经济和社会可持续性以及文化可持续性。

参考文献

Association of Arctic Expedition Tour Operators（AECO）.（2018）. https：//www. aeco. no/guidelines/visitor- guidelines/. Retrieved on October 5, 2018.

Berkes, F.（2000）. Indigenous knowledge and resource management systems in the Canadian subarctic. In

F. Berkes & C. Folke (Eds.), *Linking social and ecological systems* (pp. 98 – 129). Cambridge: Cambridge University Press.

Bjørst, L. R. (2008). En anden verden. *Fordomme og stereotyper om Grønland og Arktis* [Another World. Prejudices and Stereotypes against Greenland and Arctic Regions]. Denmark: Forlaget BIOS.

Blackman, A., Foster, F., Hyvonen, T., Jewell, B., Kuilboer, A., & Moscardo, G. (2004). Factors contributing to successful tourism development in peripheral regions. *The Journal of Tourism Studies*, 15 (1).

Burdenski, A. (2018). *An emerging Arctic destination in the worldmaking – The journey of a tour guide in Greenland* (tourism master thesis with a specialization in global tourism development). Denmark: Aalborg University. http://www. tourismstat. gl/resources/reports/da/r22/Master% 20Thesis _ Anna% 20Burdenski. pdf. Accessed 10 Sept 2018.

Cohen, R., & Kennedy, P. (2000). *Global sociology*. Houndsmills: Macmillan Press.

Davidson, T. L. (1994). What are travel and tourism: Are they really an industry? In W. Theobold (Ed.), *Global tourism: The next decade* (pp. 20 – 39). Oxford: Butterworth-Heinemann.

Duerden, F. (2004). Translating climate change impacts at the community level. *Arctic*, 57, 204 – 212.

Fay, G., & Karlsdottir, A. (2011). Social indicators for Arctic tourism: Observing trends and assessing data. *Polar Geography*, 34, 63 – 86.

Greenland adventures by Icelandic mountain guides (Tour Company). (2018). Retrieved on October 10, 2018, https://www. greenland. is/about-us/.

Greenland in Figures. (2018). *Statistics Greenland*. Retrieved from: Greenland in figures 2018. pdf. Accessed 5 Oct 2018.

Finne, A. (2018, June). English won't replace Danish as Greenland's second language. *High North News*. Retrieved from www. arctictoday. com. Retrieved on October 5, 2018.

George, S. (1999). *A short history of neo-liberalism*. Conference on Economic Sovereignty in a Globalising World, Bangkok, 24 – 26 March. Retrieved on August 10, 2018 from https://www. tni. org/en/article/short-historyneoliberalism.

Hamiltom, C. (2004). *Growth fetish*. USA: Pluto Press.

Hersoug, B. (1999). Conditions for a sustainable development – Some experiences from the Norwegian Fishing Industry. In H. Petersen & B. Poppel (Eds.), *Dependency, autonomy, sustainability in the Arctic* (pp. 335 – 350). Aldershot: Ashgate.

Holm, M. & Rasmussen, O. R. (2000). *Knowledge and sustainability as factors in the Greenland process of development* (in Danish: Viden og bæredygtighed som faktorer i den grønlandske udviklingsproces). Working paper no. 157. Geography, Roskilde University. http://www. europarl. europa. eu/RegData/etudes/briefing_ note/join/2014/522332/EXPO – AFET _ SP (2014) 522332 _ EN. pdf. Accessed 18 Oct 2018.

Huntington, H. P. (1998). Observations on the utility of the semi-directive interview for documenting traditional ecological knowledge. *Arctic*, 51(3), 237-242.

Ingold, T. (2000). *The perception of the environment*. London: Routledge.

Kleist, K. V., & Knudsen, R. J. (2016). *Sitting on gold: A report on the use of informally acquired skills in Greenland*. Retrieved from bit. ly/2uzHwPg. Accessed 17 Sept 2018.

Knudsen, R. (2016). *Perspectives on skills. Greenland perspective*. University of Copenhagen.

Kruse, J., Lowe, M., Haley, S., Fay, G., Hamilton, L., & Berman, M. (2011). Arctic observing network social indicators project: Overview. *Polar Geography*, 34, 1-8.

Mason, P., Johnston, M., & Twynam, D. (2000). The world wide Fund for Nature Arctic Tourism Project. *Journal of Sustainable Tourism*, 8(4), 305-323.

McLaren, D. (1998). *Rethinking tourism and ecotravel*. West Hartford, Conn: Kumarian Press.

Murphy, P. E. (1985). *Tourism: A community approach*. New York: Methuen.

Naatsorsueqqissaartarfik/Greenland Statistics (stat. gl). (2015). *Befolknings uddannelsesprofil* 2015 (*Educational profile of the population*). Retrieved from bit. ly/2Gz8Jqn. Accessed 17 Sep 2018.

Nordal, J., & Kristinsson, V. (Eds.). (1996). *Iceland, the republic: Handbook*. Reykjavik: Central Bank of Iceland.

Pandya, R. E. (2012). A framework for engaging diverse communities in citizen science in the US. *Frontiers in Ecology and the Environment*, 10, 314-317.

Quinn, E. (2018). *cbc, ca. Indigenous cultural tourism: How the North is learning from community success in Southern Canada*. Retrieved on October 10, 2018 from: http://www. rcinet. ca/en/2018/10/06/indigenous-cultural-tourism-how-the-north-is-learning-from-communitysuccess-in-southern-canada/.

Rasmussen, Rasmus. (2014). *Gender perspectives on path dependency*. Conference Report on Gender Equality in the Arctic, Akureyri, Iceland, October 2014. Retrieved on October 20,2018 from https://www. stjornarradid. is/media/utanrikisraduneyti-media/media/nordurslodir/Gender-Equality-in-the-Arctic. pdf.

Reid, D. G. (2003). *Tourism, globalization and development: Responsible tourism planning*. London: Pluto Press.

Ren, C., & Chimirri, D. (2017). *Turismeudvikling i Grønland: Afd? kning og inspiration* (*Tourism development in Greenland - Identification and inspiration*). Denmark: Aalborg University.

Retrieved from www. aau. dk/digitalAssets/282/282589_turismeudvikling-i-groenland-rapport_endelig. pdf. Accessed 17 Sept 2018.

Scheepens, S. (2014). *Exploring the potential participation in citizen science, conservation tourism, and participatory environmental research tourism to lead an environmental change in practices*. Master's thesis, Wageningen University: Environmental Policy Group.

Scheyvens, R. (2002). *Tourism for development: Empowering communities*. Harlow, England: Prentice-Hall.

Stromberg, J. (2011). *Climate change tourism in Greenland*. Retrieved from https://www. smithsonianmag. com/travel/climate－change－tourism－in－greenland－74303453/. Accessed 20 Sept 2018.

Tommasini, D. (2011). Tourism experience in the peripheral north－case studies from Greenland (Naalakkersuisut government of Greenland). *Inussuk：Arctic Research Journal*, 2. Retrieved from：https://naalakkersuisut. gl/~/media/Nanoq/Files/Attached%20Files/Forskning/Inussuk/DK%20og%20ENG/inussuk%202%202011. pdf. Accessed 12 Sept 2018.

Visit Greenland (VG). (2016). *Tourism strategy 2016－2019 visit Greenland*. Retrieved April 10,2018 from, http://corporate. greenland. com/en/about－visit－greenland/strategi－2016－2019.

Wearing, S. (2001). *Volunteer tourism：Experiences that make a difference*. Oxon：CABI.

Wearing, S. (2002). Re－centering the self in volunteer tourism. In G. S. Dann (Ed.), *The tourist as a metaphor of the social world* (pp. 237－262). Oxon：CABI.

World Tourism Organization (WTO). (1985). *Tourism bill of rights and tourist code*. Retrieved 08/20/2018 from https://www. e－unwto. org/doi/abs/10. 18111/unwtogad. 1985. 1. hp408706117j8366.

World Tourism Organization. (1999). *Resolutions adapted by the general assembly at it's thirteenth session*. Santiago, Chile, 27 September–1 October, 1999.

World Tourism Organization. (2016). *Compilation of UNWTO recommendations*, 1975－2015. Madrid：UNWTO.

World Tourism Organization (WTO). (2017). *UNWTO annual report 2017*. Retrieved October 10,2018. https://www. e－unwto. org/doi/pdf/10. 18111/9789284419807.

第17章 俄罗斯北极阿尔汉格尔斯克地区海洋旅游开发

——利益相关者的观点

朱莉娅·奥尔森、玛丽娜·内纳舍娃、卡琳·安德里亚·威格、
阿尔比娜·帕什凯维奇、索尼娅·H. 比克福德、
塔蒂安娜·马克西莫娃①

摘　要：阿尔汉格尔斯克地区是俄罗斯-欧洲北极地区邮轮旅游发展的战略区域。该地区为国内外游客提供了大量独特的自然、文化和历史遗迹，并提供了探索沿海定居点和该地区偏远地区的机会。然而，可以说，尽管现有的国家和区域体制安排多种多样，而且行业管理做法各异，但该区域海洋旅游的可持续发展高度依赖如地方当局、旅游公司和当地主办方/旅游活动的提供方等当地利益攸关方。为了检查当前开发实践的可持续性，本章使用定性访谈的结果来了解索洛维茨基群岛的邮轮旅游是如何在当地和地区进行管理的。我们的研究强调，需要在所有利益相关者的合作和参与基础上展开交流模式，作为解决邮轮旅游增长中固有的可持续性问题的平台。因此，本章有助于解决与北极邮轮旅游开发相关的问题，并深化与俄罗斯-欧洲北极旅游目的地发展特点相关的讨论。

关键词：邮轮旅游；俄罗斯北极；索洛维茨基；利益相关者；可持续性；交流

---

① 挪威诺德大学；俄罗斯北方（北极）联邦大学；瑞典达拉纳大学；美国内布拉斯加州大学卡尼分校。e-mail：bickfordsh@ unk. edu.

17.1 简介

近年来，邮轮旅游逐渐向北发展，为乘客提供了参观和体验北极荒野和沿海定居点的机会（Lück，2010；Dawson et al.，2014；Johnston et al.，2012）。几个世纪以来，北极因其独特的文化、历史和自然魅力吸引着人类（Howard，2009；Bystrowska et al.，2017）。军事限制以及气候和地理条件，例如定居点之间的距离遥远以及海冰的普遍存在，只是俄罗斯高纬度北极地区外国邮轮运营商面临的部分挑战（Ho，2010；Pashkevich et al.，2014）。该地区气候的持续变化导致海冰减少，这反过来又导致不同旅游活动的季节延长，如海外巡游和探险家巡游（Dawson et al.，2018）。同时，由于俄罗斯的政治变化，俄罗斯北极地区已成为该国旅游业发展的战略区域（Pashkevich et al.，2014；Grushenko，2009）。由于这些气候和政治变化，海外邮轮越来越多地前往北极的几个目的地，如当地沿海社区（Dawson et al.，2018；Pashkevich et al.，2015）。

旅游业的潜在经济影响在于可以通过在零售和服务部门提供就业机会和增加收入来提高当地居民的生活水平（Huse et al.，1998；Viken et al.，2013）。然而，并非所有邮轮旅游目的地都是如此。加拿大北极地区的例子表明，游客在社区停留的时间很短，因此当地零售和服务供应商的经济利益微乎其微（Stewart et al.，2015）。此外，如果管理和监管不当，旅游活动可能会对周围的自然环境产生负面影响，并会显著改变当地居民的生活条件（Hall et al.，2010）。在这方面，有必要在预期的经济效益和旅游业可能产生的社会和环境后果之间找到平衡，后者通常被称为可持续旅游业发展问题（Butler，1999；Viken，2004）。随着北极游客数量的增加，人类活动对北部地区生态系统的影响也在增加，可能导致自然和文化价值的丧失。

除了环境变化、社会问题和文化损失外，气候变化是邮轮行业可持续发展必须考虑的另一个因素（Mason，1997；Scott，2011）。可持续旅游的定义是"充分考虑其当前和未来经济、社会及环境影响，满足游客、行业、环境和主办社区需求的旅游业"。之前的研究已经分析了几个北极旅游目的地开发中的可持续实践，如斯瓦尔巴群岛（Viken，2011；Van Bets et al.，2017）、阿拉斯加、加拿大（Klein，2011）和俄罗斯北极地区

（Stewart et ah.，2006）。帕什克维奇等人（Pashkevich, et al.，2015）对俄罗斯-欧洲北极地区旅游业发展的研究表明，需要对该地区进行进一步研究，以增进我们对不断变化的环境所造成的影响以及该地区发展邮轮旅游所隐藏的机遇的理解。

本章扩展了关于北极可持续邮轮旅游的辩论，试图通过研究阿尔汉格尔斯克地区索洛维茨基群岛的邮轮旅游是如何在当地和区域管理的，来提高我们对当前和正在进行的开发实践的可持续性的理解。它采用利益相关者方法来确定区域和地方利益相关者对该区域可持续发展的行动和意见，并以索洛维茨基群岛为例来评估地方利益相关者的观点。该研究的独特性和新颖性体现在纳入了当地观点。我们通过收集和分析当地和区域利益相关者对可持续邮轮实践的见解，为有关目的地开发文献做出贡献。这使我们能够更全面地了解阿尔汉格尔斯克地区可持续旅游发展的可能性。另一个贡献是提出了基于多方利益相关者合作和参与的交流模式，将其作为解决邮轮旅游增长中固有的可持续性问题的平台。

17.2　学习方法

17.2.1　邮轮旅游的可持续性

旅游业是世界上最大的产业之一（Byrd，2007），其中邮轮旅游是增长最快的细分市场（McElroy et al.，2006）。邮轮旅游是指通过水路运输，沿着特定路线，在港口城市或自然旅游景点等当地登陆点停留的旅行（Van Bets et al.，2017）。根据航行方向和区域，以及船舶类型和用途，可以区分各种类型的巡游，如海外巡游、探险家巡游、河流巡游等。邮轮旅游的主要特征是，邮轮同时充当交通工具、居住地和娱乐场所（Gibson，2012；Routledge et al.，2011）。研究强调了成功发展邮轮旅游的关键因素，包括港口的地理位置、港口基础设施的可用性、港口收费水平、文化和历史景点以及独特自然景观的可用性和可及性、旅游基础设施的存在（交通、酒店、导游等）、邮轮旅游提供商对该地区的认可以及目的地的政治稳定性（Logunova，2013）。其中一些因素可能直接受到目的地的影响，这使得地方当局和港口管理部门的支持成为成功发展邮轮旅游的重要先决条件。

经验表明，从大型邮轮到港口社区的游客人数的增加可能对可持续旅游业发展构成挑战（Smirennikova，2009；Yakovenko et al.，2014）。因为北极地区邮轮旅游活动的增加可能导致目的地吸引力下降（Marsh，2012），它还可能对当地人口产生负面影响（Stewart et al.，2007），导致生物多样性丧失（Stewart et al.，2011）。可持续旅游发展意味着经济利益、社会发展和自然环境保护之间的平衡（Hall et al.，2010）。此外，可持续旅游业发展的重要因素是旅游部门的胜任和有效管理，以及所有利益相关者参与旅游业规划（Butler，1999）。尽管俄罗斯目前的国家战略重点是增加邮轮活动和旅游增加所带来的已知可持续性问题，但旅游业发展的可持续性在科学文献中尚未得到太多关注（Byrd，2007）。现有的探讨邮轮实践的文献主要关注邮轮旅游发展的经济方面（Gairabekov et al.，2017），而社会生态方面仍然被忽视。我们在这个国家的旅游发展战略中发现了同样的情况，更加注重经济（Grushenko，2009）。该战略的重点是旅游业发展的经济效益（在这里，旅游业是国家创新、金融和就业基础的一个重要组成部分），而旅游业发展中的社会和环境方面的影响实际上被忽视了。此外，尚未对白海海岸带进行充分研究。因此，没有关于可持续利用其潜力的建议。

17.2.2 利益相关者的观点

利益相关者方法是可持续旅游发展和规划中使用的规范性工具（Kiyakbaeva，2014）。利益相关者理论在旅游发展背景下的基本思想是，为了取得成功，各个利益相关者需要同意旅游发展的战略方向。然而，这些利益相关者可能具有互补性和/或冲突性的利益和目标，使这种协议成为一项具有挑战性的努力（Sautter et al.，1999；Simpson，2001）。

利益相关者在邮轮旅游中的参与和合作对当地邮轮旅游行业的发展至关重要，同时也对确保区域和该行业的可持续性至关重要。邮轮旅游的利益相关者包括运营商、旅行社、船东及其乘客，以及当地旅游供应商、零售企业和旅游目的地，更不用说公共决策者和社区公众。受伦敦（London）和洛曼（Lohmann）邮轮利益相关者类别的启发（Simpson，2001；Byrd，2007），本章将其分为邮轮行业利益相关者（如运营商、股东、船东和乘客）、地区利益相关者（如监管官员、当局和地区性旅游组织）和当地海岸现场利益相关者（如景点、旅游运营商、当地交通服务提供商和当地企业）。在本章中，我们侧重于利益相关者方法，以评估区域和当地海岸现场利益相关者的作用及其对巡游实践的看法。

例如，当地居民是旅游业发展的关键利益相关者，历来是文化资本的承载者（London，et al.，2014）。影响旅游目的地利益相关者的因素包括财政上的和资源上的限制、政治形势和支持、影响旅游运营管理的政策以及该地区利益相关者之间的合作水平（Castro et al.，2001）。因此，通过让当地社区中有兴趣参与旅游发展战略和计划讨论的人参与进来，以及确保他们自己积极参与旅游活动，可以确保当地居民参与管理决策（见第14章）。利用利益相关者技能和潜力的有效性在很大程度上取决于主席建立有效对话的能力以及允许所有参与者参与管理过程的制度（Jovicic，2014）。乔维奇（Jovicic，2014）指出，利益相关者之间需要在道德利益协调方面进行根本性变革，以使可持续旅游的规范和原则成为讨论、战略和运营的共同焦点。赫胥黎等人（Huxley et al.，2000）发现，计划者，即促进利益相关者之间就共同关心的问题进行沟通的人，通过承认多样性、差异性和对交流方式的共同理解，促进了交流和参与。

作为解决具体规划问题的实际应用，交流性管理的概念越来越受到重视（Healey，1996；Huxley et al.，2000）。交流性管理的发展包括建立对话并积极将当地社区纳入管理过程（Krasilinikov et al.，2014；Bulkeley，2005；Karkkainen，2002）。

在通信方面，确保信息交流和目的地发展战略规划的一个已经实施的做法是邮轮合作网络，它为几个利益攸关方之间的合作提供了一个平台，并使社区参与成为可能（如斯瓦尔巴群岛邮轮网，见第14章）。在俄罗斯，地区和地方政府通过提供特别税收激励、创建旅游集群和刺激公私伙伴关系，提供工具确保当地企业参与旅游业开发。至于阿尔汉格尔斯克地区，"白俄罗斯（Belomorsky）旅游集群"是几个地区合作的结果（Lamers et al.，2015）。

然而，即使在今天，当地企业和当地居民也没有广泛参与有关旅游业发展的正式决策过程（Melnik，2015），尽管这些行为者拥有能够让他们积极参与各自地区旅游业互动管理的能力。更具体地说，拥有智力和经济资本的公司（包括旅游公司）除了投资新的商业项目和机会外，还可以而且应该参与领土旅游的概念性发展战略和开发计划。俄罗斯宪法确保合适的公民参与领土开发方案以及一些联邦监管和法律法案的决策过程。此外，还开发了确保公民获得可靠信息，并参与有关计划项目讨论的具体工具。这些工具包括公开听证会、公开讨论和公开考察（Nenasheva et al.，2015）。

17.2.3 案例研究设置

本定性研究旨在考察阿尔汉格尔斯克地区索洛维茨基群岛区域和当地利益相关者对邮轮旅游可持续性的看法，评估当地利益相关方在该行业持续发展中的态度、观点和作用，并探索未来的机会和潜力。

在阿尔汉格尔斯克地区，邮轮游客对探索俄罗斯北极圈的兴趣日益浓厚（Grushenko，2014；Lamers et al.，2015）。除了其历史、文化和自然意义外，阿尔汉格尔斯克地区的地理位置包括白海和巴伦支海的海岸线，提供了广泛的邮轮旅游目的地。这些活动包括在高纬度北极地区体验野生动物（如在最北端的新地岛和法兰士约瑟夫地群岛的俄罗斯北极国家公园）、文化遗产远足和乡村住区（如波莫尔人（Pomors）[①] 的沿海社区），包括教科文组织世界遗产地——索洛维茨基群岛。

阿尔汉格尔斯克地区的邮轮旅游并不是一个新现象。由于密集的河网及其与白海和巴伦支海的连接，广泛使用内部和外部水上交通和运输有助于在该地区居民之间建立牢固的联系，并允许发展主要吸引国内游客的旅游业（Nenasheva et al.，2018）。与国内的海上旅游选择相反，外国邮轮在21世纪初开始成为一种新趋势（Lamers et al.，2015）。尽管阿尔汉格尔斯克地区位于俄罗斯北极圈的欧洲部分，但该地区在邮轮旅游业中仍占有一席之地（Toskunina et al.，2011；Gomilevskaya et al.，2017）。

如今，夏季有3~7艘海外邮轮前往阿尔汉格尔斯克港（索洛维茨基的海外邮轮抵达详情见表17.1）。与其他北极目的地一样，阿尔汉格尔斯克地区的邮轮开发也面临着一定的挑战。例如，由于天气和海冰条件，白海盆地的邮轮旅游活动仅在夏季（6月至9月初）进行，并且虽然最近冰盖的变化导致该航行季的延长（Dumanskaya，2014），但目前只有货物运输利用了这一点，海外船只仅在夏季继续运营（Clsen et al.，2018）。其他挑战包括治理的复杂性（Pashkevich et al.，2015）、缺乏足够的陆上和海上基础设施来容纳更大的船只（Grushenko，2014）以及接待活动、游客管理

---

① 居住在白海边的俄罗斯移民。

和后勤服务不足（Lamers et al. , 2015）。

表 17.1　进出索洛维茨基的客船（包括海外邮轮）的主要特征（2008—2016 年）

年份	2008	2009	2010	2011	2012	2012	2014	2015	2016
客船停靠港口总数/艘	466	410	516	490	563	545	540	595	596
包括的海外邮轮/艘	1	2	0	3	6	3	4	6	4
乘客总数/（10³ 人）	22.9	27.8	31.0	33.6	30.3	30.1	62.8	78.5	74.4
包括抵达海外邮轮的乘客数量/人	102	804	0	1 306	2 004	1 970	1 232	3 524	2 116

17.2.4　索洛维茨基群岛：阿尔汉格尔斯克地区的明珠

索洛维茨基群岛（俄罗斯索洛夫基群岛）是阿尔汉格尔斯克地区最受欢迎的邮轮目的地之一，本章旨在说明当地利益相关者对邮轮旅游发展的看法。该群岛独特的自然、文化和历史遗产是在索洛维茨基修道院的基础上发展起来的（图 17.1），使得该群岛于 1992 年被联合国教科文组织列入世界遗产名录。与阿尔汉格尔斯克一样，自 21 世纪初以来，人们对这个目的地的兴趣一直在增长，俄罗斯和国际游客、朝圣者和其他游客的访问量也在增加。由于社区中现有和可见的人数增加，游客的涌入变得尤为引人注目。由于主要景点位于岛屿上，往返群岛的旅客交通主要通过海运。如今，阿尔汉格尔斯克与索洛维茨基群岛之间通过几次季节性航行的客轮"贝洛莫利号"（Belomorie）相连接。

从阿尔汉格尔斯克到索洛维茨基群岛的海上客运最初建立于 18 世纪（Popov et al. , 2003）。从那时起，船只就带着朝圣者和随后的国内游客往返该群岛。从阿尔汉格尔斯克出发的定期邮轮在苏联时代很受欢迎，需求旺盛，当时国内的邮轮"布科维纳号"（Bukovina）和"塔塔利亚号"（Tataria）提供定期往返（Maksimova, 2016）。如今，卡累利阿共和国的大多数客运都是由私营公司提供的，这些公司每天都提供往返群岛的海上航线（Tsvetkov, 2011）。在过去十年中，海外邮轮也开始访问索洛维茨基群岛（表 17.1 和图 17.2），但与国内客轮带来的国内游客数量相比，邮轮带来的游客数量仍然很少。

图 17.1 索洛维茨基修道院，索洛维茨基群岛的主要景点

（图片来源：朱莉娅·奥尔森（Julia Olsen））

图 17.2 "发现号"邮轮停泊在索洛维茨基群岛附近

（图片来源：马克西姆·伊林（Maksim Iliin））

17.3 研究方法

选择定性方法是为了便于深入研究利益相关者的观点，并对可持续发展的背景属性进行更详细的分析。作者使用了深入访谈、文献综述和观察。实地调查之前，收集了北极地区邮轮旅游发展的背景信息，并对利益相关者进行了信息了解。在这些信息的帮助下，制定了一份访谈指南。利

用了（地方和区域）媒体和文件审查（旅游战略和发展战略）。为了确保包括相关的当地利益相关者，作者在实地调查之前和期间使用了滚雪球技术（Blaikie，2010），这意味着研究参与者被要求联系并推荐其他有能力且知识渊博的人，他们可以反思本章的主要主题。

2017年6月，在阿尔汉格尔斯克群岛和索洛维茨基群岛共采访了20名利益相关者（表17.2）。访谈指南涵盖了旅游和邮轮趋势的主题，以及此类活动的影响、利益相关者的观点以及利益相关者和当地居民在整个区域旅游发展中的作用。访谈在受访者的工作场所进行，持续45~60 min。甄选过程基于这些行动者参与阿尔汉格尔斯克及其群岛的旅游业经营。通过半结构化访谈收集了初步数据。访谈指南旨在涵盖以下内容：邮轮旅游发展问题、关键观点、制约因素、机会、利益相关者的作用和他们之间的合作，以及可持续性和未来发展的前景。采访由两位作者用俄语进行，随后用俄语转录，然后翻译成英语。该研究得到挪威研究数据中心的批准，为了确保匿名性，受访者仅根据其地理位置进行分类。

表 17.2　阿尔汉格尔斯克和索洛维茨基群岛研究参与者（利益相关者）名单

利益相关者	描述
阿尔汉格尔斯克：A1~A10	4名旅游公司代表
	3名地方当局代表
	3名与海上邮轮相关的航运业代表
索洛维茨基群岛：S11~S20	3名地方公共机构代表
	3名旅游公司代表
	1名季节性工人
	3名在夏季受雇于旅游业的当地居民

由于访谈是在旅游季节开始时进行的，所提供的实证数据涵盖了2008—2016年。在这9年中，客轮和社区游客的港口停靠次数有所增加。

在分析阶段，根据访谈指南中的预定义类别，使用NVIVO软件对数据进行主题分析。在分析过程中，类别列表进行了扩展，以包括与可持续性相关的新兴主题，例如可持续性的三个主要类别（环境、社会和经济）、实践和背景属性。

尽管研究中包含了广泛的区域和地方利益相关者，但研究的主要局限性之一涉及了解信息和接触其他潜在关键利益相关者。这缘于他们的地理位置（其中一些人居住在索洛维茨基或阿尔汉格尔斯克以外的城镇）和经营的季节性（研究进行时，一些利益相关者正在休暑假）。研究的另一个局限性是，当一艘邮轮接近定居点时，研究人员无法在社区中活动，无法观察社区动态和游客行为。只有在实地调查期间，才能首次获得港口访问信息。

17.4 实证结果

邮轮旅游可持续性方法的概念基础和利益相关者的观点被用于分析实证数据。在本章中，我们介绍了区域和地方利益相关者对索洛维茨基群岛旅游活动可持续性的观察，并将其与邮轮旅游发展的各个方面进行了比较。首先，我们评估三类可持续性：经济、环境和社会。然后，我们采用利益相关者方法，详细了解各利益相关者如何看待邮轮抵达的可持续性。

17.4.1 经济

在地区一级，地区当局和旅游公司将包括邮轮旅游在内的旅游业描述为阿尔汉格尔斯克地区的一个主要产业。尽管历史上该地区被称为"木材省"，但该地区目前正试图寻找新的经济发展方向（A6）。有人认为，旅游业是"阿尔汉格尔斯克地区的未来经济"（A3）。索洛维茨基群岛通常被描述为该地区的主要景点之一（A3）。然而，从当地的角度来看，与该部门相关的主要问题之一是它如何促进当地价值创造。利益相关者确定了价值创造的三个主要属性，以描述海洋旅游季节的当地经济状况：就业、创收和收入分配。

1. 就业

在描述就业机会时，当地和地区受访者指的是除了主要工作外，在夏季月份还从事旅游相关工作和/或提供旅游服务的当地人口（S16），以及通常从阿尔汉格尔斯克和/或邻国卡累利阿共和国（A5）雇佣的季节性暑期工。大多数当地人口（甚至青少年）都参与提供与旅游相关的服务，包括从住房到陆海私营短途旅行的一切服务。尽管在过去几年中有几项服务已经正式注册（A8），但地方和地区当局都担心，大多数服务是由私营组织的，而不是由正式注册的企业家或公司组织的，从而导致市政当局或地区的利益损失（A9，S13）。

与常规旅游流相比，只有少数当地人（例如索洛维茨基博物馆的员工）参与帮助国际邮轮的旅游团。这在大多数情况下是由于语言困难（A5）。主办活动，如为海外邮轮游客组织的远足，至少需要掌握英语，尤其是主要导游。阿尔汉格尔斯克的利益相关者强调了旅游服务适应国际游客的潜力，其中一位利益相关者解释说"当地古拉格博物馆的描述只有俄语版本"（A5）。据报道，担任导游的季节性工人在受雇于群岛之前必须参加培训课程。然而，这些课程是在群岛以外（阿尔汉格尔斯克和彼得罗扎沃茨克）举办的，这使得当地人很难参加（一些当地人，尤其是年轻人，确实会说英语）。尽管这是一个广受欢迎的工作机会，但阿尔汉格尔斯克的利益相关者表示，由于工作的季节性，可能很难为海外邮轮提供导游。在讨论就业问题时，总是会提到导游及其可用性的问题。例如，一位受访者说"有合适的数量吗？一艘大型班轮需要至少 10 名导游吗？……有时候导游没有时间吃饭，因为他们很忙。但也有一些员工流动……有人离开，有人结婚"（A5）。

2. 创收

据当地旅游业代表介绍，在过去十年中，群岛上的旅游服务急剧扩张："过去几年，这里的一切都在发生变化。住宿容量增加了80%（指酒店和私营租赁服务），我们现在拥有移动服务和车辆，私营企业已经成立，三家私营旅行社已经开业"（S20）。

当地和地区利益相关者都将旅游业确定为夏季居民和旅游组织参与者的主要收入来源（S11、S18）。通过在夏季提供与旅游相关的服务（住房、短途旅行、交通服务以及纪念品和当地产品的销售），当地居民可以获得额外收入，以补充其长期工作的收入（A5、S11）。这一收入有助于补贴冬季群岛当地的低工资甚至商店里相当高的食品价格（S11）。

海外邮轮游客产生的收入种类不同于常规旅游活动。由于吃水限制，邮轮必须在繁荣湾（Prosperity Bay）停泊，并使用招标船将游客群带到社区（A5、S16）。通常，这些团体会在白天参加国有索洛维茨基博物馆提供的一些游览活动。此外，邮轮上还提供住宿和餐饮服务，当地的食物消费量不大。因此，邮轮游客带来的唯一收入来自他们参加在索洛维茨基博物馆工作的导游组织的远足或在纪念品商店购买纪念品（但其中一些是在该地区以外注册的）。正如阿尔汉格尔斯克的一位利益相关者所指出的，2015 年，6 艘载有 3 000 名外国游客的海外船只抵达索洛维茨基："他们每个人都买了一次短途旅行，有几个人买了索洛维茨基博物馆提供的两次短程旅行（价格包括巴士服务和导游）"（A5）。

3. 收入分配

在苏联时期，阿尔汉格尔斯克是索洛维茨基群岛的出发点（A6、A16）。如今，邻近的卡累利阿共和国占据了通往群岛的大部分海上交通。另一条通往该群岛的航线是从阿尔汉格尔斯克直接空运。一些利益相关者担心，大多数游客通过邻国卡累利阿共和国前往索洛维茨基，因为这意味着旅游业产生的收入的一部分流向邻国，而不是阿尔汉格尔斯克。其他人认为"卡累利阿促进了索洛维茨基的发展，并有助于其发展。从卡累利阿到索洛维茨基更快、更便宜。此外，阿尔汉格尔斯克可以通过飞机全年与索洛维茨基联系"（A8）。

并非所有现有的私营企业都在该市登记，而是在该地区之外，这意味着收入的主要部分以及最终的税收收入对当地社会和社区没有任何贡献（S15）。因此，根据地方政府代表的说法，旅游业的收入（包括税收）不会留在当地。此外，只有一些当地提供的旅游服务才适当征税（S13）。当地一位旅游企业家说："不是每个人都知道只有一小部分收入流入地方预算……只有最低限度的旅游收入留在当地。因此，当地企业家只要留在定居点就愿意纳税。如果这能促进当地社区的发展，人们愿意做出贡献"（S18）。

海外邮轮业创造本地价值的程度尚不清楚。海外邮轮游客仍占群岛总游客流量的一小部分（S19），他们参观索洛维茨基博物馆产生的收入大部分用于为邮轮游客提供游览和交通服务（A5）。另一个地区利益相关者指出，当地居民有时对如何从邮轮行业中获得经济利益几乎没有或根本没有知识或实践经验。他用以下例子说明了这一点，以强调在缺乏适当管理实践的情况下仍然没有利用的经济潜力："我在×（一个白海沿海社区）的同事说，一艘邮轮停泊在他们的定居点附近，乘客们乘坐招标船抵达他们的社区。他们（游客）在看着我们，我们也在看着他们"（A3）。

17.4.2 环境

游客数量的增加使群岛的自然环境发生了明显的变化。本章采访的一些人表达了他们对环境的担忧（A3、S20），但应注意的是，利益相关者之间在这一问题上存在分歧。在地区层面上，公共机构与索洛维茨基博物馆提供的大量游客合作，并认为"目前每个季度约有 30 000 名游客，这意味着我们可以容纳 70%~80% 的旅游增长"（A8）。然而，一位社区代表指出，博物馆当局提供的统计数字没有考虑到个人游客（非组织团体游客）的数量，根据某些估计，这个数字可能高达每季度 80 000 人（S11）。因此，在当地，通常的管理做法是为了容纳更多的社区访客而制定的。

尽管数字存在差异，但一位旅游部门代表强调，对自然的影响与当地基础设施的发展状况直接相关，例如获得淡水以及适当的污水和废物处理系统。根据当地利益相关者的说法，目前的设施旨在为 900 名当地居民提供便利，当然不是为前往群岛的额外 30 000 名游客提供便利（根据博物馆提供的数字）。应对公共基础设施进行必要的改进，以便能够满足每个季节多达 100 000 人的需求（S20）。废物管理是当地利益相关者的主要关注点之一（S11、S12、S14、S20）。岛上收集的大部分废物也被留在那里，因为产生的废物只有一小部分被运往大陆（S13）。

关于邮轮旅游，一位当地利益相关者认为它是群岛的最佳业务部门："这没什么错。这不会造成任何伤害。他们出去，参加远足，买纪念品"（S16）。同一位受访者表示，关于废物管理问题，"邮轮拥有出海航行所需的基础设施"（S16），这意味着它们不会在岛上产生大量废物。据描述，个人游客对该岛脆弱环境的影响最大，因为他们在岛上可以步行或租用自行车进入和移动。

17.4.3 社会

地区和地方利益相关者都将该群岛描述为"不仅仅是一个常规旅游目的地"。这是一个与世隔绝的圣岛，有一个教堂社区（僧侣居住在修道院）。它是一处历史、精神和自然遗产，具有很高的价值，人们希望对其进行保护（A3、S13），尤其是在旅游业和旅游相关基础设施不断发展的背景下。与此同时，旅游业在群岛上并不是一个新的发展趋势。那些在苏联时期居住在群岛上的人回忆，前往群岛的游客数量要高得多（S12），当时的旅游业主要是国内邮轮旅游（S14、A9、A10）。

鉴于国内邮轮的历史经验和海外邮轮的当前趋势，利益相关者正试图将行业增长与索洛维茨基遗产相结合，并利用其偏远的优势（A3、S11）。一些人意识到旅游业的增长将扰乱与世隔绝的教会社区（A8）。其他人指出，目前的基础设施不支持预计的旅游业增长（S13），当地人口将面临基础设施能力超载的风险。

同时，在描述海外邮轮时，一些受访者指出，"团体更具组织性；他们乘着招标的船来到岛上，而不是全部。否则，到处都会排队"（S13）。此外，最近的事态发展表明，教堂对游客越来越欢迎，甚至更加灵活："当有组织的团体希望在预定时间之外参观时，僧侣们同意提前开放教堂。以前，这是不可能的"（A5）。负责组织邮轮访问的地区利益相关者指出，邮轮旅游遵循运营商的建议，不属于行为不当的旅游（A5）。与此同时，邮轮旅游主要针对需要特殊安全条件和基础设施的老年人（A6）。为了方便老年人，应发展某些形式的基础设施，如栏杆、坡道、楼梯和小桥墩。

17.4.4　利益相关者的观点

索洛维茨基的旅游开发涉及广泛的利益相关者："索洛维茨基包括许多不同的方面（指多个利益相关者），所有这些都应予以考虑"（A3）。我们注意到索洛维茨基群岛旅游业发展（包括邮轮）的答案具有明显的双重性。一些人认为，需要更多投资，尤其是基础设施投资，以支持旅游业增长（A3、A13、A20）。反过来，这将有利于当地居民（A3、S20）。其他人担心，目前的增长和预期的增长与该岛的自然容量不平衡。这一点用以下方式描述："另一个问题是索洛维茨基面临的压力（指环境压力），可能需要限制。我们可以安排一次参观索洛维茨基的机会，但另一个问题是索洛维茨基能容纳多少游客？"（A3）。同一位受访者问道："谁来调节客流量？"（A3）。

在受访者中，对旅游业发展目标仍没有明确的看法。地区利益相关者支持索洛维茨基邮轮业的发展："我们可以容纳40艘海外船只，但我们也有兴趣让他们参观阿尔汉格尔斯克，而不仅仅是索洛维茨基"（A8）。虽然当地利益相关者在海外邮轮方面仍缺乏经验，并指出了为满足增长而可能进行的改进，例如更好的语言技能、当地参与主办活动以及基础设施建设（S11、S13）。此外，区域地方旅游管理被描述为一个对旅游业发展前景不明确的制度："我们没有经过批准的旅游业发展计划"（A10）。旅游业的一位代表指出，在制定现有的索洛维茨基战略时，他们没有被邀请参加："在制定该计划时，我们没有被邀请出席任何会议"（A9）。

尽管上一节提到了广泛的利益相关者，当地人还是用以下方式描述了旅游业的管理："我们有一个有趣的管理模式：管理机构在那里（阿尔汉格尔斯克），而岛屿在这里"（S20）。"决策发生在阿尔汉格尔斯克，一些重要人物拜访我们，在这里查看情况，然后离开……我们有一个地方议会，同与阿尔汉格尔斯克关系密切的市长讨论相关问题"（S11）。另一位居民提到，需要举行公开公众会议，让当地居民了解当地发展计划（S18）。

相比之下，当被问及旅游业目前的交流方式时，我们来自阿尔汉格尔斯克的受访者描述如下："我想说，博物馆是垄断的。此外，一切都围绕着博物馆运作。它不是别的。它是当地主要的旅游景点。因此，我们联系他们不是作为旅游中心，而是作为服务提供商……旅游经营者是博物馆和游客之间的中介。博物馆唯一可以开发的是一个为游客提供的计划"（A8）。另一位受访者表示同意，表示如果有任何旅游相关问题，他们会联系博物馆管理部门："我们在发生一些紧急情况时联系了索洛维茨基开发署，我们需要邮轮基础设施方面的帮助，他们同意帮助我们。否则，我们会联系博物馆的管理部门"（A5）。值得注意的是，修道院和博物馆有相同的行政主管，这是一个独特的情况，据我们的一位受访者说："当教堂参与商业活动时，这是很不寻常的"（S3）。

受访者还提到了其他利益相关者：研究人员和搜救服务。一些利益相关方指出，由于海外邮轮是该地区的新发展趋势，需要进行更多的研究，以了解游客构成的威胁和机遇，并评估几个目的地的承载能力（A3、A8）。"生态学家和历史学家应该进行研究，以避免将索洛维茨基变成一个被践踏的空间"（A3）。阿尔汉格尔斯克地区应急准备服务的效率仍然令人怀疑（A2），主要是因为涉及的距离远。即使在夏天，索洛维茨基的一个消防站也有一支急救队在运作。在某些情况下，通常位于阿尔汉格尔斯克的一艘搜救船被派往该群岛（A7）。

17.5 讨论

在本章中，我们旨在讨论和了解索洛维茨基群岛的邮轮旅游是如何管理的。我们特别关注地区和地方利益相关者面临的可持续性问题。我们的数据表明，利益相关者及其互动方式在发展可持续邮轮旅游方面都发挥着至关重要的作用。因此，利益相关者是旅游业发展的一个重要方面。我们首先根据三大可持续性支柱总结我们的发现，然后讨论交流模式的必要性和潜力。

17.5.1 经济

如果管理得当，邮轮入境带来的潜在经济价值会导致当地就业增加和当地经济连锁反应。我们的研究表明，由于居民和私营企业在接待邮轮游客方面的参与程度较低，因此要实现邮轮抵达带来的积极影响对索洛维茨基群岛来说具有挑战性。这主要是由于缺乏外语技能。这降低了本地创造价值的潜力。这一发现与帕什克维奇等人（Pashkevich et al.，2015）提到的一个最基本的问题相一致，他们报告说，当地旅游业缺乏熟练工人会阻碍邮轮旅游业务的扩展。语言技能的缺乏使得国际游客很难接触到群岛的文化遗产，也很难共同创造旅游体验。我们的案例证明，如果没有口译，这个地方的大多数传统、习惯和文化习俗就无法被理解或体验。需要设立能够讲外语的导游和工作人员。然而，如果导游不是当地人，而是来自社区外，那么产生的收入就会外流。此外，居民被视为当地知识和传统的载体，如果在索洛维茨基当地组织导游课程，那么那些已经在国内和国际游客接待工作方面有经验的人可以参与邮轮行业的活动。正是由于这些原因，我们建议当地居民是宝贵的资源，也是举办邮轮活动的关键。

尽管税收制度存在一定的局限性，但常规旅游流的价值创造和收入分配足以满足当地居民和企业的需求。博物馆（也由修道院领导管理）是所有旅游体验的中心（Tsvetkov，2011）。它还被描述为索洛维茨基号邮轮服务的垄断者。邮轮产业的收入在国有博物馆（拥有群岛上的主要景点）和当地企业（主要通过国内旅游收入）之间分配不均。欧洲各地的几个目的地（如斯瓦尔巴群岛上的朗伊尔城）实施了游客税，以产生收入并确保对当地发展的投资。否则，无组织旅游将挑战当地旅游业发展的可持续性。

此外，我们的调查结果说明了持续邮轮开发的监管挑战和限制。特别是，索洛维茨基是俄罗斯北极的一部分，因此受俄罗斯国家和地区机构的管辖，这使得该地区的业务更加复杂（Pashkevich et al.，2014）。在地区层面，这种复杂性的一个例子是签证规定，它为索洛维茨基的邮轮发展造成了体制障碍。船只在访问索洛维茨基之前，必须访问阿尔汉格尔斯克港的边境管制官员。2016 年，阿尔汉格尔斯克港获得了欢迎外国游客的许可，外国游客可以获得 72 h 免签证访问，这使得他们可以作为有组织的邮轮活动的一部分访问其他目的地（特别感兴趣的是新地岛）。然而，考虑到邮轮航线的两年规划期，这种签证状态的后果直到 2019 年夏季才会明显。

总之，我们的研究表明，邮轮旅游提供了创造经济价值的机会，尤其是在适当管理和监管的情况下。同时，我们的调查结果表明，邮轮活动的增长为可持续旅游发展带来了环境和社会挑战。

17.5.2　环境

索洛维茨基群岛是独特的自然和文化遗产所在地。人类活动对群岛影响的增加可能会对其脆弱的性质及其文化和历史遗迹产生负面影响。正如摩尔等人（Moore et al.，1993）所言，没有一个旅游使用的例子是完全没有影响的。同时，与群岛上的个人旅游相比，海外邮轮旅游对当地自然环境的影响更为有限。这是由于邮轮旅行的组织方式。固定在离定居点较远的地方，沿着指定路线组织的游览限制了其对现场的影响，并且几乎不会在当地产生废物。

此外，尽管据报道邮轮旅游对环境产生了负面影响（Lück，2010），但它仍占群岛旅游流量的一小部分。旅游活动计划的增加，以及尽量减少环境风险和影响的潜在需求，可能需要发展生态和生态文化旅游实践及战略，以保护自然景观（Grushenko et al.，2013）。还需要改进评估社区游客流量的系统。目前，这些信息非常零散，由不同的利益相关者持有，但没有提供该地区旅游流的清晰总体情况（Maksimova，2016）。

17.5.3　社会

与其他北极目的地一样，阿尔汉格尔斯克的情况表明，当地和地区提出的主要问题之一是旅游流量的适当监管，这对基础设施和岛屿的自然容量构成挑战，并对与世隔绝的宗教遗址造成干扰（Olsen et al.，2018）。拥挤已成为北极地区几个小社区的担忧，这些小社区的邮轮旅游业有所增长（另见第 14 章）。如前所述（Tsvetkov，2011），对于限制群岛游客数量和该群岛的旅游流量存在不同意见（Nevmerzhitskaya，2006）。最近提出的赋予群岛自然保护区地位的措施可能会限制群岛上人类活动的总量（Olsen et al.，2018）。

同时，成功的旅游实践要求并提供机会建立一个充满活力的生活社区，这反过来又有助于群岛的发展（Tsvetkov，2011），例如，提供基础设施、接待服务以及传播当地知识和传统。因此，有必要让当地居民积极参与有关群岛的决策，并参与讨论该地区旅游业发展的计划和战略。

17.5.4 利益相关者交流

根据我们的调查结果，我们得出结论，阿尔汉格尔斯克地区，特别是索洛维茨基群岛的可持续邮轮旅游发展取决于地区和地方利益相关者，他们的合作，以及对旅游业增长的共同、明确的愿景。我们的数据显示，邮轮旅游管理和决策大多发生在阿尔汉格尔斯克，在那里，几个利益相关者（如旅游局、私人旅游公司和导游）致力于目的地的开发。同时，当地利益相关者在旅游目的地的开发中发挥着关键作用（Baum，2006）。因此，我们认为，有必要加强跨地区-地方关系之间的合作，以确保业务的可持续性，并创造条件，使岛上产生的收入得以保留并在当地投资。

在地方一级，索洛维茨基博物馆是国内外邮轮游客旅游体验的主要提供者之一。然而，虽然为邮轮提供服务的特点是与地区利益相关方进行更密切的合作，但当地居民作为邮轮旅游发展的潜在利益相关方的作用仍有待在现行制度下解决。根据我们的讨论，认为有必要为邮轮行业制定有效的管理模式，以确保地区和地方利益相关者之间的信息共享。

交流模式的明显积极作用之一是在所有利益相关方之间建立伙伴关系。这种伙伴关系将为当地利益相关方自我实现和参与管理决策过程提供机会。同时，本章研究的案例说明了经济管理体系现代化的必要性，即形成一个开放的公共空间，创建一个有效运作的信息和通信系统，为所有利益相关者之间的互动提供平台（Krainova，2012）。

我们认为，可持续旅游发展的理想交流管理模式可以定义为在旅游活动发展的所有阶段，当局、企业和当地利益相关者（包括居民）之间的信息交流和互动系统，目的是选择战略替代方案，确保短期和长期发展的可持续实践。

因此，本章表明了交流模式的潜在应用。然而，有必要进行进一步研究，以便找到实施所建议的改进措施的最佳解决方案，以帮助更好地规划、更好地协作，并最终实现群岛旅游业的更可持续发展。

17.6 结论

索洛维茨基群岛邮轮旅游的增加对独特的环境提出了挑战，并给当地社会带来了越来越大的压力。旅游业发展是当地社区就业和收入的潜在来源，但当地利益相关者开始意识到，这对当地社区及其自然经营能力也有重大负面影响（Olsen et al.，2018）。本章强调了参与提供邮轮旅游体验和服务的利益相关者之间地区和地方合作的重要性，以共同为私营企业和目的地创造价值。

我们的研究结果表明，如果没有在利益受旅游业发展影响的利益相关者之间建立改进的交流渠道和方法，索洛维茨基群岛的可持续旅游发展将面临挑战。私营公司、公共机构和当地居民应参与该地区邮轮旅游的规划、发展和管理过程，以及由此产生的收入分配。这些利益相关者之间目前缺乏沟通，这对群岛环境造成了负面影响，并可能导致旅游业发展急需的额外收入的潜在经济损失。这就是为什么开发合作辅助工具可以帮助在经济利益、社会发展和环境保护之间成功找到平衡。

致谢：我们感谢本章的参与者分享他们的观点和经验，感谢马克西姆·伊林分享邮轮图片。我们特别感谢一位匿名评论员的评论，这有助于完善本章。

参考文献

Baikina, O., & Valkova, T. M. (2011). Kruiznyj turizm: Geograficheskie i metodicheskie rekomendacii po formirovaniyu individual'nyh kombinirovannyh programm (Cruise tourism: Geographical and methodological recommendations for the formation of individual combined programs). *Modern Problems of Service and Tourism*, 1, 88-95.

Baum, T. (2006). Human resource issues. In G. Baldacchino (Ed.), *Extreme tourism: Lessons from the world's cold water islands* (pp. 41-49). Amsterdam: Elsevier.

Bazeley, P., & Jackson, K. (2013). *Qualitative data analysis with NVIVO*. London: SAGE Publications.

Blaikie, N. (2010). *Designing social research*. Cambridge, UK: Polity Press.

Bulkeley, H. (2005). Reconfiguring environmental governance: Towards a politics of scales and networks. *Political Geography*, 24(8), 875-902.

Butler, R. W. (1999). Sustainable tourism: A state of the art review. *Tourism Geographies*, 1(1), 7-25.

Byrd, E. T. (2007). Stakeholders in sustainable tourism development and their roles: Applying stakeholder theory to sustainable tourism development. *Tourism Review*, 62(2), 6-13.

Bystrowska, M., Wigger, K., & Liggett, D. (2017). The use of information and communication technology (ICT) in managing high Arctic tourism sites: A collective action perspective. *Resources*, 6, 33.

Castro, A. P., & Nielsen, E. (2001). Indigenous people and co-management: Implications for conflict management. *Environmental Science & Policy*, 4(4-5), 229-239.

Dawson, J., Johnston, M. E., & Stewart, E. J. (2014). Governance of arctic expedition cruise ships in a time of rapid environmental and economic change. *Ocean and Coastal Management*, 89, 88-99.

Dawson, J., Pizzolato, L., Howell, S. E. L., et al. (2018). Temporal and spatial patterns of ship traffic in the Canadian Arctic from 1990 to 2015. *Arctic*, 71(1), 15-26.

Dumanskaya, I. O. (2014). *Ledovye usloviya morej evropejskoj chasti Rossii (Ice conditions of the seas in Russian European North)*. Moscow: Hydrometeorological Centre of Russia.

Gairabekov, U. T., Dashkova, E. V., Miroshnichenko, P. N. (2017, March 2). *Ustojchivoe razvitie turizma: Sostoyanie i problem (Sustainable tourism development: State and problems)*. Paper presented at the 6th Annual Final Conference of Professors and Teachers of the Chechen State University, Chechen State University, Grozny.

Gibson, P. (2012). *Cruise operations management: Hospitality perspectives*. New York: Routledge.

Gomilevskaya, G. A., & Petrova, G. A. (2017). Morskoj turizm kak sostavlyayushchaya turistskogo brenda Vostochnoe kol'co Rossii (Marine tourism as an element of the tourist brand Eastern ring of Russia). *Bulletin of the Vladivostok State University of Economics and Service*, 3, 71-83.

Grushenko, E. (2009). Strategiya razvitiya morskogo turizma v Evroarkticheskoj zone (Strategy of marine tourism development in the Euro-Arctic zone). *Economic and Social Changes: Facts, Trends, Forecast*, 1(5), 74-79.

Grushenko, E. (2012, November 14-16). *Razvitie morskogo turizma v Arktike (Development of maritime tourism in the Arctic)*. Development of the North and the Arctic: Problems and prospects. Paper presented at the Interregional Science and Practical Conference, Apatity.

Grushenko, E. (2014). Razvitie morskogo kruiznogo turizma v portah Zapadnoj Arktiki (Development of cruise tourism in the ports of the Western Arctic). *Arctic and North*, 14, 26-32.

Grushenko, E. B., & Vasiliev, A. M. (2013). *Turizm na Evropejskom Severe Rossii i v Zapadnoj Arktike (Tourism in the European North of Russia and in the Western Arctic)*. Apatity: Kola Science Center of the Russian Academy of Sciences.

Hall, C. M., James, M., & Wilson, S. (2010). Biodiversity, biosecurity, and cruising in the Arctic and sub-Arctic. *Journal of Heritage Tourism*, 5, 351-364.

Healey, P. (1996). The communicative turn in planning theory and its implications for spatial strategy formation. *Environment and Planning B: Planning and Design*, 23, 217-234.

Ho, J. (2010). The implications of Arctic Sea ice decline on shipping. *Marine Policy*, 34(3),713-715.

Howard, R. (2009). *The Arctic gold rush: The new race for tomorrow's natural resources*. London/New York: Continuum.

Huse, M., Gustavsen, T., & Almedal, S. (1998). Tourism impact comparisons among Norwegian towns. *Annals of Tourism Research*, 25(3), 721-738.

Huxley, M., & Yiftachel, O. (2000). New paradigm or old myopia? Unsettling the communicative turn in planning theory. *Journal of Planning Education and Research*, 19(4), 333-342.

Johnston, M. E., Viken, A., & Dawson, J. (2012). Firsts and lasts in Arctic tourism: Last chance tourism and the dialectic of change. In R. H. Lemelin, E. Stewart, & J. Dawson (Eds.), *Lastchance tourism: Adapting tourism opportunities in a changing world* (Contemporary geographies of leisure, tourism and mobility) (pp. 10-24). London: Routledge.

Jovicic, D. Z. (2014). Key issues in the implementation of sustainable tourism. *Current Issues in Tourism*, 17(4), 297-302.

Karkkainen, B. C. (2002). Collaborative ecosystem governance: Scale, complexity, and dynamism. *Virginia Environmental Law Journal*, 21, 189-243.

Kiyakbaeva, E. G. (2014). Indikatory ustojchivogo razvitiya turizma i ih ispol'zovanie v federal'nyh programmah razvitiya turizma v Rossii (Indicators of sustainable tourism development and their use in Federal programs of tourism development in Russia). *News of the Sochi State University*, 1(29), 78-80.

Klein, R. A. (2011). Responsible cruise tourism: Issues of cruise tourism and sustainability. *Journal of Hospitality and Tourism Management*, 18(1), 107-116.

Krainova, K. A. (2012). Vzaimodejstvie vlasti I obchchestva v politico-kommunikativnom processe na urovne subjekta Rossijskoj Federacii (The interaction of authority and society in the J. Olsen et al. political and communication process at the level of the subject of the Russian Federation). *Politbook*, 4, 78-86.

Krasilnikov, D. G., Sivinceva, O. V., & Troitskaya, E. A. (2014). Sovremennye zapadnye upravlencheskie modeli: Sintez New Public Management i Good Governance (Modern Western management models: Synthesis of new public management and good governance). *Ars Administrandi*, 2, 45-62.

Lamers, M., & Pashkevich, A. (2015). Short-circuiting cruise tourism practices along the Russian Barents Sea coast? The case of Arkhangelsk. *Current Issues in Tourism*, 21, 440-454. https://doi.org/10.1080/13683500.2015.1092947.

Logunova, N. A. (2013). Razvitie kruiznogo sudohodstva kak sostavnoj chasti kruiznogo turizma (Development of cruise shipping as an integral part of cruise tourism). *Journal of Transport Economics and Industry*, 43, 89-94.

London, W. R., & Lohmann, G. (2014). Power in the context of cruise destination stakeholders'interrelationships. *Research in Transportation Business & Management*, 13, 24-35.

Lück, M. (2010). Environmental impact of polar cruises. In *Cruise tourism in polar regions. Promoting environmental and social sustainability?* London：Earthscan.

Maksimova, T. (2016, April 8-10). *Tourist flow in the Solovetsky islands：Dynamics and contemporary perspectives*. Paper presented at the Festival of the Russian Geographical Society, Saint Petersburg.

Marsh, E. A. (2012). The effects of cruise ship tourism in coastal heritage cities. *Journal of Cultural Heritage Management and Sustainable Development*, 2(2), 190-199.

Mason, P. (1997). Tourism codes of conduct in the Arctic and sub-Arctic region. *Journal of Sustainable Tourism*, 5(2), 151-165.

McElroy, J., & Potter, B. (2006). Sustainability issues. In G. Baldacchino (Ed.), *Extreme tourism：Lessons from the world's cold water islands* (pp. 31-40). Amsterdam：Elsevier.

Melnik, S. A. (2015). Local community as a subject of municipal management. *Bulletin of the Kostroma State Technological University*, 1(5), 20-22.

Moller, H., Berkes, F., Lyver, P. O. B., & et al. (2004). Combining science and traditional ecological knowledge：Monitoring populations for co-management. *Ecology and Society*, 9(3), 2.

Moore, S., & Carter, B. (1993). Ecotourism in the 21st century. *Tourism Management*, 14(2),123-130.

Mossberg, L., Hanefors, M., & Hansen, A. H. (2014). Guide performance：Co-created experiences for tourist immersion. In *Creating experience value in tourism* (pp. 234-247). Wallingford：CABI.

Nekrasova, E. A. (2016). *Mestnoe samoupravlenie v sovremennyh zarubezhnyh sociologicheskih teoriyah (Local self-government in modern foreign sociological theories)*. Novosibirsk：Center for the Development of Scientific Cooperation.

Nenasheva, M., & Olsen, J. (2018). Water transport in the European North of Russia：Social significance, challenges and perspectives of development. *Arctic and North*, 32, 49-62.

Nenasheva, M., Bickford, S. H., Lesser, P., et al. (2015). Legal tools of the public participation in the environmental impact assessment process and their application in the countries of the Barents Euro-Arctic. *The Region*, 1(3), 13-35.

Nevmerzhitskaya, J. (2006). The Solovetsky Archipelago, Russia. In G. Baldacchino (Ed.), *Extreme tourism：Lessons from the world's cold water islands* (pp. 159-166). Amsterdam：Elsevier.

Olsen, J., & Nenasheva, M. (2018). Adaptive capacity in the context of increasing shipping activities：A case from Solovetsky, Northern Russia. *Polar Geography*, 41, 241-261. https：//doi. org/10. 1080/1088937X. 2018. 1513960.

Pashkevich, A., & Lamers, M. (2015). Coastal tourism in the Northwest Russian Arctic：Current situation and future prospects. *Current Issues in Tourism*, 21, 440-454. https：//doi. org/10. 1080/13683500. 2015. 1092947.

Pashkevich, A., & Stjernström, O. (2014). Making Russian Arctic accessible for tourists：Analysis of the institutional barriers. *Polar Geography*, 37(2), 137-156.

Pashkevich, A., Dawson, J., & Stewart, E. (2015). Governance of expedition cruise ship tourism in the Arctic: A comparison of the Canadian and Russian Arctic. *Tourism in Marine Environments*, 10(3-4), 225-240.

Popov, G., & Davydov, R. (2003). *Morskoe sudohodstvo na Russkom Severe v XIX—nachale XXvv.* (*Marine ship traffic in the Russian North XIX-beginning XX century*). Ekaterinburg/Arkhangelsk: Ural Branch of Russian Academy of Sciences.

Rassokhina, T. V., & Seselkin, A. I. (2015). Analiz ehffektivnosti realizacii sistemy upravleniya ustojchivym razvitiem turizma v Rossijskoj Federacii na principah gosudarstvenno-chastnogo partnerstva (Analysis of efficiency of implementation of the system of management of sustainable tourism development in the Russian Federation on a public-private partnership). *Bulletin of the Russian International Academy of Tourism*, 2, 62-68.

Russian Federation Government. (2014). *Russian tourism development strategy for the period up to 2020* (2014). Approved by the Decree of the Russian Federation Government of 31 May 2014 No 941-R.

Russian Federation Government. (2016). *O vnesenie izmenenij v prerechen portov, cherz kotorye dopuskaetsja vezd v Rossiiskuu Federaciu inostrannyx grazhdan I lic bez grazhdanstva, pribyvajushix v Rossiiskuu Federaciu v turisticheskix celyax na paromax, imeushix razreshenija na passazhirskie perevozki.* The Decree of the Russian Federation Governmnet of 22 July 2016 No 707.

Sautter, E. T., & Leisen, B. (1999). Managing stakeholders a tourism planning model. *Annals of Tourism Research*, 26(2), 312-328.

Scott, D. (2011). Why sustainable tourism must address climate change. *Journal of Sustainable Tourism*, 19(1), 17-34.

Seselkin, A. I. (2014). Ustojchivoe razvitie turizma kak prioritetnoe napravlenie deyatel'nosti vsemirnoj turistskoj organizacii: Postanovka problemy issledovaniya (Sustainable tourism development as a priority direction of activities of the world tourism organization: The problem of the study). *Bulletin of the Russian International Academy of Tourism*, 1(10), 9-14.

Simpson, K. (2001). Strategic planning and community involvement as contributors to sustainable tourism development. *Current Issues in Tourism*, 4(1), 3-41.

Smirennikova, E. V. (2009). Faktory, vliyayushchie na ocenku turisticheskogo potenciala Arhangel'skoj oblasti (Factors influencing the evaluation of the tourist potential of the Arkhangelsk region). *Pomor University Bulletin*, 4, 23-27.

Stewart, E. J., & Draper, D. (2006). Sustainable cruise tourism in Arctic Canada: An integrated coastal management approach. *Tourism in Marine Environments*, 3(2), 77-88.

Stewart, E., Howell, S., Draper, D., et al. (2007). Sea ice in Canada's Arctic: Implications for cruise tourism. *Arctic*, 60(4), 370-380.

Stewart, E., Dawson, J., & Draper, D. (2011). Arctic tourism and residents in Arctic Canada:

Development of a resident attitude typology. *Journal of Hospitality and Tourism Management*, 17(1), 95–106.

Stewart, E., Dawson, J., & Johnston, M. (2015). Risk and opportunities associated with change in the cruise tourism sector: Community perspectives from Arctic Canada. *The Polar Journal*, 5(2), 403–427.

Toskunina, V. E., & Smirennikova, E. V. (2011). Prirodnye turisticheskie resursy kak strategicheskij faktor razvitiya maloosvoennyh i slabovovlechennyh v hozyajstvennyj oborot territorij Rossijskogo Severa (Natural tourist resources as a strategic factor in the development of underdeveloped and poorly involved in the economic turnover of the territories of the Russian North). *Regional Development Strategy*, 48 (231), 13–19.

Tsvetkov, A. (2011). Strategicheskoe upravlenie ustojchivym razvitiem territorii Soloveckogo arhipelaga (Strategic management of the Solovetsky island's sustainable development). *Arctic and North*, 2, 97–116.

UNEP–WTO. (2005). *Making tourism more sustainable. A guide for policy makers*. United Nations Environment Programme and World Tourism Organization. http://www. unep. fr/shared/publications/pdf/DTIx0592xPA–TourismPolicyEN. pdf.

Van Bets, L. K. J., Lamers, M. A. J., & Van Tatenhove, J. P. M. (2017). Collective self-governance in a marine community: Expedition cruise tourism at Svalbard. *Journal of Sustainable Tourism*, 25(11), 1583–1599.

Viken, A. (2004). *Turisme: Miljøog utvikling*. Oslo: Gyldendal akademisk.

Viken, A. (2011). Tourism, research, and governance on Svalbard: A symbiotic relationship. *Polar Record*, 47(4), 335–347.

Viken, A., & Aarsaether, N. (2013). Transforming an iconic attraction into a diversified destination: The case of North Cape tourism. *Scandinavian Journal of Hospitality and Tourism*, 13(1), 38–54.

Yakovenko, I. M., & Lazitskaya, N. F. (2014). Geograficheskie tendencii razvitiya morskogo kruiznogo turizma (Geographical trends in development of sea cruise tourism). *Scientific Notes of Taurida National University Named After V. I. Vernadsky*, 27(66), 238–248.

第 18 章　芬兰萨米人

——旅游业是对原住民文化的一种保护吗？

埃达·阿亚伊登、萨米姆·阿克努尔[①]

摘　要： 芬兰的萨米"少数民族"是北欧国家这个特定北极群体中最小的原住民社区。芬兰萨米人是一个文化、语言和领土化的少数民族。1995 年，芬兰承认萨米人是"民族"，但没有批准劳工组织《关于土著和部落人民的第 169 号公约》。除了芬兰萨米议会（Saamelaiskäräjät）自 1973 年以来得到承认，萨米语言权利自 1982 年以来确立之外，萨米人不拥有领土权利，特别是在经济层面。萨米人活跃的主要经济部门之一是拉普兰（Lapland）的旅游业。今天，原住民权利被告以及一些萨米族杰出领导人之间就旅游业对萨米族生活方式和文化的延续的有效性展开了辩论。而一些观察家谴责通过愤怒的旅游剥削的"愚蠢"的民俗化过程，但其他观察家认为旅游业是防止完全同化和淡出的唯一途径。本章将通过 2018 年 7 月至 8 月在伊纳里（Inari）、伊瓦洛（Ivalo）和罗瓦涅米（Rovaniemi）进行的实地调查，探讨旅游业在芬兰环境下保护萨米文化中的作用。

关键词： 萨米族；芬兰；土著民族；少数民族；劳工组织；领土权；旅游业

---

①　法国凡尔赛大学，波尔多理工学院；法国斯特拉斯堡大学，国家科学研究中心。e-mail：akgonul@ unistra. fr.

18.1　简介

本章在两个理论框架内探讨了萨米（Sami）[①] 文化的现状：一方面是少数民族权利，另一方面是文化旅游。萨米人是生活在挪威北部、瑞典、芬兰和俄罗斯联邦西北部萨米地区的一个特定文化群体，有一些内部差异。该群体的特殊性同时在于语言和文化，即生活行为和日常生活习惯，包括经济活动、艺术和工艺品、烹饪或音乐。这个大约有 10 万人的群体稀疏地生活在北极圈附近（大多数），并且正处于寻求西美利安（Simmelian）意义上的身份认同和合法性的强烈过程中。如果说萨米人在四个不同的国家有不同的地位，那么至少有三个国家（挪威、瑞典和芬兰）的萨米人生活在大众旅游业最近发现的一个地区的中心。来自世界各地的游客都被该地区的大气现象、冒险体验、冰雪、极光、野生生物、捕鱼和狩猎、在芬兰的具体情形中的圣诞老人的"创造的传统"所吸引。本章旨在为关于旅游业对芬兰萨米[②]文化影响的辩论做出贡献。一方面，它以二手资料来源为基础，特别是少数民族权利和旅游业的概念化，但也以官方文件、灰色文献和罗瓦涅米及塞维提耶维（Sevettijärvi）之间为期两个月的实地研究等一手资料来源为依据，包括在索丹基拉（Sodankylä）、伊瓦洛和伊纳里的观察和旅游停留。本章将首先考察萨米人在西欧一般少数民族和原住民权利标准中的特殊性，然后专门分析旅游业在萨米文化保护（或通过民俗化不保护[③]）中的作用。

18.2　芬兰和萨米的少数民族政权

18.2.1　国际标准

在少数群体研究中，芬兰复杂的少数民族权利制度被视为一个典范，因为芬兰领土上存在着的少数民族特征多种多样，也因为芬兰向少数民族提供的权利的性质。然而，如果内部制度是与该国建国历史有关的长期进

---

①　萨米拼写为 Sami、Saami、Same 或 Sabme。在本章中，我们在芬兰萨米议会拼写之后选择了 Sami 的拼写。

②　这一章是关于专门生活在芬兰的萨米人的，以后的萨米人一词将只对应于这些居民。

③　在这一章中，民俗化的概念被用来强调一个过程，即文化行为和物体在异国情调化的框架下正在成为旅游性的、肤浅的、虚假的真实的奇迹。

程的结果，那么法律和政治标准却与国际文本存在一些差异。

在国际范围内，在保护少数民族领域，人们可以区分三个时期，这三个时期的愿景和目标相差很大。在第一个时期，这可以被视为国际联盟制度（1920—1945 年），有 13 个文本直接或间接涉及少数民族，如双边和多边协定、公约和条约。在此期间，国际联盟制度的主要目标是保护民族国家的稳定，向不能被纳入统治国家特定民族的少数民族提供一些集体和领土权利。因此，这一制度给予国家生存的特权多于对少数民族的保护。然而，芬兰在历史上一直处于斯德哥尔摩和圣彼得堡（当时的莫斯科）两个中心之间的边缘地带，这些文本都没有直接涉及芬兰的少数民族，那时的主要问题是瑞典和芬兰之间以及俄罗斯和芬兰之间的移民和移民浪潮（Simil，2003）。

在 1945 年至 1992 年的第二个时期，"少数民族"从国际标准中消失，被视为破坏国家一致性。在"冷战"期间，联合国制度强调个人人权。根据这一理解，"少数民族权利"具有潜在的危险性，因为它们为分离主义运动创造了成熟的政治和法律环境。新制度的理念是强调基本人权，而不提及群体。在这一时期提到少数民族的案文中，唯一的例外是 1966 年《公民权利和政治权利国际公约》（1976 年生效），该公约在第 27 条中非常含蓄和谨慎地提到少数群体：

> 在那些存在族裔、宗教或语言少数民族的国家，不应剥夺属于这种少数民族的人与其群体其他成员共同享有自己的文化、宣扬和信奉自己的宗教或使用自己的语言的权利。

《公民权利和政治权利国际公约》由芬兰于 1967 年签署，1975 年批准。必须强调的是，与许多其他签署国不同，芬兰没有就这一例外案文的第 27 条提出声明或保留。

在这一时期结束时，在与第三个"少数民族保护"时期相连的过渡时期，另一个文本直接涉及芬兰和本章的主题。与丹麦（1996 年生效）和挪威（1990 年生效）不同，芬兰（或瑞典）仍未批准 1989 年国际劳工组织《关于独立国家原住民和部落人民的公约》（1991 年生效）（Semb，2012）。芬兰遵循联合国人权理事会的持续建议（Koivurova et al.，2011），宣布将最终批准该公约，但由于内部原因，芬兰议会在 2015 年拒绝批准该文件（Sch et al.，2017）。这种情况必须被视为一种反常现象，特别是与芬兰萨米人社区的辩论有关。未批准国际劳工组织第 169 号公约与土地使用权（和抵抗力）直接相关，这将是我们思考芬兰拉普兰旅游业作用的核心。

国际法层面的第三阶段少数民族保护始于 1989 年至 1990 年，两极世界的崩溃和少数民族冲突的重生，尤其是在东欧。这一时期的特点一方面是联合国《在民族或族裔、宗教和语言上属于少数民族的人的权利宣言》，另一方面是欧洲委员会的两个区域法律框架，即 1995 年《保护少数民族框架公约》（1998 年生效）和 1992 年《欧洲区域或少数民族语言宪章》（1998 年底生效）。与劳工组织第 169 号公约不同，芬兰对这两项主要文件的态度非常积极和响应。芬兰于 1997 年签署并批准了《保护少数民族框架公约》（FCNM）[①]，没有任何保留或声明[②]，并于 1994 年签署了《欧洲区域或少数民族语言宪章》（ECRML），于 1994 年批准。芬兰为本文件制定的宣言明确承认萨米语是"芬兰的地区或少数民族语言"，瑞典语是"在芬兰使用较少的官方语言"。

显然，除国际劳工组织第 169 号公约外，芬兰在采用保护少数民族的国际标准方面采取了自由政策，至少在"老少数民族"方面是如此。当谈到"新少数民族"，即移民后裔时，情况有点不同。例如，赫尔辛基没有签署或批准 1990 年《联合国保护所有移徙工人及其家庭成员权利国际公约》（2003 年生效）[③]。自 20 纪 90 年代以来，芬兰的移民人数急剧增加。"合法居住在芬兰的外国公民人数增加了 6 倍，从 26 300 人增加到 155 700 人。在 530 万总人口中，芬兰约有 30 万人，占 5%，声称有外国背景（出生于外国、讲外语或拥有外国公民身份）"（Tanner，2011）。尽管芬兰在

---

① 截至 2018 年，39 个欧洲理事会成员国是该公约的缔约国。比利时、希腊、冰岛和卢森堡签署了该文件，但尚未批准。安道尔、摩纳哥，特别是法国和土耳其都没有签署或批准该公约。

② 另一方面，瑞典明确规定"瑞典的少数民族是萨米人、瑞典芬兰人、托尼达人、罗姆人和犹太人"。俄罗斯的声明也触及了芬兰。莫斯科不是针对自己的少数民族，而是为了保护其他国家，特别是波罗的海国家和芬兰被剥夺国籍的俄罗斯少数民族的处境："俄罗斯联邦认为，在签署或批准《保护少数民族框架公约》时所做的保留或声明中，没有人有权单方面列入'少数民族'一词的定义，而《框架公约》中没有这一定义。俄罗斯联邦认为，试图将长期居住在《框架公约》缔约国领土上、以前拥有公民身份但被任意剥夺公民身份的人排除在《框架公约》范围之外，与《保护少数民族框架公约》的宗旨相抵触。"

③ 必须承认，西欧或北美没有接收移民的国家批准该公约。

移民政策方面是斯堪的纳维亚最受欢迎的国家，但紧张局势依然存在，尤其是在拉普兰。事实上，作为一个人口稀少的地区，芬兰的拉普兰是新的移民接收地区（Nafisa，2016）。因此，在关于萨米人与拉普兰非萨米人（大多数讲芬兰语，但也讲俄语）相比的权利的辩论中，增加了一个关于移民及其后代融入的新问题，只要这些移民及其后裔逐步进入拉普兰的包括萨米人和芬兰人之间长期存在争议的旅游业在内的几个经济和文化部门（Carson et al.，2018）。

18.2.2　芬兰的语言、宗教、少数民族和原住民

芬兰少数民族政权与国际标准的平行性和特殊性是由于当地的政治和社会历史造成的，形成了独特的背景。从社会学角度讲，芬兰最大的少数民族是一个民族语言群体，讲瑞典语的人自称芬兰斯文斯克语（Finlandssvensk），在1999年《宪法》第17条中，他们在法律上不被视为少数民族，而是宪法语言群体。同一部分将讲萨米语的人定义为"原住民群体"，萨米人、罗姆人和"其他群体"（无具体规定）有权"维护和发展"自己的语言：

> 第17条　语言和文化权：
> 芬兰的国语是芬兰语和瑞典语。法律应保障人人有权在法院和其他当局面前使用自己的语言，无论是芬兰语还是瑞典语，并有权收到该语言的官方文件。公共当局应在平等的基础上满足该国芬兰语和瑞典语人口的文化和社会需求。
> 萨米人作为原住民，以及吉卜赛人和其他群体，有权维护和发展自己的语言及文化。一项法案规定了萨米人在当局面前使用萨米语的权力。

在奥兰群岛，瑞典语（和政治）权利同时也是属地性的，奥兰群岛大约有25 000人说瑞典语，占大多数，在该国其他地区，尤其是从奥斯托波斯尼亚（Ostrobothnia）到南部沿海地区，约270 000名说瑞典语者居住在以芬兰语为主要语言的双语城市和以瑞典语为主要语言的双语城市。

该国公认的第二大"语言少数民族"是吉卜赛人，或者更具体地说是

卡莱人（Kale）①，他们在芬兰约有 10 000 人（在瑞典约有 3 000 人）。1968 年，在政府一级设立了吉卜赛事务咨询委员会。

2012 年，芬兰人口的宗教信仰如表 18.1 所示。

表 18.1　芬兰人口宗教信仰情况（2012 年统计）　　　　单位：人

宗教	人数
路德教会（Lutheran National Church）	4 147 371
其他路德教徒（Other Lutheran）	1 276
芬兰希腊东正教（Greek Orthodox Church in Finland）	58 705
其他东正教（Other Orthodox）	2 801
耶和华见证人（Jehovah's Witnesses）	18 826
芬兰自由教会（Free Church in Finland）	14 932
芬兰罗马天主教会（Roman Catholic Church in Finland）	11 530
伊斯兰教会（Islamic congregations）	10 596
芬兰五旬节教会（Pentecostal Church in Finland）	7 445
基督复临安息日会教会（Adventist churches）	3 474
耶稣基督后期圣徒教会（Church of J. Chr. of Latter-day Saints）	3 181
浸礼会（Baptist congregations）	2332
卫理公会教会（Methodist churches）	1 352
犹太人教会（Jewish congregations）	1 188
佛教教会（Buddhist congregations）	538
芬兰圣公会（Anglican Church in Finland）	91
其他	1 306
无宗教信仰	1 139 730
总计	5 426 674

　　在对芬兰不同少数民族进行了快速介绍之后，我们现在可以看看萨米

---

　　①　芬兰吉卜赛人采用了 kaale 的自我命名，这个词来源于罗马形容词 kaló "black"。说芬兰语时，他们要么用这个词，要么用芬兰语形容词 tumma "dark"。他们很少使用 mustalainen，这是芬兰最广泛的吉卜赛语。然而，最近，Roma 一词在芬兰官方出版物中流行起来。

人的具体情况，芬兰宪法将萨米人视为"原住民"。

根据小组委员会《对土著居民歧视问题》（1986年）报告员何塞·马丁内斯·科博（José Martinez Cobo）的说法，原住民（他称之为"社区、民族和国家"）是指"那些与在其领土上发展起来的入侵前和殖民前社会具有历史延续性，认为自己有别于这些领土或其部分地区目前盛行的其他社会阶层的人。他们目前形成了社会的非主导阶层，决心根据自己的文化模式、社会制度和法律制度，维护、发展和向后代传递他们的祖传领土和族裔特性，作为他们民族继续存在的基础。历史延续性是延续性的组成部分，持续时间延长至以下一个或多个因素：①占有祖传土地，或至少部分祖传土地；②与这些土地原占有者有共同祖先；③一般文化或具体表现形式的文化（如宗教、部落制度下的生活、原住民社区的成员身份、衣着、谋生手段、生活方式等）；④语言（无论是作为唯一的语言，作为母语，作为家庭或家庭中的惯常交流手段，还是作为主要的、首选的、习惯的、通用的或正常的语言）；⑤居住在该国某些地区或世界某些地区；⑥其他相关行为者。就个人而言，原住民是指通过自我认同为原住民（群体意识）而属于这些原住民的人，并被这些人承认和接受为其成员之一（群体接受）。这为这些社区保留了不受外部干涉的决定谁属于他们的主权权利和权力。"（Cobo，1981）。

这一工作定义受到同一时期联合国报告员弗朗切斯科·卡波托蒂（Francesco Capotorti）对"少数民族"定义的广泛启发，适用于芬兰萨米族的几个领域（Capotorti，1979）。萨米人是一个特殊的群体，主要生活在北极圈（北纬66°34′）以上的四个不同国家，即挪威、瑞典、芬兰和俄罗斯科拉半岛，在一个有时被称为拉普兰的地区，特别是在芬兰，也被称为萨普米（Sápmi）。这一民族人口约为10万（在芬兰，估计约为8 000①人），是半游牧驯鹿牧民传统的后裔，但如今，不仅一半以上的萨米人生活在萨普米以外的地方，而且只有10%的萨米人放牧驯鹿为生（Tuulentie，2017）。芬兰萨米人的经济特点是，与挪威和瑞典不同，芬兰的驯鹿放牧并不是萨米人独有的活动，它创造了一种经济（和身份）环境，更多地依

---

① 萨米人的总体数量，特别是在芬兰，取决于对萨米人所下的定义。根据芬兰统计局的统计，如果2017年芬兰大约有2 000名萨米语使用者，那么他们在该国的总人数（包括那些不住在拉普兰的人和那些不声明说萨米语的人）估计为7 000~8 000人。

赖于旅游业等其他资源。因此，芬兰萨米人拥有语言权利①，特别是在埃农泰基厄（Enontekiö）、伊纳里（Inari）和乌茨约基（Utsjoki）的大都市以及索丹基拉（Sodankylä）的驯鹿放牧区，并在伊纳里拥有萨米议会②，但没有规定关于传统捕鱼和驯鹿放养活动的土地权利。因此，萨米族文化和传统物质及非物质遗产在芬兰比在其他萨米族地区受到的威胁更大，更为脆弱，形成了对文化物品和活动商业化的依赖。

18.2.3 拉普兰多样性/芬兰多样性/态度多样性：在军事主义、无可奈何、机会主义和同化之间

在北极总人口③的 10% 的土著民族中，芬兰有 8 000 名萨米人。根据芬兰统计局的统计，在芬兰出生、母语为萨米语的芬兰背景的人数为 1 918 人，在芬兰以外出生、母语是萨米语、有芬兰背景的人为 32 人。因此，根据 2017 年的人口普查，有 1 950 名萨米人在芬兰境内使用萨米语作为母语。这些数字凸显了文化的严重损失。

语言是文化的重要标志和特征。例如，这种独特的文化不熟悉暴力或反抗。在萨米语中，没有与"谋杀"相对应的词。萨米人用 kotti 这个词来表示"杀人"。但是，没有谋杀这个词！根据努乔·马祖洛（Nuccio Mazzulo）的说法，与西方文化相比，这是完全不同的理解。杀戮来自狩猎。萨米人过去常常在与芬兰决策者的对等谈判中解决其身份和自决问题。

在当地的萨米历史中可以看到萨米文化的特殊性。在斯堪的纳维亚、芬兰或俄罗斯统治之后的萨米历史中，很难在整个萨米发现暴力事件。即使是 1852 年的"考特基诺起义"事件，也只不过是一群萨米叛军杀害了两人。当人们研究萨米人过去所面临的许多伤害性经历时，这种被动性就更加令人惊讶了。特别是，1850 年至第二次世界大战期间是斯堪的纳维亚半岛萨米人同化政策的世纪，但萨米人在结构层面上没有发出任何强烈的

---

① 芬兰的语言辩论一直是一个微妙的话题，直到 1922 年它一直阻碍着政治辩论甚至更久。在这种情况下，给予萨米人在这方面的特殊权利是向前迈出的重要一步。

② Sajos，意为伊纳里·萨米的"基础"，位于伊纳里。自 1996 年以来，它不仅是一个由 21 名当选代表组成的政治中心（成立芬兰萨米议会的法律于 1973 年通过，并于 1995 年和 1996 年修订），同时也是一个强大的旅游景点，租用大楼举办节日、会议和其他私人活动。重要的是要强调萨米议会的意愿，即租用 2012 年竣工的这座木制建筑，用于公共和私人活动，淡化该地的政治和身份象征意义。

③ 北极总人口约为 400 万。

声音（Herb et al.，1999）。

就芬兰的具体情况而言，概述芬兰萨米人历史的里程碑及其自决要求的发展可能是一个有用的组成部分。第二次世界大战是萨米人运动的重要分水岭，因为 1944 年芬兰与苏联签订了协议，其结果是罗瓦涅米战争。当纳粹分子通过拉普兰从芬兰撤退时，他们烧毁了整个罗瓦涅米和该地区（这直接影响到该地区缺乏具有建筑吸引力的"古老城镇"）。结果，没有留下任何建筑和基础设施，因为萨米人失去了他们的房子。重建花费了很长时间，因此经济也复苏了。这就开始了萨米人在芬兰的动员行动。

芬兰有三种"类型"的萨米人；北萨米人（North Alone）、伊纳里萨米人（Inari Alone）和斯科特萨米人（Skolt Alone）。第二次世界大战结束时，佩萨莫（Petsamo）割让给苏联，过去住在佩萨莫的斯科特萨米人被芬兰政府重新安置在塞维提耶尔维附近。萨米利托（Sámi Litto）（萨米联盟）成立于 1945 年，但其效率不如瑞典和挪威。

此外，芬兰于 1973 年倡议组织了一个"萨米代表团"作为国家司法当局。然而，由于这是一项芬兰国家倡议，该授权机构成为萨米人的一个简单代表机构，而不是决策权力机构。1996 年，该"代表团"更名为"萨米议会"或萨梅迪吉（Sámediggi），成为一个民选机构。它有一个由 21 名代表组成的议会，任期四年。该议会可能是一个咨询机构，因为它没有任何强制性权力，例如与萨米问题有关的决策权（Wille，1979）。换言之，萨梅迪吉在萨米相关问题上为芬兰政府提供建议和指导，可能反对中央决策，但没有否决权。

萨米议会还处理萨米人身份的确定问题，即定义"谁是萨米人"。这个问题直接影响到萨米族人的身份以及谁可以在萨米选举中投票。根据新法规：他本人或至少一位父母或祖父母已将萨米语作为他的第一语言；他是已登记在土地、税收或人口登记册上的山区、森林或渔业拉普的后裔；或者他的父母中至少有一人已经或可能已经登记为萨米代表团或萨米议会选举的选民。

萨米议会的存在在社会、政治和文化上都具有重要意义，有助于促进自决和萨米民族建设进程（Wessendorf，2001）。由于萨梅迪吉，芬兰萨米人要求获得土地权和承认，这是除文化自治外，萨米人身份属地化的重要步骤（Herb et al.，1999）。

今天，芬兰萨米人没有土地决定权。自 1994 年以来，他们就有了"语言自决权"。在经济方面，芬兰萨米社区有四项经济活动：驯鹿放牧、林业、渔业和采集。除了作为一种经济活动外，驯鹿饲养业在萨米文化中一直发挥着重要作用。然而，在芬兰，萨米人并没有驯鹿放牧的专属权利，芬兰人也是驯鹿牧民。此外，拉普兰的工业化和气候变化对芬兰北部的驯鹿放牧产生了负面影响。林业同样受到气候变化和工业化的影响，对经济非常重要。这些活动都相互关联。整个萨米文化地区目前正面临着另一个新铁路项目的威胁，该项目将穿越拉普兰修建。这项耗资 34 亿美元、长 526 km 的项目将从芬兰的罗瓦涅米向北延伸至挪威远东北极地区的巴伦支海港城市希尔克内斯（Kirkenes）。

这一已预见但尚未被接受的项目肯定会破坏该地区的自然环境，带来驯鹿在铁路上死亡的危险，并损害驯鹿放牧区。据芬兰当局称，该项目很容易找到投资者；然而，萨米人和国际环保主义者对此表示强烈反对。即使现有铁路项目仅涉及货物运输（而非乘客），也必须强调，为了改善安全和畜群仍有谈判的余地。值得注意的是，火车是一种相对清洁和相对安全的交通工具，可能有助于开放该地区。另一方面，关于铁路建设的辩论，不仅仅是理性和具体的结果，主要是由于情感和象征原因：谁将决定该地区的未来？芬兰国家、整个拉普兰还是萨米人？

捕捞鲑鱼是萨米人另一项非常重要的经济活动。不仅由于气候变化和工业化，渔业面临困难，而且芬兰政府的新政策也威胁着拉普兰的生活方式。2017 年，芬兰政府制定了新政策，以恢复塔纳河（Tana）减少的鲑鱼数量。这条河是芬兰北部和挪威之间的边界。根据河流治理，捕鱼权被授予给土地所有权和永久居住在塔纳河谷的人。塔纳河的新协议限制了捕鱼方法、工具和许可证，同时禁止塔纳河谷的非永久居民捕鱼（Holmberg，2018）。矛盾的是，根据这项新规定，在塔纳谷购买土地并建造小屋的所有人将有权捕鱼。房主们还可以很容易地为他们的客人（游客）获得许可证，价格低廉，这将使每个人都能在这条脆弱的河流中捕鱼。这甚至会导致生物多样性的变化、鲑鱼分布的变化和萨米人经济的变化。

毕竟，过去的强制性政策、今天的新同化法规和气候变化让萨米人感到沮丧。由于使用传统知识，特别是传统生态知识和传统技能正在变得过时（Holmberg，2018），萨米人以其残存的文化作为旅游业的避难所的经济选择，因此有义务将知识转化为可销售的产品和活动。困境在于，一些萨米文化产品并非萨米企业垄断（Thuen，2004）。

18.3 旅游业保护身份吗？

18.3.1 "旅游"是什么意思？

1900 年，因纽特学的未来之父克努德·拉斯穆森（Knud Rasmussen）在访问瑞典拉普兰后，写下了以下文字：

> 现在拉普兰有战争，战斗人员是两种文化。新的文化必须占上风，因为它伴随着未来。但任何胜利都会导致死亡。拉普斯人将在自己的土地上被征服……他们将像他们一直生活在那里一样安静而不引人注目地死去（Brown，2015）。

正如许多访问过芬兰拉普兰的人一样，本章的作者在墙上挂着一个小型"诺艾迪"（萨米萨满）鼓，这是在前往 2018 年 8 月在芬兰萨米议会萨约斯花园举行的萨米音乐节途中，在萨利塞尔卡和伊纳里之间的一家旅游商店购买的。在拉普兰市中心的这次旅行中，他们花了大约 500 多欧元度过了 48 h，他们遇到了 1.5 个萨米人：一名 40 多岁的男子，来自挪威，是一位富有的纪念品和项链商人，他来到伊纳里参加节日（主要是为了和妻子一起销售他的产品），以及斯科特萨米遗产馆的保安和售票员，一位 30 多岁的年轻女子，嫁给了一位萨米男子，她在市政委员会上很难有话语权，因为她只是萨米人的妻子，而不是萨米人。

这些线路作为非常老套的"旅游之旅"是否有利于保护萨米文化？我们应该讨论一下。

据联合国世界旅游组织称，"旅游业是一种社会、文化和经济现象，它要求人们为了个人或商业/职业目的，前往其通常环境之外的国家或地方。这些人被称为游客（可能是游览者或远足者；居民或非居民），旅游与他们的活动有关，其中一些活动意味着旅游支出"。

因此，旅游吸引力可能与气候、地理、历史、娱乐活动、体育活动以及建筑和生活文化"异国情调"活动有关。这些拉动因素在一个地区共存，或者至少一个主要因素会引发其他几个因素。例如，一个因其地理特殊性（海滩、山脉等）吸引游客的地区会发展其他吸引因素，如体育或娱乐。换句话说，一个或多个拉动因素相互作用和/或产生其他拉动因素。当然，问题是，对文化有形和无形丰富性和价值的追求（和吸引力）是否正一方面通过耗尽物体和建筑，另一方面通过不健康的社会、金融和符号交往使行为和习俗退化而威胁着同样的丰富性与价值。符号交往是社会交往中的相互关系，在这种关系中，参与者的行为是对他人行为的反映（Blumer，1994）。特别是在像萨米人这样的少数民族群体中，社会身份是通过解读他人对群体和个人行为的感知和反应来构建的。这种回应通过解释性符号（是否采纳接收群体的行为、语言、食物等）传达。在旅游业中，符号互动的直接用途是它有（或无）助于理解（或相反，民俗化）游客与主人之间由于期望的多样性而产生的不平等关系（Sharpley，2014）。因此，旅游业中的真实性和不真实性问题可能会影响行为人（双方，在萨米情形中有三方：萨米人、芬兰拉普兰的非萨米人和游客）的行为。换言之，芬兰人和出于特定目的（北极光、雪上活动、圣诞老人、钓鱼等）访问拉普兰的外国人对萨米文化有直接和间接的影响。

一方面，毫无疑问，旅游业对萨米文化特性有积极影响。许多文化行为（驯鹿放牧、哈士奇养殖场）或传统物品（衣服、乐器）可能已经消失（只有"可能"，因为历史不能用"如果"来书写），要不是旅游业，也不会有金融吸引力。另一方面，人们可能会认为，这些有形和无形遗产的生存①远远不是真实的，"保留"的对象和传统是"其他东西"，是一种对传统的微弱模仿，或者最糟糕的是，是一种虚构传统的结果（Hobsbawm et al.，1983）。

18.3.2 旅游业在地区发展中的作用：民俗化还是保护？

旅游基本上是建立在差异之上的，至少是对差异的感知和期望，无论是真实的还是想象的，在某种程度上尤其如此。如果在 20 世纪上半叶，北

---

① 这里必须强调的是，联合国教科文组织《非物质文化遗产名录》所列的萨米族文化行为或传统中，没有一种或只有瑞典拉普兰（称为"拉普兰地区"）被联合国教科文组织授予"世界遗产"标签，其描述如下：瑞典北部的北极圈地区是萨米人或拉普人的家园。它是世界上最大的地区（也是最后一个），以祖传的季节性流动放牧作为生活方式。每年夏天，萨米人都会带领他们庞大的驯鹿群穿过迄今为止保存完好的自然景观，前往山区，但现在却受到机动车的威胁。在冰川冰碛和不断变化的水道中可以看到历史和正在进行的地质过程。

极的"旅游业"在文明/原始性（Hinch et al.，2007）、城市化/空虚、平常条件/极端条件之间寻找根本差异，那么大众旅游业作为20世纪后半叶，特别是90年代以后的一个产业，必须在时间和质量上限制这些二元对立的尖锐性。事实上，大众旅游业需要装备、住宿、交通、食品、贸易和导游。游客不是探险家。在可接受的生活条件下，他们需要快速、真实善良的特征。例如，在他们对感知的研究中，特里瓦尼恩等人（Triväinen et al.，2014）展示了在拉普兰的外国和芬兰游客如何要求空虚（期望），但不牺牲舒适（条件）。因此，萨米人在拉普兰旅游部门的参与不仅是一个文化保护问题，而且与权力、自决和自治、融入国家和国际市场，特别是经济活动中的合法权利问题密切相关：谁能在拉普兰钓鱼？萨米人？芬兰人？美国人？每个人？（Viken et al.，2006）。如果为了保护身份，我们接受萨米人需要财政实力的假设，那么答案就是冒着传统经济部门不再传统的风险向旅游业开放这些传统经济部门。这就是旅游悖论。

在芬兰拉普兰，旅游业主要受到所谓"极端"气候条件的吸引（夏季阳光充足、冬季长夜、北极光、寒冷等），此外还有体育娱乐活动（徒步旅行、滑雪、钓鱼、狩猎等）、虚构的传统（主要是罗瓦涅米的圣诞村），最后与动物相关的景点（驯鹿该放牧在芬兰拉普兰不是萨米人的专属权利）。将该地区萨米族有关的"文化旅游"评估为次要的、支持性的部门，而不是主要的吸引力，这是正确的。

首先，必须强调"民族旅游"与"文化旅游"之间的哲学差异，前者与对原始的好奇有关，后者与文化活动的吸引力有关（Smith，1978）。在这两种情况下，当代旅游的主要定义之一是"对他者的追求"（Scott et al.，2010），"旅游将差异转化为全球消费主义话语，一个'他者'成为消费商品的过程"（Cole，2006）。特别是对于芬兰拉普兰的萨米人来说，如果民族旅游发生在20世纪初，因为萨米人不再那么"原始"而不再具有吸引力，那么这种转变将转向"文化旅游"，在那里，文化行为和产品将变得更加大胆。毫无疑问，游客家墙上的萨米刀的数量要比日常生活中使用萨米刀要多得多。然而，在萨普米的游客对他者的搜索也可能产生相反的影响，引起人们的注意。具体身份的确认，事实上，"原住民身份"和"差异"的（重建）过程可以是旅游消费品被强加在他者身上的反应、结果、响应。这在强化群体身份和主张的同时，也可能引发社会角色的变化。例如，科尔（Cole，2006）说，在芬兰的拉普兰，妇女通过参加一个手工艺合作社而获得权力。同样，米提宁（Miettinnen，2006）强烈支持这样一种观点，即在伊纳里，萨米人发现，由于旅游业的发展，他们在该地区的非萨米人面前获得了权力，从而可以将新的权力扩展到社会生活的其他部分，如地方政治或环境问题。根据作者的说法，他们更多的是"文化旅游"的参与者，而不是观察家，1997 年至 1999 年间的 EUROTEX 项目，或 2002 年至 2003 年被称为"不止有雪"的旅游发展项目，在这个人口稀少的社区非常小且分散的伊纳里地区①，为萨米人的一般授权创造了富有成效的氛围。因此，即使民俗化的风险始终存在，如果旅游业赋予了身份，它也赋予了保护、发展和丰富这种身份的力量。

18.3.3　萨米人的旅游业与游客的萨米人

1. 萨米人的游客

在分析拉普兰的旅游业时，不可避免地要谈论原住民和种族问题，因为该地区是芬兰萨米人的家园，有驯鹿农场、哈士奇农场、节日和文化遗产博物馆等重要的文化旅游景点。因此，本节分析了种族政治因素对拉普兰旅游业的影响，特别是罗瓦涅米、索丹基拉、伊瓦洛、伊纳里和塞维提耶维。因此，本节分析了种族政治因素对拉普兰旅游业的影响，特别是罗瓦涅米、索丹基拉、伊瓦洛、伊纳里和塞维提耶维。

即使不是所有的芬兰萨米人都生活在拉普兰，甚至不是所有的芬兰萨米人说萨米语，语言、符号、传统在该地区的旅游业中仍发挥着重要的（但不是主要的）作用。即使牧民的数量急剧减少，放牧驯鹿仍是萨米人的一种文化习惯。然而，萨米人与驯鹿（包括游客）有联系并不是一个障碍。几个世纪以来，萨米人被称为驯鹿放牧大师，要将这种传统方式与他们区分开来并不容易。

萨米人在芬兰的同化过程比在斯堪的纳维亚要强得多。因此，萨米人与芬兰人的相似性比与斯堪的纳维亚国家萨米人的相似性更为明显（Viken et al.，2006）。

在后"冷战"时期，拉普兰公路的重建为该地区的旅游业铺平了道路，这些公路在战争期间被德国军队摧毁。旅游业是该地区全年的产业，

---

① 面积约 17 400 km²，约 7 500 名居民。

因为北极光、狗拉雪橇、驯鹿雪橇、冬季滑雪以及夏季捕鱼、狩猎、湖边小屋和节日增加了拉普兰的自然旅游业。萨米人的传统文化已成为罗瓦涅米圣诞老人村、拉普兰冰雪酒店和上述所有季节性旅游自然景点的补充点。因此，萨米人符号在拉普兰变得非常明显。萨米人帐篷或萨米人手工艺品商店很常见。一方面，当地人将文化物品作为真迹物品卖给游客；另一方面，该地区也有文化景点：伊贾希斯·伊贾（Ijahis idja）音乐节（2004年以来在伊纳里组织的萨米人音乐节）、伊纳里的塞伊达（Siida）博物馆（展示萨米人历史和民族学）、塞维提耶维的斯科特萨米人（Skolt Sámi）遗产馆。例如，伊贾希斯·伊贾音乐节是一个跨地区的萨米人音乐节，来自芬兰、斯堪的纳维亚和俄罗斯的所有萨米人都会参加，而且这个组织还将国内外游客带到这个城市。文化真实性达到了这样的商业层面，伊纳里的萨米议会大楼（Sajos）可能会被出租用于大会、会议、集会和商业活动。因此，经过非常困难的过程获得的敏感的神圣的议会可能会被出租用于非萨米人活动，租用者可能会购买最昂贵的旅游手工艺品。

2. 游客的萨米人

由于制作手工艺品需要时间、耐心和手艺，因此产品价格上涨。在拉普兰，关于旅游景点，人们在萨米人的颜色、符号和活动之前首先想到的是奢侈品。芬兰是世界上最昂贵的国家之一，但为什么芬兰北部人口最少的拉普兰会如此昂贵呢？萨米文化被外国游客视为他者，但它实际上是自我。萨米人利用这种误解作为一种工具，通过对自己文化的旅游业化获得认可，以及获得经济利益。也许，获得推销文化的习惯正成为萨米人自我的一个特征。

以芬诺斯堪底亚文化为中心，并将其他文化视为它们的偏差，这是非常规范的，就像将萨米文化视为真实文化一样（Viken et al.，2006）。这种规范的方法或他者化增加了拉普兰的游客流量，更多的游客并不意味着内部化或同质化。相反，萨米人通过强调特殊性来工具化这种他者，仍然是"永恒的"他者。差异是建立在不同的基础上的（Cloke et al.，1997）。然而，当涉及少数民族时，这种差异会以另一种形式出现。大多数人下意识地将少数民族视为威胁。它的不容忍表现为镇压、同化和民俗化，有时甚至通过武力。因此，这种边缘化增加了对少数民族文化和整个地区（如萨米和拉普兰）的认同。

当游客们去拉普兰时，他们希望看到萨米人的颜色、人物和帐篷，他们鼓励文化的民俗化。人们用与文化相关的事实（符号、颜色、动物、服装）来衡量萨米化和萨米人的地方。因此，萨米人在旅游业中很好地使用他们的传统符号，以增加其所在地的吸引力，如罗瓦涅米、索丹基拉、伊瓦洛、伊纳里和塞维提耶维。当然，使用符号并不是萨米化的证据，然而，这是外国人的要求。事实上，这可能对萨米人制作工艺品、帐篷、服装很有用，以防止他们忘记传统的事实和物品。

萨米人出售文化产品，但他们不允许非萨米人使用他们的文化材料，如服装、帽子或歌唱歌谣（Thuen，2004）。除了证实传统和经济发展之外，旅游业增加了萨米人对身份的质疑。

18.4　结论

继努德·拉斯穆森之后，让·马拉乌里一生都在访问格陵兰岛，但始终犹豫不决。一方面，他总是对因纽特人文化因接触卡鲁纳特（Qallunaat）① 而受到污染感到遗憾，他认为他们正在失去其真实性。另一方面，他注意到这些接触为因纽特人的艰苦生活条件提供了便利，因此没有理由以殖民主义的方式剥夺他们的权利（Malaurie，1989）。访问拉普兰的非萨米人中除了萨米人之外还有哪些人？要真实吗？看起来真实吗？反面，萨米人对旅游业有什么期望？钱？认可还是尊重？当然，"游客"甚至"萨米人"都是理想的典型类别，毫无疑问，期望值会因其他因素例如社会职业类别、教育水平或个人政治取向而有所不同。但总而言之，游客和萨米人之间的关系是双向的。我们首先应该强调旅游业对萨米文化的积极影响。这样一座被灶神赫斯提亚遗弃的房子失火了，变成了废墟，一种没有生命的文化充其量只能成为一座博物馆，而在最坏的情况下它就会消失。不可能知道，如果没有任何旅游价值，这些终生使用的木制萨米杯（Kosa 或 Guksi）是否还会继续生产，至少数量如此之多，或者它们会成为博物馆展出的"古代"可爱遗产。本章的作者与他们的许多同事一样，在一次学术会议上目睹了一位萨米族民间社会代表身着传统服装，骄傲地炫耀着她的木制萨米杯 Guksi，同时在一个 iPad 上阅读她的通信。这就是旅

---

① 字面意思是"浓眉男子"，这里指白人男子。

游业的悖论：游客们为了寻找真实性而来观看未被触及的文化行为和物品，同时，它赋予了生命，但却将其木乃伊化了。这就是为什么具有强烈歌谣（yoik）影响的萨米族民歌歌手玛莉·波依娜（Mari Boine）感到有必要唱歌的原因：

> 让语言和文化作为研究对象和旅游景点在博物馆中占据一席之地。
>
> 每逢节日，都要做生动的演讲。
>
> 让这个曾经的民族解体并消亡。

然而，如前所述，萨米文化并不是芬兰拉普兰的主要旅游景点。因此，旅游业对萨米文化的好处或损害必须被视为附属品。如果有一天圣诞老人死了，会发生什么？换言之，该地区旅游业的缺失或急剧减少会对萨米文化产生什么影响？气候变化、不受控制的工业化、铁路建设可能在未来改变拉普兰吸引力的价值。或者，如果根据经济学家阿瑟·拉弗（Arthur Laffer）观点，过多的税收会扼杀税收，那么过多的旅游业可能会扼杀旅游业。旅游业在某些情况下保留了过去，但不能确定地保护未来。无论如何，芬兰萨米人主张的土地使用权似乎对确保未来丰富的文化生活必不可少，在这种情况中，行为和物品不仅是真实的，而且也是其他文化如何处理自然的榜样，这些经验变得至关重要。

参考文献

Blumer, H. (1994). Society as a symbolic interaction. In H. Nancy & R. Larry (Eds.), *Symbolic interaction and introduction to social psychology* (pp. 263-267). New York: General Hall Publishers.

Brown, S. (2015). *White Eskimo: Knud Rasmussen's fearless journey into the heart of the Arctic*. Boston: De Capo Press.

Capotorti, F. (1979). *Study on the rights of persons belonging to ethnic, religious and linguistic minorities*. New York: United Nations.

Carson, D., & Carson, D. (2018). International lifestyle immigrants and their contributions to rural tourism innovation: Experiences from Sweden's far north. *Journal of Rural Studies*, 64, 230-240. https://doi.org/10.1016/j.jrurstud.2017.08.004.

Cloke, P. , & Little, J. (1997). *Contested countryside cultures: Otherness, marginalisation, and rurality.* London: Routledge.

Cobo, J. M. (1981). *Study of the problem of discrimination against indigenous populations: Final report* submitted by the Special Rapporteur *Introduction* 30 July 1981E/CN. 4/Sub. 2/476.

Cole, S. (2006). Cultural tourism, community participation and empowerment. In S. Melanie & R. Mike (Eds.), *Cultural tourism in a changing world: Politics, participation and (re)presentation* (pp. 89–103). Clevendon: Channel View Publications.

Hafstein, V. (2018). Intangible heritage as a festival; or, folklorization Revisited. *The Journal of American Folklore*, 131(520, Spring), 127–149.

Herb, H. G. , & Kaplan, H. D. (1999). *Nested identities: Nationalism, territory, and scale.* Lanham: Rowman & Littlefielld Publishers.

Hinch, T. , & Butler, R. (2007). *Tourism and indigenous peoples: Issues and implications.* Oxford: Butterworth-Heinemann.

Hobsbawm, E. , & Ranger, T. (Eds.). (1983). *The invention of tradition.* London: Cambridge University Press.

Holmberg A. (2018). *To ask for salmon. Saami traditional knowledge on salmon and the river Deatnu: In research and decision making*, Master Thesis, The Arctic University of Norway.

Keith, C. L. (1999). The United Nations international covenant on civil and political rights: Does it make a difference in human rights behavior? *Journal of Peace Research*, 1(1), 95–118.

Koivurova, T. , & Stepien, A. (2011). How international law has influenced the national policy and law related to indigenous peoples in the Arctic. *Waikato Law Review*, 19, 123–143.

Malaurie, J. (1989). *Les derniers rois de Thulé* (5th ed.). Paris: Plon. 1st edition in 1954.

Miettinnen, S. (2006). Raising the status of Lappish communities through tourism development. In M. Smith & M. Robinson (Eds.), *Cultural tourism in a changing world: Politics, participation and (re) presentation* (pp. 159–174). Clevendon: Channel View Publications.

Nafisa, Y. (2016). The determinants of sustainable entrepreneurship of immigrants in Lapland: An analysis of theoretical factors. *Entrepreneurial Business and Economics Review*, 4(1), 125–159.

Schönfelt, K. (Ed.). (2017). *The Arctic in international law and policy.* Oxford: Hart Publishing.

Scott, J. , & Selwyn, T. (2010). Thinking through tourism-Framing the volume. In J. Scott & T. Selwyn (Eds.), *Thinking through tourism* (pp. 1–26). New York: Berg.

Semb, A. J. (2012). Why (not) commit: Norway, Sweden and Finland and the ILO convention 169. *Nordic Journal of Human Rights*, 30(2), 122–147.

Sharpley, R. (1999). *Tourism, tourists and society.* London: Elm Publications. Sharpley, R. (2014). Host perceptions of tourism: A review of the research. *Tourism Management*, 42, 37–49.

Similä, M. (2003). Immigrants and minorities in Finland: Problems and challenges. In T. David & G. Julia (Eds.), *Immigration in Europe: Issues, policies and case studies* (pp. 97–112). Bilbao:

University of Deusto.

Smith, V. (Ed.). (1978). *Hosts and guest: Anthropology of tourism.* Philadelphia: University of Pennsylvania Press.

Tanner, A. (2011). *Finland's balancing act: The labor market, humanitarian relief, and immigrant integration.* https://www. migrationpolicy. org/article/finlands – balancing – act – labormarket – humanitarian–relief–and–immigrant–integration.

Thuen, T. (2004). Culture as property? Some Sámi dilemmas. In K. Erich (Ed.), *Properties of culture – Culture as property. Pathways to reform in post–Soviet Siberia* (pp. 87–108). Berlin: Dietrich Reimer Verlag.

Tuulentie, S. (2017). Destination development in the Middle of Sápmi: Who's voice is heard and how? In V. Arvin & M. Dieter (Eds.), *Tourism and indigeneity in the Arctic* (Tourism and cultural change, n° 51). Bristol: Chanel View Publications.

Tyrväinen, L., Uusitalo, M., Silvennoienen, H., & Hasu, E. (2014). Towards sustainable growth in nature–based tourism destinations: Clients' views of land use options in Finnish Lapland. *Landscape and Urban Planning*, 122, 1–15.

Viken, A., & Müller, D. (2006). Introduction: Tourism and the Sámi. *Scandinavian Journal of Hospitality and Tourism*, 6(1), 1–6.

Vuorela, K., & Borin, L. (1998). Finnish Romani. In A. ó Corráin & S. Mac Mathúna (Eds.), *Minority languages in Scandinavia, Britain and Ireland* (Studia Celtica Upsaliensia n°3) (pp. 51–76). Uppsala: Acta Universitatis Upsaliensis.

Wessendorf, K. (2001). *Challenging politics: Indigenous peoples' experiences with political parties and elections.* Copenhagen: International Work Group for Indigenous Affairs (IWGIA) Publishing.

Wille, M. L. (1979). The Sami Parliament in Finland: A model for ethnic minority management? *études/ Inuit/Studies*, 3(2), 63–72.

第五部分

可持续治理

第 19 章　北方海航道货运监管

——追求北极安全和商业考量的战略合规

安东尼娜·茨维特科娃①

摘　要: 本章旨在探讨监管机构与最强大的参与者之间的互动影响下, 监管过程是如何形成的。本章回顾了 2001—2018 年俄罗斯北极地区货运监管的发展历史, 以说明影响现有立法的关键事件。22 个半结构化访谈和档案材料的数据通过制度逻辑方法进行解释。这项研究揭示了最强大的行动者的战略行动, 包括游说和信息操纵, 如何影响监管、政治倡议和商业结果。研究结果进一步揭示了背景和制度环境如何促使企业重新考虑其核心竞争力和供应链实践, 以避免导致不合规的监管负担。利益集团的预期利益和政治倡议之间的扭曲导致俄罗斯北极地区现有立法和航运的变化。这项研究提供了一种理解, 即由于监管机构和所有参与方之间的相互作用, 监管是如何被塑造成一个共同制定程序, 以及在实践中它是如何在实施过程中发生变化的。未来的研究应包括国际法等外部因素对俄罗斯北极地区货运监管的影响。

关键词: 监管流程; 供应链管理; 制度逻辑; 北极航运

19.1　简介

海运部门一直面临着商业压力和不断增长的优化物流管理系统、改善所有海运业务的连通性的需求。海事领域所有行为体之间加强海事监督和执法合作的必要性, 通过诸如监管这样的维持秩序机制得到了解决。监管

---

① 挪威莫尔德大学物流学院。e-mail: antonina.tsvetkova@ himolde.no.

原则和立法通过确定组织间关系的规则、海上运输的合同条款，甚至具体规定海上付款方式，限制或促进参与货物运输的所有行为者的行为。与此同时，海运服务一直适用于监管规则的敏感领域，因为涉及许多不同的利益相关方。

在文献中，监管通常被视为源自政府政策和立法的政治正式机制。之前的一些研究主要关注这些监管机制如何强制迫使组织以某种方式行事，参与特定的供应链实践，并将现有实践适应新技术，以保持合法性（Yaibuathet et al.，2008；Shook et al.，2009；Williams et al.，2009；Bhakoo et al.，2013；Sodero et al.，2013；Moxham et al.，2014）。然而，这种我们生活在一个"监管性国家"时代，政府拥有行使权力和控制的专属权利的想法受到了挑战。几项研究表明，存在一些行为者利益集团，这些利益集团能够影响国家监管以获取利益，甚至将一些监管职能掌握在自己手中，从而在某种程度上作为规则制定者行事（Stigler，1971；Peltzman，1976；Becker，1983；Veljanovski，2016）。制定法规的人和受其约束的人之间的相互作用对监管过程具有特殊意义。因此，监管过程主要包含两个密切相关但截然不同的问题，即参与者在所谓的管制博弈中的实际行为以及该过程本身的经济目的。它指的是博弈的运作方式和博弈的原因（Owen et al.，1978）。然而这一理论争议并没有得到现实实践中各种监管参与者如何相互作用和彼此影响的实证研究的有力支持；尤其是对交通领域关注不足（Baldwin et al.，2010）。

基于上述文献中的缺陷，本章旨在提供更深入的见解，了解监管机构和最强大的参与者之间的相互作用下监管过程是如何形成的。

为此，该研究提出了一个影响并指导了北方海航道货运发展监管过程的实证案例。北方海航道是北极运输系统中的一条重要干线，有助于偏远北极地区的社会、经济和文化发展以及全球贸易（Høifødt et al.，1995；Hong，2012）。北方海航道近期海上活动的潜力包括海上石油资源开采、提取矿物和陆上能源的区域内运输以及国际运输，尽管在过去几年中其数量仍然有限。因此，北极海洋领域利益相关者的范围大大多样化，包括采矿业、石油/天然气公司、跨国物流提供商、俄罗斯政府、国家当局和其他利益相关者组织。他们中的一些人扮演着强大的角色，能够抵制并影响俄罗斯政府的执法。与高纬度北极地区工业活动有关的主要挑战是，北极地区易受外部影响，从侵占和事故中恢复缓慢。人们普遍担心，对北冰洋和北冰洋地区石油和天然气勘探的兴趣增加，将引发不安全和高风险的项目，可能损害北极环境和原住民。

本章采用了制度逻辑方法，以解决俄罗斯北极地区货运监管的变化以及最强大的参与者的作用。通过制度视角，本章概述了过去 17 年（2001—2018 年）俄罗斯北极地区货运监管的历史发展，以说明影响现有立法的主要事件。

本章安排如下。下一节介绍有关监管概念的学术知识；然后描述了理论框架；接下来，是研究方法；第五部分介绍了研究背景和实证案例；下一节将讨论这些发现。本章的结论具有理论和实践意义，以及对未来研究的建议。

19.2　文献中理解为战略博弈的监管

在文献中，监管经常被视为来自政府和当局的强制行为：政府是规则制定者、监督者和执行者，通常通过公共机构运作（Black，2001）。

广泛接受的是塞尔兹尼克（Selznick，1985）对监管的定义：公共当局对社区所重视的活动进行持续和重点控制。

监管包括试图控制、命令和改变他人行为的故意活动，以遵守法律、规定的标准、规范，并通过涉及标准制定、信息收集和行为修改的各种机制最终实现预期结果（Black et al.，2002；Baldwin et al.，2010）。然而，政府垄断权力执行和控制的主流观点使人们对监管过程的理解支离破碎和有限。它忽略了这样一个事实，即组织和监管机构不仅在监管框架或博弈规则内运作，而且能够改变这些规则（Veljanovski，2010）。

一些早期的研究已经认识到，从政府和/或公共机构天然衍生的监管可能会受到受其约束的组织的影响（Stigler，1971；Peltzman，1976；Becker，1983）。监管机构不参与从业人员的日常经营活动，而现有立法往往不完善，无法满足他们的需求和预期结果。大型制造商、企业和消费者等利益集团可以通过游说和操纵信息等不同的战略行动来影响监管，以获得更有利和更多利润的监管，例如降低关税、补贴、职业许可和费用（Stigler，1971）。

此外，监管旨在促使私人组织改变其行为，以遵守法律，并最终实现预期结果（Veljanovski，2010）。因此，监管应该是一个协调、影响和平衡参与者与监管框架之间互动的过程，以发展现有模式和/或创造新的互动模式，使组织能够自己组织起来。对监管作为一个共同创造过程的新理解包括监管机构、组织和利益集团等不同参与者之间存在相互依赖和互动或所谓的"战略博弈"（Black，2001）。然而，仍然缺乏对监管机构和其他参与者之间的互动和相互依赖如何通过战略行动影响监管甚至商业结果的理解（Black et al.，2002；Veljanovski，2010）。

此外，强大的大公司游说和寻求避免监管负担的代价高昂，并在公司的预期利益和政治倡议之间造成扭曲。解决公共目标和私人目标之间的矛盾是政府干预的根本任务（Trebing，1987）。如果监管发展停滞不前，政府强制执行力度加大，公司就会实施可能影响现有实践和制度因素的战略，从而使抵制国家强制压力和约束成为可行的选择（Tsvetkova et al.，2018）。斯蒂格勒（Stigler）的话很好地说明了这一过程的结果：

> 无数的监管行动不是有效监管的确凿证据，而是监管意愿的确凿证明。如果你的愿望是马，那么你可以在马具厂购买库存（Leube et al.，1986）。

因此，强大的公司和监管机构可能不合作，甚至相互对立，导致经常出现违规行为和司法程序。然而，文献对监管机构和公司之间的互动在什么情况下会变成不合规和敌对的理解是有限的。此外，这些公司的战略行动有不同的回报，可能会无意中导致监管随着时间的推移而发生变化。这可能再次导致公司的预期结果与现有规则中的法律目的之间出现无法预见的差异。

为了解决监管过程中的变化以及所有参与者的角色，本章采用了下文所述的制度逻辑视角。

19.3 理论框架：通过制度逻辑的监管过程

应用制度理论的供应链管理文献主要关注不同的制度压力（强制性、规范性和模仿性）对供应链运作（Huo et al.，2013）、战略决策（Kinra et al.，2008；Doha et al.，2013）以及在现有和新环境中采用新的供应链实践和技术（Bello et al.，2004；Zhang et al.，2009；Lee et al.，2013；Doha et al.，2013；Hoejmose et al.，2014）的影响。然而，这篇文献忽略了当公司面临新的战略行动选择时，监管原则如何变化的过程。应用于本章的制度逻辑方法，特别讨论了社会行动者投资其战略行动的意义和行为动机，不仅是为了遵守现有法规，也是为了实现预期结果。它展示了监管和制度原则如何通过逻辑影响组织的战略、结构和实践（Thornton et al.，1999）。此外，它还强调行动者可以在地方层面上转变逻辑，然后新的逻辑变得明显，并在监管中形成新的含义（Battilana et al.，2009）。通过这种方式，这种制度方法的应用为在单一立法框架内监管过程的变化以及监管机构和组织的互动动态提供了独特的见解。

　　制度逻辑通常被理解为宏观信仰体系，它塑造了实践、价值观和规则的历史模式，社会行动者通过这些模式生产和再现其运作活动，组织时间和空间，并为其社会现实提供意义（Thornton et al.，1999）。此外，制度逻辑充当社会行动者"理所当然的社会处方"（Battilana et al.，2009）；影响组织领域的决策过程；定义目标、期望和合法活动（Thornton et al.，1999）；并经常体现在组织结构和实践中（Battilana et al.，2009）。

　　监管由若干制度化规范、法律、规则和逻辑组成，指导着制度环境的合法秩序。合法性意味着组织行为"在一些社会构建的规范、价值观、信仰和定义体系中是可取的、正确的或适当的"（Suchman，1995）。它不仅影响组织的行为，也影响他们如何理解自己的合法性。组织需要合法性和技术效率才能在其环境中生存和发展。构成组织场域的制度化规范、实践和逻辑施加同构压力，形成一个"铁笼子"，反过来又制约组织行动。当组织符合现场结构并在铁笼内运作时，它们被视为合法的（DiM，aggio et al.，1983）。

　　同时，监管原则和规范为以某种方式组织组织机构行为而建立的逻辑可以转化为行动，从而加强或重组逻辑本身（Thornton et al.，2012）。例如，游说商业利益集团试图改变现有立法，或施加社会压力以增加管理意识形态中的规范信念和勤勉认真的社会价值观。在社会行动者和机构之间的互动过程中，一种制度逻辑可能会被另一种制度逻辑所破坏和取代。当监管规则减弱和消失时，这一过程包括制度变革和去制度化（Scott，2014）。根据这一观点，本章提出逻辑是一种工具，在有争议的环境中，社会行动者可以利用它来影响决策，证明其战略行动的合理性，并倡导改变监管框架。此外，相同的逻辑可以在不同的情况下用于实现不同的目标，同一个参与者可以根据当前情况的感知需求，在不同的时间选择使用不同的逻辑（McPherson et al.，2013）。

19.4 方法

19.4.1 数据收集

采用历史定性方法，调查过去 18 年（2001—2018 年）俄罗斯北极地区货运监管的变化，并检查可能影响北方海航道监管的关键参与者的行为和动机。数据收集基于多种数据来源，包括与 11 个组织的代表进行的 22 次半结构化面对面访谈（见附录 1）、俄罗斯关于北方海航道沿线货物运输的立法以及档案材料。受访者是根据他们在俄罗斯北极地区的监管流程和货物运输中的参与情况选择的。访谈的重点是追踪监管发展和战略行动的主要历史事件以及可能会影响监管过程和其他相关行为者行为的最强大的组织的作用。访谈分三个阶段在摩尔曼斯克和圣彼得堡进行：2014 年 5 月、2014 年 11 月和 2015 年 5 月。三轮访谈提高了数据的可靠性。采访用俄语进行，然后翻译成英语。所有访谈都是手写的，并经每位受访者的同意进行记录，稍后再进行转录。相比之下，为了避免监管过程中某些事件中主观批评的理想化或模糊性，通过在几段时间内重复向不同受访者提出类似问题来交叉检查实证数据。

收集了各种二手数据，主要来自俄罗斯关于俄罗斯北极地区货物运输的立法规则和法律（见附录 2）以及在北方海航道水域，参与俄罗斯北极航运的产业组织的官方年度报告、新闻稿和官方网站。

本章包含参与监管过程的机构、商业公司和其他组织的官方名称，因为它们在俄罗斯立法中有明确的概述。

19.4.2 数据分析

内容分析用于评估从多个来源收集的大量数据的意义。这使得本章的论点具有可靠性和可追溯性成为可能。数据分析以确定俄罗斯立法提供的关键词和解释为指导，并由受访者在日常工作中使用。这些关键词在收集的数据的不同文本中被视为具有影响力的词语，以进一步确定它们对行为体有关货运监管的战略行动有何影响。它能够在商事企业如何理解和实际应用政府法规的各种解释之间建立沟通。在分析实证数据时，访谈内容的含义、法律以及档案材料的不同文本在解释组织行为中起着重要作用。

对过去 18 年（2001—2018 年）监管过程中的关键历史事件的概述，首先描述北方海航道的历史发展，然后介绍当前情况。

19.5　北方海航道的定义和历史发展

根据俄罗斯法律规定，北方海航道从西部的新地岛（Novaya Zemlya）（西经 168°58′37″）延伸至东部的白令海峡（平行于北纬 66°），包括俄罗斯联邦的内海、领海、毗连区和专属经济区。因此，北方海航道的区域并不涵盖俄罗斯北极的所有水域。在审查监管流程时，本章涵盖了喀拉海峡和摩尔曼斯克港之间的北方海航道和巴伦支海水域的货物运输。

与大多数其他海上航线不同，北方海航道是一系列不同的航线，主要沿俄罗斯北极海岸航行。它由喀拉海、拉普捷夫海、东西伯利亚海和楚科奇海组成（Østreng et al.，1999）。北方海航道与流入北冰洋的众多河流一起构成了一个完整的水上运输系统。北方海航道有两种不同的使用方式：①在北方海航道全程往返欧洲和亚洲地区的过境商业运营性国际使用；②主要位于北方海航道西部当地工业的国内沿海运输业务。

船舶在北方海航道沿线的移动和航行会遇到各种自然挑战。这条路线的特点是气候条件恶劣（极夜、漫长寒冷的冬季、暴风雪、船舶喷雾结冰）、港口之间距离长、运输选择有限、需要使用破冰船援助以及每年北极航行时间短。该航线覆盖了 2 200 ~ 2 900 n mile 的冰雪覆盖水域（Østreng et al.，1999）。这些因素使北方海航道沿线的货物运输容易受到可能的干扰，并增加运输成本。

基础工业综合体（采矿冶金、采矿化工和石油天然气工业）的发展推动了北方海航道沿线的货物运输（Høifødt et al.，1995；Østreng et al.，1999；Hong，2012）。北方海航道内的海上工业流不仅可以维持工业需求，还可以为北极偏远地区的生存提供能力，既可以输出经济基础产业的产出，也可以为工业和居民消费品带来投入。包括鱼类和鱼类产品、木材、铁矿石和铁矿石半成品、镍矿和矿业金属、石油和天然气产品、工业设备、食品和其他投入（Høifødt et al.，1995；Granberg，1997）。

在北方海航道的商业使用历史中，可以确定三个不同的阶段：

1932 年至 20 世纪 50 年代初：定期航行的组织和特种船队及港口建设

苏联政府非常重视北极和北方海航道，从 20 世纪 30 年代起，对基础设施进行了大规模投资，并为科学研究划拨了大量资金。1932 年，北方海航道首席行政长官设立，拥有"沿着西伯利亚北部人烟稀少的海岸开发一条海路"广泛的权力（Bulatov，1997）。1939 年夏天，带工业货物进行首航。然而，在很长一段时间里，航行仅在夏季航行期间进行。

20 世纪 50 年代至 70 年代：完成北方海航道开发

确保可靠的通信和基础设施，使北方海航道在夏秋航行季节转变为正常运行的主要交通线路。

20 世纪 70 年代：沿北方海航道向全年导航过渡

在强大的原子能和柴油电动破冰船、北极航行用冰加固船舶投入运行后，将夏秋航行期延长至全年使用北方海航道。自 1978 年以来，由于对科拉（Kola）和诺里尔斯克（Norilsk）工业综合体之间建立可靠互动的运输方案的需求增加，北方海航道西段（摩尔曼斯克-杜丁卡）（Murmansk-Dudinka）全年定期航行（Høifødt et al.，1995；Østreng et al.，1999）。俄罗斯国家核动力破冰船公司（FSUE）"Rosatomflot"总干事强调：

> 20 世纪 70 年代，诺里尔斯克工业区的发展成为创建强大核动力破冰船船队的起点。我们开玩笑称 MMC "诺里尔斯克镍业公司"（MMC "Norilsk Nickel"）是我们的"爸爸"。

直到 20 世纪 90 年代苏联解体，货运量稳步增长（Granberg，1995）。1987 年达到最大出货量 6 578 000 t。与 1945 年相比，1987 年的出货量增加了 14.8 倍，与 1960 年相比增加了 6.8 倍（Østreng et al.，1999）。然而，20 世纪 90 年代的改革以生产的巨大经济下滑和俄罗斯制度环境的变化为标志（Polterovich，1999）。经济危机尤其影响了北方海航道沿线地区（Granberg，1997），这些地区的特点是行政管理薄弱，且有迅速退化的趋势（Utkin et al.，2001；Kuznetsova et al.，2013）。由于国内市场总体经济低迷，工业减产。这导致俄罗斯北极地区货运活动减少，货运的规律性中断，因为货运是北方海航道存在背后的最重要的组成部分之一（Granberg，

1997）。1996 年，装运总量仅为 1 642 000 t（Østreng et al.，1999）。

俄罗斯政府很晚才意识到，如果不改变法规和调整金融经济机制，北方海航道就无法适应新的市场条件并克服危机（Østreng et al.，1999）。

19.6　2001—2018 年的监管流程

19.6.1　第一阶段（2001—2005 年）：陷入旧立法的"铁笼"中

在 21 世纪初，更新现有法规的起点是 2001 年通过了《海洋法》，该法成为海事立法的关键文件，以管理 2020 年之前的国家海洋政策。《海洋法》（2001）强调：海上运输对于确保国内交通至关重要，特别是在海上运输是唯一运输方式的地区，以及在对外经济活动中。

海上运输的作用被确定为对北极和亚北极地区的维护和发展具有决定性意义。

北方海航道沿线货物运输的航行和安全主要受 1990 年规则和 20 世纪 90 年代通过的其他立法程序的监管，这些程序已经过时，无法适应新的市场现实。这些规范旨在确保航行安全，以及防止、减少和控制船舶对海洋环境的污染。

北方海航道的管理由北方海航道管理部门以及俄罗斯联邦运输部海运服务部门内的其他机构实施。运输由拥有船队的以下股份公司监管：摩尔曼斯克航运公司（Murmansk）、北方航运公司（Arkhangelsk）、北极航运公司（Tiksi）、远东航运公司（Vladivostok）和波罗奈斯克航运公司（Nakhodka）。根据旧立法和过时的船舶技术参数，冬季航行中的运输仅在破冰船协助下进行。北方海航道上使用的破冰船归国家所有，并委托给航运公司和港口。两个破冰船运营商被授权对破冰船船队进行交通管理：JSC"摩尔曼斯克航运公司"的船队在厚冰和温度降至−50 ℃ 的极端冬季条件下运营，JSC"北方航运公司"船队设计用于在不太极端的冰况下作业（Høifødt et al.，1995）。JSC"摩尔曼斯克航运公司"也是俄罗斯北极水域货物运输的主要物流供应商，并提供了所有北极货物的大部分（Granberg，1995）。采矿和冶金公司"诺里尔斯克镍业公司"（简称 MMC"诺里尔斯克镍业"）是该地区最大的货主，其在北方海航道西段的货运量约占 JSC"摩尔曼斯克航运公司"利润的 45%。

为了弥补经济危机后的财务损失和航运活动的大幅减少，政府从 2003

年起不断提高破冰船服务的关税，从而改变了监管政策（第 69 号命令，2000 年）。由于通货膨胀和核燃料价格的快速增长，关税每年都在增加。自 2003 年以来，政府取消了对破冰船船队的维护、建造和运营的补贴。因此，破冰船船队运营成本的资金提供完全通过货主支付破冰船服务费用来实现。因此，在 2003—2008 年，每吨货物的破冰船费用从 5 美元增至 70 美元，然后在 2011 年每吨货物的费用约为 80 美元至 100 美元。北方海航道政策尤其受到破冰船船队运营商行动的影响。

此外，由于国家冰加固船舶和核动力破冰船船队已经过时，需要进行翻新和技术创新，情况变得更加复杂。核动力破冰船上的任何事故，例如一些技术故障或火灾，都可能对货物的主要拥有者至关重要。货物交付的中断可能违反制造流程，给北方企业造成重大经济损失，并因滞期费增加运输成本。俄罗斯政府计划建造新的破冰船，但由于财政问题不得不停止。破冰船和冰级船舶的短缺、破冰船服务的关税不断提高以及供应商和海运公司的选择有限，对工业综合体的经营活动构成了挑战。

此外，北方海航道政策，特别是 1990 年的规则，无法为所有相关行为者之间的行为和互动提供适当的规范。2004 年，北方海航道管理局被撤销。然后，JSC "摩尔曼斯克航运公司" 被私有化。北方海航道的管理和维护需要国家的支持，这不仅得到了联邦当局和机构的承认，也得到了主要商业公司的承认。

19.6.2 第二阶段（2006—2008 年）：试图逃离 "铁笼" 的困阻

MMC "诺里尔斯克镍业" 作为最大的货主，寻求了几个备选方案，包括与政府谈判，以降低破冰服务的关税，但该公司的利益游说并不成功。2003 年 2 月 10 日，交通部长弗兰克（S. Frank）在克拉斯诺亚尔斯克（Krasnoyarsk）举行的新闻发布会上宣布：为了确保运输自己的货物，MMC "诺里尔斯克镍业" 将投资 1 500 万美元用于开发北方海航道的联邦计划，尤其是建造新的破冰船。

然而，与国家的合作很薄弱。

2006—2008 年，MMC "诺里尔斯克镍业" 推出了自己的北极船队，包括五艘根据俄罗斯海事船级社（DNV Ice-15+DAT-30 ℃）要求冰级为 Arc7 的集装箱船以及一艘无须破冰船协助就能克服 1.7 m 厚北极冰层的通用油轮。拥有自己的船队确保了北方海航道沿线的定期货物运输，全年无须破冰船援助，运输独立于政府政策，以便在沿北方海航道航行时不支付强制性破冰船费用。这大大降低了运输成本。MMC"诺里尔斯克镍业"的新北极船队应用了新技术，改变了北极水域历史上建立的货物运输。新的供应链战略实践影响了现有货物运输的多个方面，标志着俄罗斯北极航运总体上的新发展（Tsvetkova et al.，2018）。

然而，MMC"诺里尔斯克镍业"的新独立地位引起了其前供应商——国有海运公司和破冰船服务的国有运营商的不满。由于他们失去了主要客户和货主，利润大幅下降。由于MMC"诺里尔斯克镍业"与主要由国家扶持的其他最具影响力的行为体之间存在经济利益冲突，完全不接受和不满通过索赔、投诉和数起该公司未支付破冰船服务费的法律诉讼表现出来。正如其中一位受访者所指出的：新型冰级船舶成为北极海上运输的新现象。以前的监管框架并没有为它们确定程序，因为它们与新技术不兼容。

从MMC"诺里尔斯克镍业"收回罚款的主张被称为不当得利。破冰船船队的国家运营商最近一次提出索赔是在2008年，索赔金额为10 641 265.45卢布（约212 825美元），但法院认为该索赔没有证据。

正如一位受访者强调的那样：MMC"诺里尔斯克镍业"没有使用破冰船服务而不缴纳关税的问题，实际上在很长一段时间里一直是争论的热点，就像伤口流血一样。

根据俄罗斯国家核动力破冰船公司"Rosatomflot"官方网站上提供的数据，MMC"诺里尔斯克镍业"拒绝支付破冰船服务费，导致2006年国家核动力破冰船船队的维护收入不足，达238 500 000卢布（约4 770 000美元）；2007年为329 800 000卢布（约6 596 000美元）；2008年为757 800 000卢布（约15 156 000美元）；2009年预计付款缺口为1 608 400 000卢布（约32 168 000美元）。因此，这些数字的动态突出表明，对货物运输的监管仍然基于破冰船服务关税的稳步增长（从2003年开始），而不是为了加强监管政策。其中一位受访者补充道：破冰船运营商还谴责MMC"诺里尔斯克镍业"的游说行动，因为这些行动可能成为推迟通过北方海航道必要法律法规的主要原因之一。

MMC"诺里尔斯克镍业"并不是促进运输独立性的唯一公司。"Sovcomflot"公司（2010年）和JSC"LUKOIL石油公司"（1999—2002年）购买了高冰级油轮，用于在北极水域航行，无须破冰船协助。因此，由于不适当的北方海航道政策和政府执法，商业公司必须采取战略举措，通过自身努力确保货物运输的可靠性。破冰船运营商作为主导者的作用减弱。

19.6.3 第三阶段（2008—2011 年）：削弱"铁笼"困阻的先决条件

这一时期可以被视为实施新的国家意识形态，以进一步发展北极海上货物运输。2008 年，俄罗斯政府启动了一系列旨在振兴北方海航道的联邦计划和战略。俄罗斯 2020 年之前的新北极国家政策概述了新的战略重点，并强调俄罗斯北部地区依赖于从其他地区提供供应的供应商来促进生存和进一步发展。北方海航道被确定为"俄罗斯联邦在北极地区的国家综合交通通信系统"，具体而言，是俄罗斯北极地区的一个"主动海岸警卫队系统"。

主要挑战之一是如何增加北方海航道沿线的货运量，并建立一个监控系统来维护航行安全和管理货物流。

正如梅德韦杰夫 2008 年 9 月 17 日在俄罗斯联邦安全理事会"关于保护俄罗斯联邦在北极的国家利益"上强调的那样：北方海航道基础设施的现代化需要先进的导航、搜索和救援系统。有必要扩大港口网络，将北方海航道发展成为俄罗斯的战略国道。这是我们国家的优先事项。

此外，俄罗斯政府计划为建造新的破冰船、日常救援/辅助船只和沿海基础设施提供支持。2008 年，政府通过将 JSC"摩尔曼斯克航运公司"的职责转回，任命了新的破冰船运营商俄罗斯国家核动力破冰船公司"Rosatomflot"。正如俄罗斯国家核动力破冰船公司"Rosatomflot"网站上正式宣布的，其使命是"支持加强北极航运，将其作为俄罗斯北方增长和发展的关键因素"。

2009—2010 年，在破冰船援助下，沿北方海航道成功进行了几次从亚洲地区到欧洲的过境商业航行，以吸引外国合作伙伴使用北方海航道进行国际过境运输。俄罗斯国家核动力破冰船公司"Rosatomflot"成为北极海上货运领域新的强大参与者，开始在相关国家参与者中发挥主导作用。

2011 年，俄罗斯政府改变了破冰船服务的关税政策框架（2011 年第122-T/1 号命令）。破冰船援助的费率保持不变，但新定义为"最高"，以便在一定限度内提供船东和破冰船运营商之间讨价还价的可能性。虽然从20 世纪 90 年代到 2011 年，关税监管的特点是不断增长的税率，但这一立法创新举措允许调整关税，以匹配航运市场的当前参数，并考虑到船东的利益。据北方海航道协调非商业伙伴关系执行董事介绍，新的关税政策使北方海航道更具吸引力，2011 年夏秋季，东西方货物运输总量达到 83.5 万 t，创历史新高。

这一监管变化表明，俄罗斯政府执法部门的作用仍然是严格强制的，尽管在某种程度上对参与日常货运实践的参与者更加忠诚。俄罗斯政府过去几年在北方海航道发展方面的努力显然不足以建立一个高质量的立法框架，以使相关行为者的行动得到协调并吸引投资。

19.6.4 第四阶段（2012—2013 年）：新立法——那么，"铁笼"是否曝光?

俄罗斯北极水域货物运输监管方面的立法有了一些改进。自 2013 年 1 月 27 日以来，《北方海航道联邦法》对现有法律和立法进行了多项重要修订。主要修正案保证了重建北方海航道管理局，并在北方海航道水域采用新的航行规则。北方海航道管理局旨在组织北方海航道水域的航行，确保其安全航行和保护海洋环境免受污染，但不包括进一步发展的计划。其主要职能包括组织破冰、导航、水文和航行的法律安全，开展防止和消除北方海航道大陆架溢油工作，以及在北方海航道发生自然和人为灾害的紧急情况的预防和缓解工作中与应急服务部门进行互动。实际上，北方海航道管理部门只进行一般协调和文件流通，主要是授予船舶在北方海航道水域航行的许可，并通过在线系统接收船长的每日报告。在北方海航道附近和水域内航行的船只交通受到电子监控。

2013 年《规则》确定了一项新的命令，以组织北方海航道沿线的船舶航行、破冰援助和船舶冰上引航、为船舶航行提供航行水文和水文气象支持、无线电通信以及对船舶的特殊要求。与 1990 年规则不同，新规则没有规定设立海上作业总部，作为一个特殊的导航服务机构，对航行进行实际作业管理。根据新的北方海航道法律，船长必须根据相关机构提供的冰情信息自行选择特定的航行路线。

然而，2013 年新规则在确保航行安全和适当控制航行方面引起了一些专家的怀疑。正如 2013 年在圣彼得堡举行的第二届主题为"北方海航道：现状、问题和前景"的国际会议上担任核动力破冰船船长的北方海航道行政主管所强调的那样：船东和船长在船舶航行决策方面的作用显著增加。

然而，冰层状况的预测覆盖了多达一半的北极水域。这可能会增加确保安全航行的风险。重建海上作业总部是合理的。此外，没有下令对违反《规则》的行为承担法律责任。不符合要求的船舶应拒绝获得下一次许可。北方海航道管理部门和破冰船运营商之间没有制定任何合作程序。

因此，2013 年《规则》弥补了一些法律缺陷，使日常惯例适合于实际发生的北极水域货物运输的挑战。

此外，《北方海航道法》引发了关于哪个组织（俄罗斯国家核动力破冰船公司"Rosatomflot"或北方海航道管理局）将负责根据关税率收取北方海航道沿线航行费用的争论。最初，北方海航道管理部门打算对北方海航道收取不同的费用。但俄罗斯国家核动力破冰船公司"Rosatomflot"设法保护其利益，负责收取破冰船服务费。此外，俄罗斯国家核动力破冰船公司"Rosatomflot"游说将破冰服务强制纳入 NSR 法律，但没有成功，其中包括能够在无破冰援助的情况下航行的高冰级船舶（如 MMC "诺里尔斯克镍业"拥有的船舶）。这场辩论再次强调，根据固定费率收取破冰服务费在监管战略博弈中继续发挥着重要作用。

关税政策发生了变化，规定取消强制性破冰费。付款被理解为仅对破冰船援助和冰上航行的实际服务收费，事实上，最高关税由联邦关税局确定。然而，这些关税调整引起了俄罗斯国家核动力破冰船公司"Rosatomflot"的投诉。据俄罗斯国家核动力破冰船公司"Rosatomflot"总干事称，新的关税征收制度给该公司带来了巨大的利润损失，并成为破冰船船队维护的沉重负担。

此外，诸如"破冰船支持、北海航线区域船舶的冰上引航"等活动被确定为自然垄断服务，"在其他货物的消费中无法替代……而对此类货物（服务）的需求在较小程度上取决于这些货物的价格变化"（第 147-FZ 号法律，1995 年，《北方海航道法》）。这意味着，对这些活动的需求被确定为"由于生产的具体技术特征，在没有竞争的情况下更有效"（法律 147-FZ 号，1995 年）。以下组织注册为能够提供破冰援助服务：俄罗斯国家核动力破冰船公司"Rosatomflot"、俄罗斯国家核动力破冰船公司"Rosmorport"、JSC "远东航运公司"、JSC "摩尔曼斯克航运公司"、摩尔曼斯克运输分公司、MMC "诺里尔斯克镍业"、JSC "LUKOIL 石油公司"。因此，商业公司拥有的一些冰级船舶也被认为能够在俄罗斯北极地区执行破冰船功能。因此，这些商业公司在监管过程中的作用具有特殊意义。与此同时，随着立法的变化，政府的干预力度大幅增加。

由于北方海航道是俄罗斯国家利益的联邦公路，地区当局在监管过程中没有任何牵连。他们侧重于通过组织会议、论坛和研讨会，为所有利益相关者之间的相互讨论和对话建立一个特定的信息领域。因此，地方当局在联邦政府政策和商业公司之间发挥了调解人的作用。

19.6.5　第五阶段（2014—2017 年）：仍处于"铁笼"中？——开启新监管博弈的竞争

尽管 2013 年对北方海航道沿线航行监管框架进行了修订，使其对商业公司更加有利，并在 2009—2010 年成功进行了几次过境商业航行，但随后几年的货物总量仍然很小。2013 年估计为 280 万 t，2014 年为 370 万 t，2015 年为 515 万 t。随后，亚马尔液化天然气项目开始为俄罗斯国内通过北方海航道输送天然气的运输做出贡献。这使得货物总量从 2016 年的 750 万 t 增加到 2017 年的 1 020 万 t（增加了近 40%）。尽管国内交通量一直在改进，但 2014 年运输量急剧下降，到 2017 年仍处于缓慢下降状态：2013 年为 130 万 t（71 艘船）；2014 年为 24 万 t（31 艘船）；2015 年为 4 万 t（18 艘船）；2016 年为 21 万 t（19 艘船）；2017 年为 19 万 t。运输量的下降与 2014 年世界市场船用燃料价格的急剧下降、不利的运价、几年来恶劣的结冰条件、商业冰加固船舶的稀缺以及美国–欧盟对俄罗斯的制裁造成的地缘政治紧张相吻合。与每年约有 18 000 艘船只通过的苏伊士运河相比，这些因素和不确定性显著降低了使用北方海航道节省时间的经济价值。

为了改善这种情况，俄罗斯政府开始讨论重组能力，以进一步开发北方海航道。新的政府努力旨在提高北方海航道管理的有效性，增加北方海航道的经济价值，包括国内和国际货运量。这一进程始于 2016 年，由副总理罗戈津领导的北极委员会提出了一项建议，为北方海航道创建一个统一的物流运营商，主要是为了更有效地利用包括破冰船船队在内的基础设施。该提案没有提供该机构将如何组织的详细情况，而是假定成立一个新的独立组织。

拟议的重组标志着行政结构的改变。到 2016 年，当不同的政府机构负责北方海航道的不同权限时，行政结构变得支离破碎。俄罗斯国家核动力破冰船公司"Rosmorport"是 2002 年成立的一家国有公司，隶属于交通部，负责运营北方海航道基础设施，包括港口和常规破冰船。北方海航道管理局也是交通部的一部分，成立于 2013 年，以确保北方海航道水域的安全运营，包括发放许可证、冰情信息、协调破冰船使用以及搜索和救援行动。俄罗斯国家核动力破冰船公司"Rosatomflot"也是一家国有企业，自 2008 年起负责运行和维护核动力破冰船船队。根据俄罗斯现行立法，截至 2018 年，北方海航道管理局未被授权参与商业推广活动；预测未来北方海航道交通需求、货运量以及破冰援助和其他支持服务的需求（与成立于 1932 年的前北方海航道管理部门的职能相反）。

2017 年，俄罗斯政府收到了两份关于重组北方海航道管理层的相互矛盾的提案。一项提案建议升级北方海航道管理，并让交通部负责所有操作，包括核动力破冰船船队。另一项提案认为，俄罗斯国家核动力破冰船公司"Rosatomflot"将巩固北方海航道的所有能力，包括北方海航道的基础设施、通信、导航和科学问题，以便成为未来北方海航道发展政策的关键和单一机构。这种持续的争夺影响力导致俄罗斯国家核动力破冰船公司"Rosatomflot"与北方海航道管理部门之间发生冲突。

19.6.6 第六阶段（2018 年）：北极安全还是商业考虑？——强大机构之间斗争的恢复

2018 年 4 月，悬挂塞浦路斯国旗的液化天然气油轮"Boris Vilkitsky"号违反北极安全规则，加剧了俄罗斯国家核动力破冰船公司"Rosatomflot"与北方海航道管理部门之间日益严重的冲突。该船为希腊公司"Dynagas"所有，3 月份在从鹿特丹到萨贝塔港（Sabetta）的途中发生故障。在船尾推进器和左舷转向柱受损后，该船的抗冰能力从 Arc7 降至 Arc4（从 DNV ice-15 降至 DNV ice-05），这使得该船无论单独或在破冰船护航下进入北方海航道水域都是非法的。然而，"鲍里斯·维尔基茨基号"（Boris Vilkitsky）在"Rosatomflot"公司破冰船"泰米尔号"（Taimyr）的护送下，经由热拉尼耶角（Cape Zhelaniya）进入喀拉海，从而违反了北方海航道法规。此外，该船的船长没有将该船的状况和故障机制通知萨贝塔的北方海航道管理官员和港口当局，从而也违反了第 19 号《航行规则》。官员们称，这起事件严重违反了北方海航道规则，"对航行安全和海洋环境保护构成威胁"。

北方海航道管理部门的官员意识到，在"Rosatomflot"公司破冰船

"泰米尔号"的护航下，该船在前往萨贝塔的途中遇到了在厚冰中航行的困难。在该船抵达时，官员们透露了一系列其他违规行为，包括缺乏准确的冰图以及船长和船员缺乏必要的冰上航行经验。"鲍里斯·维尔基茨基号"在港口停留了一个多星期，为了不限制俄罗斯最大的北极自然资源项目亚马尔液化天然气（Yamal LNG）的开发，该项目对该国具有战略重要性，在俄罗斯总统弗拉基米尔·普京的直接干预下获准离开。然而，即使在俄罗斯最强大的原子破冰船"胜利50年号"的护航下，"鲍里斯·维尔基茨基号"也花了将近一周的时间才从北方海航道冰封的水域中驶出。

事实上，每年都有许多船只违反了北方海航道的安全规则，例如，2017年有近100艘船只。它强调了北方海航道管理部门无法正确执行自己的规章制度。但2018年4月的事件大大加剧了这种情况，因为国有企业俄罗斯国家核动力破冰船公司"Rosatomflot"知道"鲍里斯·维尔基茨基号"的故障，并向北方海航道管理部门隐瞒了它。官员们指责俄罗斯国家核动力破冰船公司"Rosatomflot"将护送"鲍里斯·维尔基茨基号"穿越北方海航道水域的商业考虑放在首位，而不是维护安全规则。因此，这起事件暴露了对北方海航道控制权的斗争，自俄罗斯政府启动重组北方海航道能力的计划以来，这场斗争至少在过去两年里一直在表面下酝酿。正如弗里德乔夫·南森（Fridtjof Nansen）研究所的一位高级研究员强调：

这看起来像是不同机构和个人之间的一场非常艰苦的战斗。政府投资和补贴形式的巨额资金也涉及其中。

2018年6月，政府初步解决了"Rosatomflot"公司和交通部之间控制北方海航道的斗争，以进一步共享权限。

自2018年12月27日起，新的第525-FZ号联邦法律生效，并规定了俄罗斯国家核动力破冰船公司"Rosatom"在北方海航道和邻近地区的发展和运转中的权力。该法律规定，"Rosatom"公司已获得制定北方海航道开发和可持续运转的国家政策的建议权。此外，俄罗斯国家核动力破冰船公司"Rosatom"和授权机构负责北方海航道内的导航可行、安全和准确。这项工作可能包括水文和地形测量。此外，该法授权俄罗斯国家核动力破冰船公司"Rosatom"控制预算资金，用于北方海航道基础设施和港口的开发和可持续运行,确保航行和北方海航道沿线船舶的全年拖曳。俄罗斯国家核动力破冰船公司"Rosatom"将定义一个下属企业,该企业有权在北方海航道内授予导航权限。

正如其中一位受访者强调的那样:俄罗斯国家核动力破冰船公司"Rosatom"目前在北方海航道的管理和俄罗斯北极物流发展方面发挥主导作用。

最近的立法变化主要是为了增加北方海航道沿线的航运流量和吸引外国公司。2018年,尽管冰雪条件复杂,但北方海航道沿线运输的货物超过1 800万t,较2017年增长68%。2018年初夏,喀拉海和东西伯利亚海的大部分地区都有厚厚的冰层。但这条路线上的过境运输仍然很少。

当前北方海航道能力的重组面临着挑战,一方面,如何安排商业考虑以增加货运量和最大限度地实现经济发展,另一方面,满足所有安全要求并保持透明。

19.6.7 总结

2001—2018年的监管过程包括六个阶段,每个阶段的特点是具体的政府举措、商业公司的行动以及沿北方海航道航运的新立法规范的采用(图19.1)。

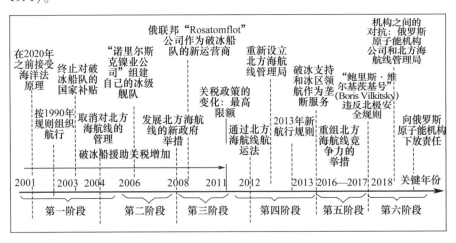

图 19.1 2001—2018 年俄罗斯北极地区货运监管过程的关键历史事件

该研究说明了监管机构和关键参与者之间的互动如何影响立法和监管的效果。监管过程表明了从政府强制执法到采用更有利的规范和规则,以增加北方海航道沿线的航运流量的活动（表 19.1）。

表 19.1　2001—2018 年国家政策与北方海航道沿线
货运监管流程参与者行动之间的相互作用

时期	国家政策	参与者的行动	监管影响	北方海航道沿线的航运流量
2001—2005	监管约束： 强制性不稳定的国家政策； 不断提高关税以支付北方海航道基础设施和破冰船维护的所有费用； 建造新破冰船没有资金支持； 取消北方海航道管理	决定发展自己的交通基础设施	破冰船服务的强制性付款； 货主定期交货的不确定性； 缺乏破冰船； 废弃的冰加固船； 高中断风险；	内部和过境交通量下降
2006—2008	不断提高关税； 关于改革北方海航道立法必要性的辩论	由关键货主（MMC "诺里尔斯克镍业"）使用新技术调试自己的北极船队征服冰层，且不支付破冰船费用； 破冰船运营商针对主要货主提起法律诉讼	新的供应链管理实践； 没有强制性破冰援助的航行； 提高运输效率； 国家损失主要利润； 造成主要货主、其前供应商和破冰船运营商之间的不满	国内运输量（2006年为 200 万 t）和过境运输量均略有增加
2008—2011	2020 年前俄罗斯新北极国家政策强调了北方海航道的重要性； 任命核动力破冰船船队的新运营商； 关税政策变化： 根据船舶排水量与新的核动力破冰船运营商达成协议，确定最高限额并调整关税税率	破冰船运营商组织几次商业运输航行，以吸引外国合作伙伴	对商业公司更有利的国家政策	国内运输量增加：2011 年为 310 万 t； 过境运输量略有增加：2010 年为 10 万 t

表 19.1（续）

时期	国家政策	参与者的行动	监管影响	北方海航道沿线的航运流量
2012—2013	通过新的北方海航道法： 重新建立北方航道管理局，制定新航行规则； 在没有强制性破冰援助的情况下航行（取决于船舶类型）； 关税政策的变化：取消强制性破冰费，只对实际服务征收关税； 承认 MMC "诺里尔斯克镍业"冰级船舶具有提供破冰船服务的法律能力	破冰船运营商游说，代替北方海航道管理局负责收取导航和破冰船服务费用（成功）； 破冰船运营商游说，要求所有类型的船舶必须提供破冰船服务（未成功）	为所有参与者制定更灵活、更少强制性的立法； 增加船东和船长在沿北方海航道航行决策中的作用（是否有破冰船协助）	国内运输量增加（2013 年为 280 万 t）； 过境运输量从 2010 年的 10 万 t 增加到 2013 年的 135 万 t
2014—2017	两个机构（破冰船运营商和北方海航道管理局）之间北方海航道能力重组倡议； 国家政策面临的外部压力：船用燃料价格急剧下降、地缘政治紧张局势和美国-欧盟制裁	破冰船运营商游说，巩固北方海航道的所有能力和责任，成为北方海航道的单一物流运营商	监管成为一种更具协同效应的活动	国内货运量的增长主要是由于萨贝塔港口和石油/天然气项目的建设； 2016 年为 750 万 t，2017 年为 1 050 万 t； 过境交通急剧下降： 2014 年为 24 万 t； 2015 年为 21 万 t； 2016 年为 21 万 t； 2017 年为 19 万 t
2018	通过关于将所有北方海航道能力和责任移交给原子破冰船船队运营商的新法律	"鲍里斯·维尔基茨基号"违反北极安全规则，在破冰船协助下非法进入北方海航道； 破冰船运营商出于自身商业利益隐瞒这一违规行为； 破冰船运营商和北方海航道管理部门之间争夺对北方海航道的控制权	加强国家干预； 北方海航道的单一物流运营商	内部货运应用程序增长 1 800 万 t，主要是由于亚马尔液化天然气的出口； 创纪录的公共交通应用程序增长 50 万 t，主要是因为运输中远（五班）和马士基（有史以来第一艘集装箱船）

19.7　讨论

2001—2018 年，北方海航道沿线货物运输的监管流程是一项共同产生的活动，包括作为主要监管机构的俄罗斯政府与所有相关参与者之间的互动。

制度逻辑方法是通过关注监管机构与相关利益主体之间的互动而提出的，而这些行为在监管过程中似乎是看不见的，但是在某些情况和政治目的下，可能会影响现有的立法和供应链管理实践。调查结果揭示了 2001 年至 2008 年间参与监管过程的至少三种主要制度逻辑：

国家政策逻辑：指政府，重点是提供规则和规范，以规范所有参与者的行为和行动；确保安全航行规范，增加北方海航道沿线的航运流量。

稳定性逻辑：指商业公司，重点是确保定期货物交付和盈利能力（避免强制性破冰费用）。

优先逻辑：指核动力破冰船船队的运营商，重点是获得对所有北方海航道能力的控制权，并提高北方海航道沿线破冰船使用的盈利能力。

在审查国家政策、商业公司的预期利益和破冰船运营商的利益之间的相互作用时，这些逻辑的使用与监管结果之间的联系变得更加清晰。本章认为，制度逻辑是有目的地用来推动参与者朝预期方向决策的工具。因此，关键货主在 2006—2008 年推出自己的北极舰队的行动表明，这是该组织对国家强制性不稳定政策和限制的战略回应。背景和制度环境使主要货主重新考虑其核心竞争力和供应链管理实践的作用。从这个意义上说，逻辑类似于工具，无论谁拿起它们，都可以用适合手头目的的方式来实现。与此同时，主要货主新的供应链管理实践，即在无破冰船协助的情况下航行，打破了北极水域历史上建立的货物运输方式。在其实施和采用过程中，新的供应链管理实践遇到了俄罗斯北极地区其他参与者的阻力，特别是破冰船运营商的阻力，他们质疑这种实践的合法性。

2001—2012 年，破冰船运营商通过游说和对政府施加压力，操纵破冰船服务的关税税率和关税政策，作为优先逻辑的工具。然而，这些行动大大减少了北方海航道沿线的航运流量，从而降低了北方海航道使用的盈利能力。由于主要货主的新供应链管理实践和破冰船运营商的不成功操作，政府不得不在 2012—2013 年对俄罗斯关于北极水域航行的立法和破冰援助的关税规定进行重大修改。破冰船援助的强制性使用被废除：船东现在可以根据结冰情况自行决定是否需要破冰船服务。此外，主要货主的冰级船舶被认为在法律上有能力提供破冰船服务。通过这种方式，主要货主在无破冰船援助的情况下航行的新供应链管理实践成为新立法的合法行为，并重新融入俄罗斯北极制度环境（Tsvetkova et al.，2018）。因此，在政府不得不改变沿北方海航道的航行立法之前，稳定性逻辑和优先逻辑相互对立。这两种逻辑之间的对抗导致国家政策逻辑发生了重大变化，涉及关税政策和北方海航道航行规则。监管的理论和实践重点通常是政府和监管机构在制定和实施政策方面的作用。这项研究表明，监管实施中有更多含义。在设定政治目标和实施监管程序时，应考虑到最强大的行为者，如大型制造商和破冰船运营商的战略行动，以及这些行为者之间互动的可能结果。

在 2012—2013 年立法变更后，国家政策逻辑从强制性的不稳定执行转变为基于市场条件、合同安排以及协调和平衡互动模式的国家政策，从而使相关参与者能够以合法的方式组织其行为。这项立法对俄罗斯北极海域的商业公司来说变得更加灵活，也没有那么强的强制性。与此同时，商业结果相当不令人满意——在接下来的几年里，沿北方海航道的内部航运流量仍然很小；然而，主要由于额外的外部因素，过境交通量急剧下降。根据有关监管的文献中的一个共同观点，受监管的行为体为了与公共利益保持一致而压制其私人利益（Veljanovski，2010）。然而，这项研究表明，私人利益和集体收益在监管过程中可能会出现分歧。

此外，2012—2013 年新北方海航道立法的通过引发了两个行政机构——破冰船运营商和北方海航道管理局——之间争夺北方海航道控制权的斗争。破冰船运营商对立法的变化并不满意，并继续参照关税政策追求自身利益。游说行动要求制定更有效的法规，以增加货物运输——国内运输，尤其是北方海航道沿线的运输量。应该强调的是，2006—2008 年主要货主的战略行动是为了确保货物定期交付合法地追求自身利益，缓解不稳定的国家政策对生存而产生的消极胁迫压力，而不是为了违反法律。相比之下，2012—2018 年，破冰船运营商的游说和战略博弈相当具有企图影响政治家的操纵性，甚至在该机构隐瞒"鲍里斯·维尔基茨基号"在追求商业利益时违反北极安全规则的情况时是非法的。政府通过俄罗斯总统直接参与解决这起事件进行干预,揭示了监管过程的另一面。该研究表明,不仅受监管的参与者可以操纵信息并影响监管机构,监管机构还可以战略性地利用其可用的正式和非正式程序,尤其是当涉及国家价值观时。这项法律无法全面,例如,以前的立法没有确定新技术的程序——主要货主的冰级船舶,导致其他行为体声称其为非法行为。但在"鲍里斯·维尔基茨基号"事件中,政府透露了适用法律的广泛自由裁量权。这有时会导致额外的法律或非法行为。这可能是为了处理由于薄弱的法律和法规造成的不确定性,而这些法律和法规对于理想的政治和公共目的来说并不完善。

破冰船运营商和北方海航道管理局这两个机构之间争夺北方海航道控制权的斗争,促成了 2018 年立法的新的重大变化。与此同时,与政府达成初步协议,使破冰船运营商成为北方海航道的单一物流运营商,这有助于吸引中远和马士基等主要外国合作伙伴沿北方海航道过境运输。这使得在过去 10 年中,2018 年的运输量达到创纪录的增长。这一发现与贝克(Becker,1983)的理论假设一致,即由于几个竞争群体的压力,政府实际上寻求更有效的政策和权限再分配,以尽量减少潜在损失。

尽管政府提出了各种倡议来进一步发展北方海航道,但参与日常事务的利益集团(通常是行业和行政机构)两次提出了修改立法的要求。这项研究强调,当战略性地形成监管时,监管可以带来商业成果。当政府强调利益相关者的重要性时,就需要在战略用途方面进行监管创新。因此,了解监管过程是如何在最强大的参与者之间相互作用的影响下形成战略博弈的,有助于加深对俄罗斯北极地区货运监管的理解。

19.8 结论和理论与实践意义

通过制度逻辑方法的视角,本章探索了 2001—2018 年俄罗斯北极地区货运监管流程的形成过程。监管被视为在监管机构和最强大的参与者之间相互作用的影响下共同产生的活动。研究表明,利益集团的预期利益和政治倡议之间的扭曲导致了俄罗斯北极地区现有立法和航运的变化。

通过对监管实施过程中的制度逻辑进行分析,研究结果揭示了最强大的行为者的包括游说和信息操纵在内的战略行动如何影响监管、政治倡议和商业成果。此外,研究表明,不仅政府政策影响和约束其他行为体的行为,而且这些行为体的行动也可能反过来影响它们,作为对监管不确定性和不完善性的战略回应，以获得预期利益或减轻不利负担。这在现实生活中发生的频率可能比文献中通常预期的要高。

此外，调查结果深入了解了在什么情况下，最强大的参与者的战略行动可以通过合法抵抗国家强制压力或将其转变为与现有立法相悖来影响政治倡议。文献常常受到只要求以更持续的照管来进行更多政府监管以重申控制的呼吁的限制（Baldwin et al.，2010）。这项研究强调，监管也是经营的一部分，对商业结果有重大影响。很明显，在可能的情况下，行业将寻求影响监管和利用现有政策，以获得更有利的结果。

在选择一系列后续战略行动时，对监管机构和其他最强大行为者之间的体制挑战和互动进行调查可能至关重要。通过考虑这些相互作用和相互依赖，管理者将更好地了解如何利用战略措施来应对监管，并为其公司获得更有利的结果。

最后，之前关于北方海航道发展的研究侧重于将国际法应用于北方海航道，将其作为过境航线（Moe，2014）。而忽视了构成俄罗斯北极主要航行规则的俄罗斯国内立法。研究结果可能对负责沿北方海航道开发供应链和货运的管理人员有价值。

19.9　局限性和进一步研究

这些发现为 2001—2018 年监管机构与参与内部监管实施的其他参与者之间的现实互动提供了深刻的见解。然而，包括《极地规则》在内的国际法也参与了北方海航道沿线的航运监管。进一步研究应侧重于如何根据全球、区域和国家政策制定极地航运的监管程序以及如何受到更广泛的参与者（如军队、外部机构以及北方海航道的外国合作伙伴和客户）的影响。

此外，监管北方海航道沿线的货物运输是一种特殊现象，至少不是因为北极恶劣的自然条件和使用核动力破冰船护航的需要。建议对监管作为与商业利益、背景因素和其他背景下的政治倡议相互作用的共同产生过程进行更深入的实证研究。为了更好地理解监管过程，应该研究行业如何寻求影响监管，并利用现有立法因其不完善而允许的自由度，以获得更有利的结果（Veljanovski，2010）。因此，未来的实证研究也可能扩展到关于参与者的操纵如何影响规则的知识，以及在什么情况下监管机构和其他参与者之间的互动会变成不合规和/或反对。

附录 1 参加访谈的组织名单

#	组织	访谈时间和次数		
		2014 年 5 月	2014 年 11 月	2015 年 5 月
1	"诺里尔斯克镍业"（Norilsk Nickel）在摩尔曼斯克运输分公司（MMC）	4	2	
2	摩尔曼斯克航运公司（MSCO）	1		
3	摩尔曼斯克地区政府		3	
4	俄罗斯联邦联邦议会		1	
5	北高物流中心（Kirkenes）创建的北方海航道信息办公室（摩尔曼斯克）	2	1	1
6	NPO 协会"摩尔曼谢尔夫"（Murmanshelf）——石油天然气行业供应商协会	1		
7	摩尔曼斯克海港联邦国家机构管理局	1		
8	俄罗斯科学院科拉（Kola）科学中心卢辛（Lusin）经济研究所（公寓镇）		1	
9	位于圣彼得堡的海军舰队中央科学研究设计院（CNIIMF）；破冰技术与船舶结冰性能实验室		1	1
10	阿克瓦普兰-尼瓦（Akvaplan-Niva）科学实验室（特罗姆瑟）	1		
11	俄罗斯国家核动力破冰船公司（FSUE）"Rosatomflot"			1
每月访谈总数：		10	9	3
访谈总数：		22		

附录 2　用于数据收集的北方海航道水域的俄罗斯航运立法

法律名称	文本中的引用
2012 年 7 月 28 日第 132-FZ 号联邦法律《关于修订俄罗斯联邦关于北方海航道水域商船政府监管的具体立法法案》	NSR Law, 2012
1995 年 8 月 17 日第 147-FZ 号联邦法律《关于自然垄断》	Law #147-FZ, 1995
2014 年 3 月 4 日第 45-T/1 号命令《关于批准 FSUE "Atomflot" 号在北方海航道水域提供破冰引航服务的费率》 发布日期：2014 年 4 月 9 日	
1999 年 4 月 30 日第 81-FZ 号联邦法律《俄罗斯联邦商船法》	
1998 年 7 月 31 日第 155-FZ 号联邦法律《俄罗斯联邦内海、领海和毗连区》	Law #155-FZ, 1998
联邦国家机构 "北方海航道管理局" 颁发的北方海航道水域航行许可	
俄罗斯联邦总统弗拉基米尔·弗拉基米罗维奇·普京于 2001 年 7 月 27 日批准的《2020 年前俄罗斯联邦海事原则》，Pr-1387	Marine Doctrine, 2001
1990 年 9 月 14 日发布的《航行规则：北方海航道航行规则》	Rules of 1990
1990 年通过的北方海航道航行船舶的设计、设备和供应要求	
2013 年 1 月 17 日发布的北方海航道水域航行规则	Rules of 2013
梅德韦杰夫于 2008 年 9 月 18 日通过的《俄罗斯联邦 2020 年前在北极地区的国家政策基础和进一步展望》	Arctic state policy, 2008

法律名称	文本中的引用
2013 年 2 月 20 日，俄罗斯联邦总统弗拉基米尔·普京批准了《2020 年前俄罗斯联邦北极地区发展和国家安全战略》（Strategy-2013）	
俄罗斯联邦政府 2013 年 3 月 15 日第 358-p 号命令	
2002 年 10 月 31 日俄罗斯联邦第 1528-R 号命令	
2000 年 10 月 31 日经济发展部第 69 号命令《关于北方海航道破冰船队关税的变更》	Order #69, 2000
2011 年 6 月 7 日联邦关税局第 122-T/1 号命令《关于北方海航道破冰船船队服务费率的制定》	Order #122-T/1, 2011
联邦海运和内河运输局发布的 2012—2013 年北方海航道北极航行通信说明	
2018 年 12 月 27 日第 525-FZ 号联邦法律《俄罗斯联邦具体立法法案修正案》	Law #525-FZ

参考文献

Baldwin, R., Cave, M., & Lodge, M. (2010). *The Oxford handbook of regulation*. New York: Oxford University Press.

Battilana, J., Leca, B., & Boxenbaum, E. (2009). How actors change institutions: Towards a theory of institutional entrepreneurship. *The Academy of Management Annals*, 3, 65-107.

Becker, G. S. (1983). A theory of competition among pressure groups for political influence. *Quarterly Journal of Economics*, 98(3), 371-400.

Bello, D. C., Lohtia, R., & Sangtani, V. (2004). An institutional analysis of supply chain innovations in global market channels. *Industrial Marketing Management*, 33, 57-64.

Bhakoo, V., & Choi, T. (2013). The iron cage exposed: Institutional pressures and heterogeneity across the healthcare supply chain. *Journal of Operations Management*, 31, 432-449.

Black, J. (2001). Decentring regulation: Understanding the role of regulation and self regulation in a 'post-regulatory' world. *Current Legal Problems*, 54, 103-147.

Black, J., & Kingsford, S. (2002). Critical reflections on regulation. *Australian Journal of Legal Philosophy*, 27(2002), 1-46.

Bulatov, V. (1997). Historical and current uses of the Northern Sea route. In *Part Ⅳ: The Administration of the Northern Sea Route* (1917-1991) (INSROP Working Papers 84-1997, Ⅳ.1.1).

DiMaggio, P. J., & Powell, W. (1983). The iron cage revisited: Institutional isomorphism and collective rationality in organizational fields. *American Sociological Review*, 48(2), 147-160.

Doha, A., Das, A., & Pagell, M. (2013). The influence of product life cycle on the efficacy of purchasing practices. *International Journal of Operations and Production Management*, 3(4), 470-498.

Granberg, A. G. (1995). *The significance of the Northern Sea route for regional development on Arctic areas of Russia* (INSROP Working Papers 19-1995, Ⅲ.01.1).

Granberg, A. G. (1997). *Selected studies in regional economic development along the Northern Sea route* (INSROP Working Papers 74-1997, Ⅲ.02.3).

Hoejmose, S. U., Grosvold, J., & Millington, A. (2014). The effect of institutional pressure on cooperative and coercive 'green' supply chain practices. *Journal of Purchasing and Supply Management*, 20, 215-224.

Høifødt, S., Nygaard, V., & Aanesen, M. (1995). *The Northern Sea route and possible regional consequences* (INSROP Working Papers 16-1995, Ⅲ.02.1).

Hong, N. (2012). The melting Arctic and its impact on China's maritime transport. *Research in Transportation Economics*, 35, 50-57.

Huo, B., Han, Z., Zhao, X., Zhou, H., Wood, C. H., & Zhai, X. (2013). The impact of institutional pressures on supplier integration and financial performance: Evidence from China. *International Journal of Production Economics*, 146, 82-94.

Kinra, A., & Kotzab, H. (2008). A macro-institutional perspective on supply chain environmental complexity. *International Journal of Production Economics*, 115, 283-295.

Kuznetsova, T. E., & Nikiforov, L. V. (2013). About the strategy for the use of the spatial potential of Russia. *Journal of Public Administration*, 2, 51-64.

Lee, S. M., Rha, J. S., Choi, D., & Noh, Y. (2013). Pressures affecting green supply chain performance. *Management Decision*, 51(8), 1753-1768.

Leube, K. R., & Moore, T. G. (1986). *The essence of Stigler*. Stanford: Hoover Institution Press, Stanford University.

McPherson, C. M., & Sauder, M. (2013). Logics in action: Managing institutional complexity in a drug court. *Administrative Science Quarterly*, 58(2), 165-196.

Moe, A. (2014). The Northern Sea route: Smooth sailing ahead? *Strategic Analysis*, 38(6), 784-802.

Moxham, C., & Kauppi, K. (2014). Using organizational theories to further our understanding of socially sustainable supply chains: The case of fair trade. *Supply Chain Management: An International Journal*, 19(4), 413-420.

Østreng, W. , Brigham, L. , Brubaker, D. , Gold, E. , Granberg, A. , Grishchenko, V. , Jernsletten, J. , Kamesaki, K. , Kolodkin, A. , Moe, K. , Semanov, G. , & Tamvakis, M. (1999). *The challenges of the Northern Sea Route. Interplay between Natural and Societal Factors*. INSROP Working Paper 167-1999.

Owen, B. M. , & Braeutigam, R. (1978). *The regulation game: Strategic use of the administrative process*. Cambridge, MA: Ballinger Publishing Company.

Peltzman, J. (1976). Toward a more general theory of regulation. *Journal of Law and Economics*,19, 211-240.

Polterovich, V. (1999). Institutional traps and economic reforms. *Economics and Mathematical Methods*, 35(2), 3-19.

Scott, W. R. (2014). *Institutions and organizations: Ideas, interests and identities* (4th ed.). Thousands Oaks: Stanford University.

Selznick, P. (1985). Focusing organizational research on regulation. In R. Noll (Ed.), *Regulatory policy and the social sciences* (pp. 363-367). Berkeley: University of California Press.

Shleifer, A. , & Treisman, D. (2005). A normal country: Russia after communism. *The Journal of Economic Perspectives*, 19(1), 151-174.

Shook, C. L. , Adams, G. L. , & Ketchen, D. J. (2009). Towards a "theoretical toolbox" for strategic sourcing. *Supply Chain Management International Journal*, 14(1), 3-10.

Sodero, A. C. , Rabinovich, E. , & Sinha, R. K. (2013). Drivers and outcomes of open - standard interorganizational information systems assimilation in high - technology supply chains. *Journal of Operations Management*, 31, 330-344.

Stigler, G. J. (1971). The theory of economic regulation. *The Bell Journal of Economics and Management Science*, 2(1), 3-21.

Suchman, M. C. (1995). Managing legitimacy: Strategic and institutional approaches. *The Academy of Management Review*, 20, 571-610.

Thornton, P. H. (2004). *Markets from culture: Institutional logics and organizational decisions in higher education purchasing*. Stanford: Stanford University Press.

Thornton, P. H. , & Ocasio, W. (1999). Institutional logics and the historical contingency of power in organizations: Executive succession in the higher education publishing industry, 1958-1990.

The American Journal of Sociology, 105(3), 801-843.

Thornton, P. H. , Ocasio, W. , & Lounsbury, M. (2012). *The institutional logics perspective: A new approach to culture, structure, and process*. Oxford: Oxford University Press.

Trebing, H. M. (1987). Regulation of industry: An institutional approach. *Journal of Economic Issues*, 21 (4), 1707-1737.

Tsvetkova, A. , & Gammelgaard, B. (2018). The idea of transport independence in the Russian Arctic: A Scandinavian institutional approach to understanding supply chain strategy. *International Journal of*

Physical Distribution & Logistics Management, 48(9), 913-930.

Utkin, E. , & Denisov, A. (2001). *State and municipal management*. Moscow: Association of Authors and Publishers "Tandem".

Veljanovski, C. (2010). Chapter 5: Strategic use of regulation. In R. Baldwin, M. Cave, & M. Lodge (Eds.), *The Oxford handbook of regulation*. New York: Oxford University Press.

Williams, Z. , Lueg, J. E. , Taylor, R. D. , & Cook, R. L. (2009). Why all the changes? An institutional approach to exploring the drivers of supply chain security (SCS). *International Journal of Physics Distribution & Logistics Management*, 39(7), 595-618.

Yaibuathet, K. , Enkawa, T. , & Suzuki, S. (2008). Influences of institutional environment toward the development of supply chain management. *International Journal of Production Economics*, 115, 262-271.

Zhang, C. , & Dhaliwal, J. (2009). An investigation of resource-based and institutional theoretical factors in technology adoption for operations and supply chain management. *International Journal of Production Economics*, 120, 252-269.

第 20 章　北极水域的资源使用冲突

——法律视角

埃博·罗斯·马乔[①]

摘　要：本章旨在将本书中讨论的资源使用冲突置于北极和海洋治理的更广泛法律框架中。本章简要概述了《海洋法公约》规定的各海区自然资源勘探和开发制度；然后，继续审查了北极地区环境保护的法律框架，特别是侧重于航运、石油和天然气、海洋科学研究和渔业制度；最后，从制度角度概述了北极治理的一些要素。

关键词：海洋治理；环境保护；区域海洋；北极治理

20.1　简介

北极水域资源的使用受《联合国海洋法公约》（Barrett et al.，2016）、补充性硬法和软法协议以及习惯国际法的国际管理。法律框架承认各国勘探和开发自然资源的权利，同时规定了保护和保全海洋环境的首要义务。国际海洋法将海洋空间划分为不同的海洋区域，根据所涉区域的不同，沿海国和船旗国的权利和义务也有所不同。本章将概述管理自然资源勘探和开发以及海洋环境保护的法律制度，特别是与北极水域有关的问题；然后，将审查一些基于问题的制度，并重点介绍目前存在的一些北极治理机制。旨在为跨学科读者提供本卷其他论文的法律背景。

北极是一个资源丰富的地区，但也是一个环境破坏对生态系统和生物多样性威胁特别严重的地区。《联合国海洋法公约》明确保护北极国家开

---

① 新加坡国立大学国际法中心。e-mail：cilarm@ nus. edu. sg.

发其自然资源的权利和所有国家在公海捕鱼的自由，以及所有国家保护和保全海洋环境的一般义务。因此，法律框架本身反映了资源开发和海洋环境保护方面的冲突。《联合国海洋法公约》第12部分中以更具体的条款规定了一种包括资源开发在内的管理海洋使用的环境保护制度，并由更具体的区域和国际协定加以补充。陆地上的自然资源在很大程度上受国内法管辖，有关国家的国际环境义务不确定，超出了本工作的范围。

例如，北极像南极一样不受国际法规定的特定法律制度的约束。然而，由于北极水域新的可用资源，所谓的"北极资源竞赛"使我们必须了解管理这些资源开采的法律制度变得很重要。《联合国海洋法公约》是关于海洋法的一般国际框架条约，以及一系列以具体问题为基础、以区域为中心的硬法律文书和软法律文书，为北极地区海洋资源利用的大多数方面提供了一个相当全面的法律制度。本章将概述关于北极各海区资源使用的一般规定以及《联合国海洋法公约》关于保护和保全海洋环境的一般义务（《联合国海洋法公约》第12部分）；然后，对一些最相关的问题，如航运、近海石油和天然气开发、海洋科学研究（MSR）和渔业进行了更具体的审查。

首先，对国际法律制度做一个简短的介绍可能会有所帮助。在国际法中，根据主权原则，在大多数情况下国家只受其明确同意的约束。实际上，这意味着要使国际协定中的规则对一国具有约束力，该国必须通过签署和批准该协定成为该协定的缔约方。软法律协议并不约束各国，而是规定各国将以某种方式行事的非约束性协议。违反具有约束力的国际协议会产生国家法律责任后果，而违反软法律协议可能会产生政治和声誉影响，但不会产生法律后果。习惯国际法是对所有国家都具有约束力的法律，前提是必须证明必要的国家实践以及是为了履行法律义务（法律意见）而执行该行动/实践时的信念。关于北极治理，习惯国际法至关重要，因为"北极五国"（俄罗斯、美国、挪威、加拿大和丹麦）之一的美国不是《联合国海洋法公约》缔约国。这意味着所谓的"海洋宪法"（Koh，2015）对美国没有直接约束力。然而，美国、国际社会和各国际法院及法庭都证明了《联合国海洋法公约》中许多规则的习惯地位，这意味着它们也对非国家当事方具有约束力。

在考虑北极治理时，这一点非常重要，特别是在《联合国海洋法公约》所载至少可以部分地被视为代表惯国际法的一般环境保护义务方面（McConnell et al., 1991）。然而，《联合国海洋法公约》中关于（部分）强制解决争端的具体规则不具有习惯地位。这意味着，可能无法向非国家当事方提出关于在《联合国海洋法公约》规定的争端解决制度内通常可由法院审理的争端。在这种情况下，在国际法院或法庭解决争端时，需要得到当事方的额外同意。

此外，值得注意的是，"北极"没有法律定义，因此在讨论北极问题时，哪些沿海国家是相关的，可能会有一些挑战。"北极五国"是与北冰洋中部接壤的沿海国家。然而，下文讨论的北极理事会有八个常任理事国，其中包括冰岛、瑞典和芬兰。瑞典和芬兰尽管都有属于北极圈的陆地领土，但它们都没有与北极接壤的海岸线。冰岛大陆不在北极圈内，但它有延伸到北极圈的海洋区（Roach, 2018）。

20.2　海洋区域

《联合国海洋法公约》是海洋治理的主要国际工具，它以部门方式制定了管理海洋使用的具体规则。国家被分类为沿海国或船旗国（也涉及内陆国的权利，但就其海洋用途而言，它们也被归类为船旗国）。沿海国家有海岸线，它们沿着海岸线绘制基准点，以此来测量各种海洋区域。沿海国家的权利、义务和管辖关系因所涉海域而异。船旗国是在其船旗国登记处拥有登记船舶的国家，这允许船舶悬挂其国旗并意味着船旗国必须对船舶行使管辖权，而不管所涉的海域如何。船旗国在每个海域也有不同的权利。本节将简要概述沿海国和船旗国在每个海域的权利。以下各节将更详细地探讨第 12 部分关于保护和保全海洋环境的义务，以及选定的更详细的资源使用冲突问题。

20.2.1　领海

领海是最远的朝向陆地的海洋区，从沿海国家沿其海岸建立的基线起，可以延伸至 12 n mile（《联合国海洋法公约》第 3 条）。基线朝向陆地的水域构成内水（《联合国海洋法公约》第 8 条）。顾名思义，领海是沿海国行使领土主权的海域（《联合国海洋法公约》第 2 条），这意味着所有资源的使用和开发都受沿海国的专属管辖。其他国家的权利仅限于船舶的无害通过（《联合国海洋法公约》第 17 条），而不适用于资源、海洋科学研究（《联合国海洋法公约》第245条）或渔业（第19条第2款（i）项）。

20.2.2 专属经济区

专属经济区（EEZ）从领海绘制完成的领海基线延伸至200 n mile（《联合国海洋法公约》第57条）。这是一个沿海国拥有"主权权利的区域，目的是勘探和开发、养护和管理海床上方水域、海床及其底土的自然资源，无论是生物资源还是非生物资源，以及该区域经济开发和勘探的其他活动，例如水、洋流和风产生的能量"（《联合国海洋法公约》第56条第1款第a项）和管辖权"（i）人工岛屿、设施和结构的建立和使用；（ii）海洋科学研究；（iii）保护和保全海洋环境；（c）本公约规定的其他权利和义务"（《联合国海洋法公约》第56条第1款b项）。"主权权利"在公约中没有定义，但应被理解为仅由沿海国持有的专属权利，其他国家行使这些权利需要获得其授权。第56条第1款a项明确规定，专属经济区水域、海床和底土自然资源的勘探和开发仅限于沿海国。只有在沿海国的许可下，其他国家才可以在专属经济区捕鱼和开发其他资源。《联合国海洋法公约》第61~69条对专属经济区渔业制定了详细的制度，将在下文讨论。

专属经济区的法律制度是独特的（Nelson，2008），公海自由（见下文公海部分）继续适用于这一领域，只要它们不与《联合国海洋法公约》第5部分规定的具体规则相冲突。这意味着，所有国家都可以享有与这些权利相关的"航行、飞越、铺设海底电缆和管道以及其他国际合法使用海洋的权利"（《联合国海洋法公约》第58条）。船旗国可继续在专属经济区行使这些权利，只要它们"适当顾及沿海国的权利和义务，并应遵守沿海国根据本公约的规定和其他国际法规则通过的法律和条例"（《联合国海洋法公约》第58条第3款）。

关于建立和使用人工岛屿、设施和结构的管辖权在第60条中有详细规定，该条规定在专属经济区，沿海国有专属权利建造、授权和管理用于所有目的的人工岛屿的建造、运营和使用；勘探和开发、养护和管理海床上覆水域、海床及其底土的生物或非生物自然资源的设施和结构，以及用于区域经济开发和勘探以及其他经济目的而进行的其他活动；以及可能干扰沿海国在区域行使权利的设施和结构。

关于海洋科学研究，在专属经济区，沿海国有权"管理、授权和开展"其专属经济区的海洋科学研究（第 246 条第 1 款），而由另一国开展的任何海洋科学研究"应经沿海国同意后方可开展"（第 246 条第 2 款），一般应给予其同意（第 246 条第 3 款）。同意海洋科学研究可以在下列情形由内部撤回"（a）对自然资源的勘探和开发具有直接意义，无论是生物资源还是非生物资源；（b）涉及钻探大陆架、使用炸药或将有害物质引入海洋环境；（c）涉及建造、经营或使用第 60 条和第 80 条提及的人工岛屿、设施和结构"。

20.2.3　大陆架

大陆架制度适用于"法律大陆架"，而不是任何科学定义。联合国大陆架外部界限委员会（CLCS）负责就各国根据《联合国海洋法公约》提出的扩展外大陆架主张提出建议，声明"沿海国的大陆架包括沿海国陆地领土的水下延伸——超出领海延伸至大陆边缘外缘的海底区域的海床和底土，或在大陆边缘外沿未延伸至该距离时延伸至 200 n mile 的距离。大陆边缘由海床和大陆架底土、斜坡和隆起组成。它不包括深海海底及其洋脊或底土"。沿海国可以根据《联合国海洋法公约》第 76 条规定的两个复杂公式中的一个，主张扩展大陆架（Parson，2017）。如果没有扩展大陆架，则从测算领海宽度的基线开始，延伸至 200 n mile，但是如果一个扩展的大陆架被宣布存在，它可能会延伸到超出专属经济区的最大限制的地方（这意味着上覆水域将是公海，见下文第 20.2.4 节）。

沿海国对大陆架的权利载于《联合国海洋法公约》第 77 条。它行使"主权权利"，以勘探和开发大陆架的自然资源（《联合国海洋法公约》第 77 条第 1 款）。这些主权权利具有排他性和固有性；它们不依赖沿海国家的任何公告（Maggio，2017）。如上所述，专属经济区制度管理水体、海床及其底土上的自然资源，而大陆架制度规定"海床和底土的矿物和其他非生物资源以及属于定居物种的生物有机体，也就是说，在可捕捞阶段，要么在海床上或海床下不能移动，要么除非与海床或底土保持物理接触，否则无法移动的有机体"（《联合国海洋法公约》第 77 条第 4 款）。矿产资源主要包括石油和天然气（De La Fayette，2008）。沿海国拥有为任何目的在大陆架进行钻探的专属权利（《联合国海洋法公约》第 81 条）。

大陆架上的人工岛屿、设施和构筑物（《联合国海洋法公约》第 80 条）和大陆架的海洋科学研究（第 246 条）均按照与专属经济区相同的规则进行管理。这意味着沿海国对该海域内的这些活动享有同样的权利，其他国家参与相关活动需要征得同意。

20.2.4 公海

公海由《联合国海洋法公约》第7部分定义。它们是国家管辖范围外区域（ABNJ），包括"不属于专属经济区、领海或国家内水或群岛国群岛水域的所有海域"（《联合国海洋法公约》第86条）。由于公海是国家管辖范围外区域，因此对所有国家开放，无论是沿海国家还是内陆国家，管辖公海的基本原则是公海自由（《联合国海洋法公约》第87条）。

《联合国海洋法公约》第87条列出了各国享有的公海自由的非详尽清单，其中包括航行、飞越、捕鱼、建造人工岛屿和构筑物以及科学研究。所有国家在公海享有的自由受到第87（2）条的限制，该条规定"所有国家在行使公海自由时应适当考虑其他国家的利益，并适当考虑本公约规定的与'区域'内活动有关的权利，行使这些自由"。"适当注意"的含义不确定（Sohn et al.，2014），但被描述为国家法律平等，在海洋使用冲突中缺乏优先权推定（Gaunce，2018）。这意味着一国行使公海自由并不自动享有优先于另一国行使公海自由的权利，无论涉及何种行为，只要它是合法的，并且符合第88条保留公海用于和平目的的条款。然而，正如稍后对《联合国海洋法公约》和其他更具体问题的制度环境条款的审查所表明的那样，行使公海自由并非完全没有限制。

关于公海渔业，《联合国海洋法公约》在第116~118条中对各国规定了更具体的义务。1995年《联合国执行1982年12月10日〈联合国海洋法公约〉有关养护和管理跨界鱼类种群和高度洄游鱼类种群的规定的协定》（UNFSA）对此做了详细阐述，它为跨界鱼类种群（即跨越海洋区、专属经济区或一个或多个国家和公海的鱼类种群）和高度洄游物种提供了更专业的制度。目前正在谈判国家管辖范围外区域（BBNJ）的生物多样性制度。

20.2.5 区域

《联合国海洋法公约》将"区域"定义为"国家管辖范围以外的海床、洋底及其底土"（第1条第1款第1项），即沿海国大陆架外部界限以外的区域。这是一个海洋空间区域，在这里为了全人类的利益（《联合国海洋法公约》第 140 条），进行勘探和开发自然资源的活动，这意味着"'区域'内海床或海底下的所有固态液体或气态矿物资源，包括多金属结核"（第 133 条 a 款），任何国家不得声称对任何部分或资源行使主权（《联合国海洋法公约》第 137 条）。

《联合国海洋法公约》第 11 部分和《关于执行 1982 年 12 月 10 日〈联合国海洋法律公约〉第 11 部分的协定》（《1994 年执行协定》）对这些资源的勘探和开采以及许可证发放和采矿有着复杂的制度。国际海底管理局（ISA 或管理局）是《联合国海洋法公约》设立的一个条约机构，负责"组织和控制'区域'内的活动，特别是为了管理'区域'的资源"（《联合国海洋法公约》第 157 条第 1 款）。它制定了《采矿法》，其中包括国际海底管理局发布的一整套规则、条例和程序，以规范国际海底区域海洋矿物的勘探和开采。如上所述，目前正在谈判 BBNJ 的制度。

虽然将"区域"的资源指定为人类共同遗产，不能由任何国家主张主权，按理可以说具有习惯国际法的地位，但管理局的管理和惠益分享制度只适用于《联合国海洋法公约》缔约国。这就给非缔约国如何参与深海海底采矿留下了一些难题。例如，美国的立场是，在公海开采深海海底属于其自由，其他国家之间的任何协议都不可能影响这一自由（Groves，2012）。

"区域"内的海洋科学研究受《联合国海洋法公约》第 256 条的规范，该条规定，所有国家和主管国际组织均有权根据第 11 部分在"区域"内进行海洋科学研究。第 11 部分第 143 条指出，"区域"内的海洋科学研究应完全为和平目的和全人类的利益而进行。

20.2.6　资源和海洋边界争端

这些对各海区自然资源权利制度的描述清楚地表明，各国之间不应就北极自然资源的勘探和开发权利发生冲突。然而，在实践中，潜在的问题是确定海岸相向或相邻国家之间的精确边界。共享海洋边界的国家必须通过谈判或通过法院、法庭等第三方争端解决办法就其立场达成一致。北极地区仍然存在重叠的开采权和悬而未决的边界，例如美国和加拿大在波弗特海或加拿大和丹麦之间戴维斯海峡汉斯岛的主权争议（De La Fayette，2008），以及任何一个国家在具有重叠开采权的地区勘探或开采资源都可能引发争议。《联合国海洋法公约》第 15、74 和 83 条规定了海洋区的划界。对于已经根据第 76 条对扩展大陆架提出主张但尚未收到大陆架委员会建议的国家来说，也可能会出现困难，因为它们可以根据这些建议进行"最终和具有约束力"的划界。

20.3 海洋环境的保护和保全

上述部分概述了各国在各个海洋区内与自然资源的勘探和开发、人工岛屿、设施和结构的建造、安装和使用、海洋科学资源和渔业有关的权利。这种与资源有关的海洋利用可能与环境保护措施相冲突。《联合国海洋法公约》第 12 部分通过第 192 条规定的所有国家保护和保全海洋环境的一般义务平衡了这一问题；第 193 条规定"各国有根据其环境政策和保护和保全海洋环境的义务开发其自然资源的主权权利"。这项规定是从环境角度对资源使用冲突进行国际法律监管的核心。它加强了《联合国海洋法公约》规定的各国在各个海洋区勘探和开发其自然资源的主权权利，同时明确规定了如何行使这些权利：遵守保护和保全海洋环境的一般义务。

第 12 部分既包含关于环境保护的更具体义务，其中一些义务将在下文列出，也包含一个供各国在区域或通过主管国际组织制定更具体的标准和规则的框架。这一双重制度既约束各国，又确保可以在框架结构内制定更具体的制度，确保《联合国海洋法公约》是一项活的条约（Barrett et al.，2016），能够适应（实际上已经适应）我们对海洋环境及其因人类活动而退化的认识的发展。自 1982 年《联合国海洋法公约》缔结以来，这一框架有了很大发展，并以一般义务为基础，确保了《联合国海洋法公约》体系在当今海洋环境保护问题上仍然具有相关性。国际海洋法法庭（ITLOS）在环境问题上的动态解释趋势（Proelss，2016）支持了这一点，这确保了《联合国海洋法公约》在当前有关保护和保全海洋环境的问题上的持续关联性。

第 12 部分的规定分为以下几节：一般规定，规定了下文详述的一般义务；全球和区域合作义务；向发展中国家提供技术援助；监测和评估；防止、减少和控制海洋环境污染的国际规则和国家立法，责成各国就陆源污染、受国家管辖的海底活动、"区域"内的活动、倾倒污染、船只污染以及大气污染或通过大气污染制定法律和条例；强制执行；保障措施；冰雪覆盖区域；责任和义务；主权豁免；以及其他保护和保全海洋环境公约规

定的义务。一般条款部分第 194 条非常详细,并保证全部复制:

第 194 条

防止、减少和控制海洋环境污染的措施

1. 各国应酌情单独或联合采取一切符合本公约的必要措施,以防止、减少和控制来自任何来源的海洋环境污染,因此应根据自己的能力,使用自己掌握的最佳可行手段,并应努力协调这方面的政策。

2. 各国应采取一切必要措施,确保在其管辖或控制下进行的活动不会因污染而对其他国家及环境造成损害,并确保在其辖区或控制下发生的事件或活动所产生的污染不会扩散到其根据本公约行使主权权利以外的地区。

3. 根据本部分采取的措施应处理海洋环境的所有污染源。这些措施除其他外,应包括旨在最大限度地减少以下情况的措施:

(a) 从陆地来源、从大气中或通过大气或通过倾倒释放有害或有毒物质,特别是持久性污染物;

(b) 船舶污染,特别是预防事故和处理紧急情况的措施,确保海上作业安全,防止故意和无意排放,并规范船舶的设计、建造、设备、操作和人员配备;

(c) 勘探或开采海床和底土自然资源所用的设施和装置造成的污染,特别是预防事故和处理紧急情况的措施,确保海上作业的安全,并对此类设施或装置的设计、建造、设备、操作和人员配备进行管理;

(d) 在海洋环境中作业的其他设施和装置造成的污染,特别是防止事故和处理紧急情况的措施,确保海上作业的安全,并对此类设施或装置的设计、建造、设备、操作和人员配备进行管理。

4. 各国在采取措施防止、减少或控制海洋环境污染时,应避免无理干预其他国家根据本公约行使其权利和履行其义务所进行的活动。

5. 根据本部分采取的措施应包括保护和保全稀有或脆弱生态

系统以及枯竭、受威胁或濒危物种和其他形式海洋生物的栖息地
所需的措施。

这项规定规定各国有义务采取一切必要措施，高标准防止、减少和控
制来自任何来源的污染，并确保其管辖下的活动不会对环境造成跨界损
害。这些措施应处理所有污染源，包括关于倾倒、船舶污染、勘探或开采
海底和底土自然资源设施和装置的污染以及其他设施和构筑物所用设施和
装置的污染的非详尽措施清单。这些义务的进一步条件是，当国家履行这
些义务时，应避免无理干涉其他国家的合法活动。所采取的措施应包括保
护和保全稀有或脆弱生态系统以及枯竭、受威胁或濒危物种和其他形式海
洋生物的栖息地所需的必要措施，可以说为"生态系统方法"铺平了道路
（De Lucia，2015）。

第 12 部分规定了一套全面的义务，其作用是确保保护海洋环境是适用
于所有海洋区的首要义务，并应在包括资源开采在内的所有海洋空间利用
中予以考虑。这项义务适用于各国，它们必须制定规则和条例，确保悬挂
其国旗的船舶的活动、在其领土上的陆上活动或在其管辖下的海床活动都
是按照这项一般义务进行的。第 12 部分中的许多条款规定，国家必须通过
"主管国际组织"（通常是国际海事组织）或"外交会议"行事，"努力建
立"（或在第 208 条的情况下，仅"建立"）与特定问题有关的全球和区
域规则（即陆源污染（无现行约束性规则）、国家管辖下的海床活动污染
（目前无具体的全球文书）、倾倒污染（受《伦敦倾倒公约》及其 1996 年
议定书管制）、船舶污染（受 1978 年议定书（MARPOL 73/78）修订的
1973 年《国际防止船舶污染公约》及其 6 个附件管制，国际海事组织是主
管国际组织）以及大气污染。这表明了第 12 部分的框架性质：虽然它确
实包含一般的实质性义务，但它也规定了更具体的协议，甚至要求各国建
立或努力建立这些协议。此外，《联合国海洋法公约》还要求各国确保其
与这些领域的环境保护有关的国家法律和法规"在防止、减少和控制污染
方面的效力不低于全球规则和标准"。这意味着，即使《联合国海洋法公
约》缔约国没有通过《73/78 防污公约》附件之一或第 12 部分框架内的国
际环境条约，它们仍有义务确保其国家立法的有效性。这一规定载于第
208 条第 3 款、第 209 条第 2 款和第 210 条第 6 款，同时第 211 条规定此类

国家规则应"与国际公认规则和标准具有同等效力"。

第 12 部分第 6 节规定了各国的具体执法义务,以及船旗国、港口国和沿海国的不同执法制度。各国有义务执行其根据第 12 部分通过的关于陆地来源污染的法律,例如农业径流或海洋塑料污染(第 213 条)、海底活动污染(如石油和天然气钻探(第 214 条))、"区域"内活动污染(第 21条)和倾倒(第 216 条)。船旗国有义务确保悬挂其国旗的船舶遵守适用的国际规则或标准,并采取其他必要措施予以实施(第 217 条第 1 款)。在某些情况下,允许强制执行环境义务:当船舶自愿在港口内时,港口国可以对被发现在某些情况下违反适用国际规则和排放标准的船舶进行调查,并在必要时由授权机构对其提起诉讼(第 218 条)。沿海国在保护和保全海洋环境方面的执法在某些国家中是可能的:如果船舶自愿在港口或近海码头内,沿海国可就其在领海或专属经济区内违反法律和法规的行为提起诉讼(第 220 条第 1 款)。在领海,如果有明确理由相信船只在通过期间违反了沿海国履行其第 12 部分义务的法律,沿海国可以对船只进行实物检查,并在有此保证时扣留船舶(第 220 条第 2 款)。如果在专属经济区发生此类违规行为,沿海国可以"要求船舶提供关于其身份和注册港、最后和下一个停靠港以及确定是否发生违规行为所需的其他相关信息"(第 220 条第 3 款)。除非有"明确的客观证据"表明船舶违反了规定,导致排放对沿海国的海岸线或其他包括领海或专属经济区的任何资源在内的利益造成"重大损害或重大损害威胁",否则无权扣留船舶。在这种情况下,《联合国海洋法公约》规定了提起诉讼和可能扣留船只(第 220 条第 6款)。对于与大陆架有关的环境侵权行为,没有相应的规定——这可能是起草者的疏忽,特别是因为《联合国海洋法公约》第 73 条中有关于违反大陆架沿海国法律法规的强制执法规定。这一对执法规定的简要概述表明,船旗国的管辖权和执法是首要的,港口国和沿海国的执法在有限的情况下是允许的。

第 12 部分有一项与北极有关的进一步规定——关于冰封地区的第 234条。它规定,沿海国有权通过和执行非歧视性法律和法规,以防止、减少和控制专属经济区冰封地区船舶造成的海洋污染,"在这些地区,气候条件特别恶劣,且全年大部分时间冰封对航行造成阻碍或特殊危险,海洋环境污染可能对生态平衡造成重大损害或不可逆转的干扰。此类法律和法规应根据现有最佳科学证据，适当考虑航行以及海洋环境的保护和保全"。这一条款本质上是授权冰雪覆盖地区的沿海国就这些地区的污染制定一项特殊的、可执行的规则制度。第 234 条所载的适当注意义务通过下文讨论的《极地规则》（Franckx et al.，2017）所载的规则进行了扩展。迄今为止，只有加拿大和俄罗斯根据第 234 条通过了关于航行问题的法规（俄罗斯《北方海航道水域航行规则》），排放规则比《73/78 防污公约》（加拿大《北极水域污染防治法》）的要求更为严格。第 234 条的确切范围尚不清楚，有人质疑加拿大和俄罗斯的规定是否完全符合《联合国海洋法公约》（Thorén，2014）。

20.4　基于问题的制度

如上所述，第 12 部分的环境条款包括实质性条款和框架性条款。作为框架体系的一部分，根据《联合国海洋法公约》通过的条约也与资源使用冲突有关。它们提供了国际规则和标准，可通过《联合国海洋法公约》的争端解决制度强制执行，这些规则和标准适用于各个领域的海洋使用。对基于问题的制度的这一概述并没有声称其完整性，而是试图强调适用于北极资源使用和环境保护的一些最重要的基于问题的规则。在考虑对资源使用的限制以及环境保护措施和机制时，应始终牢记各国在其海域勘探和开发自然资源的主权权利以及公海自由，特别是与航行有关的自由。这些权利的确切范围因海域而异，限制也不尽相同，但基于资源的海洋使用的固有冲突集中在基于国家主权的这些权利上，这是国家概念本身所固有的。

20.4.1　航运

关于北极地区的航运，《极地水域船舶国际规则》（2017 年，简称《极地规则》）中包含了一些规则和条例，这是在国际海事组织主持下通过的一项强制性规则，自 2017 年起生效。《极地规则》包含关于安全和污染的强制性措施（第一部分-A 和第二部分-A），并辅以非约束性建议性指南（第一部分-B 和第二部分-B）。《极地规则》旨在"涵盖与两极周围水域航行相关的所有航运相关事项——船舶设计、建造和设备；运营和培训问题；搜救；同样重要的是，保护极地地区独特的环境和生态系统（海事组织极地规则网站）。这一描述再次反映了海洋使用在航行和环境保护方面之间的冲突。

《极地规则》中关于这些问题的非常详细的规则包括关于"船舶结构；稳定性和细分；水密和防风雨完整性；机械装置；操作安全；消防安全/防护；救生设备和安排；航行安全；通信；航行计划；人员配备和培训；防止油污；防止船舶有毒液体物质造成污染；防止船舶污水污染；防止船舶排放垃圾造成污染"。它们补充了海事组织关于海上安全（1974 年《国际海上人命安全公约》）和航运污染的更一般性的规则（《73/78 防污公约》（包括附件Ⅰ：防止油污条例；附件Ⅱ：散装有毒液体物质污染控制条例；附件Ⅲ：防止海上包装运输有害物质污染的规定；附件Ⅳ：防止船舶污水污染条例；附件Ⅴ：防止船舶垃圾污染条例；附件Ⅵ：防止船舶空气污染条例，以及其他海事组织公约，包括 2001 年《控制船舶有害防污系统国际公约》、2004 年《控制和管理船舶压载水和沉积物国际公约》），这些公约适用于所有地方，而不仅仅是极地地区。

《极地规则》的重点是极地地区面临的特殊海上安全问题及其独特生态系统的环境可持续性，这证明了极地地区和北极的特殊性如何需要更详细的监管制度来管理海洋使用。北极地区航运和资源勘探与开发所需的航行自由受到以确保海上生命、财产安全和环境保护为目的的海上安全和环境保护详细规则的进一步限制。

20.4.2 石油和天然气

北极大陆架石油和天然气开发受《联合国海洋法公约》第 6 部分管辖。如上所述，大陆架的自然资源除其他外包括"海床和底土的矿物和其他非生物资源"，沿海国拥有勘探和开发这些资源的主权权利（第 77 条），建造、授权和管理人工岛屿设施和结构（第 80 条）以及钻探（第 81 条）的专有权。这些权利的行使必须符合《联合国海洋法公约》第 12 部分和随后的其他相关条约规定的义务。因此，石油和天然气开发也受上述海事组织公约和《极地规则》的管辖，尽管 1990 年《国际和石油污染防备、响应和合作公约》及 2000 年《危险和有毒物质污染事件防备、响应和合作议定书》（OPRC-HNS 议定书）也具有特别重要的意义。

北极国家在其国内法中对其大陆架上的石油和天然气开发进行监管，监管方式必须反映其国际义务。此外，它们还采取了区域解决办法来处理某些问题。下文讨论的北极理事会通过了北极理事会成员之间的关于《北极海洋石油污染防备和应对合作的协议》，并制定了《紧急预防、防备和响应方案》（EPPR）。

尽管此前有很多乐观情绪，认为北极大陆架的石油和天然气开发对北极国家来说意义重大（Morgunova et al.，2016），目前石油价格的长期下跌已导致盈利能力大幅下降，因此人们对这一发展部门的增长感兴趣，一些人认为这是一个改善治理和环境污染控制的机会（Gulas et al.，2017）。然而，美国已经为阿拉斯加近海的勘探钻井颁发了一些许可证。

20.4.3 渔业

北极生物资源的开发在国际上受《联合国海洋法公约》，特别是第61~69条和第116~118条规定的管辖。在专属经济区，这些规定规定了一种制度，沿海国必须根据最大可持续产量确定总允许渔获量（第61条）。如果总允许渔获量超过该国的最大捕捞能力，或提供了剩余，沿海国应给予其他国家获取剩余渔获量的机会（第62条）。在公海，各国有义务采取措施或合作采取必要措施为其国民保护公海生物资源（第117条），包括在生物资源的养护和管理方面进行合作的义务，并酌情设立区域渔业管理组织（RFMO）（第118条）。此外，《联合国鱼类种群协定》（UNFSA）中规定了更详细的条款。

关于中北冰洋，有几个相关的区域渔业管理组织：东北大西洋渔业委员会（NEAFC）、挪威–俄罗斯联合渔业委员会、北大西洋鲑鱼保护组织（NASCO）、国际大西洋金枪鱼养护委员会（ICCAT）。此外，北极五国加五国（冰岛、欧盟加中国、日本和韩国作为公海捕鱼国）已签订一项条约，旨在"通过实施预防性养护和管理措施，防止在北冰洋中部公海部分无管制捕鱼，作为保护健康海洋生态系统和确保鱼类种群的养护和可持续利用的长期战略的一部分"（《防止中北冰洋无管制公海渔业协定》（CAOF Agreement）第2条）。这是对《联合国海洋法公约》第87条所载公海自由之一的重大限制。在北极水域实施预防性养护和管理措施，表明这些公海捕鱼国对保护北极水域资源的坚定承诺。然而，《防止中北冰洋无管制公海渔业协定》对已由区域渔业管理组织（第3条第1款a项）监管的渔业以及双方可能制定的临时养护和管理措施（第3条第1款b项）做出了例外规定。在非常有限的情况下，研究性捕鱼也有例外（第3条第3款）。联合科学研究和监测鼓励进行海洋科学研究（第3条第2款、第4条），但缔约方应"确保其涉及在协议区域内捕鱼的科学研究活动不损害防止无管制的商业和研究性捕捞以及保护健康的海洋生态系统"（第 3 条第 4 款）。还应指出，该协议仅适用于缔约方，而不是所有国家。

在更广泛的区域，还有其他相关的区域渔业管理组织参与渔业管理。区域渔业管理组织是各国管理特定地区鱼类种群的组织。它们可以是咨询机构，也可以拥有管理权，例如设定捕捞限额，是一种重要的保护手段。在北极，相关的区域渔业管理组织是《中央白令海公约》、国际太平洋比目鱼委员会（IPHC）、北太平洋溯河鱼类委员会（NPAFC）、《育空河流域与太平洋鲑鱼条约》、政府间协商委员会（ICC）、西太平洋和中太平洋渔业委员会（WCPFC）和西北大西洋渔业组织（NAFO）（Molenaar，2013）。所有八个"北极国家"都是《联合国鱼类种群协定》的缔约方，该公约规定，具有"真正利益"的国家有权参加相关的区域渔业管理组织（《联合国鱼类种群协定》第 8 条第 3 款）。这强调了区域渔业管理组织的"开放和非歧视"性质，特别指出"参与条款不应被用来阻止有关国家成为此类组织的成员"。中国是一个非北极远洋捕鱼国（Molenaar，2013），不是《联合国鱼类种群协定》的缔约国，不受区域渔业管理组织对北极地区渔业的任何限制的约束，但《防止中北冰洋无管制公海渔业协定》目前涵盖的中北冰洋除外。其他重要的远洋捕鱼国也是缔约国。

20.4.4 海洋科学研究

海洋科学研究包括物理海洋学、海洋化学、海洋生物学、科学海洋钻探和取芯、地质/地球物理研究以及其他具有科学目的的活动（Roach，2018）。如上所述，北极地区的海洋科学研究受《联合国海洋法公约》的国际管辖。对于国家管辖范围内的地区，沿海国有责任根据其国际义务制定适当的规则和条例。这似乎是以不同的方式完成的（Takei，2013）。关于中央北冰洋的渔业和海洋科学研究，《防止中北冰洋无管制公海渔业协定》规定了缔约国的联合科学研究和监测义务。否则，适用公海进行海洋科学研究的一般自由。在区域或双边合作或协调方面也做出了一些努力，其中包括海洋科学研究（如挪威–俄罗斯联合渔业委员会），包括北极理事会可能制定一套关于北极海洋科学研究的国际规则和原则（Takei，2013）。

20.5 北极治理制度

上述对北极资源使用中所涉及的基于问题的制度的概述——必须是简

短的——应该可以提供一些关于北极治理复杂性的想法。除了基于问题的协议和安排外，还应解决治理制度（有时是独立的或有一些互动），以便更广泛地（但并非完全）介绍体制安排。

20.5.1 北极理事会

北极理事会起源于 1991 年《北极环境保护战略》（AEPS），这是一项关于合作保护北极环境的无约束力宣言。根据芬兰的倡议，加拿大、丹麦、芬兰、冰岛、挪威、瑞典、苏联和美国签署了一项北极环境保护联合行动计划，其中包括科研合作、评估开发活动的潜在环境影响，以及全面实施和考虑进一步措施，以控制污染物并减少其对北极环境的不利影响。1996 年，这些国家（现在是俄罗斯联邦）通过《渥太华宣言》成立了北极理事会。宣言序言包含以下两段：

> 重申我们对北极地区可持续发展的承诺，包括经济和社会发展、改善健康条件和文化福祉；
> 同时重申我们对保护北极环境的承诺，包括北极生态系统的健康、北极地区的维护或生物多样性以及自然资源的保护和可持续利用。

这些清楚地表明，北极理事会的治理模式继续支持各国探索和开发其自然资源的权利（尽管这里使用了"可持续发展"一词），同时有责任保护和养护（或保护和维护，同时保护和可持续利用自然资源）海洋环境。这清楚地反映了《联合国海洋法公约》第 12 部分规定的国际法律制度，其中承认各国有权勘探和开发资源，同时也有义务保护和保全海洋环境。

北极理事会是一个政府间论坛，致力于促进其成员之间的合作、协调和互动，"特别是在北极的可持续发展和环境保护问题上"（北极理事会网站）。它由工作组组成，虽然不是一个正式的国际组织，但有一个常设秘书处。除了常任理事国外，理事会还规定了北极原住民的永久参与者地位和非北极国家的观察员地位。它不是一个制定法律的论坛，而是一种成员履行《联合国海洋法公约》第 197 条规定的合作义务的方式。它还充当了具有法律约束力的文书的谈判论坛，例如《北极地区航空和海上搜救合作协定》（2011 年）、《北极地区海洋石油污染防备和应对合作协议》（2013

年）和《加强国际北极科学合作协议》（2017 年）。

20.5.2　2008 年《伊卢利萨特宣言》

《伊卢利萨特宣言》是北极五国在 2008 年格陵兰伊卢利萨特北冰洋会议上发布的一项软法律宣言（即严格意义上不具约束力）。这是关于他们在未来北冰洋治理中的行为的意向声明。尽管北极五国并不构成任何形式的正式治理组织，但不应低估该宣言对北极治理的重要性。

在该宣言中，这些国家承认"北冰洋正处于重大变化的门槛"。他们提到气候变化和海冰融化，特别是他们对"脆弱生态系统、当地居民和原住民社区的生计以及自然资源的潜在开发"的潜在影响，以及他们在应对各种可能性和挑战方面的"独特地位"。《伊卢利萨特宣言》表达了他们对当前北极法律框架的承诺，并承认该框架是"广泛的"，"为负责任的管理提供了坚实的基础"。该宣言明确反对为北极建立新的全面法律秩序，并重申北极五国的立场，即当前的法律框架是资源开发和环境保护领域海洋治理的适当基础。它还进一步安排和承诺加强包括与海事组织合作在内的现有措施，确保海洋环境的保护和保全；还承诺继续密切合作，包括"收集有关大陆架的科学数据、保护海洋环境和其他科学研究"。2010 年北极五国的进一步会议并没有形成新宣言内容，而是提出了排他性、北极理事会论坛的削弱以及对原住民权利的不敏感等问题。

20.5.3　其他和可能的治理制度

限于篇幅，北极地区还有其他相关的治理制度，在此无法详细说明。它们也有助于北极地区包括资源利用在内的海洋利用治理。这些机构还包括巴伦支欧洲北极理事会、北极经济理事会、北极地区议员会议和上述各区域渔业管理组织。有人建议，北极治理应该比目前的制度更进一步发展，也许可以通过建立北冰洋区域海洋方案、将北极理事会正式化为一个国际组织或类似于南极的北极条约体系（Exner-Pirot，2012）。虽然《伊卢利萨特宣言》似乎很少或不太可能做出这种努力，但应该指出，今后任何可能的努力几乎肯定都会在承认各国勘探和开发资源的权利和同时承诺保护和保全海洋环境之间保持平衡。

20.6　结论

本章首先介绍了国际法运作的一些基本背景，然后解释了海洋区以及每个区域内各国的权利和义务，特别是自然资源及其勘探和开发，以及海洋科学研究。然后，对最相关的基于问题的制度进行了概述，并以对北极治理制度的要素进行选择性审查为结束。

本章提出和审查的每个要素都表明了资源使用冲突内在化为北极法律治理制度。各国探索和开发其自然资源的权利——在海洋区、基于问题的制度和治理模式方面，以及保护和保全海洋环境的共同义务和条件义务，一再得到承认。需要达成的确切平衡留给各国，但《联合国海洋法公约》第192条所载并在第12部分以下章节中得到扩展的首要义务表明，无论各国设想、许可或允许使用海洋，都必须符合其保护和保全海洋环境的义务。

参考文献

Agreement to Prevent Unregulated High Seas Fisheries in the Central Arctic Ocean. (2018).

America-First Offshore Energy Strategy, Executive Order 13795 of April 28, 2017.

Available via https://www. federalregister. gov/documents/2017/05/03/2017-09087/implementing-an-america-first- offshore-energy-strategy.

Arctic Environmental Protection Strategy (AEPS). (2001).

Arctic Waters Pollution Prevention Act (AWPPA). (R. S. C. , 1985, C. A-12) (Canada). Available via https://laws- lois. justice. gc. ca/eng/acts/a-12/.

Barrett, J. , & Barnes, R. (Eds.). (2016). *Law of the sea: UNCLOS as a living treaty*. Cambridge: Cambridge University Press.

CLCS. (2012). The continental shelf. Available via http://www. un. org/depts/los/clcs_new/continental_shelf_description. htm.

Cullis-Suzuki, S. , & Pauly, D. (2010). Failing the high seas: A global evaluation of regional fisheries management organizations. *Marine Policy*, 34, 1036-1042.

De La Fayette, L. A. (2008). Oceans governance in the Arctic. *IJMCL*, 23, 531-566.

De Lucia, V. (2015). Competing narratives and complex genealogies: The ecosystem approach in international environmental law. *Journal of Environmental Law*, 27, 31-117.

DOALOS/UNITAR. (2002). *Briefing on developments in ocean affairs and the law of the sea 20 years after the conclusion of the United Nations convention on the law of the sea*. Available via http://www. un. org/depts/los/convention_agreements/convention_20years/Information%20 Note. pdf.

Exner-Pirot, H. (2012). New directions for governance in the Arctic region. *Arctic Yearbook*, 1,224-246.

Franckx, E. , & Boone, L. (2017). Article 234. In A. Proelss (Ed.), *The United Nations convention on* the law of the sea: A commentary (pp. 1566-1585). Oxford: Beck/Hart.

Gaunce, J. (2018). On the interpretation of the general duty of "due regard". *Ocean Yearbook*, 32, 27-58.

Golitsyn, V. (2009). Continental shelf claims in the Arctic Ocean: A commentary. *IJMCL*, 24,401-408.

Groves, S. (2012). The U. S. can mine the deep seabed without joining the U. N. convention on the law of the sea. *Background*, 2476.

Gulas, S. , Downton, M. , D'Souza, K. , Hayden, K. , & Walker, T. R. (2017). Declining Arctic Ocean oil and gas developments: Opportunities to improve governance and environmental pollution control. *Marine Policy*, 75, 53-61.

ILC. (2001). Responsibility of states for internationally wrongful acts, GA Res. 56/83, Annex.

Ilulissat Declaration. (2008). Available via: https://cil. nus. edu. sg/wp-content/uploads/formidable/18/2008-Ilulissat- Declaration. pdf.

International and Convention on Oil Pollution Preparedness, Response and Co-operation (OPRC). (1990). Protocol on Preparedness, Response and Co-operation to pollution Incidents by Hazardous and Noxious Substances (OPRC-HNS Protocol) (2000).

International Convention for the Control and Management of Ships' Ballast Water and Sediments. (2004).

International Convention on the Control of Harmful Anti-fouling Systems on Ships (AFS). (2001).

International Convention for the Safety of Life at Sea. (1974). UNTS 1184, 1185, 2.

Koh, T. T. B. (2015). 'A constitution for the oceans': Remarks by Tommy T. B. Koh, President of the Third United Nations Conference on the Law of the Sea. Available at: https://cil. nus. edu. sg/wpcontent/uploads/2015/12/Ses1-6. - Tommy - T. B. - Koh - of - Singapore - President - of - the - ThirdUnited-Nations-Conference-on-the-Law-of-the-Sea-_A-Constitution-for-the-Oceans_. pdf

Maggio, A. R. (2017). Article 77. In A. Proelss (Ed.), *The United Nations convention on the law of the sea: A commentary* (pp. 605-614). Oxford: Beck/Hart.

McConnell, M. , & Gold, E. (1991). The modern law of the sea: Framework for the protection and preservation of the marine environment. *Case Western Reserve Journal of International Law*,23, 83-105.

Mining Code. Available via https://www. isa. org. jm/mining-code.

Molenaar, E. J. (2013). Arctic fisheries management. In E. J. Molenaar, A. G. Oude Elferink, & D. R. Rothwell (Eds.), *The law of the sea and the polar regions* (pp. 243-266). Leiden: Brill.

Morgunova, M. , & Westphal, K. (2016). Offshore hydrocarbon resources in the Arctic: From cooperation to confrontation in an era of geopolitical and economic turbulence? *SWP Research Paper*. Available at: https://www. diva-portal. org/smash/get/diva2:914598/FULLTEXT01. pdf.

Nelson, D. (2008). Exclusive economic zone, MPEPIL. Available at: www. opil. ouplaw. com Parson, L. (2017). Article 76. In A. Proelss (Ed.), *The United Nations convention on the law of the sea: A commentary* (pp. 587-600). Oxford: Beck/Hart.

Ottawa Declaration. (1996). Declaration on the establishment of the Arctic council. Available via https://

oaarchive. arctic-council. org/bitstream/handle/11374/85/EDOCS-1752-v2-ACMMCA00_Ottawa_ 1996_Founding_Declaration. PDF? sequence=5&isAllowed=y.

Polar Code. Available via http://www. imo. org/en/MediaCentre/HotTopics/polar/Pages/default. aspx.

Proelss, A. (2016). Naturschutz im Meeresv? lkerrecht. *Archiv des V? lkerrechts*, 54, 468-492.

Roach, J. A. (2018). A guide to Arctic issues for Arctic Council observers. Available at: https://cil. nus. edu. sg/publication/a-guide-to-arctic-issues-for-arctic-council-observers/.

Rules of Navigation in the Water Area of the Northern Sea Route. (2013, January 17). Approved by the Order of the Ministry of Transport of Russia No 7. Available via http://www. nsra. ru/en/pravila_ plavaniya/.

Sohn, L. B. , Noyes, J. E. , Franckx, E. , & Juras, K. G. (Eds.). (2014). *Cases and materials on the law of the sea* (2nd ed.). Leiden: Martinus Nijhoff.

Takei, Y. (2013). Marine scientific research in the Arctic. In E. J. Molenaar, A. G. Oude Elferink, & D. R. Rothwell (Eds.), *The law of the sea and the polar regions* (pp. 343-365). Leiden: Brill.

The Antarctic Treaty. (1959). UNTS 402, 71. 20 Resource Use Conflicts in Arctic Waters: A Legal Perspective The International Convention for the Prevention of Pollution from Ships, 1973 as modified by the Protocol of 1978 (MARPOL 73/78).

The London Dumping Convention: Convention on the Prevention of Marine Pollution by Dumping of Wastes and Other Matter. (1972). UNTS 1046, 120; 1996 Protocol to the London Convention (1996), 36 ILM 1 (1997).

The United Nations Agreement for the Implementation of the Provisions of the United Nations Convention on the Law of the Sea of 10 December 1982 relating to the Conservation and Management of Straddling Fish Stocks and Highly Migratory Fish Stocks. (1995). UNTS 1833, 397.

The United Nations Convention on the Law of the Sea. (1992). UNTS 1833-1835, 3.

Thorén, A. M. (2014). Article 234 and the polar code: The interaction between regulations on different levels in the Arctic Region. Available at: https://www. duo. uio. no/bitstream/handle/10852/42108/ 5071. pdf.

第21章　全球水域中的红龙

——打造极地丝绸之路

莉莎·考皮拉、托马斯·基伊斯基①

摘　要：中国崛起为全球经济超级大国是当今时代最重要的大趋势之一。由于中国最新的全球"一带一路"倡议（Belt and Road Initiative），中国的地缘经济拓展在海运领域尤为明显。本章讨论了极地丝绸之路（也称"冰上丝绸之路"）（Polar Silk Road）——由三条穿过北极水域的主要航道组成的航运走廊的构建，作为探索中国参与全球航运的实证案例研究。特别是，本章确定了四类走廊建设实践，即中国海事行为体推动连接中国与北极地区的地缘经济空间形成的方式。从物质便利到交通顺畅，这些做法都是由外部政治经济环境以及中国中央人民政府、地方人民政府、中国公司和学者之间的国内互动所决定的。

关键词：中国"一带一路"倡议；极地丝绸之路；北极海路；北极航运；地缘经济学

21.1　简介

中国崛起为全球经济超级大国是当今时代最重要的大趋势之一。中国不断扩大的对外联系正在改变世界各地的地区格局，并加强了中国与从非洲到北极的新边界的连通性。在许多方面，可以公平地说，中国正在逐步重新确立自己作为全球流动的"主要节点"的地位（Womack，2014），从

---

①　芬兰图尔库大学东亚研究中心；芬兰图尔库大学营销与国际商务系。e‑mail：liisa. kauppila@ utufi.

而改变了现有的以西方为中心的地缘经济空间和全球化解读。中国经济中特别强大的一个领域是海运。中国日益成为海上贸易和能源流动的重要节点，其快速发展的造船业目前是世界上最大的造船业。与此同时，其庞大的中产阶级正在改变全球旅游业的动态，并重振邮轮的受欢迎程度（Jiang，2017）。由于这些原因，我们越来越需要了解中国如何重塑全球航运的未来。本章通过对中国进入世界最北端水域的实证案例研究，分析了极地丝绸之路的形成，这是一条由三条穿过北极水域的主要航道组成的航运走廊。

北极——北极圈内的陆地和水域（约北纬66°）——正在成为各国地缘经济预测的一个越来越有吸引力的区域。由于气候变化及航运和冰层管理技术的发展，该地区正逐步放开海上活动，特别是运输在该地区发现的自然资源。尽管这一活动受到质疑，但美国地质调查局发布的报告指出，北极地区可能拥有世界上30%的未经勘探的天然气和13%的石油资源。鉴于拥有有效的物流对于维持国家在全球商业中的竞争力的重要性（Arvis et al.，2018），以及海上航线对于保障中国能源和矿产资源的价值（Hong，2012），在21世纪最初十年，中国对可能开放北极航线的兴趣有了实质性的增长，这是有道理的。目前最具吸引力的选择是东北航道（NEP），它通过一条比苏伊士运河替代路线短30%左右的水道将中国与欧洲市场连接起来。除了可能节省时间，特别是节约燃料成本外，这条路线还提供了一个相对安全的作业环境，因为迄今为止，北冰洋水域仍然完全没有海盗和恐怖主义活动。

西北航道（NWP）则通过一条主要经过加拿大和美国水域的航线将中国与北美地区市场连接起来。由于存在未解决的领土问题，人们对西北航道大部分路段的法律地位仍有争议，因此中国人在近期和中期不太可能使用该路线。美国和中国之间的权力平衡不仅会产生潜在的政治障碍（如经济民族主义），而且这条路线的运行条件也具有典型的挑战性，因为它通常会穿过许多布满冰层的狭窄海峡（Chircop，2007）。然而，这些问题并没有阻止中国最大的航运公司——中国远洋海运集团有限公司（COSCO）评估该航线的可行性，2018年3月在中国举行的一次研讨会证明了这一点（Aksenov et al.，2017）。最后，跨极通道（TPP）至少目前仍是最不可能的选择。尽管跨极通道主要位于国际水域，争议区域较少，但在21世纪中叶之前，在跨极通道可能不会实现季节性航行（Aksenov et al., 2017）。因此，它对中国行为体的价值在于它的长期潜力。这三条航道共同构成了中国政治术语中的"极地（或冰上）丝绸之路"——2018 年 1 月发布的中国第一份北极政策文件进一步巩固了这三条航道的地位①。

本章追溯了中国海上行为体——中央人民政府、地方人民政府、中国公司和学者——共同推动极地丝绸之路建设的实践。尽管该项目由中国中央人民政府协调和指导，但认识到上述所有行为体的作用和贡献很重要。只有考虑到中国中央人民政府、公司和地方人民政府等的行动、优先事项和议程，才能理解中国海上走廊建设实践的组成部分。通过将重点放在实践层面，即建设极地丝绸之路的日常逻辑上，当前的分析旨在阐明中国行为体为打造这条走廊所做的实际工作，而不是检验或借鉴任何试图解释运输走廊等功能区如何形成的现有理论。然而，尽管如此，还应注意的是，关注当地环境并不排除产生"分析性一般见解"的机会（Pouliot, 2015），从而创建有助于增进对中国行为体建设连接中国与世界其他地区的海上走廊的一般机制的理解的各类分析。正是后一个目标使分析成为一种实践追踪案例研究。

因此，本章的结构如下：第二部分提供了一些关于海上走廊在中国地缘经济预测中的作用的一般背景信息，并介绍了中国最新的"一带一路"倡议。第三部分通过讨论中国参与北极航运的现状，介绍了案例研究的背景。第四部分介绍了实践追踪分析，我们的主要论点是，可以根据在海上走廊形成过程中的作用来区分四种不同类型的分析机制，即物理便利化、加强海上准备、影响监管框架和实现交通顺畅流动。最后，我们在结论中总结了研究结果，并讨论了新兴极地丝绸之路的未来前景。

21.2　中国地缘经济预测中的海上走廊

海上走廊可以被视为通过能源和货物流动来连接不同地点或节点的地缘经济空间。它们是由社会构建的连通性、速度、网络和跨境联系的表现形式（Sparke, 2007），在某些行为体寻求从全球市场积累财富时出现

---

① 最初，在 2017 年 6 月，只有"经由北冰洋通往欧洲"的通道被明确声明为中国 21 世纪海上丝绸之路的一部分。

（Cowen et al.，2009）。与地缘政治场所相比，地缘经济空间不是"权力的领土表达"，而是经济一体化、（不对称）相互依存和推进全球化的领域。这一点并不是说它们的建设是一种世界性的行为：地缘经济空间的创造可能且实际上常常服务于各国政府的地缘战略利益。然而，正如科恩等人（Cowen et al.，2009）所言，就地缘经济逻辑而言，"控制领土"不是一种"战略必要性"，而是一个政府可能选择或不选择采取的选项。换言之，正如经典的"卢特瓦基式"（Luttwak，1990）理论所认为的那样，地缘经济空间的创造并不是通过经济竞争自动形成的一种（新的）洲际竞争形式；相反，除了经济效益外，它还为相对权力的获取打开了大门。

根据中国政府的地缘经济预测，建造海上走廊首先是为了维护国内经济增长。水路对于中国的对外贸易、能源安全和总体供应安全至关重要（Hong，2012）。特别是，鉴于中国约30%的 GDP 来自制造业，中国经济高度依赖原材料和半成品的运输。事实上，尽管中国经济正在进行结构转型，但中国仍然依赖大量的中间组件、原材料和能源，其中大部分是通过海运散装运输的。2017 年，中国海上贸易总量约为 30 亿 t；进口额占比 4/5，出口额约为 1/5。2017 年，中国的能源消耗量达到 4.2 亿 t（约占世界总进口量的 19%），这也促进了中国的能源消费，使之成为世界上能源消耗量最高的国家，因此海上走廊对于国家的供应安全至关重要。这种依赖也解释了中国政府迫切希望使国家能源运输路线多样化，避免依赖如马六甲海峡那样的交通枢纽。

"一带一路"倡议于 2013 年提出，突显了水道对中国经济的重要性。作为一个旨在重塑全球地缘经济格局的大型项目，"一带一路"倡议旨在通过重建中国的历史贸易路线，将中国与欧洲、中亚和非洲市场连接起来。用中国的政治术语来说，"一带一路"中的"一带"包括陆路，而"一路"指水道。"一带一路"倡议是一项旨在将中国置于全球流动中心并提升中国作为主要节点地位的政策，该项目正在制定之中，因此几乎不可能预测世界上哪些地区将被包括在内，哪些将被排除在外。然而，根据最近的估计，目前（截至 2018 年 10 月）72 个主权国家的领土和水域似乎构成了"一带一路"（Fu，2018）。就"21 世纪海上丝绸之路"而言，目前的范围从中国东海岸一直延伸到马六甲海峡、非洲之角、苏伊士运河和南欧。除了这些主要穿过发展中国家的走廊外，极地丝绸之路还将中国与欧洲和北美地区市场连接起来，并主要穿过俄罗斯、加拿大和美国水域。

鉴于"一带一路"倡议的地理覆盖面很广，人们对其本质上是经济项目还是政治项目的问题进行了广泛讨论，这并不奇怪（Cheng，2016）。与现实生活中的情况一样，可能无法制定详尽的"非此即彼"答案，因为目标不仅是动态的，而且是多功能的，不同经济/政治驱动因素的相对权重可能因所包含的国家和地区而异。无论如何，经济理论确实指导着某些战略的制定，因为所有选定的地区都拥有对中国经济发展至关重要的自然资源。然而，地缘经济空间的建设总是会改变政治格局，这也是一个事实（Cowen et al.，2009）。此外，通常情况下，经济和政治存在甚至它们的影响力之间的界限是可接受的，因为在关键基础设施上的外国投资可能会产生不健康的权力关系，从而使投资国对较小国家具有政治影响力（Conrad et al.，2017）。至于中国的"一带一路"倡议，对"经济帝国主义"的担忧和猜测——无论有多么不切实际——实际上都可能成为威胁中国全球发展的最严峻挑战。

最后，应该指出的是，地缘经济空间的形成不能被理解为中国作为一个整体的过程。国家利益自然指导着中国政府在其促进和监督作用方面的行动；然而，中国公司和地方人民政府也在参与这些海上走廊的建设。从这个意义上讲，市场逻辑支撑地缘经济项目的想法是有道理的（Luttwak，1990），尽管具有中国特色：很明显，如果没有实现商业收益的潜力，至少在中长期内，没有任何海上走廊能够全面运营——这是一个交通频繁的场景。此外，位于主要海上航线的沿线对中国沿海城市非常有利，因为海上贸易中心的地位可以振兴省级经济。对于在这些地方运营的地方人民政府和公司来说，中央人民政府对开发某一海上走廊的已知兴趣使得参与该项目收益可观。这仅仅是因为这种国家层面的利益保证了财政和政府支持。

21.3　案例研究背景：中国与北极海上交往

通过对极地丝绸之路的构建进行分析，可以得到一个经验案例，它既高度面向未来，又具有不确定性。实际上，目前北极海洋活动的总体情况，特别是中国在该行业的参与情况，都得到了广泛讨论，但仍然只是新兴的趋势。表21.1显示了最常用的北极航道北方海航道的近期交通统计数据，到目前为止，该路线主要用于面向俄罗斯的目的地交通（往返该路线港口的活动），而不是过境（穿越该地区而不到访北方海航道港口）。它主要用于石油和天然气的运输或对定居点和矿业场所的供应。就运输量而言，2012 年至 2018 年期间，运输量逐渐增加，从约 300 万 t 增加到超过 1 300 万 t（截至 2018 年 10 月 1 日）。关于报告的过境运输量，在 2013 年达到峰值，当时运输量约为 140 万 t；然而，自那时以来，交易量一直很小。

表 21.1　2012—2018 年北方海航道货运总量和中国参与量

年份	北方海航道货运量（按交通类型）/百万 t		北方海航道航次＊＊（按船舶类型）/次		
2018＊	13.7	n/a	7	1	8
2017	10.7	0.2	9	3	12
2016	7.5	0.2	6	2	8
2015	5.4	0.04	3	0	3
2014	4.0	0.3	0	0	0
2013	4.2	1.4	1	0	1
2012	3.8	1.3	0	2	2
		合计	26	8	34

注：作者根据 NSRA（2018）、NSRIO（2018）和 Portnews.ru（2018）的数据进行了计算。

＊——截至 2018 年 10 月的详细信息。

＊＊——航行是指一次连续航行通过北方海航道或在北方海航道水域内停留一段时间。

经济现实在很大程度上解释了过境运输表现不佳的原因，因为在开始进行大规模亚欧航运之前，必须克服一些障碍。恶劣和不可预测的条件增加了航运成本，要求建造和运营成本高昂、数量有限的冰级船舶；在大多数情况下，还需要破冰船护航（Solakivi et al., 2018）。此外，与定期集装箱运输特别相关的创收方面也受到货物基础薄弱、季节性、航行速度降低和潜在延误的不利影响（Kiiski et al., 2018）。由于这些原因，人们对北方海航道商业潜力仍然存在争议，航运公司已表示难以将北极风险纳入其企业战略（Lasserre et al., 2016）。

尽管面临这些挑战，许多公司仍对测试北方海航道的可行性表现出了兴趣。尽管亚洲船东普遍表示对北极风险投资兴趣不大，甚至几乎只对与自然资源运输相关的目的地航运感兴趣（Beveridge et al.，2016），但中国公司在北极试航方面表现出色。2012 年，当中国"雪龙号"往返探索航线条件时，中国的北方海航道航运活动正式开始。一年后，中国最大的航运公司——中国远洋海运集团有限公司开始从事北极航运，其杂货船"永盛号"（Yongsheng）在从釜山到鹿特丹的途中穿越了北方海航道。在撰写本文时，其在北方海航道上的航行次数已达到 26 次，其他悬挂中国国旗的船只分别为 8 次。其最近的航程没有确切的货物详情，但主要使用普通货物和重型起重船的船型确实表明，载荷可能与散杂货、项目装运和普通货物有关。总体来说，中国 34 次的总航次可能与北方海航道上每年 1 500 次左右的航次（Balmasov，2018）相比不算多，这一数字也与杨惠根在 2014 年的大胆预测——到 2020 年，中国有 5%～15% 的国际贸易将使用北方海航道——不符（Economist，2014）。然而，这一数字确实表明，中国对北极航运的兴趣将越来越大，并且可以将新兴的极地丝绸之路视为探索各种分析机制的经验背景。通过这些机制，中国可以通过水道与世界其他地区联系起来。

21.4 正在打造的极地丝绸之路

本节报告了为满足本章的双重目的而开展的实践追踪活动：确定创建极地丝绸之路的实践，以及（基于此步骤）在寻求了解连接中国与世界的其他海洋走廊的建设时，建立有用的分析机制。因此，在进行实际分析之前，似乎有必要简要讨论实践和分析机制以及实践跟踪的"方法性混合"的核心概念（Pouliot，2015）。

实践可以被描述为使"其他事情发生"的"做事的方式"或"社会行动的引擎"，例如，让海上走廊出现。根据阿德勒等人（Adler et al.，2011）的观点，实践不同于单纯的行为，因为实践总是充满意义而单纯的行动——有意义的行为——因为实践是在"特定的组织化的环境"中模式化和重复的。在这种环境中，实践是通过迭代循环而演变的。从这个观点来看，（好的）实践也被有能力判断某个行动是否有意义的受众根据目标而视为合格。这里最关键的是，背景知识是采取实际形式进行实践的先决条件。他们总是表现出对所实施的行动在更大范围内的作用有一定程度的实际理解。鉴于这些特点,实践显然包含了物质和话语领域的元素,而话语交流行为在将单纯的(物质)行为转化为实践方面起着至关重要的作用。为了达到第一个目的,本分析深入探讨了中国参与北极航运的经验背景,并试图找出具有上述特征的社会过程:中国的海上走廊建设实践。

然后,为了利用从极地丝绸之路的单一案例中得出的见解,即为了达到第二个目的,实践追踪分析将确定的(具体)实践分为四个抽象类别(图21.1)。在我们看来,这些类别可以被视为机制、分析结构,(在某种程度上)可以有效解释在他处发生的同一现象,即建立其他将中国与世界其他地区连接起来的海上走廊。综上所述,这些机制可以被视为一种类似于类型学的"理论"。然而,这些机制不能通过实证检验来证明是真是假,但它们可以在未来的前瞻性研究中有助于人们理解世界的混乱(Pouliot,2015)。

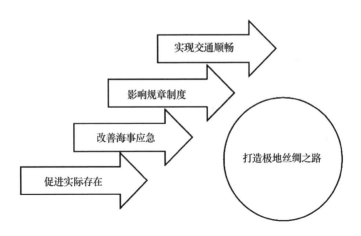

图 21.1　打造极地丝绸之路

21.4.1　促进实际存在

至少可以确定中国海上行为体——中央人民政府、东北地方人民政府以及航运和造船公司——正在共同推进的三种做法,以促进中国在极地丝绸之路沿线的实际存在。

1. 建立中国海外海运中心

在过去20年里,中国公司在全球几条主要海上走廊沿线收购了港口基础设施，包括欧盟境内的 10 个港口①。这些收购大多是集装箱码头，但也收购了部分铁路港口。这些投资使中国公司能够长期进入苏伊士运河和马六甲海峡等关键交通枢纽，从而满足中国出口导向型经济的需要。至于高纬度北极地区，中国公司已表示有兴趣投资挪威北部的希尔克内斯港和冰岛北部的阿克雷里港（Liang et al.，2018）。如果实现，这些收购将成为北方海航道上重要的货运中心，可能还会成为极地邮轮中心。尽管希尔克内斯港是一个相当落后的港口，但在过去 6 年（2013—2018 年）中，阿克雷里港已经提升了其作为北方邮轮航运中心的形象，邮轮的访问数从 63 艘增至 179 艘。在这两种情况下，中国投资或许可以改善当地的社会经济发展前景。此外，投资普遍受到欢迎，地方决策者和港口官员所做的各种公开演讲就是证明。

此外，俄罗斯扎鲁比诺和朝鲜拉森的港口租赁协议也与北极航运有关（Zhang et al.，2015）。特别是，中国吉林省的行为体对发展一个跨境枢纽表现出了兴趣，这将改变内陆地区相对于日本海和北方海航道的地位（ChosumMedia，2012）。通过东北亚最北部的一些无冰港口，吉林省的地方经济将从这条新的海上贸易路线中受益匪浅。

2. 发展非中国控制的海外港口基础设施

除了获得（部分）控制某些港口的基础设施外，参与港口基础设施建设也是中国在世界各地海上走廊建设过程中的常见做法。在北极地区，中国公司和中央人民政府在俄罗斯萨贝塔港的开发中发挥了间接作用。萨贝塔是一个港口，其建造目的只是方便半岛天然气厂生产的液化天然气（LNG）的运输。作为中国最大的国有能源公司之一，中国石油天然气集团有限公司（CNPC）于 2013 年加入了北极液化天然气开创性项目——亚马尔液化天然气项目（Yamal LNG），持股比例为 20%，而中国中央人民政府的投资工具——新丝绸之路基金（New Silk Road Fund）于 2016 年获得 9.9%的股份。该项目的其他持股方是俄罗斯私人拥有的 Novatek（50.1%）和法国 Total（20%）。该港口于 2017 年底开始向中国运送液化天然气，2018 年 7 月首次运抵中国。未来该港口还将满足中国参与的另一项液化天

---

① 鹿特丹、安特卫普、泽布吕赫、毕尔巴鄂、巴伦西亚、马德里、萨拉戈萨、马赛、瓦多利古尔和比雷埃夫斯。

然气计划——"亚马尔液化天然气 2 号"项目的需求，该计划将于 2023 年启动。鉴于北极地区大片区域缺乏主要的基本（港口）基础设施，中国很可能会在整个高纬度北极地区的港口发展中发挥越来越大的作用，尤其是在由于政治原因而无法全面收购基础设施的情况下。

3. 国内生产的专业舰队

除了保障中国公司进入基础设施发达的功能性港口外，对于中国政府来说，提高北极冒险所用船队的国内生产占比，从而减少对外国生产的依赖也变得越来越重要。这一目标符合两项国家级战略的主要目标。中国的"十三五"规划（2016—2020 年）强调了技术创新在推动中国经济增长中的作用，而"中国制造 2025"计划旨在将中国转变为世界级制造大国，其生产将面向高科技和知识密集型领域。

就建设极地丝绸之路而言，"专业船队"一词主要指破冰船和冰级船舶。2016 年，中国开始建造第一艘国产破冰船"雪龙 2 号"，扩大了船队规模。"雪龙号"于 20 世纪 90 年代初从乌克兰购买。新的破冰船由江南造船（集团）有限责任公司与芬兰阿克北极公司（Finnish Aker Arctic）合作建造，计划于 2019 年投入使用（Zhou，2018）。此外，2018 年 6 月，负责监督中国核项目的国有企业——中国核工业集团有限公司（China National Nuclear Corporation）为建造中国第一艘核动力破冰船的造船公司启动了投标程序，旨在为中国政府提供核技术支持（Chen，2018）。因此，很明显，核动力破冰船的国内生产使中国政府在极地丝绸之路地缘经济空间建设和满足国家经济需求方面处于更有利的地位。事实上，考虑到北极多年冰层的厚度，未来几十年，只有非核动力护航船才能出航的季节可能会很短。

21.4.2　改善海事应急

中国似乎正在通过至少三种做法改善具体情况下的海事应急，从而推动极地丝绸之路的建设和最终发展。

1. 国有船队试航

为了评估新兴海上走廊的可行性，至关重要的是进行试航，以探索该航线并获得特定环境下关键技能的相关知识。这种试航使行为体能够发现开展安全、可持续和有利可图的海上活动的条件。如第 21.3 节所述，中国在北方海航道上的试航始于 2012 年，由一艘非商业船只"雪龙号"进行了一次往返航行，随后中国远洋海运集团有限公司继续了一系列航行。可以说"雪龙号"的经历为后续航行奠定了基础，使后续航行可以更专注于探索北极航运的商业方面。尽管该公司建议的计划尚未实现（截至 2018 年 11 月 13 日），但 2015 年 10 月，中国远洋海运集团有限公司宣布将在北方海航道上开通一条频繁的航线，这是该测试过程中的一个重要分水岭。

还应指出的是，除了改善中国的海事应急外，试航在走廊建设过程中还有两个额外的目的。第一，中国远洋海运集团有限公司航行使用的船舶作用为"测试"航程，用于向亚马尔半岛运送材料提供经验建议，这一观察结果得到了媒体报道的支持（Humpert，2018a）。第二，试航和积极进行广告推广是吸引注意力、接触潜在客户和塑造一个真正的中国水路形象的一种方式。

2. 中国船员的海外培训

每种海洋环境都要求船员具备不同的技能。例如，在苏伊士运河地区，特别是在非洲沿海地区作业的船员必须能够采取措施威慑海盗。至于高纬度北极地区，北极水域具有挑战性的作业条件要求任何冒险进入该地区的人都要特别了解具体情况。除极端寒冷，温度达到创纪录水平的-60 ℃外，厚厚的冰层覆盖、漂浮的冰山和极地风也使这些水域的航行变得极其困难。事实上，离北极越近，缺乏经验的船员就越难有效地操作船舶。除了面临这些基本挑战外，船员还必须知道在发生事故时如何作为。这项技能在北极水域尤为重要，在那里，事故总是会对船员和脆弱的海洋环境造成严重后果。

鉴于北极航运从来都不是全球广泛参与的活动，很少有国家和公司具备必要的知识，能够成功应对北极特有的航行和冰情管理条件。目前，芬兰和俄罗斯是唯二拥有可提供相关培训的冰模拟器的北极国家。作为模拟器使用的补充，现场培训也有助于船员提升这些技能。据报道，中国有兴趣与北极国家在这些领域开展合作，这在几次中国-北极研讨会上得到了表达。

3. 建立合资企业以获得特定环境中的技能和技术

除了培训船员外，中国航运公司还需要获得特定环境中的技术，并掌握使用这些技术的技能。与外国航运公司建立合资企业是转让技术和交流思想的典型方式。就北极技能而言，中海船务有限公司于 2014 年与日本三井船务公司（Mitsui O. S. K Lines）达成了一项协议，涉及合作将液化天然气从亚马尔半岛运输到中国市场。这家合资企业对中国公司至关重要，因为中国公司缺乏在北极地区具有挑战性的作业条件下运输液化天然气所需的经验和技术。同时，日本方面也进入了庞大的中国市场。

从这个过程中的某些利益相关者和观察者的观点来看，中日协议只能被视为一种务实的企业对企业合作形式。然而，很难忽视这些活动的特殊政治背景。众所周知，中日商业合作受到两国政府间政治关系的影响。不允许政治摩擦阻碍中日北极航运协议的达成。海上技术和技能的转让以及中国对北极经济发展的全面参与在中国政府的地缘经济预测和优先事项中占据重要地位。因此，这些目标可以通过特殊和非传统的安排和伙伴关系来实现（另见21.4.3）。

21.4.3　影响规章制度

中国政府也在参与建设极地丝绸之路，寻求构建北极航运规章制度，并且为了实现这一目标，其正在进行3种类型的实践。在这里，中国学者的作用不应被忽视，因为他们提出的背景知识和政策建议对形成实践的形式很重要。自然，中国政府的行动范围受到以下事实的限制：北冰洋三大海道东北航道、西北航道或中央航道实际上都没有穿过中国水域。此外，这些水道的大片水域属于北极国家的管辖范围，赋予它们颁布任何具体条例的专属权力。例如，俄罗斯计划在2019年之前出台了一项新的国内法律，禁止未悬挂俄罗斯国旗或未在俄罗斯国内建造的船舶沿北方海航道运输碳氢化合物（Staalesen，2017）。此外，据报道，中国还计划在冰级要求方面放宽北方海航道准入标准（Humpert，2018b）。

1. 参与现有区域治理机构

世界各地的区域治理论坛是讨论和谈判地方海事相关法规的平台。为了能够参与这些讨论并制定法规，中国寻求积极参与这些区域治理机构的努力，这在非洲（非洲联盟）和拉丁美洲（南美洲国家联盟/南美洲共同市场）已经很明显。关于北极，北极理事会目前是最有影响力的政府间讨论论坛。中国于2008年开始参加理事会会议，并于2013年作为常驻观察员加入该组织。作为一个非北极国家，中国没有投票权，但现在可以参与6个工作组的任务。它们的任务从改善北极海洋环境的保护（例如海上活动）到促进可持续发展（例如基础设施）。此外，尽管北极理事会主要是一个讨论论坛，而不是一个决策机构，但在其主持下理事会成员国成功谈判了两项重要协议:《北极地区海洋石油污染防备和应对合作协议》(2013年签署)和《北极地区航空和海上搜救合作协定》(2011年签署)。这两项协议很可能在未来形成极地丝绸之路的规章制度。

2. 建立并行治理机构

尽管中国积极参与世界各地现有的区域治理机构,但在这些机构的论坛上,中国的行动范围仍然有限。因此,中国政府设立平行机构以促进讨论包括与航海有关的主题在内的区域问题。这一趋势的例证包括中非和中阿合作论坛,其中讨论了海盗行为、航运专业人员培训以及航运公司之间的合作等问题,并将其纳入行动计划。因此,中国政府更有能力建设连接中国与世界其他地区的海上走廊。在北极事务方面,中国参与建立了中、朝、日北极三边论坛——三边就北极问题展开高级别对话,并在各国首都轮流举行年度会议。在每次会议之后,这三个国家就与它们在高纬度北极地区的合作和参与的有关项目发表联合声明。2017年,各国政府在东京发表的联合声明中明确强调了发展"基于规则的海上秩序"的重要性。与中国和相关地区政府合作的其他平行区域治理机构相比,北极三边论坛是一个例外。这个论坛是由三个北极理事会观察员国家设立的,北极国家的参与活动仅限于观察。

3. 强调国际海事治理的作用

在全球化时代,针对哪些问题应该在区域治理论坛的范围内进行本地辩论和决定,针对哪些问题需要在国际组织(如IMO)的主持下进行全球讨论,并不总是显而易见的。简而言之,大多数与航运相关的法规都是国际性的,而一些国家规则具有全球影响力。

总体来说,中国政府强调国际组织在塑造海洋治理方面的作用,因为这使治理过程更加民主。换言之,它给了所有国家表达其关切的机会(Liu,2014)。自然,提出一系列广泛的问题供全球讨论,而不是供区域讨论,也使中国政府在构建海上走廊方面处于更有利的地位。中国政府积极强调国际法和国际组织在北极海洋事务中的作用。其在第一份官方北极政策文件中,强烈强调遵守国际条约,例如《联合国海洋法公约》。然而,它也强调需要尊重非北极国家在北极水域航行的权利。这种修辞促进了对空间的地缘经济解读,因为它积极寻求模糊国家之间的边界。

中国北极专家还赞扬了《国际极地水域操作船舶规则》是在IMO的组

织下而不是在区域论坛上谈判达成的。这些专家认为，作为一项允许对极地水域航运实施更严格的环境和安全标准的国际法规，《极地水域船舶国际规则》中关注的问题是一个全球性问题，而不是一个区域性问题。同样，一些中国学者质疑北极理事会作为针对北极海洋问题组织政府间讨论论坛的作用，理由是该论坛没有充分或全面地包括所有主要行为体（Guo et al.，2015）。

21.4.4　实现交通顺畅

除了采取为海上走廊的建设创造基本先决条件或形成这些路线沿线的规章制度的做法外，中国政府还采取了一些行动，以实现货物和乘客交通的顺畅流动。这些做法可能会使北极航运对中国公司更具吸引力或至少不那么麻烦。

1. 发布优惠投资条例

鉴于中国的社会主义市场经济地位，资本不能自由流入和流出中国。中国的对外直接投资由中央人民政府、商务部，特别是国家发展和改革委员会发布的指导方针进行管理。同样，中国政府定期发布其支持和赞同的目标清单。通过这些机制，地缘经济空间的创建得到了协调和指导，以服务于国家更广泛的发展目标。就北极而言，正如中国在 2018 年 8 月正式宣布的那样，将东北航道、西北航道和中央航道作为极地丝绸之路而正式加入"一带一路"倡议是一项重大决定，因为与"一带一路"倡议相关的投资通常比其他项目更受青睐。自然，这种对北极项目的已知支持可能会使中国的许多投资者重新考虑其商业战略。

2. 建立信任

信任是跨国交通顺畅流动得以产生和延续以及国际商业繁荣发展的基本前提。从地缘经济的角度来看，可以认为外交活动可以增进相互信任，从而为创造跨越国界的空间铺平道路。对于中国行为体来说，建立信任是一个特别重要的目标，由于中国不断上升的大国地位，中国行为体的全球经济影响力受到密切关注。

在北极地区，中国已采取各种行动来建立更大的信任。迄今为止，最重要的行动是在 2018 年 1 月发表了中国的北极政策文件。这份备受期待的文件是在北极社区的明确压力下起草的，目的是提高中国北极参与北极项目的透明度，为此，研究人员和非政府组织表达了最为明确的意见。此外，中国国家领导人在短时间内对北极小国进行了特别多的正式访问。例如，2017 年 4 月，习近平主席访问了在 2017 年至 2019 年间担任北极理事会主席国的芬兰。北极问题是本次访问中的一个重要项目（Niinist，2017）。此外，在诺贝尔和平奖问题导致中挪关系陷入低谷后，2016 年底，中国与北极主要航运国挪威实现了关系正常化。最后，中国代表团与其他东亚国家政府代表一道，在北极圈大会和北极边界等北极治理非正式论坛上发挥了积极作用。特别是冰岛北极圈大会已成为中国管理北极关系和建立信任的主要论坛。

21.5 结论和最终观点

中国日益增加的海上存在及其总体的地缘经济空间建设已经引起了全世界的好奇。试图理解中国逐渐崛起为全球经济主要节点的努力，往往受到西方中心主义这一现有理论的挑战。在本章中，我们提出，理解这一转变及其展开的力量需要采用案例研究方法，并深入探讨具体实践层面，以发现并了解中国海上行为体的实际行为。

北极案例表明，中国的海上走廊建设和地缘经济空间建设实践同样源于中国政治经济的动态和外部运营环境。中国中央人民政府的作用是推动、促进和鼓励中国公司从事定期航海活动的实践，要求这些公司必须获得足够的特定环境中的技能和正确的技术，并评估其是否具备开展频繁航行活动的经济条件。地方人民政府可以将其省级经济的发展目标与总体地缘经济空间建设项目联系起来，从而在推进诸如建立中国海外海上枢纽等实践方面发挥切实可行的作用。学者提供背景信息，这对任何实践的形成都很重要。

其中一些做法，如建立信任，是直接响应外部压力而发展的，因此在选择最佳方式推进某些目标时，背景的重要性得以体现。例如，可以说，在北极地区建立信任特别重要，这不仅仅是因为中国行为体与发达国家在高纬度北极地区合作，而这些国家大多是民主国家，完全有能力影响国家政策。事实上，尽管中国政府试图通过对芬兰进行正式访问和发布中国少数几个关于北极地区事务的官方政策文件来管理中国与北极的关系，但北极国家的舆论可能会普遍反对中国建立海外海上枢纽等做法，这并非不可能的事情。

　　北极案例也为提出四种类型可以更笼统地解释中国海洋走廊发展的分析机制提供了依据。将这些机制视为特定类别可能是有益的，即促进实际存在，改善海事应急，影响规章制度，并实现交通顺畅成为特定类别，进而可以在前瞻性实证研究中根据更具体的实践对这些分类进行进一步分组。当然，这些机制/类别只是启发式工具，可能且确实应该开发这些工具，以便更好地理解允许中国海上走廊在世界各地出现的一系列复杂做法。

　　实践并不代表命运的力量。尽管将中国与世界连接起来的海上走廊的建设活动日益活跃，但中国的存在将在多大程度上确切地改变全球航海动态尚不清楚。至于极地丝绸之路，大量的经济和政治方面的不确定性使人们特别难以预测东北航道和北方海航道将在中国的"一带一路"倡议和总体地缘经济预测中发挥什么样的作用，更不用说其他两条北冰洋航线——西北航道和中央航道了。虽然与亚马尔液化天然气运输相关的目的地运输很可能会持续几十年，但至少在近中期，邮轮和亚欧过境运输的活动水平与其相比可能会有很大不同。

　　全球航运模式受到各种变化的影响，如巴拿马运河扩建等现有运输基础设施的改善，克拉地峡运河和尼加拉瓜运河等替代走廊的潜在开放（Zeng，2018；Yip et al.，2015），以及其他明显影响运输需求和航运价格的发展。就成本而言，收紧航运环境标准可能会产生很大影响。事实上，诸如将于2020年生效的全球硫排放上限限制等法规将增加海上运输的额外成本。至于极地丝绸之路，这些新规定中的一些可能会增加北方海航道相对于主要运河路线的吸引力，而其他一些可能会削弱其吸引力（例如，拟议的重油禁令）。

　　最后，中国国内的力量可能同样减少和增加中国在全球和北极地区的海上参与度。中国经济增长放缓，以及正在进行的结构和能源转型，也可能减少货运需求。至于邮轮运输，中国中产阶级日益增强的环保意识可能会扼杀新兴的兴趣，至少从长远来看是这样。

参考文献

Adler, E., & Pouliot, V. (2011). International practices. *International Theory*, 3(1), 1-36.

Aksenov, Y., Popova, E. E., Yool, A., et al. (2017). On the future navigability of Arctic Sea routes:

High-resolution projections of the Arctic Ocean and sea ice. *Marine Policy*, 75, 300–317.

Arctic Council. (2018). *Agreements.* https://www.arctic-council.org/en/our-work/agreements. Accessed 29 Oct 2018.

Arvis, J. F., Ojala, L., Wiederer, C., et al. (2018). *Connecting to compete: Trade logistics in the global economy. The logistics performance index and its indicators.* World Bank. Available at: https://openknowledge.worldbank.org/bitstream/handle/10986/29971/LPI2018.pdf. Accessed 6 Nov 2018.

Balmasov, S. (2018). Detailed analysis of ship traffic on the NSR in 2017 based on AIS data. In Paper presented at the Arctic Shipping Forum 2018, Helsinki, Finland, 17 Apr 2018. Available at: http://arctic-lio.com/?p=1215. Accessed 8 Jan 2019.

Beveridge, L., Fournier, M., Lasserre, F., et al. (2016). Interest of Asian shipping companies in navigating the Arctic. *Polar Science*, 10, 404–414.

BP. (2018). *BP statistical review of world energy. June 2018.* 67th edn. Available at: https://www.bp.com/content/dam/bp/en/corporate/pdf/energy-economics/statistical-review/bp-statsreview-2018-full-report.pdf. Accessed 6 Nov 2018.

Brady, A. M. (2014). *China's undeclared Arctic foreign policy. Polar initiative policy brief series. Arctic 2014: Who gets a voice and why it matters.* Wilson Center. Available at: https://www.wilsoncenter.org/sites/default/files/chinas_undeclared_arctic_foreign_policy.pdf. Accessed 10 Jan 2019.

Braw, E. (2017). China needs to spell out its Arctic ambitions, to ease suspicions. *South China Morning Post* (21 Nov). Available at: https://www.scmp.com/comment/insight-opinion/article/2120850/china-needs-spell-out-its-arctic-ambitions-ease-suspicions. Accessed 10 Jan 2019.

BRS Group. (2018). *Annual review 2018.* Available at: https://it4v7.interactiv-doc.fr/html/brsgroup2018annualreview_pdf_668. Accessed 6 Nov 2018.

Chen, Y. (2018). 我国首艘核动力破冰船揭开面纱——将为海上浮动核电站动力支持铺平道路 (*China's first nuclear-powered icebreaker unveiled – Paving the way for powering offshore floating nuclear power plants*) 科技日报 (Science and technology daily)/Xinhuanet (27 June).

Available at: http://www.xinhuanet.com/politics/2018-06/27/c_1123041028.htm. Accessed 8 Nov 2018.

Cheng, L. K. (2016). Three questions on China's 'Belt and Road Initiative'. *China Economic Review*, 40, 309–313.

Cheng, A. (2018). Will Djibouti become latest country to fall into China's debt trap? *Foreign Policy* (31 July). Available at: https://foreignpolicy.com/2018/07/31/will-djibouti-become-latest-country-to-fall-into-chinas-debt-trap/. Accessed 12 Nov 2018.

Chircop, A. (2007). Climate change and the prospects of increased navigation in the Canadian Arctic. *WMU Journal of Maritime Affairs*, 6(2), 193–205.

ChosunMedia. (2012). *China gains use of another N. Korean port.* 11 Sept. Available at: http://english.chosun.com/site/data/html_dir/2012/09/11/2012091101347.html. Accessed 12 Sept 2014.

Conrad, B., & Kostka, G. (2017). Chinese investments in Europe's energy sector: Risks and opportunities? *Energy Policy*, 101, 644–648.

COSCO. (2018). *COSCO SHIPPING SPE. Organized seminar for navigation along Arctic Northwest Passage*. 14 Mar. Available at: http://www. coscol. com. cn/En/News/detail. aspx? id = 11720. Accessed 6 Sept 2018.

Cowen, D., & Smith, N. (2009). After geopolitics? From the geopolitical social to geoeconomics. *Antipode*, 41(1), 22–48.

Economist. (2014). *China and the Arctic: Polar bearings. China pursues its interest in the frozen north*. Jul 12. Available at: https://www. economist. com/china/2014/07/12/polar – bearings. Accessed 24 Sept 2018.

European Parliament. (2018). *China's maritime silk road initiative increasingly touches the EU. Briefing of the European Parliament*. Mar 2018. Available at: http://www. europarl. europa. eu/RegData/etudes/BRIE/2018/614767/EPRS_BRI(2018)614767_EN. pdf. Accessed 29 Oct 2018.

FMPRC. (2018). *The 8th ministerial meeting of the China–Arab States Cooperation Forum (CASCF) held in Beijing*. Available at: https://www. fmprc. gov. cn/mfa _ eng/zxxx _ 662805/t1576621. shtml. Accessed 29 Oct 2018.

FOCAC. (2018a). *About FOCAC*. https://www. focac. org/eng/ltjj_3/ltjz/. Accessed 29 Oct 2018.

FOCAC. (2018b). *Forum on China–Africa Cooperation Beijing Action Plan 2019–2021*. https://www. focac. org/eng/zfgx_4/zzjw/t1594399. htm. Accessed 10 Jan 2019.

Fu, C. (2018). *Opening session speech given at the 6th Arctic Circle Assembly, Reykjavik, Iceland*, 19 Oct 2018.

Gabuev, A. (2016). *Friends with benefits? Russian – Chinese relations after the Ukraine crisis*. Carnegie Moscow Center. Available at: https://carnegieendowment. org/files/CEIP_CP278_Gabuev_revised_ FINAL. pdf. Accessed 9 Jan 2019.

Governments of Japan, the People's Republic of China and the Republic of Korea. (2017). *Joint statement. The Second trilateral high–level dialogue on the Arctic. Tokyo, Japan*. 8 June. Available at: http://www. mofa. go. jp/mofaj/files/000263104. pdf. Accessed 3 Nov 2018.

Governments of the People's Republic of China and the Kingdom of Norway. (2016). *Statement of the government of the People's Republic of China and the government of the Kingdom of Norway on normalization of bilateral relations*. Beijing, China. 19 Dec 2016. Available at: https://www. regjeringen. no/globalassets/departementene/ud/vedlegg/statement_kina. pdf. Accessed 9 Jan 2019.

Guo, P., & Yao, L. (2015). 北极治理模式的国际探过及北极治理实践的发展 (International discussion on Arctic governance models and new advances of Arctic governance practice). 国际观察 (*International Observations*), 5, 56–70.

Hellenic Shipping News. (2018). *China's seaborne trade: A spectacular upwards trend*. 26 Apr. Available at: https://www. hellenicshippingnews. com/chinas – seaborne – trade – a – spectacularupwards – trend/.

Accessed 3 Nov 2018.

Hong, N. (2012). The melting Arctic and its impact on China's maritime transport. *Research in Transportation Economics*, 35(1), 50-57.

Humpert, M. (2018a). *Record traffic on Northern Sea Route as COSCO completes five transits.*

High North News. 3 Sept. Available at: https://www. highnorthnews. com/en/record-trafficnorthern-sea-route-cosco-completes-five-transits. Accessed 2 Nov 2018.

Humpert, M. (2018b). *Economic interests may trump shipping safety as Russia seeks to reduce ice-class requirements.* High North News (12 Nov). Available at: https://www. highnorthnews. com/en/economic-interests-may-trump-shipping-safety-russia-seeks-reduce-ice-class-requirements. Accessed 13 Nov 2018.

Interview with a Chinese expert on Arctic policy, Qingdao, 8 Mar 2016.

Interview with a Chinese expert on Arctic policy, Shanghai, 2 Mar 2016.

Interview with a representative of a Chinese energy company (personal views), Beijing, 26 Feb 2016.

Interview with a representative of a Japanese shipping company, Tokyo, 26 Oct 2016.

Jiang, J. (2017). *Polar attraction.* People's Daily Online (25 Sept). Available at: http://en. people. cn/n3/2017/0925/c90000-9273275. html. Accessed 12 Nov 2018. 21 The Red Dragon in Global Waters: The Making of the Polar Silk Road.

Kiiski, T. , Solakivi, T. , Töyli, J. , et al. (2018). Long-term dynamics of shipping and icebreaker capacity along the Northern Sea Route. *Maritime Economics & Logistics*, 20(3), 375-399.

Kuo, L. , & Kommenda, N. (2018). What is China's *Belt and Road* Initiative? *The Guardian* (30 Jul). Available at: https://www. theguardian. com/cities/ng - interactive/2018/jul/30/what - chinabelt - road-initiative-silk-road-explainer. Accessed 10 Nov 2018.

Lasserre, F. , Beveridge, L. , Fournier, M. , et al. (2016). Polar seaways? Maritime transport in the Arctic: An analysis of shipowners' intentions Ⅱ. *Journal of Transport Geography*, 57, 105-114.

Li, C. (2014). *One Belt and One Road. Asharq Al-Awsat* (13 Apr). English translation of the article (full text) written by China's ambassor to Saudi-Arabia. Available at: https://www. fmprc. gov. cn/mfa_eng/wjb_663304/zwjg_665342/zwbd_665378/t1115855. sht. Accessed 10 Jan 2019.

Liang, Y. , & Zhang, S. (2018). *Feature: Norway's Arctic town envisions gateway on Polar Silk Road with link to China.* New China/Xinhuanet (10 Mar). Available at: http://www. xinhuanet. com/english/2018-03/10/c_137029993. htm. Accessed 29 Oct 2018.

Liu, W. (2014). *China in the United Nations.* Singapore: World Century Publishing Corporation.

Luttwak, E. (1990). From geopolitics to geo-economics: Logic of conflict, grammar of commerce. *The National Interest*, 20, 17-24.

Luttwak, E. (1993). The coming global war for economic power: There are no nice guys on the battlefield of geoeconomics. *The International Economy*, 7(5), 18-67.

Niinistö, S. (2017). *Press statement by the President of the Republic of Finland, Sauli Niinistö, on the state visit by the President of the People's Republic of China on 5 April.* 6 Apr. Available at：https：//www. presidentti. fi/en/news/press－statement－by－the－president－of－the－republic－of－finland－sauli－ niinisto－on－the－state－visit－by－the－president－of－the－peoples－republic－of－china－on－5－april/. Accessed 10 Jan 2019.

Novatek. (2018). *NOVATEK shipped first LNG cargos to China.* Press release (19 Jul). Available at：http://www. novatek. ru/en/press/releases/index. php? id_4＝2528. Accessed 5 Sept 2018.

NSRA. (2018). *Northern Sea Route Administration. Traffic statistics* 2011－2018. Available at：http://www. nsra. ru/en/operativnaya_informatsiya/grafik_dvijeniya_po_smp. Accessed 10 Nov 2018.

NSRIO. (2018). *Northern Sea Route Information Office. Transit statistics* 2011－2018. Available at：http://arctic-lio. com/? cat＝27. Accessed 10 Nov 2018.

Port of Akureyri. (2019). *Cruise ships* 2018－*Statistics for visits.* https://www. port. is/index. php? pid＝65&w＝st. Accessed 24 Jan 2019.

Portnews. ru. (2018). *Cargo transportation via Northern Sea route can reach* 17 *million tonnes in* 2018. 18 Oct. Available at：http://en. portnews. ru/news/266264/. Accessed 3 Nov 2018.

Pouliot, V. (2015). Practice tracing. In A. Bennett & J. T. Checkel (Eds.), *Process tracing：From metaphor to analytic tool* (pp. 237－259). Cambridge：Cambridge University Press.

RIA Novosti. (2014). '*Сумма*' *привлечет СМНІ к строительству порта Зарубино* (*Summa to work with CMHI in constructing the port of Zarubino*). 11 Nov 2014. Available at：https://ria. ru/east/20141111/1032705539. html. Accessed 12 Sept 2016.

SCMP. (2015). *Chinese shipping firm COSCO plans to launch services to Europe through Arctic Northeast Passage, saving days in travel time.* 27 Oct. Available at：https://www. scmp. com/news/china/economy/article/1872806/chinese－shipping－firm－plans－launch－services－througharctic. Accessed 30 Oct 2018.

Solakivi, T., Kiiski, T., & Ojala, L. (2018). The impact of ice class on the economics of wet and dry bulk shipping in the Arctic waters. *Maritime Policy & Management,* 45(4), 530－542.

Sørensen, C., & Klimenko, E. (2017). *Emerging Chinese-Russian cooperation in the Arctic. Possibilities and constraints.* SIPRI Policy paper 46. Available at：https://www. sipri. org/sites/default/files/2017－06/emerging－chinese－russian－cooperation－arctic. pdf. Accessed 8 Jan 2019.

Sparke, M. (2007). Geopolitical fears, geoeconomic hopes, and the responsibilities of geography. *Annals of the American Association of Geographers,* 97(2), 338－349.

Staalesen, A. (2017). *Russian legislators ban foreign shipments of oil, natural gas and coal along Northern Sea Route.* The Barents Observer. 26 Dec. Available at：https://thebarentsobserver. com/en/arctic/2017/12/russian－legislators－ban－foreign－shipments－oil－natural－gas－and－coalalong－northern－sea. Accessed 13 Nov 2018.

State Council of the People's Republic of China. (2015). 国务院关于印发《中国制造 2025》的通知 (*Announcement on the publication of* '*Made in China* 2025' *report*). 8 May 2015. Available at：

http://www.gov.cn/zhengce/content/2015-05/19/content_9784.htm. Accessed 2 Nov 2018.

State Council of the People's Republic of China. (2016). *The 13th five-year plan for economic and social development of the People's Republic of China 2016—2020.* Available at: http://en.ndrc.gov.cn/newsrelease/201612/P020161207645765233498.pdf. Accessed 2 Nov 2018.

State Council of the People's Republic of China. (2017a). *Vision for maritime cooperation under the Belt and Road Initiative.* 20 June 2017. Available at: http://english.gov.cn/archive/publications/2017/06/20/content_281475691873460.htm. Accessed 2 Nov 2018.

State Council of the People's Republic of China. (2017b). 国务院办公厅转发国家发展改革委、商务部、人民银行、外交部《关于进一步引导和规范境外投资方向指导意见》(*Announcement on regulations regarding overseas investments by Chinese companies*). 4 Aug 2017. Available at: http://www.gov.cn/zhengce/content/2017-08/18/content_5218665.htm. Accessed 2 Nov 2018.

State Council of the People's Republic of China. (2018). *China's Arctic Policy.* 26 Jan 2018. Available at: http://www.xinhuanet.com/english/2018-01/26/c_136926498.htm. Accessed 7 Mar 2018.

U.S. Geological Survey. (2008). *Circum-Arctic resource appraisal: Estimates of undiscovered oil and gas north of the Arctic Circle.* Available at: http://pubs.usgs.gov/fs/2008/3049/fs2008-3049.pdf. Accessed 8 Jan 2019.

Womack, B. (2014). China's future in a multinodal world order. *Pacific Affairs*, 87(2), 265-284.

World Bank. (2017). *Data catalog. Table 4.2: World development indicators: structure of output.* Available at: http://wdi.worldbank.org/table/4.2. Accessed 3 Nov 2018.

Yamal LNG. (2018). *About the project.* Available at: http://yamallng.ru/en/project/about/. Accessed 28 Oct 2018.

Yip, T. L., & Wong, M. C. (2015). The Nicaragua Canal: Scenarios of its future roles. *Journal of Transport Geography*, 43, 1-13.

Yu, H. (2017). Motivation behind China's 'One Belt, One Road' initiatives and establishment of the Asian Infrastructure Investment Bank. *Journal of Contemporary China*, 26(105), 353-368.

Zeng, X. (2018). *Beijing curbs ship scrapping, leaving market to Indian subcontinent.* HIS Fairplay (3 May). Available at: https://fairplay.ihs.com/markets/article/4300856/beijing-curbsship-scrapping-leaving-market-to-indian-subcontinent. Accessed 13 Nov 2018.

Zeng, Q., Wang, G. W. Y., Qu, C., et al. (2018). Impact of the Carat Canal on the evolution of hub ports under China's Belt and Road initiative. *Transportation Research Part E*, 117, 96-107.

Zhong, N., & Liu, M. (2015). *Jilin province proposes more transport links across region.* 3 Sept. China Daily/Information Office of the People's Government of Jilin Province. http://www.chinadaily.com.cn/m/jilin/2015-09/03/content_21782513.htm. Accessed 4 Jan 2019.

Zhou, X. (Ed.) (2018). *First Chinese-built polar icebreaker to come into use in 2019. Xinhuanet.* Available at: http://www.xinhuanet.com/english/2018-04/04/c_137088340.htm. Accessed 2 Nov 2018.